“十三五”普通高等教育规划教材

工程力学（Ⅰ）

主　编　郭应征
副主编　廖东斌　周秋月
参　编　陈　亮　陈素芳

中国电力出版社
CHINA ELECTRIC POWER PRESS

内 容 提 要

本书是“十三五”普通高等教育规划教材，是江苏省高等学校新编重点教材研究项目的研究成果。本书共分8章，主要内容包括物体的受力分析、平面力系、空间力系、点的合成运动、刚体的平面运动、质点动力学、动力学普遍定理、达朗贝尔原理。本书为满足应用型工科院校力学教学的要求，突出了工程观念的培养和力学在工程中的应用。编入密切联系工程实际的例题与习题，以例释理，以便教师选用和学生练习之用。在编写过程中，注意通过对工程实例的简化和比较，培养学生建立力学模型和解决实际问题的能力。

本书可作为应用型大学土木工程类专业教材，也可供有关工程技术人员参考。

图书在版编目（CIP）数据

工程力学．Ⅰ/郭应征主编．—北京：中国电力出版社，2020.8(2023.5 重印)
“十三五”普通高等教育规划教材
ISBN 978-7-5198-4673-2

Ⅰ.①工…　Ⅱ.①郭…　Ⅲ.①工程力学—高等学校—教材　Ⅳ.①TB12

中国版本图书馆 CIP 数据核字（2020）第 082675 号

出版发行：中国电力出版社
地　　址：北京市东城区北京站西街 19 号（邮政编码 100005）
网　　址：http：//www.cepp.sgcc.com.cn
责任编辑：霍文婵（010－63412545）
责任校对：王小鹏
装帧设计：张俊霞
责任印制：吴　迪

印　　刷：北京天宇星印刷厂
版　　次：2023 年 5 月第一版
印　　次：2023 年 5 月北京第三次印刷
开　　本：787 毫米×1092 毫米　16 开本
印　　张：12.25
字　　数：297 千字
定　　价：40.00 元

扫一扫

拓展资源

前　言

本书是“十三五”普通高等教育规划教材，是江苏省高等学校新编重点教材研究项目的研究成果，是为应用型工科大学生编写的工程力学课程的新教材。主要特色如下：

（1）切实贯彻“少而精”的原则，精选内容，文字精炼，删除与先修课程重复的内容，增加了反映现代科学技术的有关内容。

（2）理论阐述简明，文字简洁。在编写中，注意将难点分解，以求易教易学。例如，将静力学中的约束分为简单约束和空间约束，分别在第 2 章和第 3 章中讨论，在平面和空间情况下进行反复和深化，以便于学生真正理解和掌握。

（3）为满足应用型工科院校力学教学的要求，突出了工程观念的培养和力学在工程中的应用。编入密切联系工程实际的例题与习题，以例释理，以便教师选用和学生练习之用。在编写过程中，注意通过对工程实例的简化和比较，培养学生建立力学模型和解决实际问题的能力。

（4）为适应工程教育的快速发展，力求与工程深度结合，学以致用，这是本书重要特色。将应用力学理论和方法解决工程实际问题，作为基本内容组织教学和实训。为此，新增“工程应用实训”一节，编写与现代工程技术密切联系的实训课题和项目，提出问题，鼓励创新，讲练结合，学做合一，努力培养大学生解决工程问题的意识和创新能力。

（5）力求进行启发式教学，在正文中用楷体编入思考题，尝试用提问的方式进行教学，从而将对重要概念的理解引向深入，给学生留下思考的空间。

（6）本书更多拓展资源可通过扫描书中二维码获取，如全书实训案例参考答案、习题参考答案等。

本书适用于应用型大学土木类专业，也可供有关工程技术人员参考。工程力学（Ⅰ）共分 8 章，主要内容包括物体的受力分析、平面力系、空间力系、点的合成运动、刚体的平面运动、质点动力学、动力学普遍定理、达朗贝尔原理。讲授工程力学（Ⅰ）全部内容只需 48 学时，编写中考虑便于使用者取舍，采用了模块式结构，可根据需要拼装成各种学时类型的工程力学教材，可适用于工程管理、工程造价、交通工程、交通运输等专业。

本书由东南大学成贤学院、东南大学和南京工业大学浦江学院三校合作编写，东南大学成贤学院为主编单位。本书在编写过程中，主要参考了郭应征和李兆霞主编的《应用力学基础》，郭应征和周志红编写的《工程力学》，同时还参考了国内外一些优秀教材，在此也向这些教材的编著者们深表感谢。

由于编者水平有限，书中疏漏在所难免，恳请广大读者提出宝贵意见。

编　者

于东南大学成贤学院

目　录

绪　论

力学是研究物体机械运动一般规律的学科。随着生产和科学技术的发展，力学已形成多种不同的学科或分支。作为应用型工科院校的一门基础力学课程——工程力学，则是众多力学学科分支中最基础的部分。

§0.1　工程力学（Ⅰ）的研究内容

工程力学（Ⅰ）是研究物体机械运动一般规律的科学。

机械运动是指物体在空间位置随时间而发生的变化，自然界中的一切物质都是相互联系和相互作用的，构成了物质世界各种不同的运动形式，包括热、声、光、电磁、化学及生命现象。在物质的各种运动形式中，机械运动是最为常见也是最基本的运动形式。物体的平衡是机械运动的特殊情况，所以工程力学（Ⅰ）也研究物体的平衡规律。由于物体之间的相互作用，即力的作用，使物体的运动状态发生改变，因此，工程力学（Ⅰ）研究作用于物体上的力与运动之间的关系。理论力学研究机械运动最基本最普遍的规律，是各门力学学科的基础。

工程力学（Ⅰ）研究的内容是以伽利略和牛顿所总结的基本定律为基础的，属于经典力学的范畴，不适用于速度接近光速的物体的运动，也不适用于微观粒子的运动。但是，在一般的工程问题中，物体都是宏观的，且其运动速度远远小于光速，应用经典力学理论研究这些物体的运动是足够精确的。所以，经典力学在日常生活和各种工程中具有非常重要的实用价值，是各种工程技术学科的基础。

工程力学（Ⅰ）的内容可分为三部分，即**静力学**、**运动学**和**动力学**。静力学研究物体在力系作用下平衡的普遍规律。运动学是以几何的观点研究物体的运动，而不考虑作用于物体上的力。动力学研究作用于物体上的力与物体运动之间的关系。

§0.2　工程力学（Ⅰ）的研究方法

工程力学（Ⅰ）研究的问题，都是工程或生活实际中的问题。遵循认识论的规律，其研究方法首先是从生活、工程或试验中观察各种现象，从复杂的现象中抓住共性，找出反映事物本质的主要因素，略去次要因素，经过简化，把做机械运动的实际物体抽象为力学模型。建立力学模型是工程力学研究方法中很重要的一个步骤。因为实际中的力学问题往往是很复杂的，这就需要对同一个研究对象，为了不同的研究目的，进行多次试验，反复观察，仔细分析，抓住问题的本质，做出正确的假设，使问题理想化或简化，从而达到在满足一定精确度的要求下用简单的模型解决问题的目的。

工程力学（Ⅰ）的研究与数学有着密切的关系，建立了力学模型以后，还要按照机械运动的基本规律和力学定理，对力学模型进行数学描述，建立力学量之间的数量关系，得到力学方程，即数学模型。然后，经过逻辑推理和数学演绎进行理论分析和计算，或用计算机求数值解。最后，所得到的结果和结论是否正确，还要进一步通过试验或工程实践来检验。

§0.3 工程力学（Ⅰ）的任务

工程力学（Ⅰ）和现代工程技术有着极为广泛的联系，现代生产和科学技术的飞速发展对力学提出了更多更高的要求。例如，人造卫星的发射和航天飞机的研制，就要涉及火箭的轨道计算和制导及卫星姿态控制等问题。工业生产过程自动化的发展，机器人的研发，要求在控制理论和多刚体系统设计理论方面有相应的发展等。这些问题的研究都涉及工程力学的基本概念。随着现代科学技术的进一步发展，力学理论已渗透到其他科学领域，形成了大批新的力学分支学科，因此，工程力学（Ⅰ）不仅是一门基础科学，也是现代工程技术的重要理论基础之一。必须掌握这些基础理论，才有可能去研究不断出现的新理论和新技术。

工程力学（Ⅰ）将阐述质点、质点系、刚体和刚体系统运动的基本规律。这些知识为学习一系列后继课程，如工程力学（Ⅱ）、结构力学、振动力学、流体力学和弹塑性力学等专业课程提供理论基础。因此，工程力学（Ⅰ）是应用型普通高等工科院校的一门重要的学科基础课。

此外，工程力学的分析和研究方法在科学研究中具有一定的代表性，有助于培养学生的辩证唯物主义世界观，以及分析问题和解决问题的能力。使学生在学习工程力学课程的过程中，了解和掌握机械运动的基本规律和研究方法，逐步发展形成科学的逻辑思维能力，对实际问题进行抽象简化和分析，以及工程应用的能力，为今后进一步的学习活动和技术创新工作奠定基础。

第 1 章　物体的受力分析

教学要求：

1. 正确理解和掌握五个静力学公理；
2. 熟悉常见约束的性质，能正确画出常见约束的约束力；
3. 熟练掌握物体的受力分析方法，能正确画出物体的受力图。

本章首先介绍作为静力学理论基础的五个静力学公理，然后介绍几种常见约束类型，最后讨论物体的受力分析。这些内容是研究静力平衡问题的基础。

§1.1　静 力 学 公 理

在静力分析方面，经过长期的经验积累与总结，以及实践的检验，表明是符合客观实际的普遍规律，称为**静力学公理**。静力学公理是研究静力平衡问题的基础和依据。

公理 1　力的平行四边形法则

作用于物体上同一点的两个力可以合成为一个合力，合力也作用于该点，其大小和方向，由该两分力为邻边所构成的平行四边形的对角线表示。

根据公理 1，合力矢 $\boldsymbol{F}_{\mathrm{R}}$ 等于这两个分力矢 $\boldsymbol{F}_1$ 和 $\boldsymbol{F}_2$ 的矢量和 [见图 1.1 (a)]，可用下列矢量等式表示为

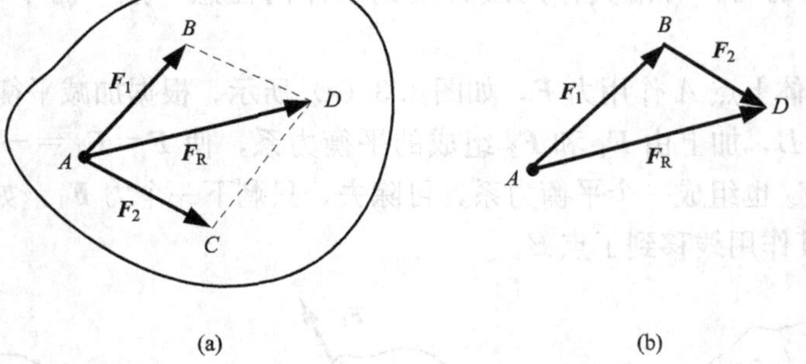

图 1.1

$$\boldsymbol{F}_{\mathrm{R}}=\boldsymbol{F}_1+\boldsymbol{F}_2$$

为简便起见，作图时可采用力三角形求得合力 $\boldsymbol{F}_{\mathrm{R}}$，如图 1.1 (b) 所示。公理 1 是复杂力系简化的基础。

公理 2　二力平衡条件

受两力作用的刚体，其平衡的必要和充分条件是：此两力的大小相等、方向相反，并且作用在同一直线上。

这是最简单力系平衡时必须满足的条件。例如，不计重量的拉杆 AB，其两端分别受到两个力 $\boldsymbol{F}_A$ 和 $\boldsymbol{F}_B$ 的作用［见图 1.2（a）］，由经验可知，要使拉杆平衡，这两个力必须而且只须大小相等、方向相反，且作用在同一直线上。再如，钢丝绳提升重物［见图 1.2（b）］，重物受到钢丝绳拉力 $\boldsymbol{F}_{\mathrm{T}}$ 和重力 $\boldsymbol{G}$ 的作用，这两个力方向相反，且作用在同一直线上。实践表明，要使重物匀速上升、匀速下降或静止（即处于平衡状态），必须且只须使 $F_{\mathrm{T}}=G$。

在两个力作用下且处于平衡的刚体称为二力体。如果物体是杆件或构件，则称为二力杆或二力构件。

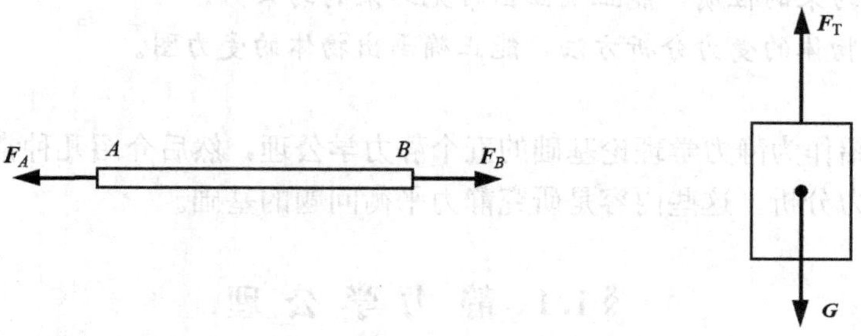

(a) (b)

图 1.2

公理 3 加减平衡力系原理

在任一原有力系上加上或减去任意的平衡力系，与原力系对刚体的作用效果等效。

此公理只是对刚体而言的，是研究力系等效代换的基础。应用该公理可以得出如下重要推论：

推论 力的可传性

作用在刚体上的力，可沿其作用线移动到刚体内任意一点，而不改变此力对刚体的效应。

事实上，在刚体上点 A 作用力 $\boldsymbol{F}$，如图 1.3（a）所示。根据加减平衡力系原理，在力的作用线上任取一点 B，加上由 $\boldsymbol{F}_1$ 和 $\boldsymbol{F}_2$ 组成的平衡力系，使 $\boldsymbol{F}=\boldsymbol{F}_1=-\boldsymbol{F}_2$，如图 1.3（b）所示。由于 $\boldsymbol{F}$ 和 $\boldsymbol{F}_2$ 也组成一个平衡力系，可除去，只剩下一个力 $\boldsymbol{F}_1$，如图 1.3（c）所示。这样，原力 $\boldsymbol{F}$ 沿其作用线移到了点 B。

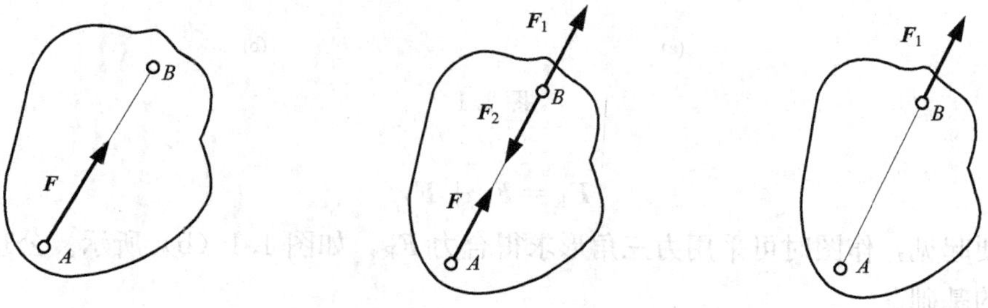

(a) (b) (c)

图 1.3

必须指出，力的可传性只适用于刚体而不适用于变形体。

根据力的可传性，作用于刚体上某点的力，力的三要素成为大小、方向和作用线，这样力矢就可以沿其作用线滑动。因此，作用于刚体上的力是**滑动矢量**。

公理 4　作用和反作用定律

两个物体间相互作用的一对力，总是大小相等、方向相反、作用线相同，且分别作用于这两个物体上。

必须把作用和反作用定律与二力平衡条件严格地区别开来。作用和反作用定律表明两个物体相互作用的力学性质，而二力平衡条件则说明一个刚体在两个力作用下处于平衡时两个力应满足的条件。

二力平衡条件和作用与反作用定律的区别是什么？

公理 5　刚化原理

变形体在力系作用下处于平衡状态时，如将变形后的物体刚化为刚体，其平衡状态保持不变。

例如，绳 AB 在等值、反向、共线的两个拉力 $\boldsymbol{F}_1$ 和 $\boldsymbol{F}_2$ 作用下处于平衡［见图 1.4（a)］，则由刚化原理可知，假想 AB 为刚杆，则此刚杆在原力系作用下仍然处于平衡。这就是说，变形体平衡时力系必须满足刚体平衡时所需满足的平衡条件。但应注意，满足了刚体平衡条件，对变形体来说并不一定平衡。如图 1.4（b）所示，刚杆 AB 在等值、反向、共线的两个压力 $\boldsymbol{F}_1$ 和 $\boldsymbol{F}_2$ 作用下处于平衡，但若把刚杆 AB 看成柔软的绳索，则就不可能处于平衡了。由此得出结论，刚体的平衡条件是变形体平衡的必要条件，而不是充分条件。

图 1.4

刚化原理建立了刚体静力学和变形体静力学之间的联系，对于研究变形体静力学具有重要的意义。

§1.2　约束与约束力

限制物体运动的条件称为**约束**。在土木工程中所遇到的约束，往往都是由研究对象周围与其直接接触的物体所构成的。例如，基础就是上面所建房屋的约束，支撑墙就是预制混凝土楼板的约束，桥墩就是桥梁的约束等。

既然约束能够限制物体沿某些方向的位移，因而当物体沿着约束所限制方向有运动趋势时，约束就与物体之间互相存在着作用力。约束对被约束物体的作用力称为**约束力**。约束力以外的其他力统称为**主动力**。在结构设计中，主动力往往是根据设计要求和实际情况预先给定的。而约束力往往是未知的，需要根据约束情况，应用平衡条件求得。

工程中大量平衡问题是作用于物体上的主动力与约束力的平衡，因此研究约束及其约束力的特征具有十分重要的意义。下面介绍工程中常见的几种基本约束类型，并对其约束力进行分析。

1. 柔索

工程中的钢丝绳、皮带、链条都可以简化为柔索。其特点是不计自重，不可伸长，只能承受拉力。因此，柔索对物体的约束力 $\boldsymbol{F}_{\mathrm{T}}$，如图 1.5 所示，作用在接触点上，方位一定沿着柔索，其指向则背离物体。

2. 光滑接触面

若两物体接触面之间的摩擦力很小，可以略去不计，则认为接触面是“光滑”的。如物体搁置在光滑支承面上［见图 1.6（a）］，支承面只能限制物体沿接触面公法线向支承面内部的位移，而不能限制物体沿其切线方向的位移。因此，光滑接触面对被约束物体的约束力，作用在接触点上，方向沿接触面公法线并指向被约束的物体。这种约束力称为法向约束力，用 $\boldsymbol{F}_{\mathrm{N}}$ 表示。直杆搁置在凹槽中，如图 1.6（b）所示，A、B、C 三点受到约束。假定接触面是光滑的，则其约束力分别为 $\boldsymbol{F}_{\mathrm{NA}}$、$\boldsymbol{F}_{\mathrm{NB}}$、$\boldsymbol{F}_{\mathrm{NC}}$，而方向垂直相应的接触面。

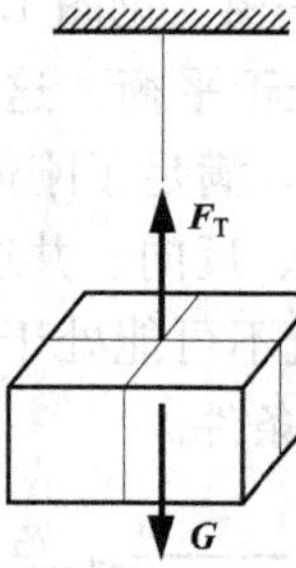

图 1.5

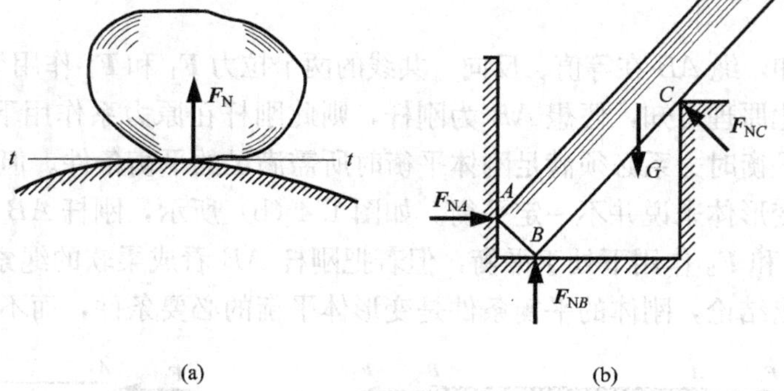

图 1.6

3. 光滑圆柱铰链

光滑圆柱铰链约束是由两个带有圆孔的构件通过圆柱销钉连接而构成的，在工程中有如下多种具体形式。

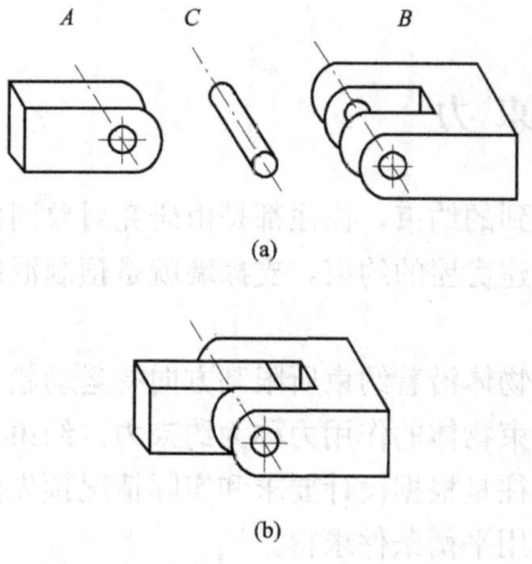

图 1.7

（1）**中间铰链**。在工程中常用圆柱销钉将两个带销钉孔的构件连接在一起（见图 1.7），并且假定销钉和孔是光滑的，构成**中间铰链**。这样被约束的两个构件只能绕销钉的轴线做相对转动。

图 1.8 是垂直于销钉轴线的结构对称面视图。由图 1.8可知，如果摩擦较小可以略去，销钉与构件实际上是以两个光滑圆柱面相接触的。按照光滑接触约束力的特点，销钉对构件的约束力 $\boldsymbol{F}_A$ 应沿圆柱在接触点 A 的公法线方向［见图 1.8（a）］。由于约束力方向不能预先确定，所以约束力 $\boldsymbol{F}_A$ 的方向也不能预先确定。因此，在受力分析中，通常将中间铰链的约束力用两个正交分力 $\boldsymbol{F}_{Ax}$、$\boldsymbol{F}_{Ay}$ 表示［见图 1.8（b）］。

（2）**固定铰链支座**。工程上常用铰链将桥梁钢架、起重机的起重臂等构件同支座或机架等连接起来，构成固定铰链支座。图 1.9（a）表示桥架 A

端用固定铰链支座支承。固定铰链支座的构造如图 1.9（b）所示，用圆柱销钉把桥梁钢架同固定支座连接起来，通常用图 1.9（c）所示的简化图来表示固定铰链支座。固定铰链支座的约束力方向往往不能预先确定，因此可以用两个正交分力 $\boldsymbol{F}_{Ax}$、$\boldsymbol{F}_{Ay}$ 来表示。

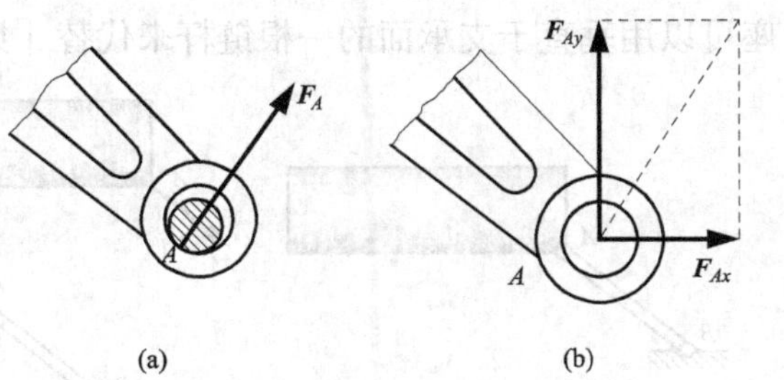

图 1.8

（3）**滚动铰链支座（辊轴支座）**。如果在支座和支承面之间有辊轴，就称为滚动铰链支座或辊轴支座，图 1.9（a）所示桥架的 B 端为滚动铰链支座，其构造如图 1.9（d）所示。图 1.9（e）是滚动铰链支座的简化图。因为有了辊轴，且支承面可以看作光滑的，支座对结构沿支承面的运动没有限制，因此，滚动铰链支座的约束力垂直于支承面。

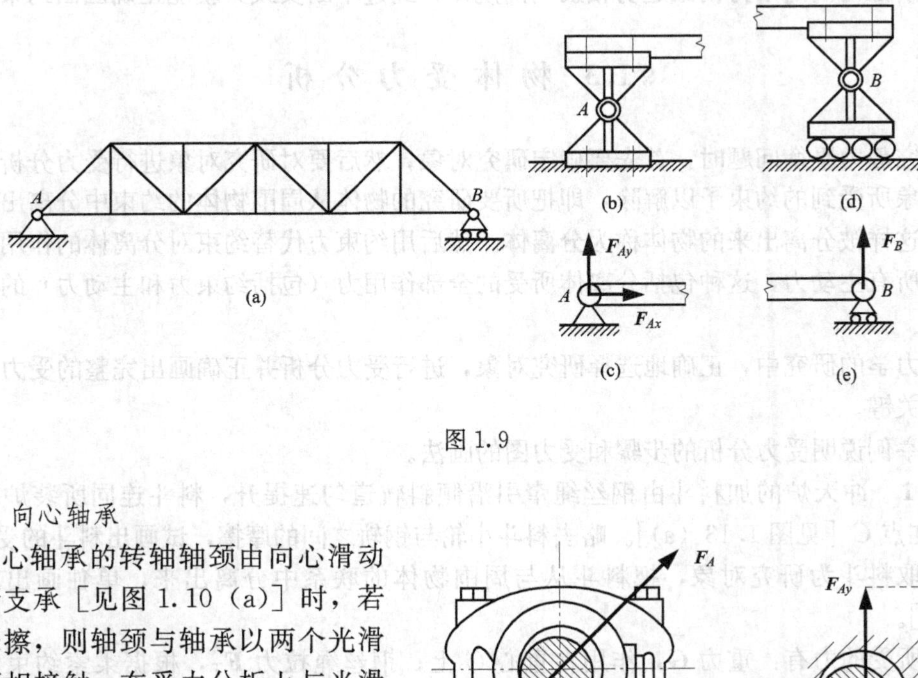

图 1.9

4. 向心轴承

向心轴承的转轴轴颈由向心滑动轴承所支承［见图 1.10（a）］时，若略去摩擦，则轴颈与轴承以两个光滑圆柱面相接触。在受力分析上与光滑圆柱销钉连接是相同的。径向轴承约束力的作用线在垂直于轴线的对称平面内，其方向不能预先确定，故可用两个正交分力 $\boldsymbol{F}_{Ax}$、$\boldsymbol{F}_{Ay}$ 表示，如图 1.10（b）所示。

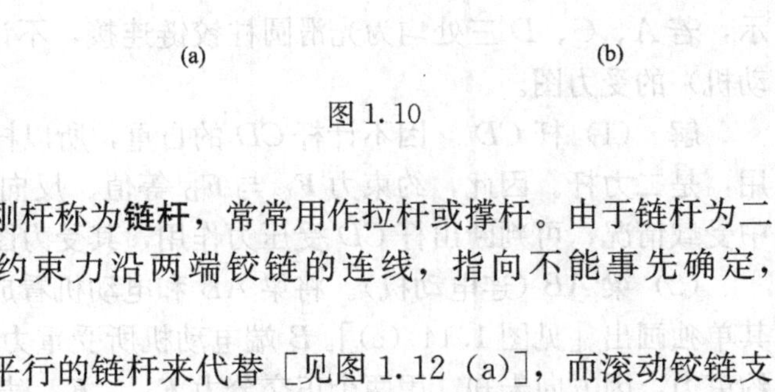

图 1.10

5. 链杆

两端用光滑铰链连接且不计自重的刚杆称为**链杆**，常常用作拉杆或撑杆。由于链杆为二力杆，既能受拉又能受压，故链杆的约束力沿两端铰链的连线，指向不能事先确定，如图 1.11 所示。

因此，固定铰链支座可以用两根不平行的链杆来代替［见图 1.12（a）］，而滚动铰链支座可以用垂直于支承面的一根链杆来代替［见图 1.12 (b)］。

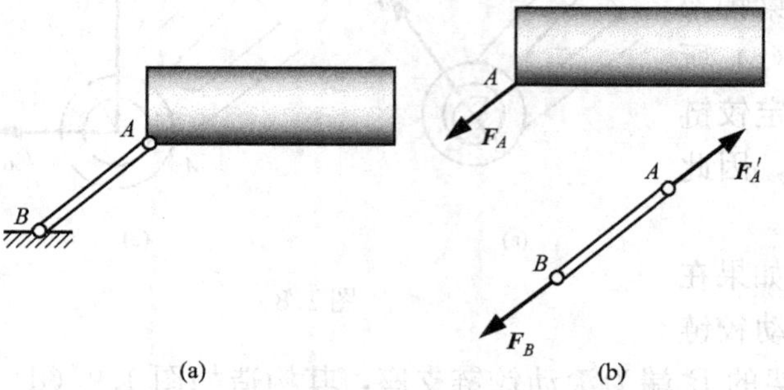

图 1.11

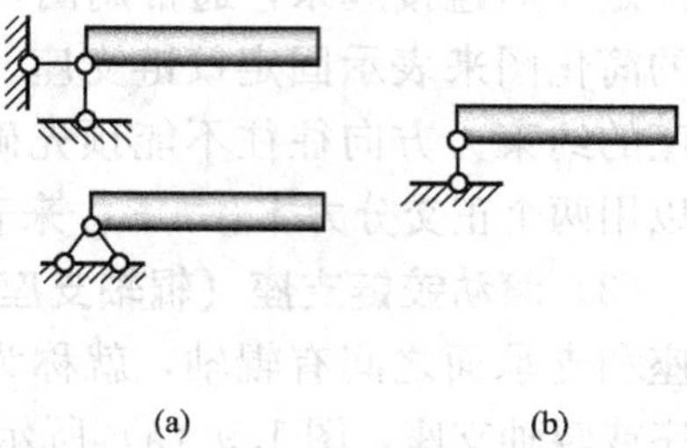

图 1.12

除以上几种常见的约束外，在工程中还会不断地遇到新的约束，但只要掌握了**“约束力的方向与所阻碍的运动方向或趋势相反”**的规律，经过不断实践，就能正确画出约束力。

§1.3 物 体 受 力 分 析

在研究静力平衡问题时，首先要确定研究对象，然后要对研究对象进行受力分析。设想把研究对象所受到的约束予以解除，即把所要研究的物体从周围物体的约束中分离出来，单独画出。这样被分离出来的物体称为**分离体**。然后用约束力代替约束对分离体的作用，并画出其上的所有主动力，这种包括分离体所受的全部作用力（包括约束力和主动力）的图称为**受力图**。

在静力学的研究中，正确地选择研究对象，进行受力分析并正确画出完整的受力图是解决问题的关键。

下面举例说明受力分析的步骤和受力图的画法。

例 1.1 冲天炉的加料斗由钢丝绳牵引沿倾斜轨道匀速提升，料斗连同所装炉料共重 $\boldsymbol{G}$，重心在点 C［见图 1.13 (a)］。略去料斗小轮与钢轨之间的摩擦，试画出料斗的受力图。

解 取料斗为研究对象，把料斗从与周围物体的联系中分离出来，单独画出［见图 1.13 (b)］。

料斗所受的力有：重力 $\boldsymbol{G}$，作用在重心 C 上；钢丝绳拉力 $\boldsymbol{F}_{\mathrm{T}}$，根据柔索约束力的特性，其方向沿钢丝绳，且为拉力；铁轨对车轮的约束力 $\boldsymbol{F}_{\mathrm{NA}}$、$\boldsymbol{F}_{\mathrm{NB}}$，根据光滑接触面约束力的特性，应垂直于钢轨，且指向车轮。料斗的受力图如图 1.13 (b) 所示。

例 1.2 梁 AB 的 B 端安装着重为 $\boldsymbol{P}$ 的电动机，并用直杆 CD 支撑，如图 1.14 (a) 所示，若 A、C、D 三处均为光滑圆柱铰链连接，不计梁和直杆的重量，试画出梁 AB（连电动机）的受力图。

解 (1) 杆 CD。因不计杆 CD 的自重，所以杆上只受到两端铰链的约束力 $\boldsymbol{F}_C$、$\boldsymbol{F}_D$ 作用，是二力杆。因此，约束力 $\boldsymbol{F}_C$ 与 $\boldsymbol{F}_D$ 等值、反向、共线，其指向可任意假设。根据本题中受载情况，可判断出杆 CD 受压力作用，其受力图如图 1.14 (b) 所示。

(2) 梁 AB（连电动机）。将梁 AB 和电动机看成一个整体作为研究对象，解除约束后将其单独画出［见图 1.14 (c)］。B 端电动机所受重力用 $\boldsymbol{P}$ 表示。A 端受到固定铰支座施加的约束力，因方向未知，用两个正交分力 $\boldsymbol{F}_{Ax}$、$\boldsymbol{F}_{Ay}$ 表示。梁在铰链 C 处受到二力杆 CD 施加

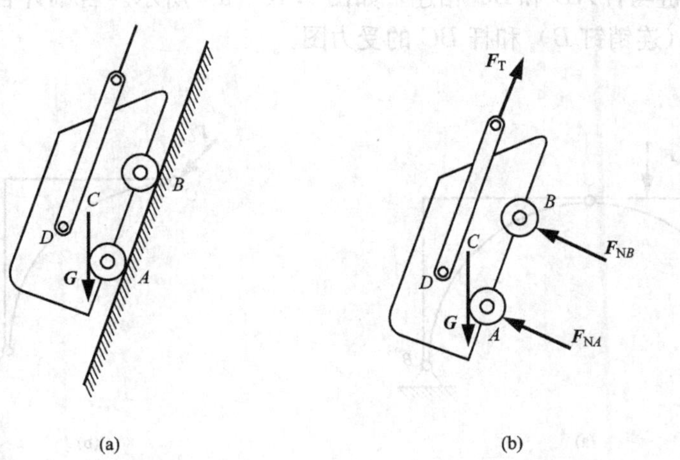

图 1.13

的约束力 F'_C 的作用，由作用与反作用定律可知，F'_C 与 F_C 等值、反向、共线。

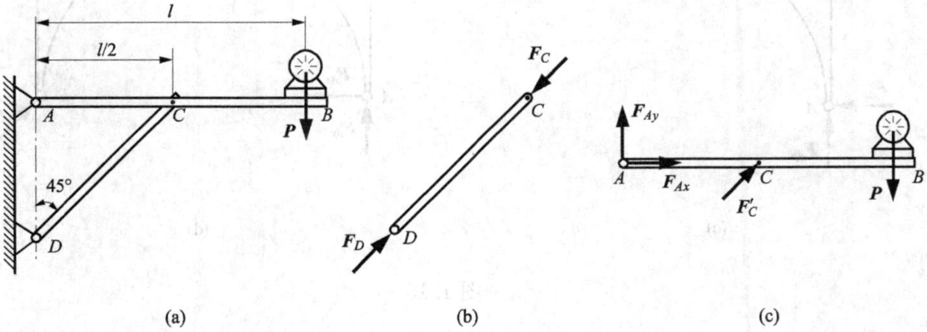

图 1.14

例 1.3　如图 1.15（a）所示的三铰拱 ABC，在拱 AC 上作用荷载 $\boldsymbol{F}$，不计拱的自重。试分别画出拱 AC、CB 及整个系统的受力图。

解　(1) 拱 CB。因不计自重，拱 CB 为二力构件，则 $\boldsymbol{F}_B=-\boldsymbol{F}_C$，其受力图如图 1.15（b）所示。

(2) 拱 AC。根据作用和反作用定律，在铰链 C 处受到拱 CB 施加的约束力 $\boldsymbol{F}'_C$，且 $\boldsymbol{F}'_C=-\boldsymbol{F}_C$。在 A 处固定铰链支座施加的约束力，由于方向未定，可用两个大小未知的正交分力 $\boldsymbol{F}_{Ax}$ 和 $\boldsymbol{F}_{Ay}$ 表示。其受力图如图 1.15（c）所示。

(3) 整个系统。由于中间铰链 C 处所受的力是内力，它们成对出现，不影响系统的平衡，因而受力图上只要画出系统以外的物体施加于系统的外力。画出荷载 $\boldsymbol{F}$，根据二力平衡条件确定 $\boldsymbol{F}_B$ 的作用线，A 处约束力用两个正交分力 $\boldsymbol{F}_{Ax}$ 和 $\boldsymbol{F}_{Ay}$ 表示。其受力图如图 1.15（d）所示。

若考虑左右两拱的自重，试作上述各研究对象的受力图。

例 1.4　杆 AB 和 BC 在 B 处用铰链连接，在 B 处作用一力 $\boldsymbol{F}_1$，在 H 处作用一力 $\boldsymbol{F}_2$。

杆 DE 分别用铰链与杆 AB 和 BC 相连，如图 1.16（a）所示。若不计各杆自重和摩擦，试分别画出杆 AB（连销钉 B）和杆 BC 的受力图。

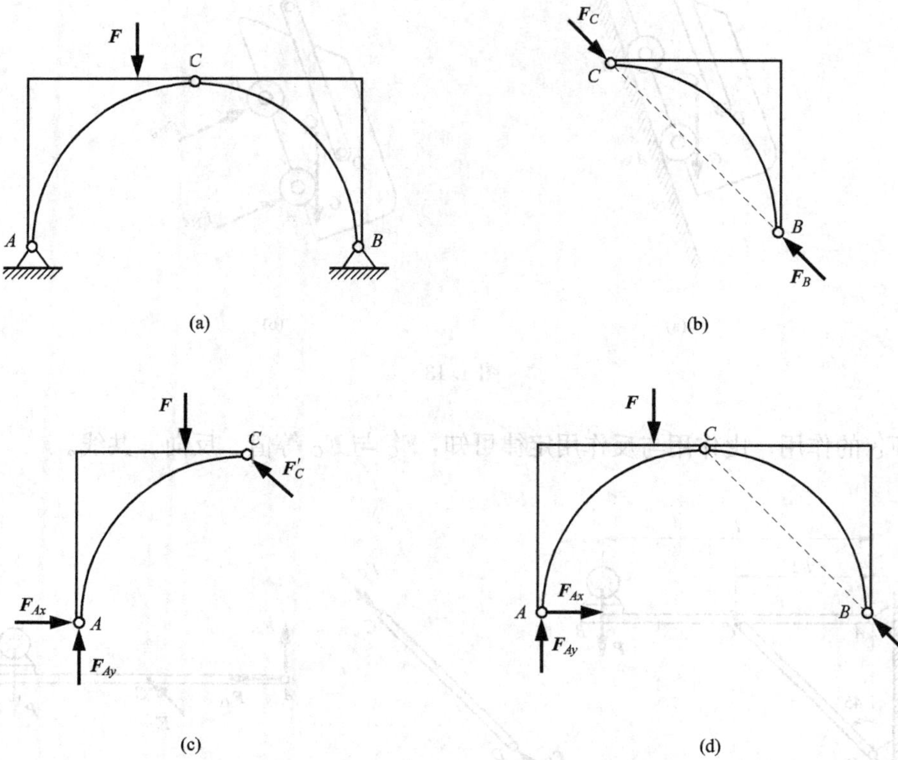

图 1.15

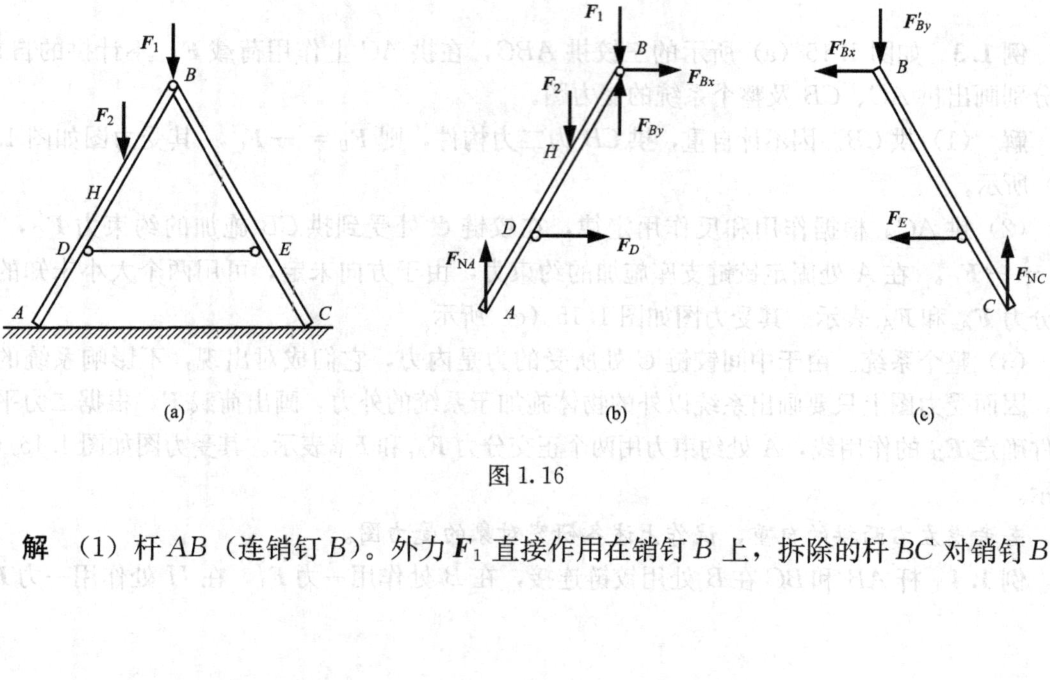

图 1.16

解 （1）杆 AB（连销钉 B）。外力 $\boldsymbol{F}_1$ 直接作用在销钉 B 上，拆除的杆 BC 对销钉 B 施

加的约束力，因方向未知，用两个正交分力 $\boldsymbol{F}_{Bx}$、$\boldsymbol{F}_{By}$ 表示；地面为光滑接触面，杆 AB 的 A 端受到法向约束力 $\boldsymbol{F}_{NA}$ 的作用；杆 DE 是二力杆，受到沿杆轴线方向的力 $\boldsymbol{F}_D$ 作用。因此，杆 AB（连销钉 B）的受力图如图 1.16（b）所示。

（2）杆 BC。杆 BC 的孔 B 受到销钉 B 施加的正交分力 $\boldsymbol{F}'_{Bx}$、$\boldsymbol{F}'_{By}$ 是杆 AB 上力 $\boldsymbol{F}_{Bx}$、$\boldsymbol{F}_{By}$ 的反作用力；C 处受到光滑接触面法向约束力 $\boldsymbol{F}_{NC}$ 的作用；E 处受到沿二力杆 DE 轴线方向的力 $\boldsymbol{F}_E$ 作用。杆 BC 的受力图如图 1.16（c）所示。

请读者考虑，若分别取杆 AB、杆 BC（连销钉 B）为研究对象，则其受力图又应如何来画？

画受力图时必须注意如下几点：

（1）要根据约束的性质来确定约束力分量数目和方向，而不能凭主观臆测。

（2）受力图上只画外力，不画内力，力要画全，不要漏画，每个力都应明确其相应的施力物体。

（3）两接触物体的相互作用力，其方向和符号必须符合作用与反作用定律，如例 1.4 中的 $\boldsymbol{F}_{Bx}$、$\boldsymbol{F}_{By}$ 和 $\boldsymbol{F}'_{Bx}$、$\boldsymbol{F}'_{By}$。作用力方向一经确定，其反作用力方向就应与之相反。

（4）尽管作用于刚体的力是滑移矢，但在画受力图时，一般不宜随便移动力的作用点位置。外荷载也应原样画出，不要进行简化，以便为研究变形体力学打下良好基础。

§1.4　工程应用实训

1.1　三角形管道支架固定在砖墙上，如图 1.17 所示。支架有两根等边角钢与节点板构成。节点 A、B、C 均采用焊接。试对支架进行合理简化，画出力学计算简图。

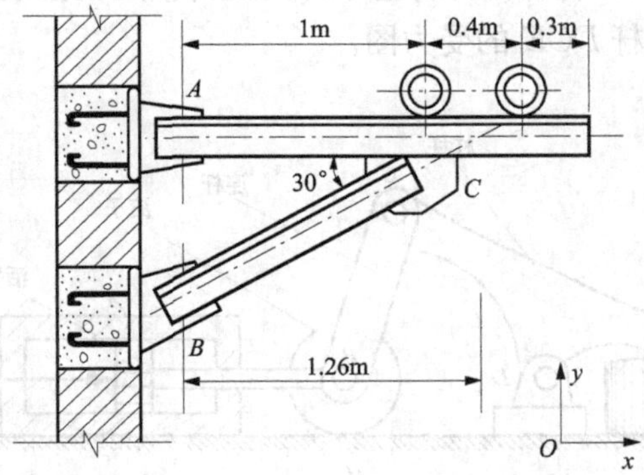

图 1.17

1.2　木屋架如图 1.18（a）所示。屋架由钢杆和木杆组成，两端直接搁在墙上。节点①处为木榫连接螺栓加固，如图 1.18（b）所示。节点②处为木榫连接箍钉加固及螺栓连接，如图 1.18（c）所示。试对木屋架进行合理简化，画出力学计算简图。

1.3　若杆件自重不计，不计摩擦，试分析图 1.19 所示的受力图是否正确，并说明原因和改正错误。

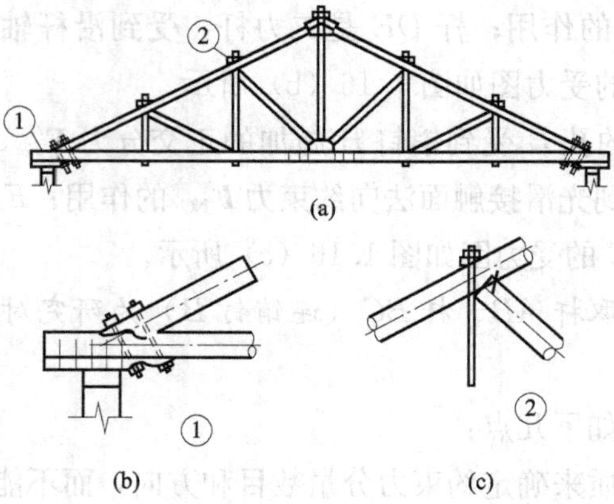

图 1.18

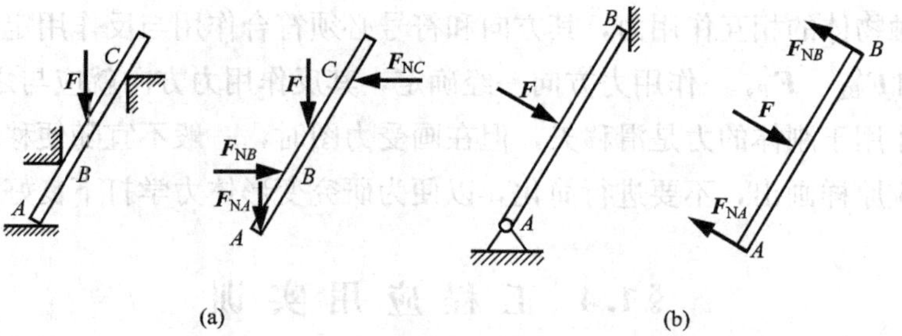

图 1.19

1.4　油压夹紧装置如图 1.20 所示，油压力通过活塞 A 传给连杆 BC，再由杠杆 DCE 将压力增大，以夹紧工件 I，若各构件自重不计，试对油压夹紧装置进行受力分析，并分别画出活塞 A、滚子 B 和杠杆 DCE 的受力图。

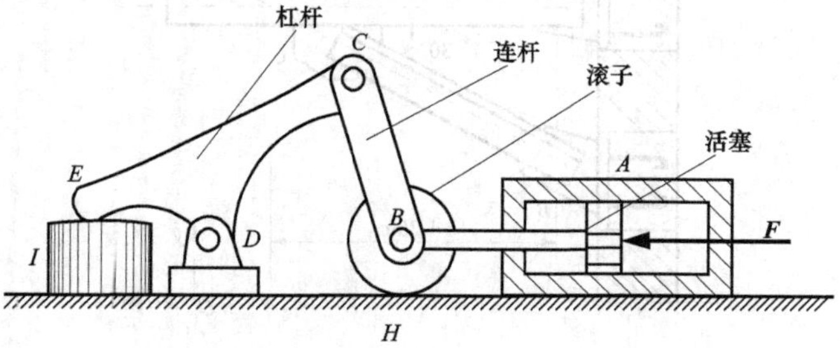

图 1.20

1.5　挖掘机简图如图 1.21 所示，液压缸 HF 可使大臂 AB 动作，液压缸 EC 可使斗杆 CD 动作，斗杆 CD 上的液压缸可控制铲斗 D 的运动。试对挖掘机进行受力分析，并分别画出大臂 AB 及斗杆与铲斗组合体 CD 的受力图。

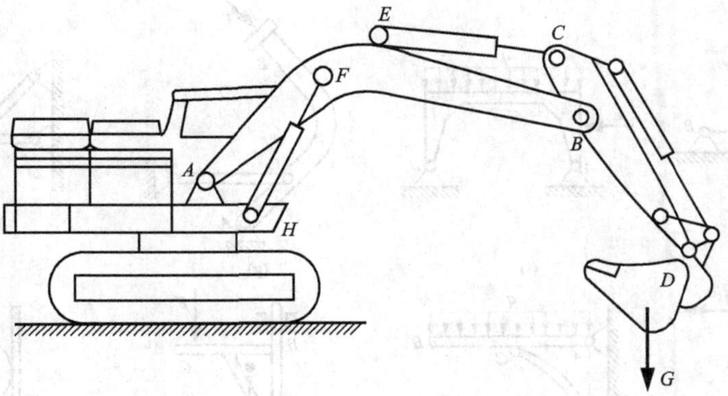

图 1.21

习　题

1.1　指出题 1.1 图中的二力构件。

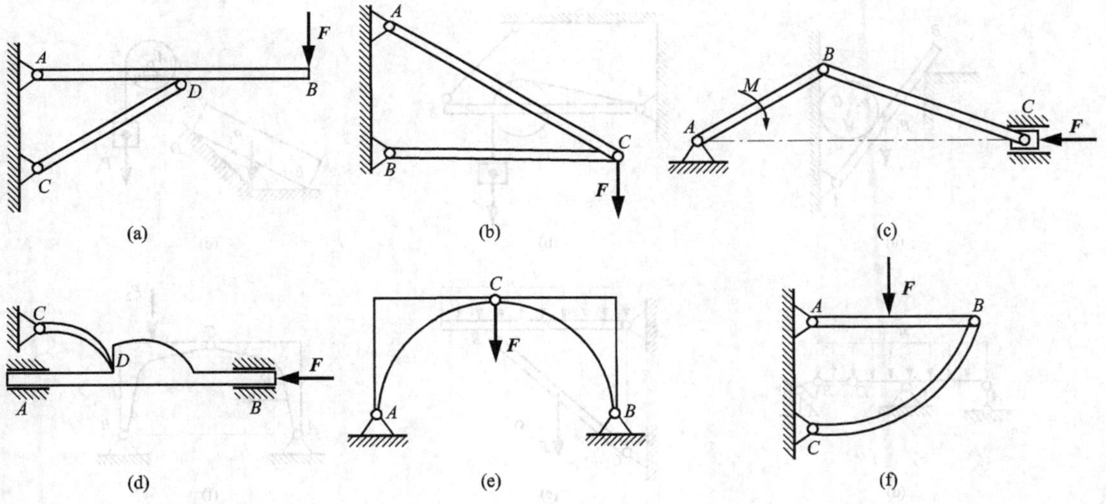

题 1.1 图

1.2　画出题 1.2 图所示中物体 A、ABC 或构件 AB、AC 的受力图。未画重力的各物体的自重不计，所有接触处均为光滑接触。

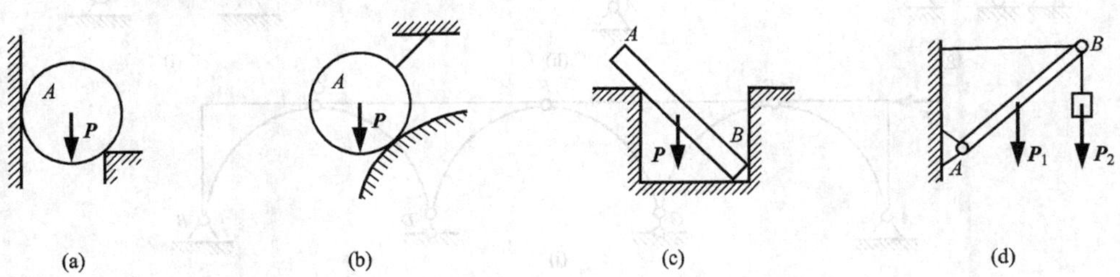

题 1.2 图（一）

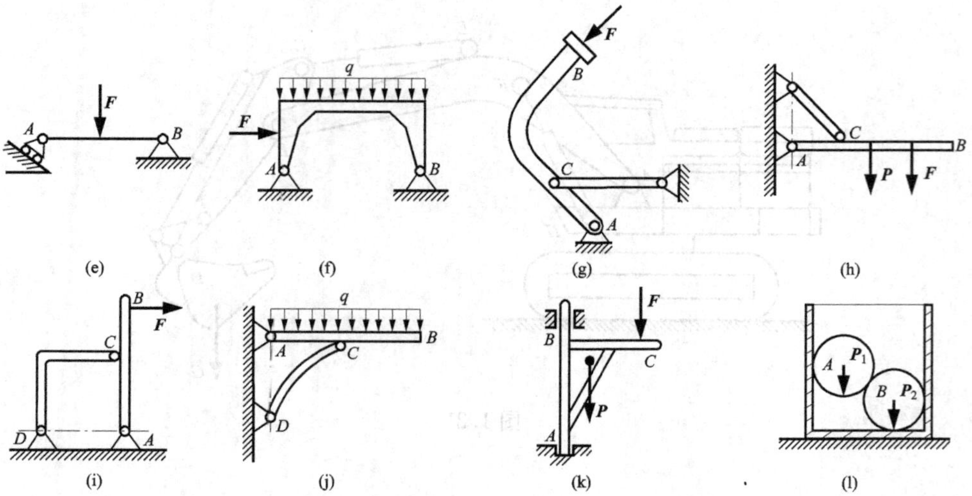

题 1.2 图（二）

1.3　画出题 1.3 图中标注字母构件的受力图。未画重力的物体的重量均不计，所有接触处均为光滑接触。

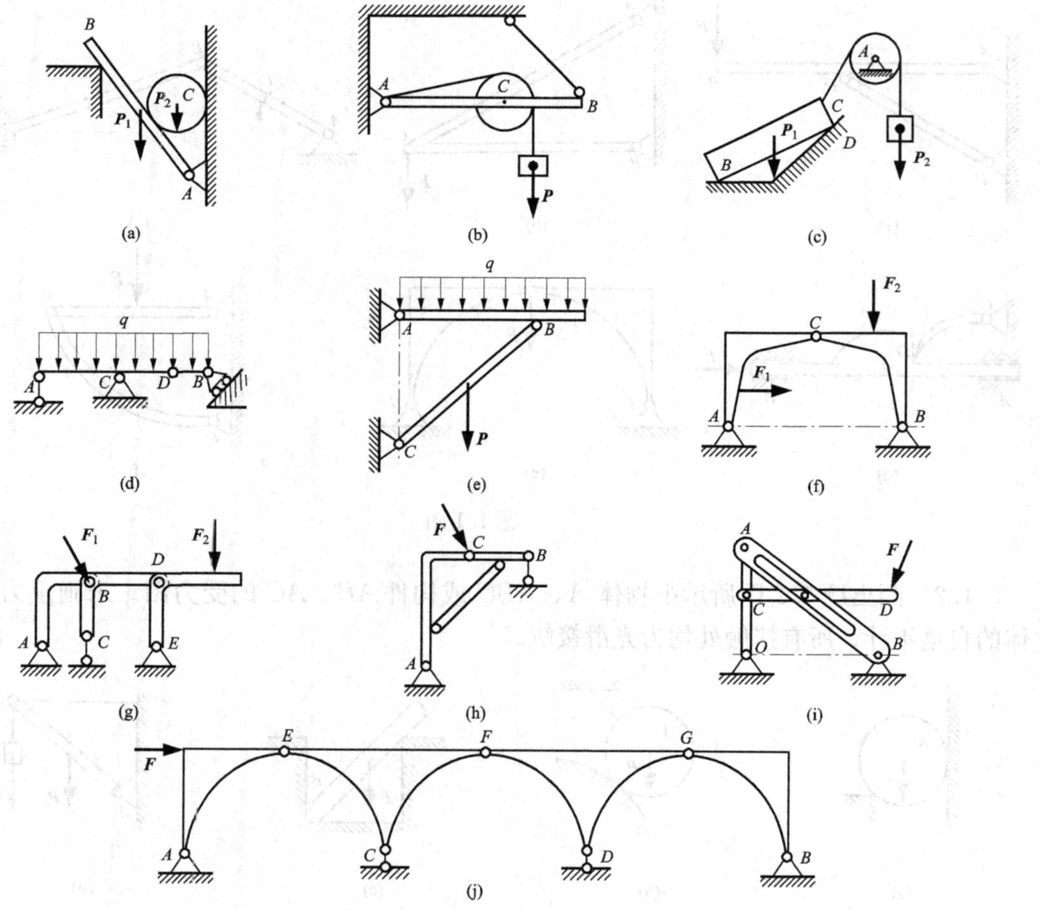

题 1.3 图

第2章 平 面 力 系

教学要求：

1. 正确理解平面汇交力系的合成与平衡条件，能熟练求解平面汇交力系的平衡问题；
2. 正确理解平面力偶矩的概念，掌握平面力偶系的合成与平衡条件并能熟练应用；
3. 掌握平面任意力系的简化；
4. 能熟练应用平面任意力系的平衡方程求解平衡问题；
5. 掌握求解平面简单桁架内力的节点法和截面法。

按照力系中各力的作用线是否在同一平面内的情况，可将力系分为**平面力系**和**空间力系**两类。对平面力系进行平衡分析计算，不但在实际工程技术问题中有广泛的应用，而且也是空间力系平衡分析的基础。若作用于物体上的力分布在或可以等效简化到同一平面内，均可作为平面力系进行分析。

本章先讨论两种基本的平面力系，即平面汇交力系和平面力偶系的简化和平衡条件，然后讨论平面任意力系的简化和平衡条件及工程应用。

§2.1 平 面 汇 交 力 系

所谓平面汇交力系是指各力的作用线都位于同一平面内且汇交于同一点。

1. 力在坐标轴上的投影

设在刚体上点 A 作用一力 $\boldsymbol{F}$，为求力 $\boldsymbol{F}$ 在 x 轴上的投影，可通过力 $\boldsymbol{F}$ 的两端 A 和 B 分别向 x 轴作垂线，垂足为 a 和 b（见图 2.1），线段 ab 的长度冠以适当的正负号就表示这个力在 x 轴上的投影，记为 F_x。如果从 a 到 b 的指向与投影轴 x 的正向一致，则力 $\boldsymbol{F}$ 在 x 轴上的投影 F_x 为正值；反之，为负值。

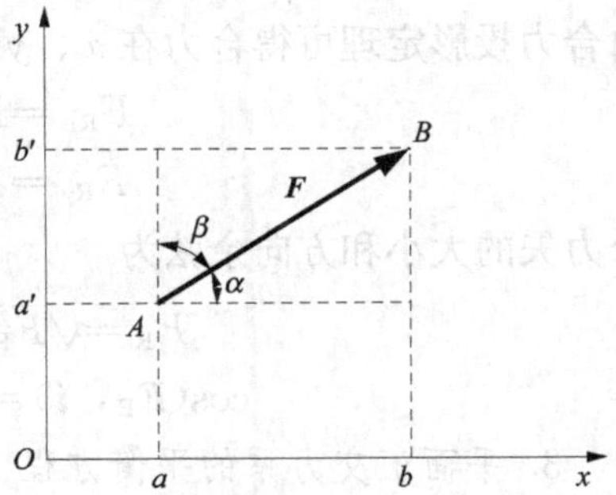

图 2.1

若力 $\boldsymbol{F}$ 与 x 轴之间的夹角为 α，$\boldsymbol{F}$ 与 y 轴之间的夹角为 β，则有

$$\left.\begin{aligned} F_x &= F\cos\alpha \\ F_y &= F\cos\beta \end{aligned}\right\} \tag{2.1}$$

即力在某轴上的投影，等于力的大小乘以力与该轴的正向间夹角的余弦。当夹角为锐角时，投影为正值；当夹角为钝角时，投影为负值。可见，力在轴上的投影是个**代数量**。

2. 平面汇交力系的合成

设有一作用于刚体上的平面汇交力系 $\boldsymbol{F}_1$、$\boldsymbol{F}_2$、$\boldsymbol{F}_3$、$\boldsymbol{F}_4$，如图 2.2 (a) 所示，设其作用线共同汇交于同一点 O。根据力的可传性，可将各力沿其作用线移动到汇交点 O，如

图 2.2（b）所示。为求力系合力，可连续应用力三角形法则将各力依次合成，即先将力 $\boldsymbol{F}_1$ 与 $\boldsymbol{F}_2$ 合成为一合力 $\boldsymbol{F}_{R1}$，再将力 $\boldsymbol{F}_{R1}$ 与 $\boldsymbol{F}_3$ 合成为一合力 $\boldsymbol{F}_{R2}$。最终，得到过汇交点 A 的合力 $\boldsymbol{F}_R$。

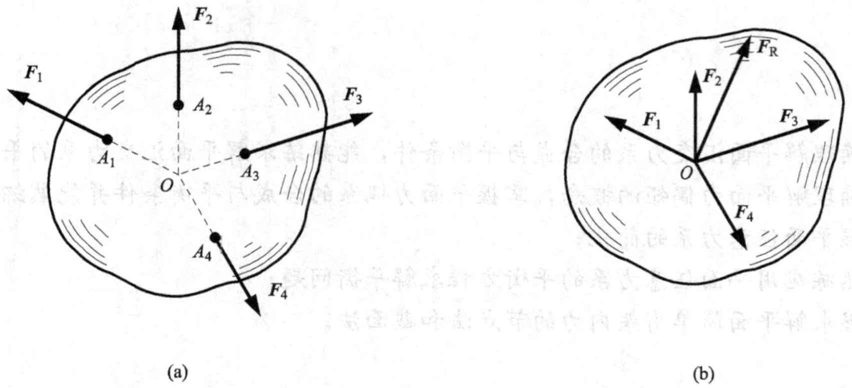

图 2.2

上述方法可推广到由 n 个力组成的平面汇交力系的情况，从而可得如下结论：**平面汇交力系一般可合成为一合力，合力作用线通过力系的汇交点，合力矢等于各力的矢量和**，即

$$\boldsymbol{F}_R = \boldsymbol{F}_1 + \boldsymbol{F}_2 + \cdots + \boldsymbol{F}_n = \sum_{i=1}^{n} \boldsymbol{F}_i \tag{2.2}$$

合力投影定理：合力在任一轴上的投影等于各分力在同一轴上投影的代数和，即

$$F_{Rx} = F_{1x} + F_{2x} + \cdots + F_{nx} = \sum_{i=1}^{n} F_{ix} \tag{2.3}$$

设由 n 个力组成的平面汇交力系作用在刚体上，则合力

$$\boldsymbol{F}_R = F_{Rx}\boldsymbol{i} + F_{Ry}\boldsymbol{j} \tag{2.4}$$

由合力投影定理可得合力在 x、y 轴上的投影分别为

$$\left.\begin{aligned} F_{Rx} &= F_{1x} + F_{2x} + \cdots + F_{nx} = \sum F_{ix} \\ F_{Ry} &= F_{1y} + F_{2y} + \cdots + F_{ny} = \sum F_{iy} \end{aligned}\right\} \tag{2.5}$$

合力矢的大小和方向余弦为

$$F_R = \sqrt{F_{Rx}^2 + F_{Ry}^2} = \sqrt{(\sum F_{ix})^2 + (\sum F_{iy})^2} \tag{2.6}$$

$$\cos(\boldsymbol{F}_R, \boldsymbol{i}) = \sum F_{ix}/F_R,\ \cos(\boldsymbol{F}_R, \boldsymbol{j}) = \sum F_{iy}/F_R \tag{2.7}$$

3. 平面汇交力系的平衡方程

由于平面汇交力系可用其合力来代替，因此，平面汇交力系平衡的必要与充分条件是，该力系的合力等于零，即

$$\boldsymbol{F}_R = 0 \tag{2.8}$$

由式（2.4）和式（2.5）有

$$\sum F_x = 0,\ \sum F_y = 0 \tag{2.9}$$

由此可得平面汇交力系平衡的必要和充分条件是，各力在两个坐标轴上投影的代数和分别等于零。式（2.9）称为**平面汇交力系的平衡方程**。这是两个独立的平衡方程，可以求解两个未知量。

例 2.1 螺栓环眼上套有三根钢丝绳，分别受力 $F_{T1}=3\text{kN}$、$F_{T2}=6\text{kN}$、$F_{T3}=15\text{kN}$，

其方向如图 2.3 所示。欲使合力 $\boldsymbol{F}_R$ 铅垂向下，试求合力 $\boldsymbol{F}_R$ 的大小和 $\boldsymbol{F}_{T3}$ 的方向。

解 建立坐标系 Oxy，根据题意，$F_{Rx}=0$，$F_{Ry}=-F_R$，其中“—”号表示合力方向铅垂向下，F_R 是合力的大小。由

$$F_{Rx}=\sum F_{ix}=-F_{T1}-F_{T2}\sin30^\circ+F_{T3}\sin\theta=0$$

$$F_{Ry}=\sum F_{iy}=-F_{T2}\cos30^\circ-F_{T3}\cos\theta=-F_R$$

得 $\sin\theta=0.4$，$\theta=23.58^\circ$（$\theta=156.42^\circ$ 不合题意，舍去）是 $\boldsymbol{F}_{T3}$ 与铅垂线的夹角。

合力的大小为

$$F_R=6\text{kN}\times\cos30^\circ+15\text{kN}\times\cos23.58^\circ=18.94\text{kN}$$

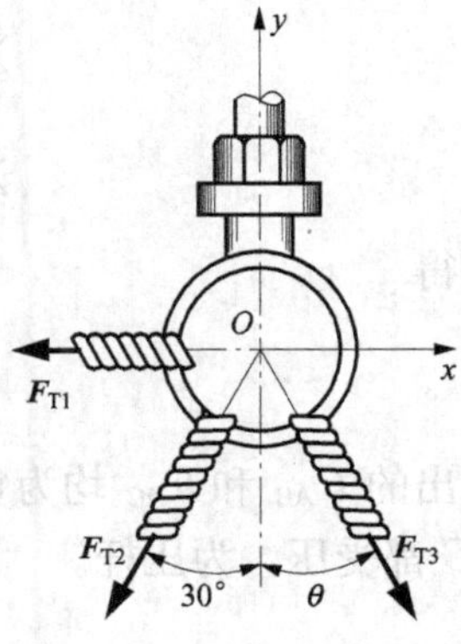

图 2.3

例 2.2 如图 2.4（a）所示，重物重 $W=20\text{kN}$，用钢丝绳挂在支架的滑轮 A 上，钢丝绳的另一端缠绕在铰盘 D 上。杆 AB 与 AC 铰接，并以铰 B、C 与墙连接。若不计两杆和滑轮的自重，并忽略摩擦和滑轮的大小，试求平衡时杆 AB 和 AC 所受的力。

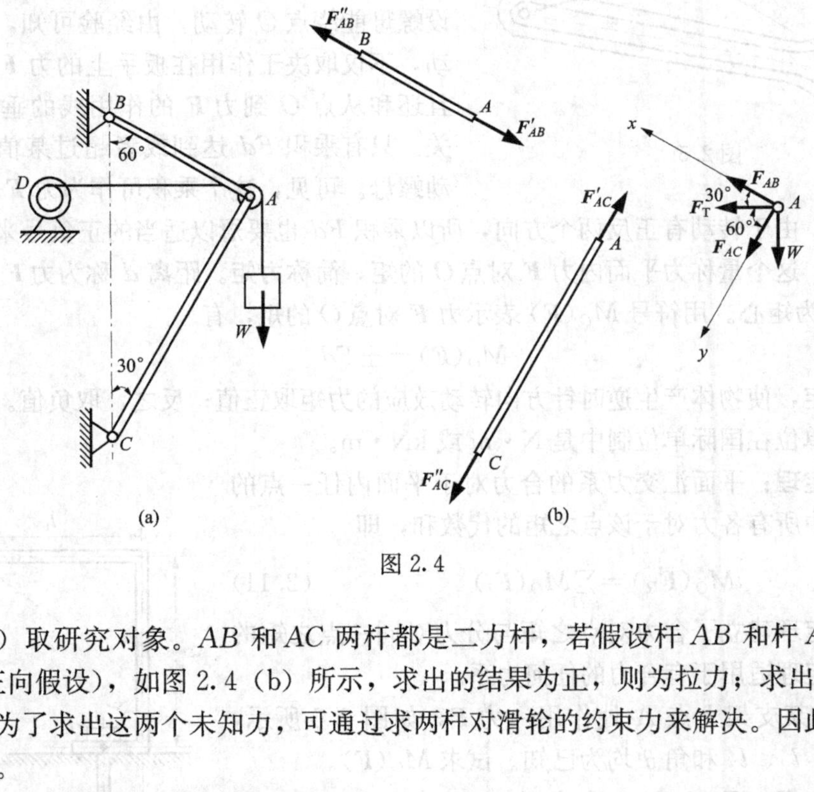

图 2.4

解 （1）取研究对象。AB 和 AC 两杆都是二力杆，若假设杆 AB 和杆 AC 都受拉力（通常称为正向假设），如图 2.4（b）所示，求出的结果为正，则为拉力；求出的结果为负，即为压力。为了求出这两个未知力，可通过求两杆对滑轮的约束力来解决。因此选取滑轮 A 为研究对象。

（2）画受力图。滑轮受到钢丝绳的拉力 $\boldsymbol{F}_T$ 作用，已知 $F_T=W$。杆 AB 和 AC 对滑轮 A 的约束力用 $\boldsymbol{F}_{AB}$ 和 $\boldsymbol{F}_{AC}$ 表示。由于滑轮的大小可忽略不计，故这些力可看作平面汇交力系，如图 2.4（b）所示。

（3）建立坐标系。选取坐标轴如图 2.4（b）所示，坐标轴应尽量取在与未知力作用线垂直的方向，这样在一个平衡方程中只有一个未知数，避免解联立方程。

（4）列平衡方程并求解

$$\sum F_x = 0, \quad F_{AB} + F_T\cos 30° - W\sin 30° = 0$$

$$\sum F_y = 0, \quad F_{AC} + F_T\sin 30° + W\cos 30° = 0$$

解得

$$F_{AB} = -0.366W = -7.32\text{kN}$$
$$F_{AC} = -1.366W = -27.32\text{kN}$$

求出的 F_{AB} 和 F_{AC} 均为负值，表示两杆实际受力的方向与假设的方向相反，即杆 AB 和杆 AC 都受压，为压杆。

§2.2 平面力偶系

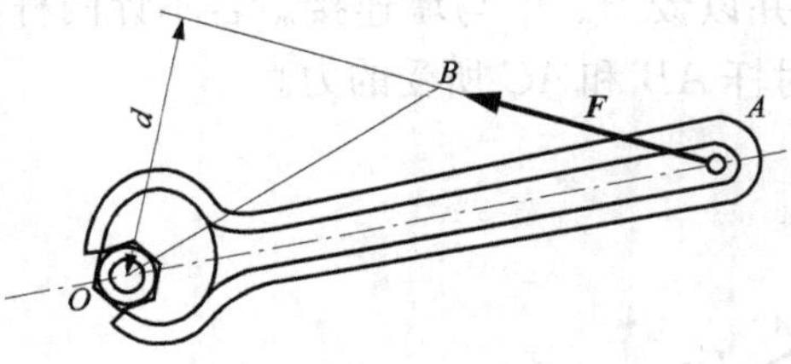

图 2.5

1. 平面内力对点之矩

以扳手扳动螺母为例（见图 2.5）来说明，设螺母能绕点 O 转动。由经验可知，螺母能否扳动，不仅取决于作用在扳手上的力 $\boldsymbol{F}$ 的大小，而且还和从点 O 到力 $\boldsymbol{F}$ 的作用线的垂直距离 d 有关。只有乘积 Fd 达到或者超过某值时，才能扳动螺母。可见，这个乘积可作为力 $\boldsymbol{F}$ 绕点 O 转动效应的度量。由于转动有正反两个方向，所以乘积 Fd 也要冠以适当的正负号来表明这两个不同的转向。这个量称为平面内力 $\boldsymbol{F}$ 对点 O 的矩，简称**力矩**。距离 d 称为力 $\boldsymbol{F}$ 对点 O 的力臂；点 O 称为矩心。用符号 $M_O(\boldsymbol{F})$ 表示力 $\boldsymbol{F}$ 对点 O 的矩，有

$$M_O(\boldsymbol{F}) = \pm Fd \tag{2.10}$$

通常规定，使物体产生逆时针方向转动效应的力矩取正值；反之，取负值。

力矩的单位在国际单位制中是 N · m 或 kN · m。

合力矩定理：平面汇交力系的合力对于平面内任一点的矩等于力系中所有各力对于该点之矩的代数和，即

$$M_O(\boldsymbol{F}_R) = \sum_{i=1}^{n} M_O(\boldsymbol{F}_i) \tag{2.11}$$

合力矩定理建立了合力对点之矩与分力对同一点之矩的关系，且该定理适用于有合力的任何力系。

例 2.3 某支架上点 A 处作用一力 $\boldsymbol{F}$，如图 2.6 所示，图中尺寸 l_1、l_2、l_3 和角 θ 均为已知。试求 $M_O(\boldsymbol{F})$。

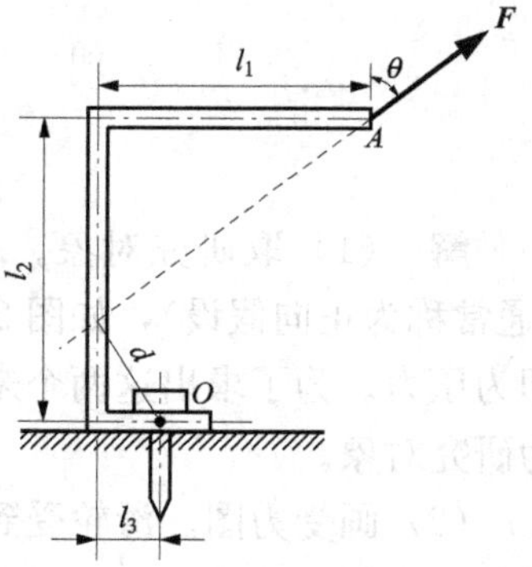

图 2.6

解 已知 $\boldsymbol{F} = \boldsymbol{F}_x + \boldsymbol{F}_y$，由式（2.11）有

$$M_O(\boldsymbol{F}) = M_O(\boldsymbol{F}_x) + M_O(\boldsymbol{F}_y)$$
$$= -F\sin\theta \cdot l_2 + F\cos\theta \cdot (l_1 - l_3)$$

2. 平面力偶

由等值、反向、平行的两个力组成的力系称为**力偶**。力偶不能合成为一个力，不能用一个力来平衡。力偶能使物体转动，在生活和生产实践中，经常遇到物体受力偶或力偶系作用的情况，例如，汽车司机转动的方向盘［见图 2.7（a）］，钳工用丝锥在工件上攻螺纹［见

图 2.7 (b)] 等。力偶用符号 ($\boldsymbol{F}$，$\boldsymbol{F}'$) 表示，两力作用线所决定的平面称为**力偶作用面**，两力作用线间的垂直距离称为**力偶臂**。

力偶对于物体作用的效应不仅与组成力偶的力的大小 F 有关，而且与力偶臂的长短 d 有关。因此力偶对于物体的效应可用力偶的任一力的大小与力偶臂长度的乘积再冠以相应的正负号来表示。这个物理量就称为**力偶矩**，用 M 表示，则

$$M = \pm Fd \tag{2.12}$$

若力偶使物体沿逆时针方向转动，则取正号；反之，取负号。力偶矩为代数量，可采用旋转符号来表示。力偶矩在国际制中的单位是 N·m，或 kN·m。

力偶对于刚体的效应，有如下性质：

(1) 力偶无合力。因此，力偶只能与力偶平衡。

(2) 力偶中的两力对作用面内任一点之矩的代数和均等于力偶矩，与矩心无关。

设有力偶 ($\boldsymbol{F}$，$\boldsymbol{F}'$)，力偶臂为 d，如图 2.8 所示。力偶对点 O 的矩为 $M_O(\boldsymbol{F}, \boldsymbol{F}')$，则

$$\begin{aligned} M_O(\boldsymbol{F}, \boldsymbol{F}') &= M_O(\boldsymbol{F}) + M_O(\boldsymbol{F}') = F \cdot \overline{AO} - F' \cdot \overline{BO} \\ &= F(\overline{AO} - \overline{BO}) = Fd \end{aligned}$$

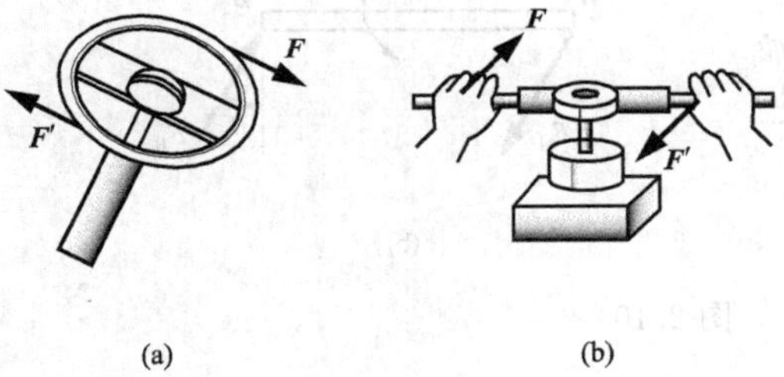

图 2.7

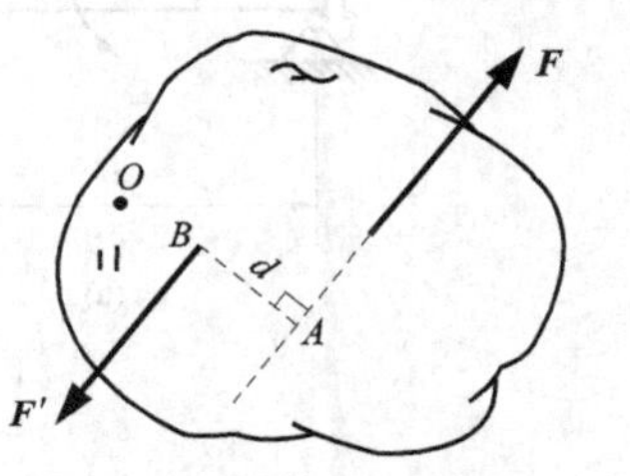

图 2.8

因为矩心 O 是任意选取的，所以力偶对作用面内任一点之矩与矩心无关。因此可用符号 M 表示力偶矩，而无需标注矩心，如式 (2.12) 所示。

因此，平面力偶对物体的作用效应，只取决于两个因素，即力偶矩的大小和力偶矩的转向。只要保持力偶矩的大小和转向不变，力偶可在其作用面内任意移转，且可同时改变力偶中力的大小和力偶臂长短，对刚体作用效果不变。

3. 平面力偶系的合成

设在同一平面内有两个力偶 ($\boldsymbol{F}_1$，$\boldsymbol{F}_1'$) 和 ($\boldsymbol{F}_2$，$\boldsymbol{F}_2'$)，力偶臂各为 d_1 和 d_2，如图 2.9 (a) 所示。这两个力偶的矩分别为 M_1 和 M_2，在保持力偶矩不变的情况下，同时改变这两个力偶中力的大小和力偶臂的长短，使其具有相同的臂 d，并在平面内移转，使力的作用线重合，如图 2.9 (b) 所示。可得合力偶为 M_1 和 M_2 的代数和，如图 2.9 (c) 所示，即

$$M = M_1 + M_2$$

根据上述两共面力偶可以合成为一个力偶的性质，对于作用于刚体上的平面力偶系，总可以逐一合成为一个合力偶，且该合力偶的力偶矩等于原力偶系各力偶矩的代数和，即

$$M = M_1 + M_2 + \cdots + M_n = \sum_{i=1}^{n} M_i \tag{2.13}$$

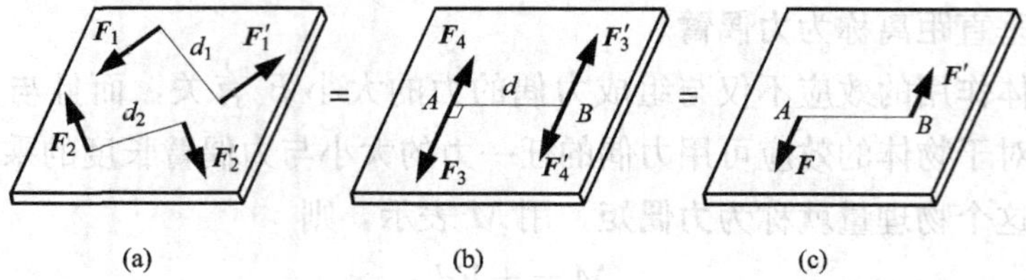

图 2.9

4. 平面力偶系的平衡方程

平面力偶系平衡的必要和充分条件是各力偶矩的代数和等于零，即

$$\sum M_i = 0 \tag{2.14}$$

这就是**平面力偶系的平衡方程**。

例 2.4 梁 AB 上作用一个力偶，其力偶矩的大小 $m=100\text{kN}\cdot\text{m}$，如图 2.10（a）所示，试求 A、B 两处的约束力。已知 $l=5\text{m}$，倾角 $\theta=30°$，梁的重量不计。

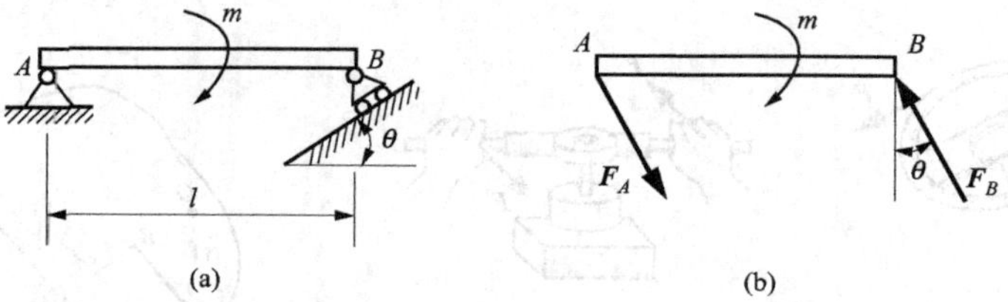

图 2.10

解 取梁 AB 为研究对象，梁受力偶 m 作用，两支座 A、B 的约束力必构成一力偶与外力偶相平衡，故 $\boldsymbol{F}_A$ 和 $\boldsymbol{F}_B$ 的作用线相互平行，方向相反，且 $\boldsymbol{F}_A=\boldsymbol{F}_B$，其受力图如图 2.10（b）所示。由平面力偶系的平衡方程有

$$\sum M=0,\ F_A\cdot l\cos\theta - m = 0$$

代入数据，有

$$F_A\cdot 5\text{m}\cdot\cos30° - 100\text{kN}\cdot\text{m}=0$$

解得

$$F_A=F_B=23.1\text{kN}$$

§2.3　平面任意力系的平衡

1. 力的平移

设在刚体上某点 A 作用一力 $\boldsymbol{F}_A$，为将该力平移到刚体上任意点 B［见图 2.11（a）］，可在点 B 加上一对与力 $\boldsymbol{F}_A$ 等值且平行的力 $\boldsymbol{F}_B$ 和 $\boldsymbol{F}_B'$［见图 2.11（b）］，因为 $\boldsymbol{F}_B$ 和 $\boldsymbol{F}_B'$ 为共线平衡力系，合力为零，所以，力系（$\boldsymbol{F}_A$，$\boldsymbol{F}_B$，$\boldsymbol{F}_B'$）与原力 $\boldsymbol{F}_A$ 是等效的。若将 $\boldsymbol{F}_B$ 看作 $\boldsymbol{F}_A$ 平移到点 $\boldsymbol{B}$ 的力，则 $\boldsymbol{F}_A$ 和 $\boldsymbol{F}_B'$ 构成一个附加力偶，其力偶矩等于原力 $\boldsymbol{F}_A$ 对点 B 的矩 $M_B(\boldsymbol{F}_A)$（［见图 2.11（c）］，即

$$M_B(\boldsymbol{F}_A)=\boldsymbol{F}_A\cdot\overline{AB} \tag{2.15}$$

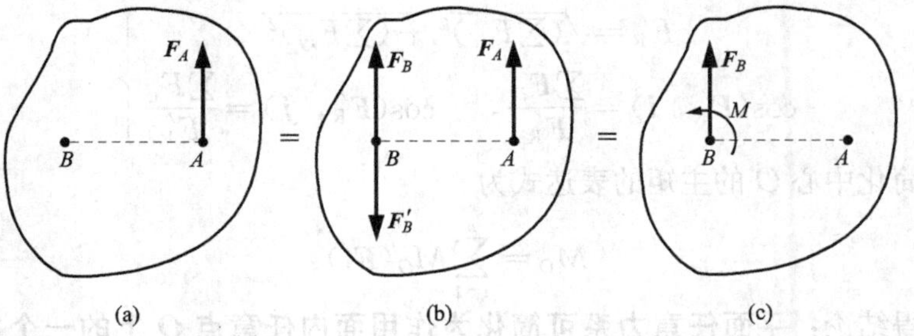

图 2.11

由此可知，**作用在刚体上某点的力可平移到该刚体上任一点，但需附加一个力偶才能与原力等效，该力偶的矩等于原力对新作用点的矩**。反之，作用在同一平面内的一个力和力偶，也可以用一个力来等效替换。

2. 平面力系向一点简化

设刚体上作用有平面任意力系 $\boldsymbol{F}_1$，$\boldsymbol{F}_2$，…，$\boldsymbol{F}_n$，如图 2.12（a）所示。以刚体内任意点 O 作为简化中心，将力系中各力平移到点 O 并各附加一力偶，得到一个作用于点 O 的平面汇交力系 $\boldsymbol{F}_1'$，$\boldsymbol{F}_2'$，…，$\boldsymbol{F}_n'$ 和力偶矩为 M_1，M_2，…，M_n 的一个平面力偶系［见图 2.12（b)］，它们与原力系等效。将汇交力系及力偶系分别合成，得到作用于点 O 的一个力和一个力偶，该力的力矢等于原力系各力的矢量和 $\boldsymbol{F}_R'$［见图 2.12（c)］，即

$$\boldsymbol{F}_R' = \boldsymbol{F}_1' + \boldsymbol{F}_2' + \cdots + \boldsymbol{F}_n' = \sum_{i=1}^{n} \boldsymbol{F}_i \tag{2.16}$$

$\boldsymbol{F}_R'$ 称为该力系的**主矢**。显然，主矢 $\boldsymbol{F}_R'$ 的大小与方向均与简化中心位置无关。该力偶的力偶矩等于原力系中各力对简化中心之矩的代数和 M_O［见图 2.12（c)］，即

$$M_O = M_1 + M_2 + \cdots + M_n = \sum_{i=1}^{n} M_O(\boldsymbol{F}_i) \tag{2.17}$$

M_O 称为该力系对于简化中心 O 的**主矩**。主矩与简化中心的位置有关，取不同的点为简化中心，则各力的力臂及各力对简化中心的矩也有改变，因而主矩也将改变。

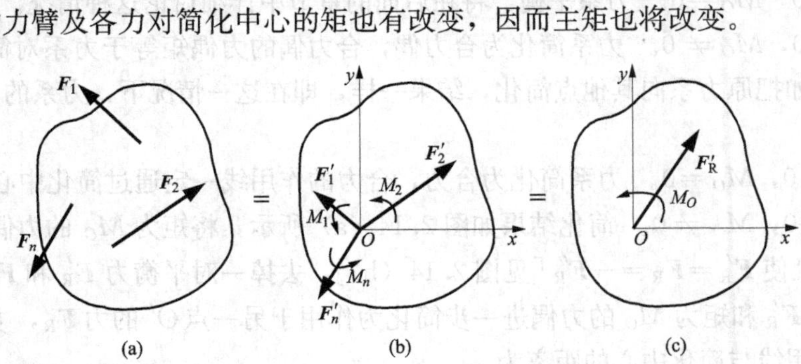

图 2.12

通过简化中心 O 建立直角坐标 Oxy，将主矢 $\boldsymbol{F}_R'$ 及各力分别投影在两个直角坐标轴上，则有

$$F_{Rx}' = \sum F_{ix}\text{，}F_{Ry}' = \sum F_{iy} \tag{2.18}$$

可得主矢 $\boldsymbol{F}'_{\mathrm{R}}$ 的大小和方向余弦分别为

$$\left.\begin{aligned} F'_{\mathrm{R}} &= \sqrt{(\sum F_{ix})^2 + (\sum F_{iy})^2} \\ \cos(\boldsymbol{F}'_{\mathrm{R}}, \boldsymbol{i}) &= \frac{\sum \boldsymbol{F}_{ix}}{\boldsymbol{F}'_{\mathrm{R}}}, \quad \cos(\boldsymbol{F}'_{\mathrm{R}}, \boldsymbol{j}) = \frac{\sum F_{iy}}{F'_{\mathrm{R}}} \end{aligned}\right\} \tag{2.19}$$

而力系对简化中心 O 的主矩的表达式为

$$M_O = \sum_{i=1}^{n} M_O(\boldsymbol{F}_i) \tag{2.20}$$

因此，可得结论：**平面任意力系可简化为作用面内任意点 O 上的一个力和一个力偶，该力的力矢和力偶的力偶矩分别为力系的主矢和对点 O 的主矩。**

在工程实际中，经常见到**固定端约束**［见图 2.13 (a)］，例如，房屋建筑中将阳台梁砌入墙体就可以简化为固定端约束。以悬臂梁为例，当荷载可简化为平面力系时，梁的插入部分受到平面分布约束力作用［见图 2.13 (b)］，向梁根部截面形心点 A 简化，可得到面内一力 $\boldsymbol{F}_A$ 和一力偶 M_A（［见图 2.13 (c)］，由于该力的方向不能预先确定，可用两个正交分力 $\boldsymbol{F}_{Ax}$、$\boldsymbol{F}_{Ay}$ 表示（［见图 2.13 (d)］。

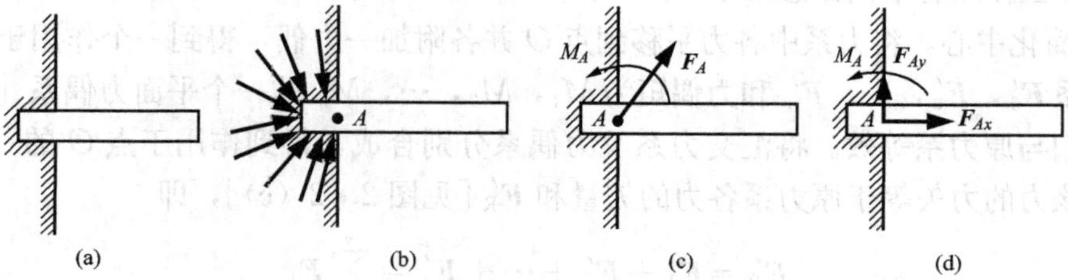

图 2.13

3. 平面任意力系的简化结果

平面任意力系向一点简化，随着主矢 $\boldsymbol{F}'_{\mathrm{R}}$ 和主矩 M_O 的不同，可能出现下列几种不同的情况：

(1) $\boldsymbol{F}'_{\mathrm{R}} = 0$，$M_O = 0$。力系平衡，将在后面的章节中详细讨论这种情况。

(2) $\boldsymbol{F}'_{\mathrm{R}} = 0$，$M_O \neq 0$。力系简化为合力偶，合力偶的力偶矩等于力系对简化中心 O 的主矩。这时，如把原力系向其他点简化，结果一样，即在这一情况下，力系的主矩与简化中心的位置无关。

(3) $\boldsymbol{F}'_{\mathrm{R}} \neq 0$，$M_O = 0$。力系简化为合力，合力的作用线一定通过简化中心。

(4) $\boldsymbol{F}'_{\mathrm{R}} \neq 0$，$M_O \neq 0$。简化结果如图 2.14 (a) 所示，将矩为 M_O 的力偶用两个力 $\boldsymbol{F}_{\mathrm{R}}$ 和 $\boldsymbol{F}''_{\mathrm{R}}$ 表示，且使 $\boldsymbol{F}'_{\mathrm{R}} = \boldsymbol{F}_{\mathrm{R}} = -\boldsymbol{F}''_{\mathrm{R}}$［见图 2.14 (b)］，去掉一对平衡力 $\boldsymbol{F}'_{\mathrm{R}}$ 和 $\boldsymbol{F}''_{\mathrm{R}}$，就可将作用在点 O 的力 $\boldsymbol{F}'_{\mathrm{R}}$ 和矩为 M_O 的力偶进一步简化为作用于另一点 O' 的力 $\boldsymbol{F}_{\mathrm{R}}$，如图 2.14 (c) 所示。该力作用线与简化中心的距离为

$$d = \left|\frac{M_O}{F'_{\mathrm{R}}}\right| \tag{2.21}$$

由上可得

$$M_O(\boldsymbol{F}_{\mathrm{R}}) = F_{\mathrm{R}} d = F'_{\mathrm{R}} d = M_O$$

又由式 (2.20) 有

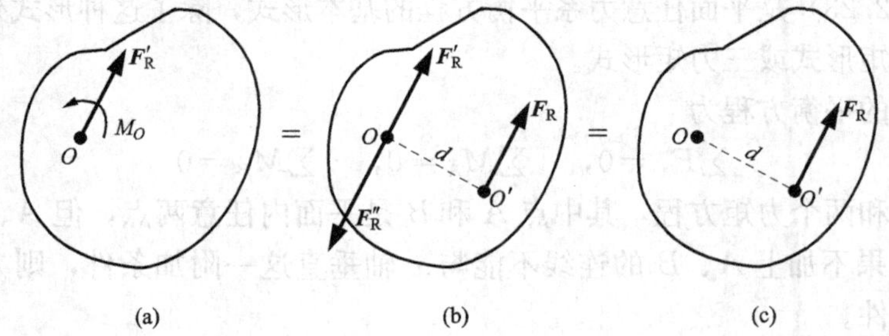

图 2.14

$$M_O = \sum M_O(\boldsymbol{F}_i)$$

所以

$$M_O(\boldsymbol{F}_R) = \sum M_O(\boldsymbol{F}_i) \tag{2.22}$$

式（2.22）为平面任意力系的**合力矩定理**，即平面任意力系的合力，对于平面内任一点的矩等于各分力对于同一点之矩的代数和。

4. 分布荷载

结构物的荷载如果作用面积很小，可以简化成一个单个的力，称为**集中力**或**集中荷载**，如机车车轮对铁轨的压力、吊车缆绳对混凝土梁的作用力等。在求解实际的工程问题时还会遇到另一种力——分布力，这种荷载连续地作用在一定范围之内，称为**分布力**或**分布荷载**，如结构的自重、风荷载、水压等。描述分布力的大小用单位作用长度（面积、体积）上的荷载 q 表示，称为**荷载集度**，其单位分别为 N/m(N/m^2、N/m^3)。如图 2.15（a）所示的均布荷载，荷载集度为 q，作用线长度为 l，则其合力为 $F=ql$，作用于长度 l 的中点。图 2.15（b）所示为三角形分布荷载，其合力为 $F=ql/2$，作用点距右端距离为 $l/3$。对集度不均匀的一般荷载，其合力大小及作用位置应通过积分确定。

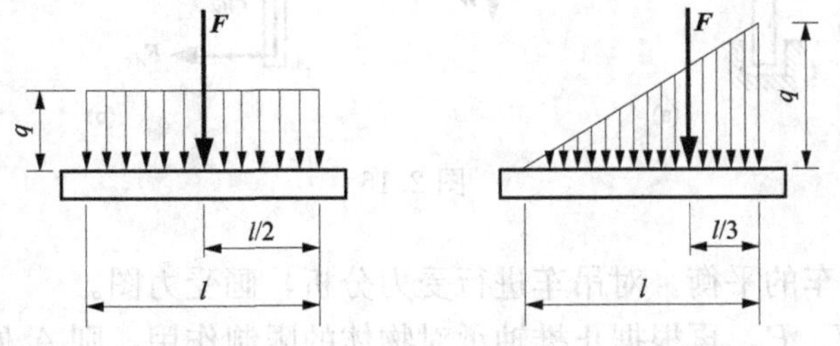

图 2.15

以上结果表明，**沿直线且垂直于该直线分布的同向线荷载，其合力的大小等于荷载图形的面积，合力方向与原荷载方向相同，合力作用线通过荷载图形的形心。**

5. 平面任意力系的平衡问题

当平面任意力系的主矢和主矩同时等于零时，刚体平衡。由式（2.18）和式（2.20）可知，要使 $\boldsymbol{F}'_R=0$，$M_O=0$，必须且只需

$$\sum F_x = 0, \quad \sum F_y = 0, \quad \sum M_O = 0 \tag{2.23}$$

方程（2.23）称为**平面任意力系的平衡方程**，这是三个独立的代数方程，可以求解三个

未知量。方程（2.23）是平面任意力系平衡方程的基本形式，除了这种形式外，还可将平衡方程表示为二力矩形式或三力矩形式。

二力矩形式的平衡方程为

$$\sum F_x=0,\quad \sum M_A=0,\quad \sum M_B=0 \tag{2.24}$$

即一个投影方程和两个力矩方程，其中点 A 和 B 是平面内任意两点，但 A、B 的连线不能与 x 轴垂直。如果不加上 A、B 的连线不能与 x 轴垂直这一附加条件，则方程（2.24）只是平衡的必要条件。

三力矩形式的平衡方程为

$$\sum M_A=0,\quad \sum M_B=0,\quad \sum M_C=0 \tag{2.25}$$

三力矩形式的平衡方程是任取不在一直线上的三点 A、B、C 为矩心而得到的平衡方程。

尽管平衡方程可以写成不同的形式，但是，平面任意力系的独立平衡方程只有三个，只能求解三个未知数。平衡方程的多种形式为列写平衡方程提供了很大的选择余地，为了简化计算，可适当选取投影轴和矩心，尽可能使一个方程只含一个未知数，避免解联立方程。

例 2.5 起重吊车的简图如图 2.16（a）所示，A 处为止推轴承，B 处为向心轴承，自重 P，起吊重物重 W。试计算吊车平衡时 A、B 处的约束力。

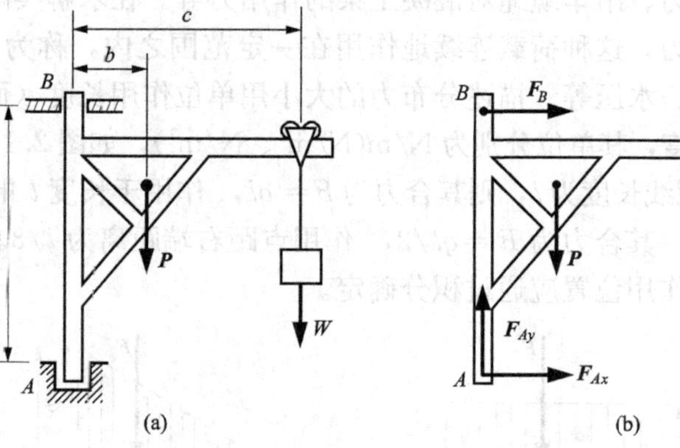

图 2.16

解 （1）考虑吊车的平衡。对吊车进行受力分析，画受力图。

先画出主动力 W、P，再根据止推轴承对物体的限制作用，则 A 处约束力有 x、y 方向两个分量 $\boldsymbol{F}_{Ax}$、$\boldsymbol{F}_{Ay}$；向心轴承 B 可简化为一光滑圆环，因而其约束力 $\boldsymbol{F}_B$ 垂直于支承面，指向可任意假设，此处假设向右，吊车的受力图如图 2.16（b）所示。

（2）建立坐标系，列写平衡方程

$$\sum M_A=0,\quad -F_Ba-Pb-Wc=0$$

可得

$$F_B=-\frac{Pb+Wc}{a}$$

可知，约束力 $\boldsymbol{F}_B$ 方向与图 2.16 中假设相反，为水平向左。

同理

$$\sum F_y=0,\quad F_{Ay}-W-P=0$$

$$F_{Ay}=P+W$$

$$\sum F_x=0,\ F_{Ax}+F_B=0$$

可得

$$F_{Ax}=\frac{Pb+Wc}{a}$$

各力作用线在同一平面内且相互平行的力系称为**平面平行力系**，是平面任意力系的特例，也应满足平面任意力系平衡方程。若取力系中各力平行于 Oy 轴，则 $\sum F_x\equiv 0$，于是平面平行力系的平衡方程只有两个，即

$$\sum F_y=0,\quad \sum M_O=0 \tag{2.26}$$

当然也可将式（2.26）表示为二力矩形式。平面平行力系的独立平衡方程只有两个，只能求解两个未知量。

例 2.6　塔式轨道起重机如图 2.17 所示。机身重 $G=220\text{kN}$，作用线通过塔架的中心。已知最大起重量 $P=50\text{kN}$，起重悬臂长 12m，轨道 AB 的间距为 4m，平衡重 W 到机身中心线的距离为 6m。试求能保证起重机不会翻倒的平衡重的大小 W。

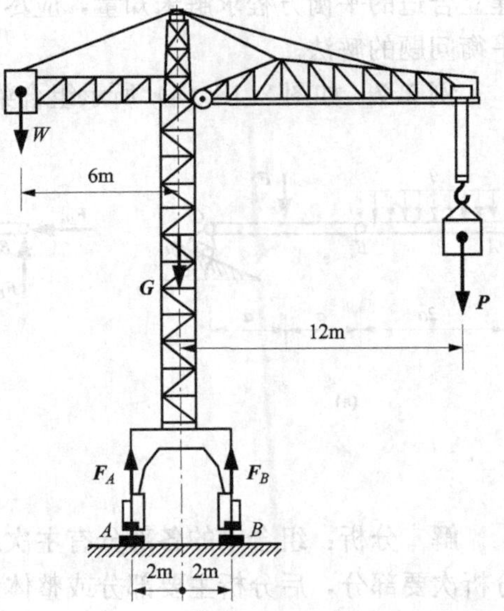

图 2.17

解　取起重机整体为研究对象。起重机在起吊重物时，作用在它上面的力有机身自重 $\boldsymbol{G}$、平衡重 $\boldsymbol{W}$、起重量 $\boldsymbol{P}$，以及轨道对轮子的约束力 $\boldsymbol{F}_A$、$\boldsymbol{F}_B$，这些力组成一平面平行力系，如图 2.17 所示。

要保证起重机不会翻倒，就是要保证起重机在满载时不绕点 B 向右翻倒；空载时不绕点 A 向左翻倒。这就要求作用在起重机上的力系在以上两种情况下都能满足平衡条件。满载时（$P=50\text{kN}$），假定起重机处于平衡的临界情况（即将翻未翻时），则有 $F_A=0$，这时可由平衡方程式求出平衡重的最小值 $W_{\min}$，对点 B 取矩有

$$\sum M_B=0,\quad G\cdot 2\text{m}+W_{\min}\cdot(6+2)\text{m}-P\cdot(12-2)\text{m}=0$$

求得满载时，保证起重机不会翻倒的最小平衡重为

$$W_{\min}=7.5\text{kN}$$

空载时（$P=0$），又假定起重机处于平衡的另一临界情况，则有 $F_B=0$，这时可由平衡方程求出平衡重的最大值 $W_{\max}$，对点 A 取矩有

$$\sum M_A=0,\ W_{\max}\cdot(6-2)\text{m}-G\cdot 2\text{m}=0$$

可得空载时，保证起重机不会翻倒的最大平衡重为

$$W_{\max}=110\text{kN}$$

上面的 $W_{\min}$ 和 $W_{\max}$ 是在满载和空载两种极限平衡状态下求得的，起重机实际工作时当然不允许处于这种危险状态。因此要保证起重机不会翻倒，平衡重的大小 W 应在这两者之间，即

$$7.5\text{kN} < W < 110\text{kN}$$

由以上例题可知，求解静力学平衡问题的步骤为：①取研究对象；②画受力图；③选择并建立坐标系；④列平衡方程式；⑤解方程；⑥校核。

§2.4 物体系统的平衡

在工程实际中，常常要研究由多个物体组成的系统的平衡问题。当物体系统平衡时，组成系统的每个物体都处于平衡状态，因此对于系统中每个物体，均可写出一定数目的平衡方程。例如，平面任意力系有三个独立的平衡方程，平面汇交力系和平面平行力系的独立的平衡方程各有两个，而平面力偶系只有一个独立的平衡方程。

求解物体系统的平衡问题，首先要选取合适的研究对象，正确分析并画出受力图，然后建立合适的平衡方程求解未知量，应尽可能使计算简化。下面通过实例来说明各种物体系统平衡问题的解法。

例 2.7 如图 2.18（a）所示组合梁，已知 a、θ、q，$F=qa$。试求 A、C 处的约束力。

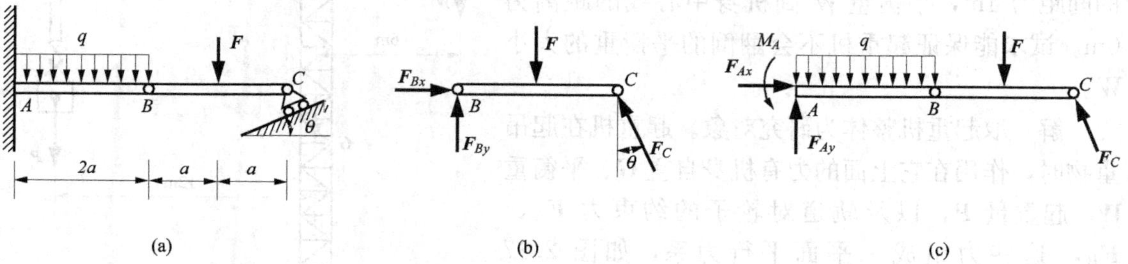

图 2.18

解 分析：组合梁的各部分有主次之分，在研究有主次之分的物体系统的平衡时，应先分析次要部分，后分析主要部分或整体。本题梁 AB 是主要部分或基本部分，而梁 BC 是次要部分或附属部分。

先取梁 BC 为研究对象，受力图如图 2.18（b）所示，列平衡方程

$$\sum M_B=0,\quad F_C\cos\theta\cdot 2a-Fa=0,\quad F_C=qa/(2\cos\theta)$$

再研究整体［见图 2.18（c）］，列平衡方程

$$\sum F_x=0,\quad F_{Ax}-F_C\sin\theta=0,\quad F_{Ax}=(qa\tan\theta)/2$$

$$\sum F_y=0,\quad F_{Ay}-2qa-F+F_C\cos\theta=0,\quad F_{Ay}=5qa/2$$

$$\sum M_A=0,\quad M_A-2qa\cdot a-F\cdot 3a+F_C\cos\theta\cdot 4a=0,\quad M_A=3qa^2$$

例 2.8 构架如图 2.19（a）所示。已知 A、B、C、O 均为光滑铰链连接，重物重 P，滑轮半径 $r=\dfrac{a}{2}$，杆及滑轮的重量不计。求支座 A 和 B 处的约束力。

解 分析：该系统没有主次之分。先考虑取整体为研究对象［见图 2.19（b）］，可显示 A、B 处待求未知力，4 个未知量 3 个方程无法全部解出，但可以求出 $\boldsymbol{F}_{Ax}$ 和 $\boldsymbol{F}_{By}$。为达到全部求出的目的，考虑取分离体补充平衡条件。由于水平杆 AC 几何关系简单，故可取杆 AC 为研究对象［见图 2.19（c）］，两个研究对象有 6 个未知量和 6 个独立方程，可以求解。

根据题意，杆 AC 部分只需列一个平衡方程即可求解。

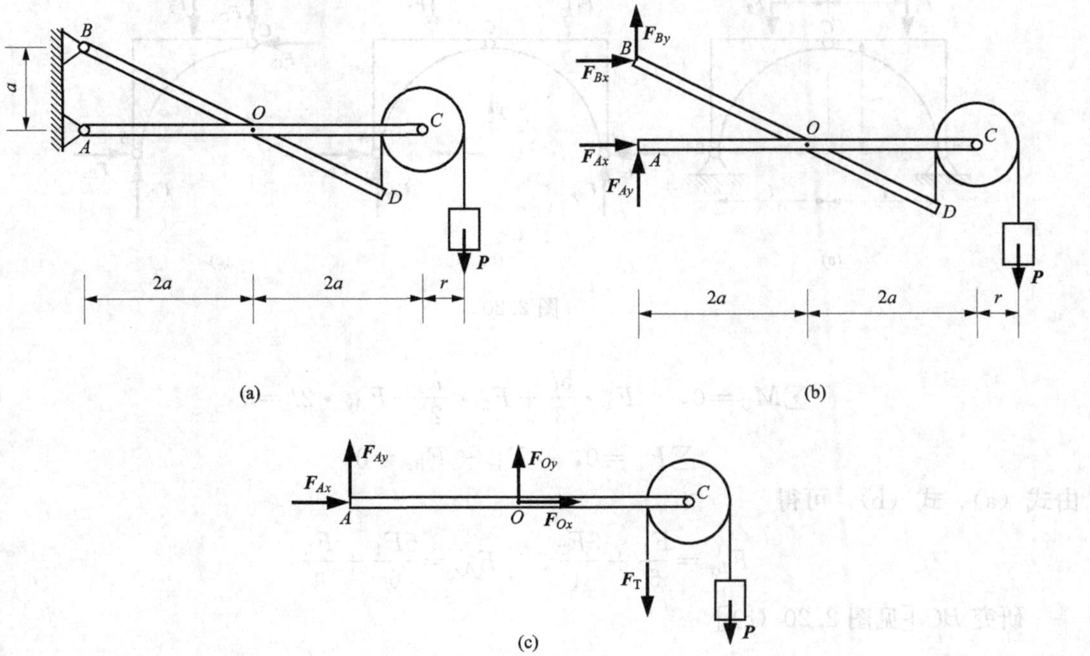

图 2.19

先取整体为研究对象，受力图如图 2.19（b）所示，列平衡方程

$$\sum M_B=0,\quad F_{Ax}\cdot a-P\cdot(4a+r)=0,\quad F_{Ax}=4.5P$$

$$\sum M_A=0,\quad -F_{Bx}\cdot a-P\cdot(4a+r)=0,\quad F_{Bx}=4.5P$$

$$\sum F_y=0,\quad F_{Ay}+F_{By}-P=0 \tag{a}$$

该方程有两个未知量，需要补充方程。

再取杆 AC、滑轮及重物组成的系统为研究对象，受力图如图 2.19（c）所示，列平衡方程

$$\sum M_O=0,\quad F_{Ay}\cdot 2a+F_T\cdot(2a-r)+P(2a+r)=0$$

利用 $F_T=P$，得

$$F_{Ay}=-2P$$

将 F_{Ay} 代入到方程（a），得

$$F_{By}=3P$$

可由 BD 杆的平衡条件校核以上结果。

例 2.9 三铰拱如图 2.20（a）所示。已知 $\boldsymbol{F}_1$、$\boldsymbol{F}_2$、l，试求 A、B 处的约束力和铰链 C 所受的力。

解 分析：先取整体为研究对象［见图 2.20（b）］，可显示 A、B 处待求未知力，4 个未知量 3 个方程无法全部解出。再取 AC 或 BC 为研究对象［见图 2.20（c）］，两个研究对象有 6 个未知量和 6 个独立方程，可以求解。

研究整体［见图 2.20（b）］

$$\sum M_A=0,\quad F_{By}\cdot 2l-F_1\cdot\frac{l}{3}-F_2\cdot\frac{3l}{2}=0 \tag{a}$$

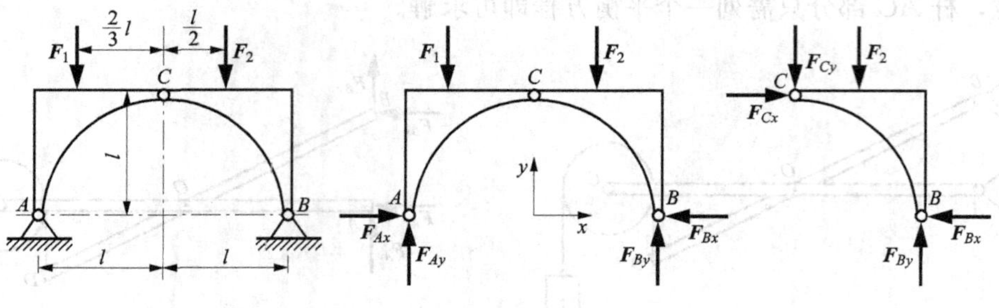

图 2.20

$$\sum M_B=0,\quad F_1\cdot\frac{5l}{3}+F_2\cdot\frac{l}{2}-F_{Ay}\cdot 2l=0 \tag{b}$$

$$\sum F_x=0,\quad F_{Ax}-F_{Bx}=0 \tag{c}$$

由式（a）、式（b），可得

$$F_{By}=\frac{F_1}{6}+\frac{3F_2}{4},\quad F_{Ay}=\frac{5F_1}{6}+\frac{F_2}{4}$$

研究 BC［见图 2.20（c)］

$$\sum M_C=0,\quad F_{By}\cdot l-F_{Bx}\cdot l-F_2\cdot\frac{l}{2}=0$$

可得 F_{Bx}，代入整体平衡方程式（c），可解出 F_{Ax}，即

$$F_{Ax}=F_{Bx}=\frac{F_1}{6}+\frac{F_2}{4}$$

又有

$$\sum F_x=0,\quad F_{Cx}=F_{Bx}=\frac{F_1}{6}+\frac{F_2}{4}$$

$$\sum F_y=0,\quad F_{By}-F_{Cy}-F_2=0,\quad F_{Cy}=\frac{F_1}{6}-\frac{F_2}{4}$$

§2.5 简 单 平 面 桁 架

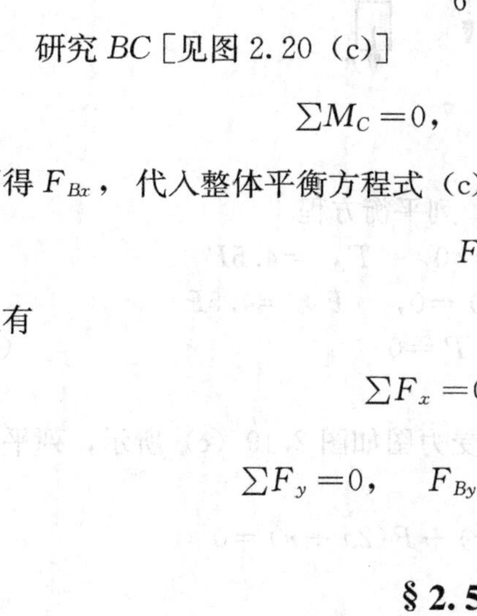

图 2.21

在工程实际中，桥梁（见图 2.21）、油田井架、屋架、起重机、电视塔及飞机的一些结构等多采用桁架结构。

桁架是由一些直杆彼此在两端连接而成的一种几何形状不变的工程结构。各杆件处于同一平面内的桁架称为**平面桁架**。桁架中各杆件彼此连接的地方称为**节点**。

在平面桁架分析中，为了简化计算，采用以下几个假设：

（1）桁架中各杆件都是直杆；

(2) 所有外力都作用在桁架平面内，而且都作用在节点上；

(3) 组成桁架的杆件彼此都用光滑铰链连接，杆件重量不计，故每一杆件都可看成二力杆。

以上假设与桁架的实际情况是有差别的。如实际桁架中各杆件多半是铆接（见图 2.22）或焊接，杆件的中心线也不可能绝对是直线等。但是这些假设却反映了实际桁架的最主要的性质，而且计算结果也能满足工程要求。

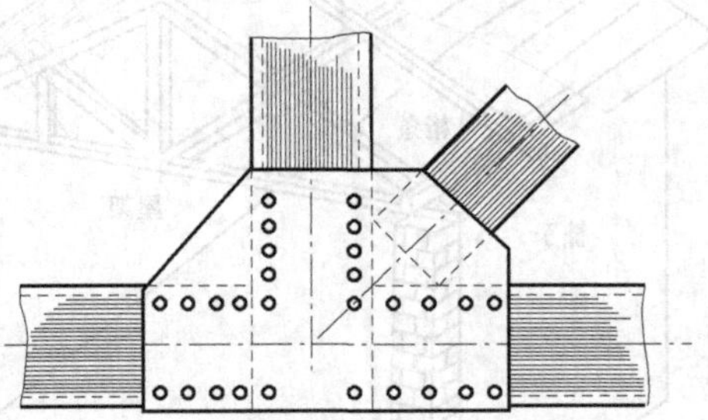

图 2.22

以 3 杆 3 节点的三角形框架为基础，每增加两根杆增加 1 个节点，如此构成的平面桁架是静定的，称为**简单平面桁架**。本节仅研究简单平面桁架。

计算简单平面桁架杆件的内力有两种方法，即节点法和截面法。**节点法**逐个地取节点为研究对象，由已知力依次求出全部杆件的内力。因为各个节点都受平面汇交力系的作用，只有 2 个独立的平衡方程，所以选取的节点未知力数目不能超过 2 个。**截面法**用假想截面将桁架截开，取某一部分为研究对象，用平面任意力系的平衡方程求出被截杆件的内力。因此研究对象上未知力数目不能超过 3 个。

例 2.10 房屋结构如图 2.23 (a) 所示，已知屋架跨度 5m，铅垂杆沿跨度均匀分布，人字梁与水平面夹角为 30°，屋架之间的间距为 4m。屋面自重为 500N/m^2，最大雪荷载为 200N/m^2。试求屋架中杆 1、2、3 的内力。

解 欲对屋架进行内力计算，需从尺寸、约束和荷载三个方面将实际结构简化为力学模型。因为屋架各杆件横截面尺寸远小于长度，因此可用杆轴线代表杆件；各杆的交点多半是榫接、铆接或焊接，因杆件为细长杆，主要承受拉伸或压缩，忽略弯曲次要因素，可近似看作光滑铰链连接，各杆自重不计，故均可看作二力杆。屋架一端通常与墙面固定连接（如螺栓连接或焊接等），另一端直接搁在墙上。因此，屋架支座一端可简化为固定铰支座，另一端可简化为可动铰支座。屋顶荷载由桁条传给檩子，再由檩子传给屋架，非常接近于集中力，其大小等于两屋架之间和两檩子之间屋面的荷载 $\boldsymbol{F}$，所有外荷载沿屋架平面作用于节点上。最后画出屋架的计算简图，如图 2.23 (b) 所示。

计算荷载 F

$$F=(500\text{N/m}^2+200\text{N/m}^2)\times 4\text{m}\times 1.25\text{m}/\cos 30^\circ=4\text{kN}$$

研究桁架整体［见图 2.23 (b)］

$$\sum M_A=0,\ 1.25\text{m}\times F+2.5\text{m}\times F+3.75\text{m}\times F+5\text{m}\times 0.5F-5\text{m}\times F_B=0$$

$$F_B=2F=8\text{kN}$$

用节点法求解，即以各节点为研究对象，依次求出各杆内力。解法如下［见图 2.23 (c)］：

研究节点 B

$$\sum F_y=0,\quad F_B-F/2+F_4\sin 30^\circ=0,\quad F_4=-12\text{kN}$$

$$\sum F_x=0,\quad F_4\cos 30^\circ+F_5=0,\quad F_5=10.4\text{kN}$$

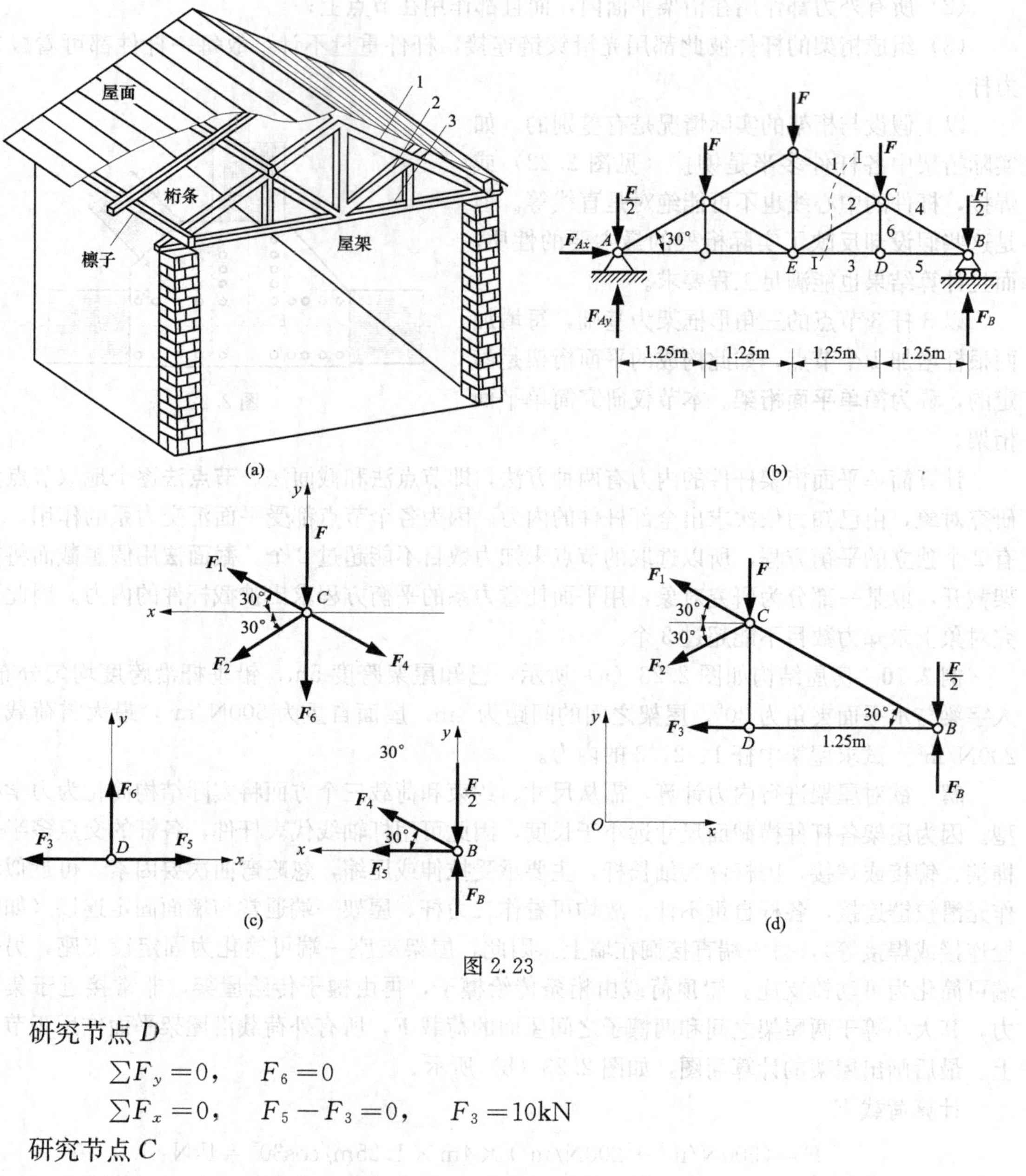

图 2.23

研究节点 D

$$\sum F_y = 0, \quad F_6 = 0$$

$$\sum F_x = 0, \quad F_5 - F_3 = 0, \quad F_3 = 10\text{kN}$$

研究节点 C

$$\sum F_y = 0, \quad -F + (F_1 - F_2 - F_4)\sin 30° - F_6 = 0, \quad F_1 = -8\text{kN}$$

$$\sum F_x = 0, \quad (F_1 - F_4)\cos 30° + F_2 \cos 30° = 0, \quad F_2 = -4\text{kN}$$

由于在受力图中假设各杆均受拉力，解出的结果为正是拉力；反之，是压力。因此知杆 1 和杆 2 受压，杆 3 受拉。

另外，还可用截面法求解该题，即假想用一截面将桁架截开，取某一部分为研究对象，解出待求未知内力。

研究 I-I 截面右半段［见图 2.23（d）］

$$\sum M_C = 0, \quad F_3 \times 1.25\tan 30° - (F_B - F/2) \times 1.25 = 0, \quad F_3 = 10.4\text{kN}$$

$$\sum M_B = 0, \quad F \times 1.25 + F_2 \cos 30° \times 1.25\tan 30° + F_2 \sin 30° \times 1.25 = 0, \quad F_2 = -4\text{kN}$$

$\sum F_y=0$, $F_1\sin30°-F-F/2+F_B-F_2\sin30°=0$, $F_1=-8\text{kN}$

若还要考虑风荷载 200N/m^2 对屋架的影响，试进行荷载简化，计算杆 1、2、3 的内力。

可见，桁架的各个杆件只受轴向拉力或压力，从而充分发挥了材料的承载能力，可以减轻结构自重，节省材料。所以，在工程中，尤其是大跨度结构，常采用桁架结构。

将你所见过的工程实际中的桁架（如桥梁、屋架、支架等），简化为简单平面桁架，画出计算简图，估算其最大荷载，求各杆内力。

由例 2.10 可知，需求桁架全部杆件的内力时宜用节点法；若只需求某几根指定杆件的内力，用截面法可迅速求得结果。对某些复杂桁架，常需综合应用截面法和节点法，才能简便地求出待求杆件内力。为简化计算，通常根据观察，先找出桁架中内力为零的杆件，即零杆。

试找出图 2.24 中的零杆。

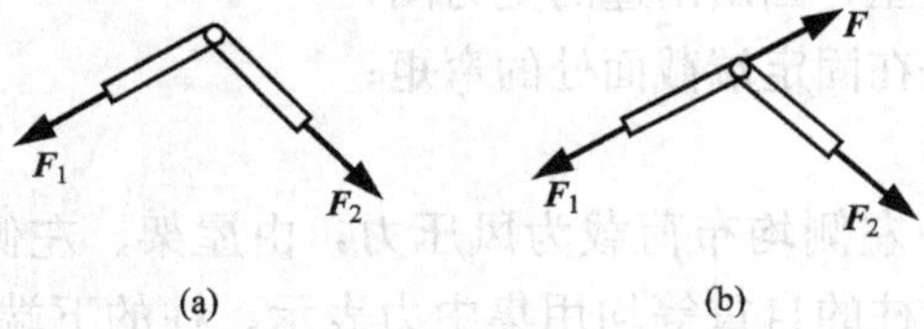

图 2.24

§2.6 工程应用实训

2.1 简易起重装置如图 2.25 所示，重物吊在钢丝绳的一端，钢丝绳的另一端跨过定滑轮 A，绕在绞车 D 的鼓轮上，定滑轮用直杆 AB 和 AC 支承。定滑轮半径较小，且定滑轮和各直杆以及钢丝绳的重量与重物相比很小，滑轮与轴之间有润滑油。设重物重力为 G。试：

(1) 建立简易起重机的力学模型，画出计算简图；

(2) 对力学模型进行受力分析，分别画出匀速提升重物时各构件的受力图；

(3) 计算匀速提升重物时，杆 AB 和杆 AC 所受力的表达式。

2.2 如图 2.26 所示的压榨机，将油缸的总压力通过铰链 B 传给压杆，从而利用增大的压力来压榨物料。若杆 AB 和杆 BC 的长度相等，自重忽略不计，A、B、C 处均为铰接。试：

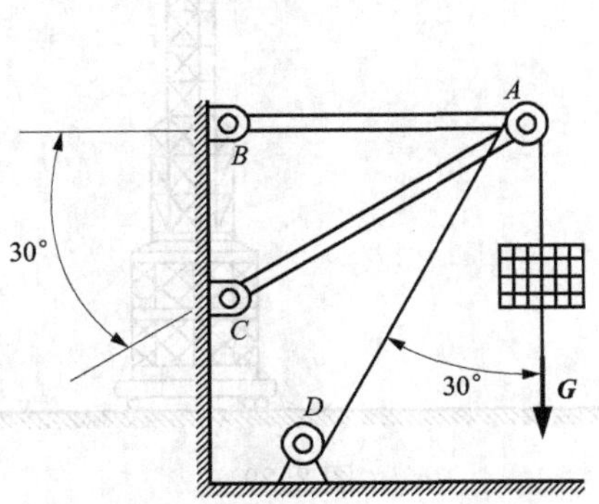

图 2.25

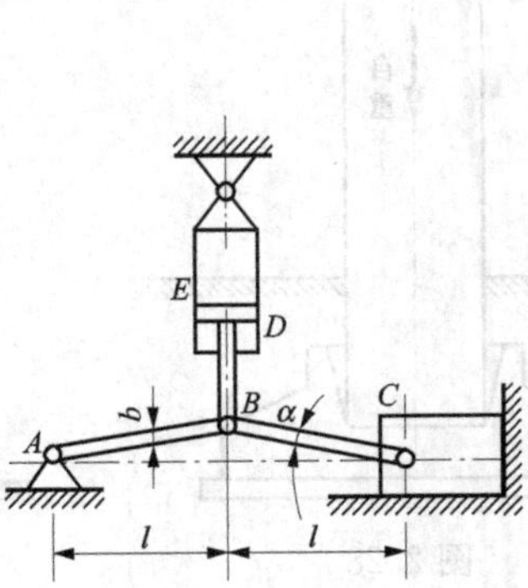

图 2.26

（1）建立压榨机的力学模型，画出计算简图；

（2）画出铰链 B 的受力图，若已知油压力 p，导出压榨力 F 的表达式；

（3）导出压榨力放大倍数的表达式，并分析增力效果与哪些因素有关。

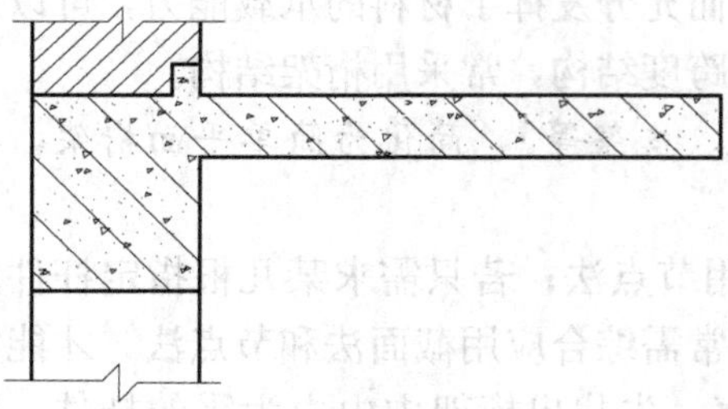
图 2.27

2.3 宽度为 1m 的大门上沿设置钢筋混凝土过梁及板式雨篷悬挑结构，其剖面图如图 2.27 所示，已知：砖砌体的自重为 19kN/m^3，钢筋混凝土的自重为 25kN/m^3，雨篷承受的均布活荷载为 0.7kN/m^2，施工或检修集中荷载按 1kN/m 计。墙厚 300mm，雨篷板宽度为 1m，长度为 1.6m，厚度为 0.1m。试：

（1）建立钢筋混凝土雨篷的力学模型，画出雨篷的受力图；

（2）估算雨篷的外荷载，计算雨篷在固定端截面处的弯矩；

（3）对雨篷进行抗倾覆计算。

2.4 厂房的边柱如图 2.28 所示。左侧均布荷载为风压力，由屋架、左侧牛腿上托墙梁、右侧台阶上吊车梁施加的力，以及柱的自重等均用集中力表示。柱的下端是杯形基础，用细石混凝土灌缝。试：

（1）对边柱进行受力分析，画出边柱的受力图，并对各种荷载标注符号；

（2）根据平衡条件，导出边柱支座反力的表达式；

（3）对边柱进行抗倾覆计算，并分析为提高边柱的抗倾覆能力应注意哪些问题。

2.5 大型塔式起重机如图 2.29 所示，试：

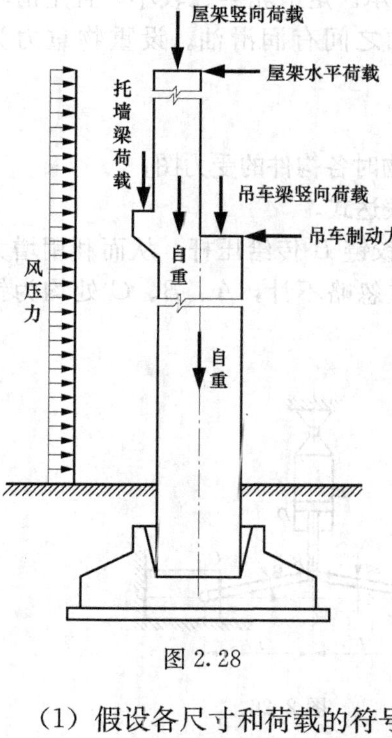

图 2.28

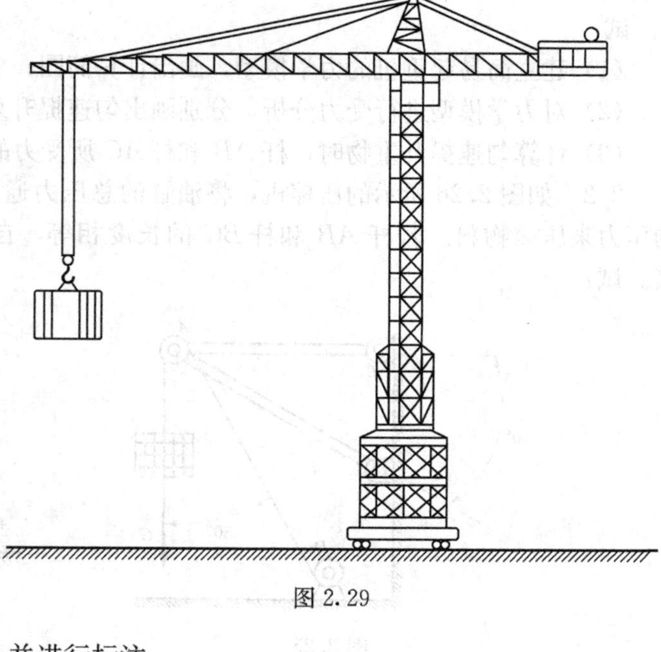
图 2.29

（1）假设各尺寸和荷载的符号，并进行标注；

(2) 分析塔式起重机的工作过程，在静止平衡或匀速运行的情况下，找出可能的危险工况；

(3) 对上述各种可能的危险工况进行受力分析，分别画出其受力图；

(4) 在静荷载作用下，对各种可能的危险工况进行抗倾覆分析，建立抗倾覆条件；

(5) 分析塔式起重机组装或拆卸时的受力情况，并指出必须注意的问题。

习　题

2.1　铆接薄板在孔心 A、B 和 C 处受三力作用，如题 2.1 图所示。$F_1=100\text{N}$，沿铅直方向；$F_3=50\text{N}$，沿水平方向，并通过点 A；$F_2=50\text{N}$，力的作用线也通过点 A。试求此力系的合力。

2.2　如题 2.2 图所示，固定在墙壁上的圆环受三条绳索的拉力作用，力 $\boldsymbol{F}_1$ 沿水平方向，力 $\boldsymbol{F}_3$ 沿铅直方向，力 $\boldsymbol{F}_2$ 与水平线成 40°角。三力的大小分别为 $F_1=2000\text{N}$，$F_2=2500\text{N}$，$F_3=1500\text{N}$。试求三力的合力。

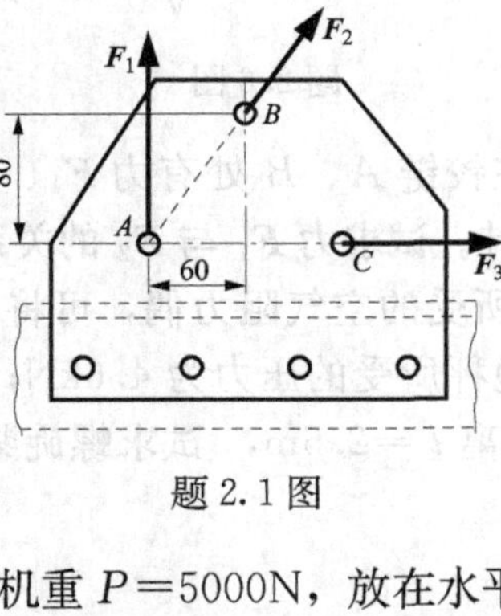

题 2.1 图

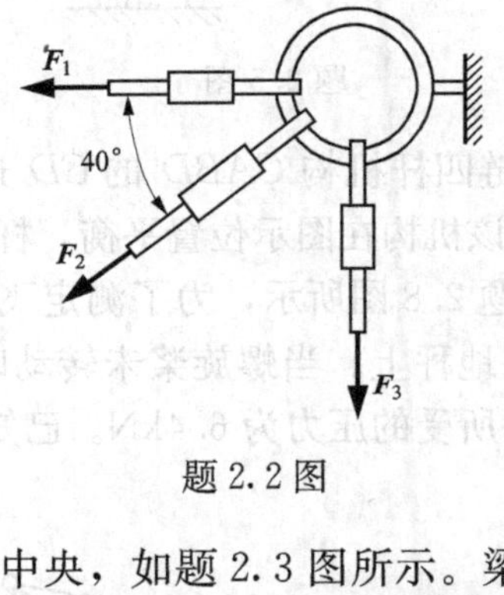

题 2.2 图

2.3　电动机重 $P=5000\text{N}$，放在水平梁 AC 的中央，如题 2.3 图所示。梁的 A 端以铰链固定，另一端以撑杆 BC 支持，撑杆与水平梁的夹角为 30°。如忽略梁和撑杆的重量，试求撑杆 BC 的内力及铰支座 A 处的约束力。

2.4　物体重 $W=20\text{kN}$，用绳子挂在支架的滑轮 B 上，绳子的另一端接在铰车 D 上，如题 2.4 图所示。转动铰车，物体便能升起。设滑轮的大小、AB 与 CB 杆自重及摩擦略去不计，A、B、C 三处均为铰链连接。当物体处于平衡状态时，试求拉杆 AB 和支杆 CB 所受的力。

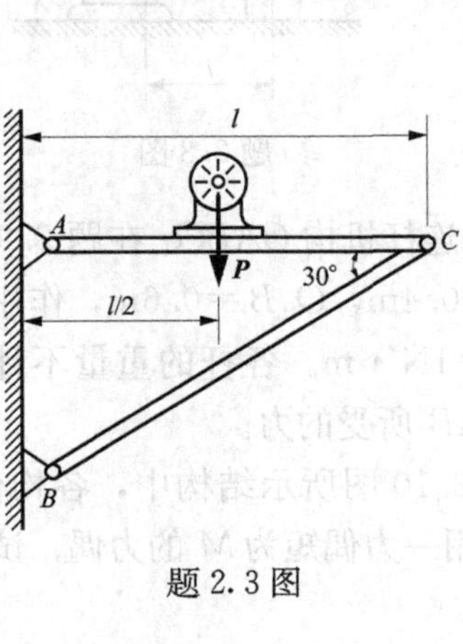

题 2.3 图

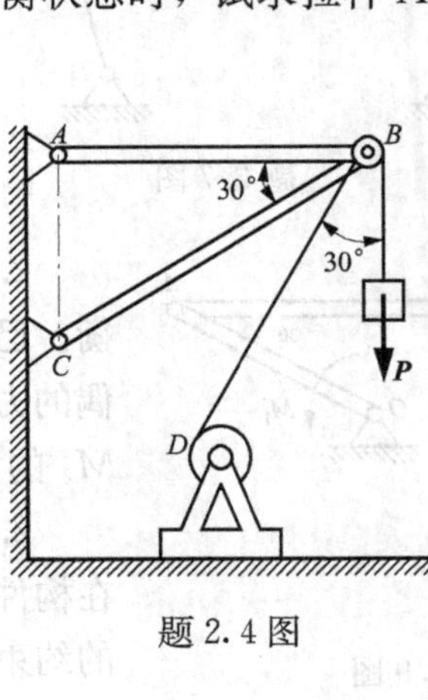

题 2.4 图

2.5 在题 2.5 图所示液压夹紧机构中，D 为固定铰链，B、C、E 为活动铰链。已知力 F，机构平衡时的角度为 θ，试求此时工件 H 所受的压紧力。

2.6 题 2.6 图所示为一拔桩装置。在木桩的点 A 上系一绳，将绳的另一端固定在点 C，在绳的点 B 系另一绳 BE，将它的另一端固定在点 E。然后在绳的点 D 用力向下拉，并使绳的 BD 段水平，AB 段铅直，DE 段与水平线、CB 段与铅直线间成等角 $\theta=0.1\text{rad}$（弧度）（当 θ 很小时，$\tan\theta\approx\theta$）。如向下的拉力 $F=800\text{N}$，试求绳 AB 作用于桩上的拉力。

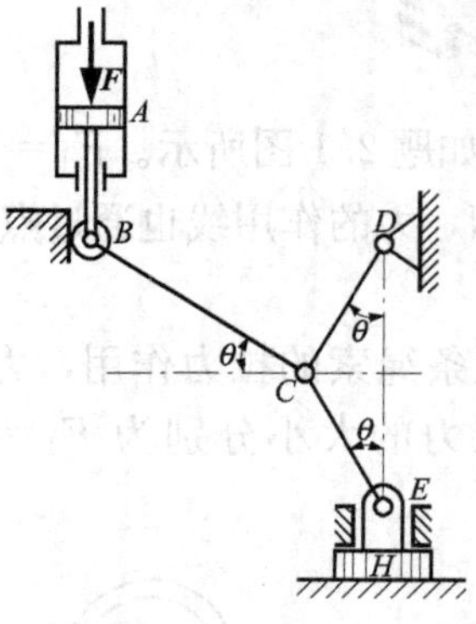

题 2.5 图

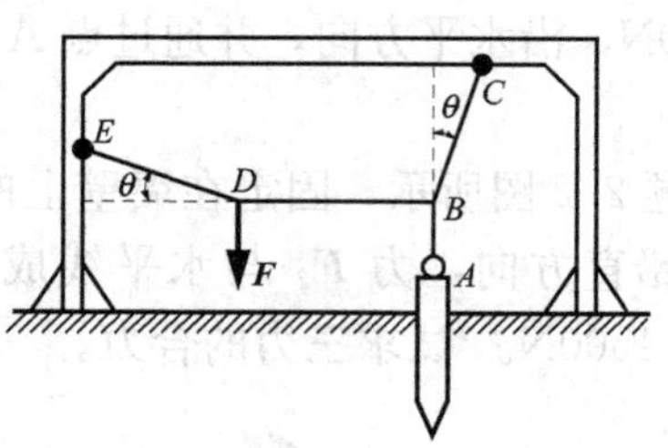

题 2.6 图

2.7 铰链四杆机构 $CABD$ 的 CD 边固定，在铰链 A、B 处有力 $\boldsymbol{F}_1$、$\boldsymbol{F}_2$ 作用，如题 2.7 图所示。该机构在图示位置平衡，杆重略去不计。试求力 $\boldsymbol{F}_1$ 与 $\boldsymbol{F}_2$ 的关系。

2.8 如题 2.8 图所示，为了测定飞机螺旋桨所受的空气阻力偶，可将飞机水平放置，其一轮搁置在地秤上。当螺旋桨未转动时，测得地秤所受的压力为 4.6kN；当螺旋桨转动时，测得地秤所受的压力为 6.4kN。已知两轮间距离 $l=2.5\text{m}$，试求螺旋桨所受的空气阻力偶的矩 M。

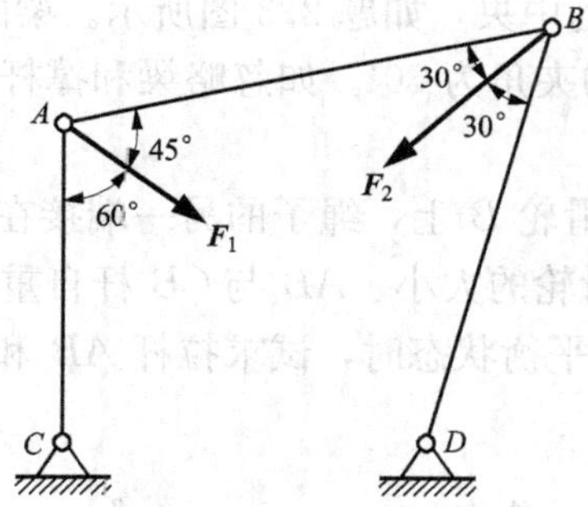

题 2.7 图

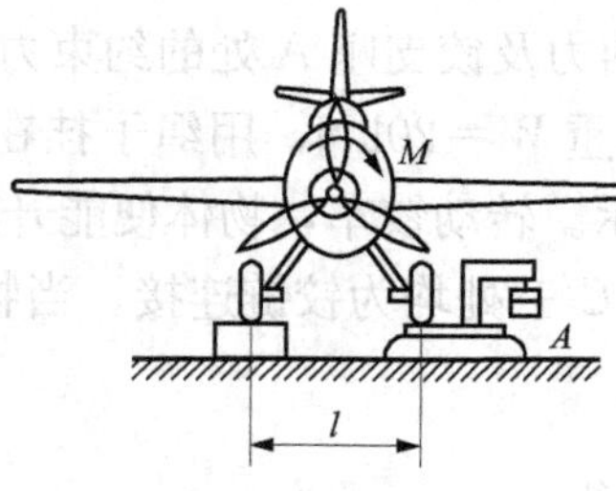

题 2.8 图

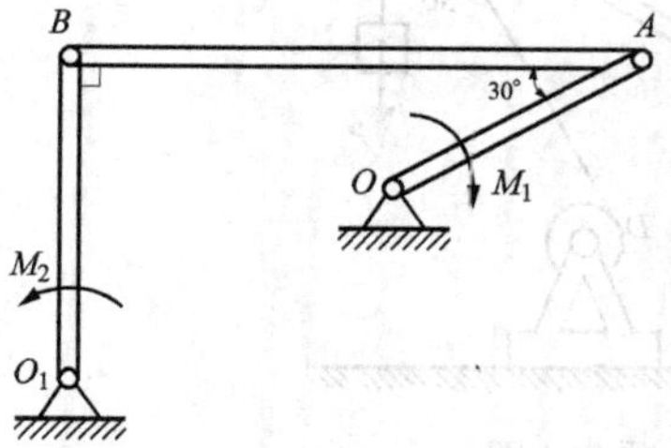

题 2.9 图

2.9 铰接四连杆机构 $OABO_1$ 在题 2.9 图所示位置平衡。已知：$OA=0.4\text{m}$，$O_1B=0.6\text{m}$，作用在 OA 上的力偶的力偶矩 $M_1=1\text{N}\cdot\text{m}$。各杆的重量不计。试求力偶矩 M_2 的大小和杆 AB 所受的力。

2.10 在题 2.10 图所示结构中，各构件的自重不计。在构件 AB 上作用一力偶矩为 M 的力偶，试求支座 A 和 C 的约束力。

2.11　在题 2.11 图所示结构中，各构件的自重不计，在构件 BC 上作用一力偶矩为 M 的力偶，试求支座 A 处的约束力。

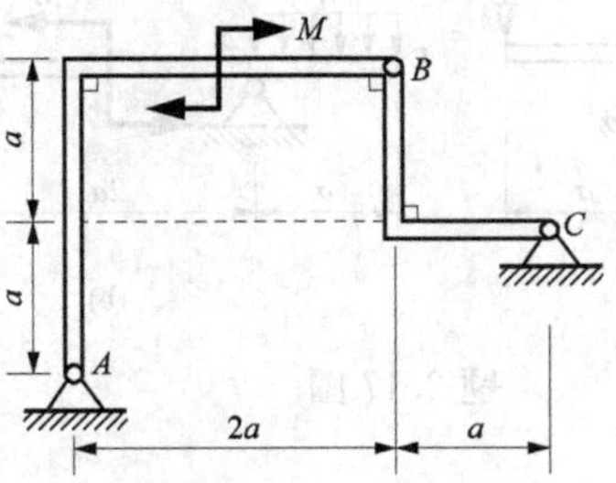

题 2.10 图

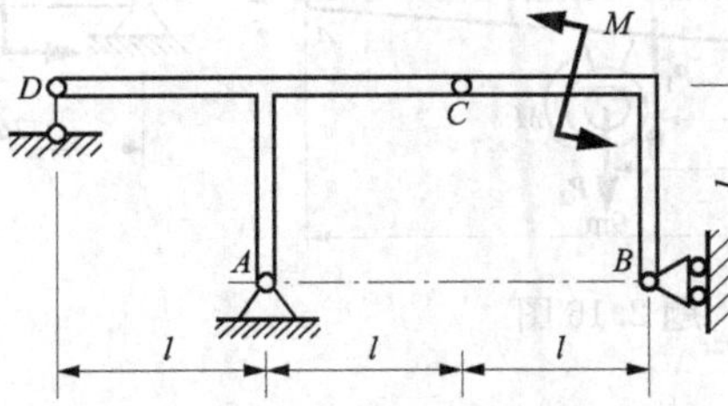

题 2.11 图

2.12　直角弯杆 $ABCD$ 与直杆 DE 及 EC 铰接，如题 2.12 图所示，作用在 DE 杆上力偶的力偶矩 $M=40\text{kN}\cdot\text{m}$，不计各杆件自重，不考虑摩擦。试求支座 A、B 处的约束力及 EC 杆受力。

2.13　试将题 2.13 图所示滑轮上所受的力系 $\boldsymbol{F}_1$、$\boldsymbol{F}_2$、$\boldsymbol{F}_3$ 向其中心简化，其中 $F_1=1200\text{N}$，$F_2=900\text{N}$，$F_3=500\text{N}$，$R=0.3\text{m}$，$r=0.2\text{m}$。

2.14　在题 2.14 图所示平面任意力系中，$F_1=40\sqrt{2}\text{N}$，$F_2=80\text{N}$，$F_3=40\text{N}$，$F_4=110\text{N}$，$M=2000\text{N}\cdot\text{mm}$。尺寸单位为 mm。试求力系向点 O 简化的结果。

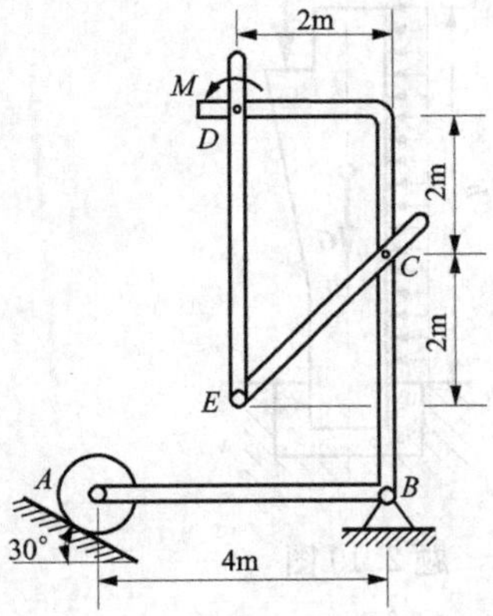

题 2.12 图

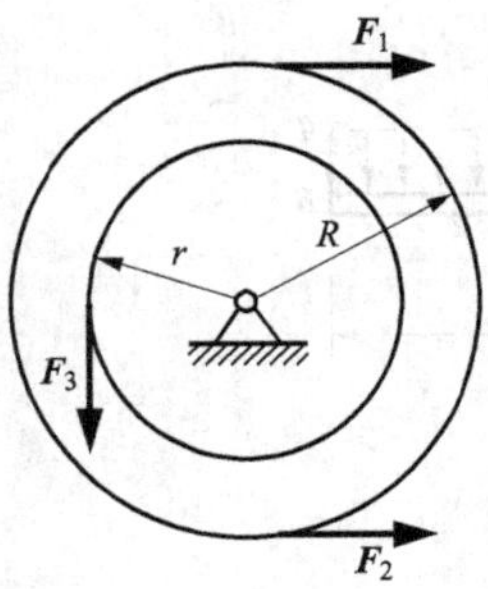

题 2.13 图

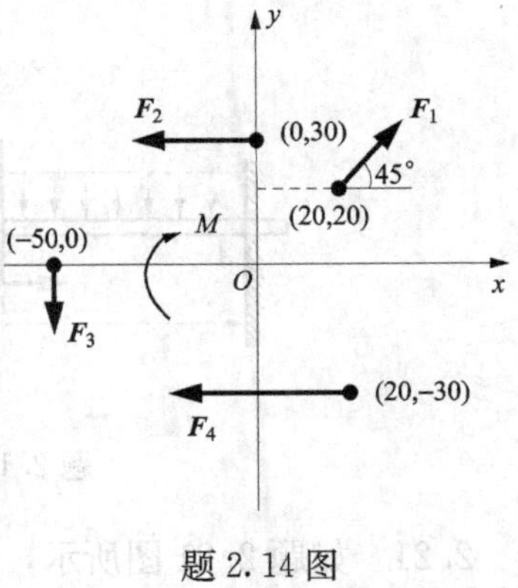

题 2.14 图

2.15　杠杆 ABC 在 A 处用铰链连接，而在 B 处与一曲杆 BD 相连，如题 2.15 图所示。已知作用于 C 处的水平力 $F=400\text{N}$，构件自重不计。试求 A 处所受的约束力。

2.16　如题 2.16 图所示，飞机机翼上安装 1 台发动机，作用在机翼 OA 上的气动力按梯形分布：$q_1=60\text{kN/m}$，$q_2=40\text{kN/m}$，机翼重 $P_1=45\text{kN}$，发动机重 $P_2=20\text{kN}$，发动机螺旋桨的反作用力偶矩 $M=18\text{kN}\cdot\text{m}$。试求机翼处于平衡状态时，机翼根部固定端 O 的受力。

2.17　无重水平梁的支承和荷载如题 2.17 图所示。已知力 $\boldsymbol{F}$、力偶矩为 M 的力偶和荷载集度为 q 的均布荷载。试求支座 A 和 B 处的约束力。

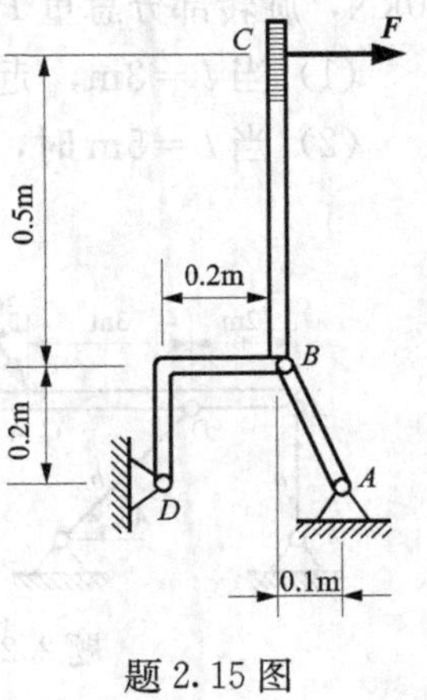

题 2.15 图

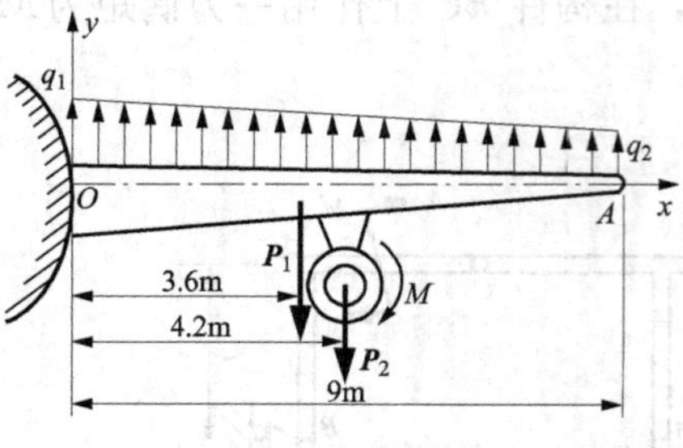

题 2.16 图

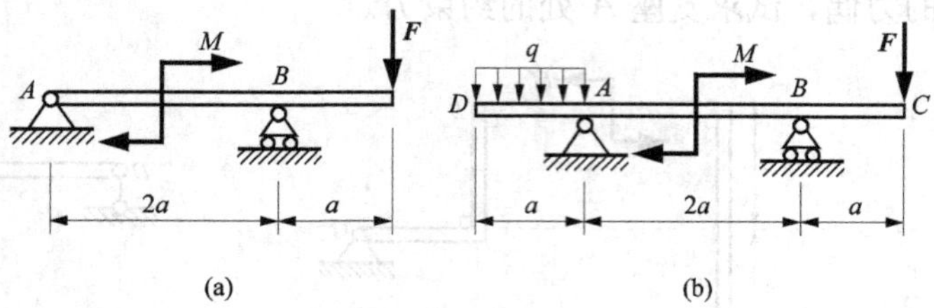

题 2.17 图

2.18 如题 2.18 图所示，悬臂梁 AB 受到均布荷载和力偶的作用，已知荷载集度 $q=2\text{kN/m}$，力偶矩 $M=5\text{kN}\cdot\text{m}$，$l=4\text{m}$。试求固定端 A 处的约束力。

2.19 如题 2.19 图所示，厂房立柱的根部用混凝土砂浆与基础连在一起，已知吊车梁给立柱的铅垂荷载 $P=60\text{kN}$，风的分布荷载集度 $q=2\text{kN/m}$，立柱自身的重量 $G=40\text{kN}$，且 $a=0.5\text{m}$，$h=10\text{m}$。试求立柱根部的约束力。

2.20 梁 AB 用 a、b、c 三根链杆支承，其受载情况如题 2.20 图所示。已知 $F=100\text{kN}$，$M=50\text{kN}\cdot\text{m}$，试求三根链杆所受的约束力。

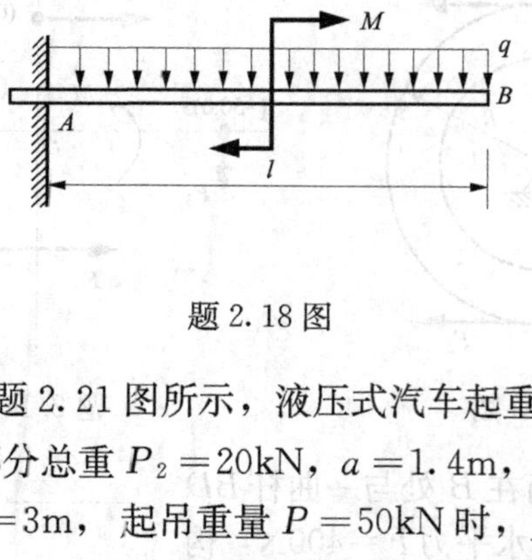

题 2.18 图

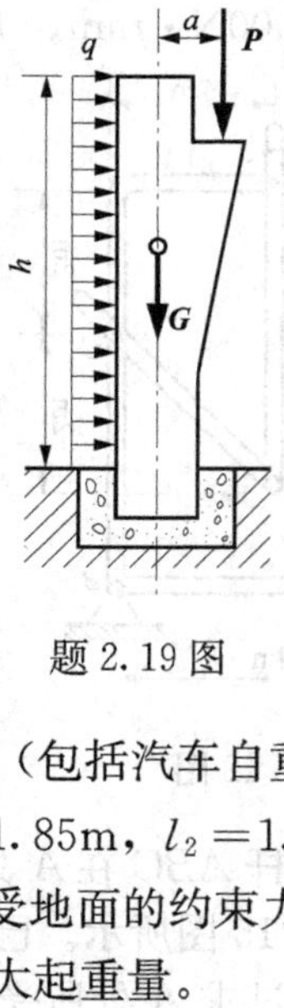

题 2.19 图

2.21 如题 2.21 图所示，液压式汽车起重机全部固定部分（包括汽车自重）总重 $P_1=60\text{kN}$，旋转部分总重 $P_2=20\text{kN}$，$a=1.4\text{m}$，$b=0.4\text{m}$，$l_1=1.85\text{m}$，$l_2=1.4\text{m}$。试求：

（1）当 $l=3\text{m}$，起吊重量 $P=50\text{kN}$ 时，支撑腿 A、B 所受地面的约束力；

（2）当 $l=5\text{m}$ 时，为了保证起重机不致翻倒，起重机的最大起重量。

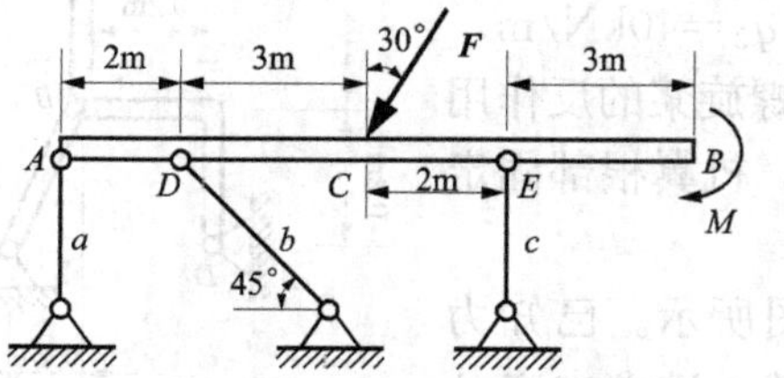

题 2.20 图

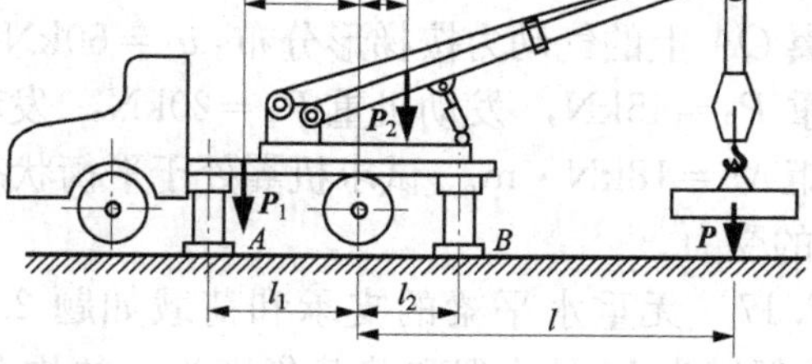

题 2.21 图

2.22 水平梁 AB 由铰链 A 和杆 BC 所支持，如题 2.22 图所示。在梁上 D 处用销子安装半径为 $r=0.1\text{m}$ 的滑轮，在一跨过滑轮的绳子，一端水平地系于墙上，另一端悬挂有重 $P=1800\text{N}$ 的重物。如 $AD=0.2\text{m}$，$BD=0.4\text{m}$，$\varphi=45°$，且不计梁、杆、滑轮和绳的重量。试求铰链 A 和杆 BC 对梁的约束力。

2.23 轮式拖拉机制动器的操纵机构如题 2.23 图所示。作用在踏板 A 上的力 $\boldsymbol{F}$ 通过杠杆 AOB 和拉杆 BC 传给摇臂 CD，若不计各构件的重量，试求平衡时力 F_1 与力 F 的比值。

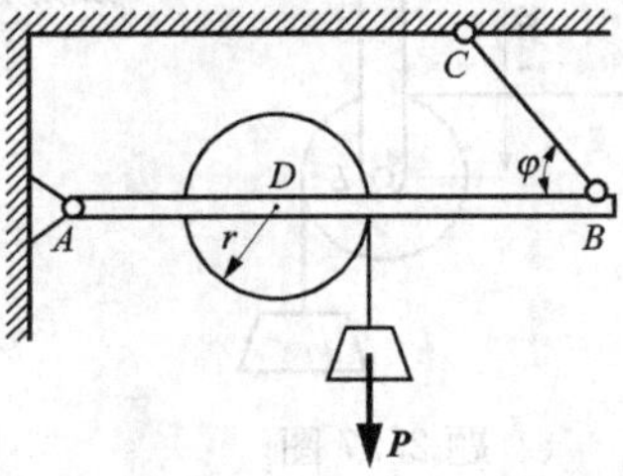

题 2.22 图

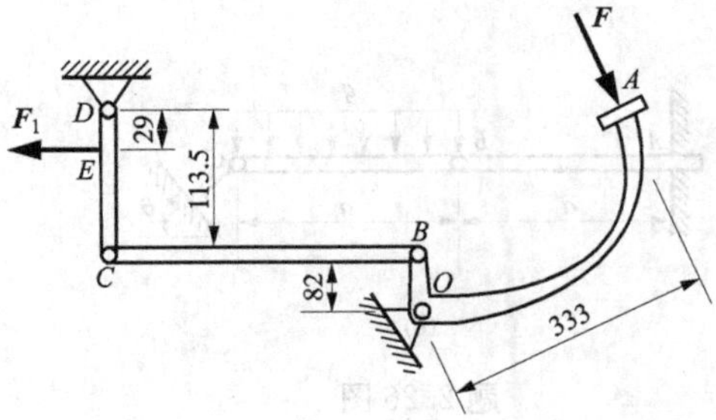

题 2.23 图

2.24 在题 2.24 图所示的曲柄压力机中，已知曲柄 $OA=R=230\text{mm}$，设计要求：当 $\theta=20°$，$\varphi=3.2°$ 时达到最大冲压力 $F=3150\text{kN}$，试求最大冲压力 $\boldsymbol{F}$ 作用时，导轨对滑块的侧压力和曲柄上所加的转矩 M，并求此时轴承 O 处的约束力。

2.25 如题 2.25 图所示，组合梁由 AC 和 CD 两段铰接构成，起重机放在梁上。已知起重机重 $P_1=50\text{kN}$，重心在铅垂线 EC 上，起重荷载 $P_2=10\text{kN}$。如不计梁重，试求支座 A、B、D 三处的约束力。

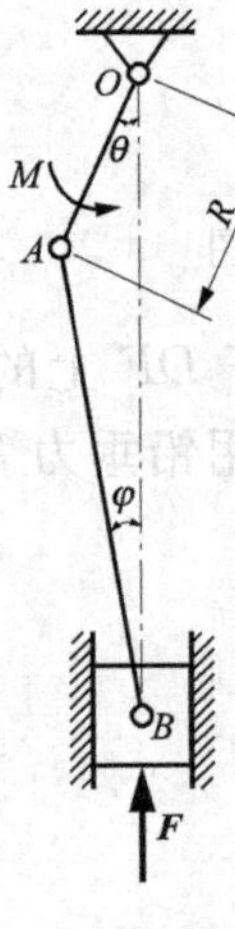

题 2.24 图

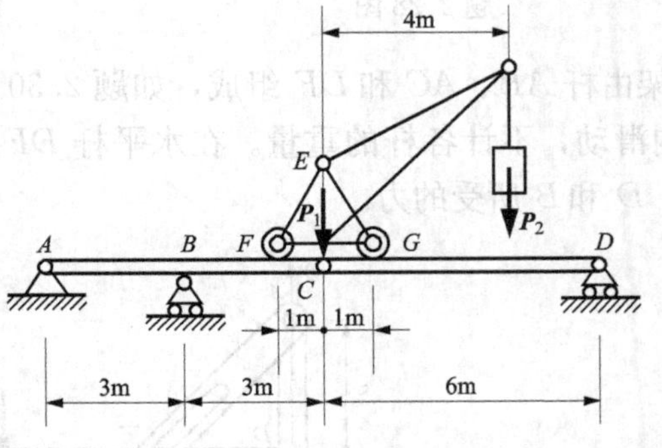

题 2.25 图

2.26 在题 2.26 图所示的两连续梁中，已知 q、M、a 及 θ，不计梁的自重，试求两连续梁在 A、B、C 三处的约束力。

2.27 在题 2.27 图所示构架中，物体重 $P=1200\text{N}$，由细绳跨过滑轮 E 而水平系于墙上。不计杆和滑轮的重量，试求支承 A 和 B 处的约束力，以及杆 BC 的内力 $\boldsymbol{F}_{BC}$。

2.28 如题 2.28 图所示，折梯由两个相同的部分 AC 和 BC 构成，这两部分各重 $W=100\text{N}$，在点 C 处用铰链连接，并用绳子在点 D、E 处互相连接，销钉上悬挂重物 $P=$

500N。已知 $AC=BC=4\text{m}$，$DC=EC=3\text{m}$，$\angle CAB=60°$，不计摩擦。试求绳子的拉力和杆 AC、BC 作用于销钉 C 的约束力。

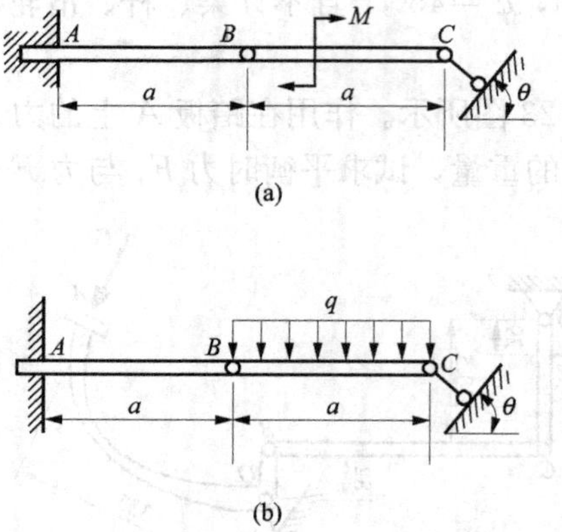

题 2.26 图

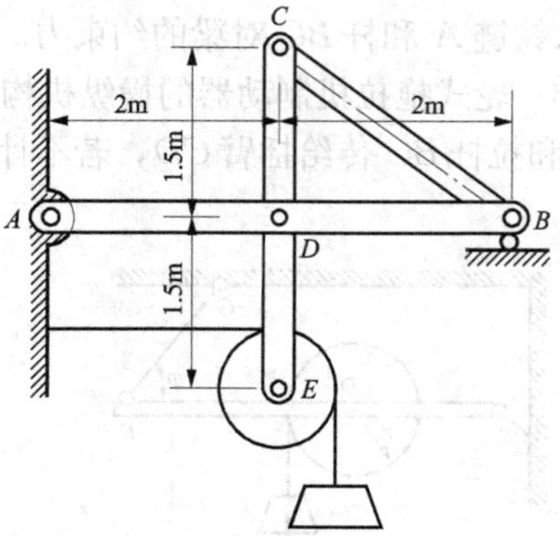

题 2.27 图

2.29　如题 2.29 图所示，构架由杆 AB 和杆 BC 组成。已知重物 $G=20\text{kN}$，$AD=DB=1\text{m}$，$AC=2\text{m}$，滑轮半径均为 30cm，不计杆和滑轮的自重。试求 A 和 C 处的约束力。

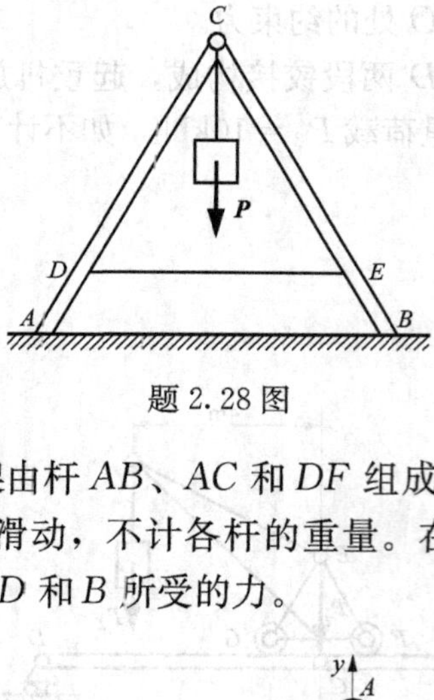

题 2.28 图

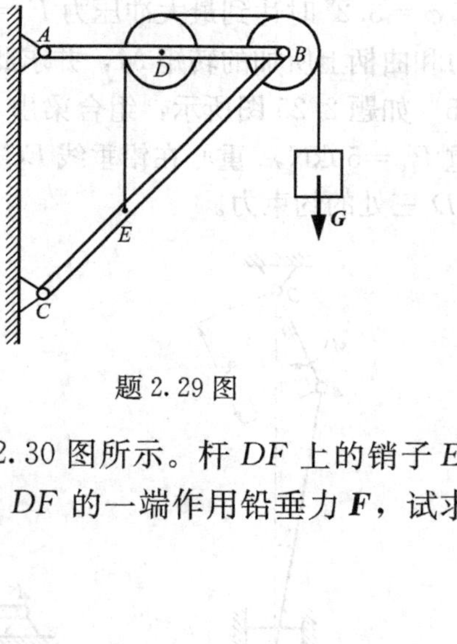

题 2.29 图

2.30　构架由杆 AB、AC 和 DF 组成，如题 2.30 图所示。杆 DF 上的销子 E 可在杆 AC 的光滑槽内滑动，不计各杆的重量。在水平杆 DF 的一端作用铅垂力 $\boldsymbol{F}$，试求铅直杆 AB 上铰链 A、D 和 B 所受的力。

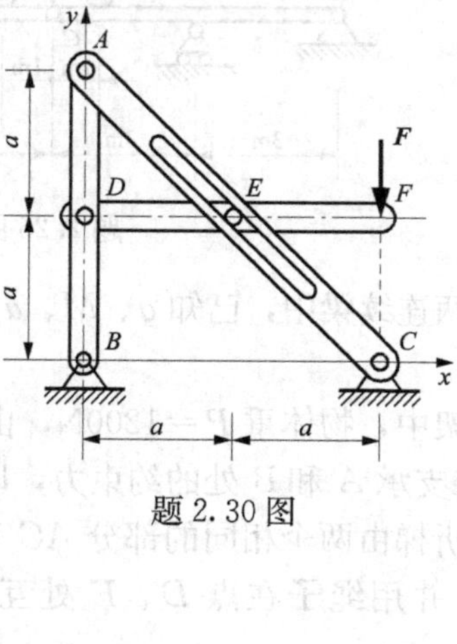

题 2.30 图

第3章 空 间 力 系

教学要求:

1. 熟悉空间力的投影，空间力偶及力矩的概念和性质；
2. 掌握空间力系的简化，了解空间约束，能求解各种空间力系的平衡问题；
3. 掌握物体重心的计算方法；
4. 理解滑动摩擦的概念和特征，能求解考虑摩擦时的平衡问题。

在工程实际中，作用在物体上各力的作用线往往不在同一平面内，而是分布在空间中，这种力系就不再是平面力系，称为**空间力系**。显然，平面力系是空间力系的特殊情况。

在空间力系中，如果各力的作用线交于一点，则称为**空间汇交力系**。如果空间力系是由几个不在同一平面内的力偶组成，则称为**空间力偶系**。空间汇交力系和空间力偶系是空间力系中最简单的情形，是研究空间一般力系的简化和平衡条件的基础。

本章将介绍空间汇交力系及空间力偶系的合成和平衡，并在此基础上研究空间一般力系的简化和平衡问题求解方法，然后介绍物体重心的概念及重心位置的求解，最后讨论考虑摩擦的平衡问题。

§3.1 空 间 汇 交 力 系

1. 力在直角坐标轴上的投影

若已知力 $\boldsymbol{F}$ 与空间直角坐标系 $Oxyz$ 的三个轴的正向夹角分别为 α、β 和 γ，如图 3.1 (a) 所示，力 $\boldsymbol{F}$ 在三个坐标轴上的投影等于力 $\boldsymbol{F}$ 的大小乘以力 $\boldsymbol{F}$ 与各轴夹角的余弦，即

$$\left.\begin{aligned} F_x &= F\cos\alpha \\ F_y &= F\cos\beta \\ F_z &= F\cos\gamma \end{aligned}\right\} \tag{3.1}$$

若已知力 $\boldsymbol{F}$ 与 z 轴的夹角 γ 和力 $\boldsymbol{F}$ 在 Oxy 平面上的分量 $\boldsymbol{F}_{xy}$ 与 x 轴的夹角 φ，如图 3.1 (a) 所示，则可用**二次投影法**，力 $\boldsymbol{F}$ 在三个坐标轴上的投影，表示为

$$\left.\begin{aligned} F_x &= F\sin\gamma\cos\varphi \\ F_y &= F\sin\gamma\sin\varphi \\ F_z &= F\cos\gamma \end{aligned}\right\} \tag{3.2}$$

这种投影法先将力投影到平面，然后再将力投影到坐标轴上。注意，力投影到平面得到的仍是矢量。二次投影法由于所需的两个角度便于测量，故较为常用。

力 $\boldsymbol{F}$ 的解析表达式［见图 3.1 (b)］为

$$\boldsymbol{F} = F_x\boldsymbol{i} + F_y\boldsymbol{j} + F_z\boldsymbol{k} \tag{3.3}$$

2. 空间汇交力系的合成与平衡

将平面汇交力系的合成结果推广至空间，得空间汇交力系的合成结果为**空间汇交力系的**

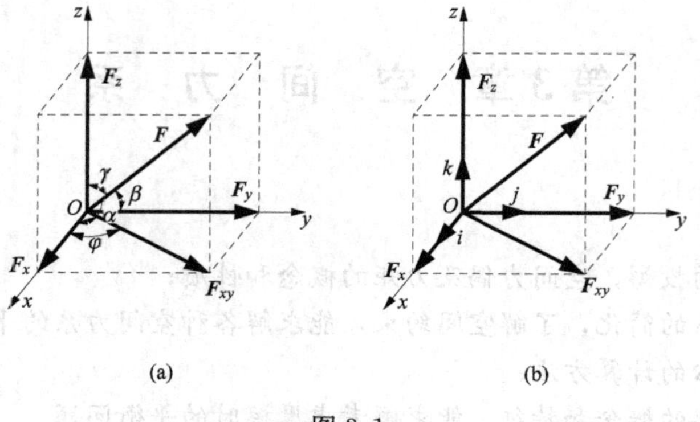

图 3.1

合力等于各个分力的矢量和，合力的作用点为汇交点，即

$$\boldsymbol{F}_{\mathrm{R}}=\boldsymbol{F}_1+\boldsymbol{F}_2+\cdots+\boldsymbol{F}_n=\sum_{i=1}^{n}\boldsymbol{F}_i \tag{3.4}$$

$$\boldsymbol{F}_{\mathrm{R}}=F_{\mathrm{R}x}\boldsymbol{i}+F_{\mathrm{R}y}\boldsymbol{j}+F_{\mathrm{R}z}\boldsymbol{k} \tag{3.5}$$

而合力在任一轴上的投影等于各分力在同一轴上投影的代数和，即

$$F_{\mathrm{R}x}=\sum F_x,\ F_{\mathrm{R}y}=\sum F_y,\ F_{\mathrm{R}z}=\sum F_z \tag{3.6}$$

应用式（3.6），可得合力的大小和方向余弦。

由于空间汇交力系合成为一个合力，因此，空间汇交力系平衡的必要和充分条件为**该力系的合力等于零**，即 $\boldsymbol{F}_{\mathrm{R}}=\sum\boldsymbol{F}=0$，为使合力为零，必须有

$$\sum F_x=0,\quad \sum F_y=0,\quad \sum F_z=0 \tag{3.7}$$

于是，空间汇交力系平衡的充分和必要条件是**力系中所有各力在三个坐标轴上的投影的代数和分别等于零**。式（3.7）称为**空间汇交力系的平衡方程**，可以求解三个未知量。

例 3.1 简易起吊架如图 3.2（a）所示。杆 AB 的 B 端铰接于墙上，不计自重。绳索 AC 与 AD 在同一水平面内。已知起吊重物的重量 $P=1000\mathrm{N}$，$CE=DE=12\mathrm{cm}$，$AE=24\mathrm{cm}$，$\beta=45°$，试求绳索的拉力及杆 AB 所受的力。

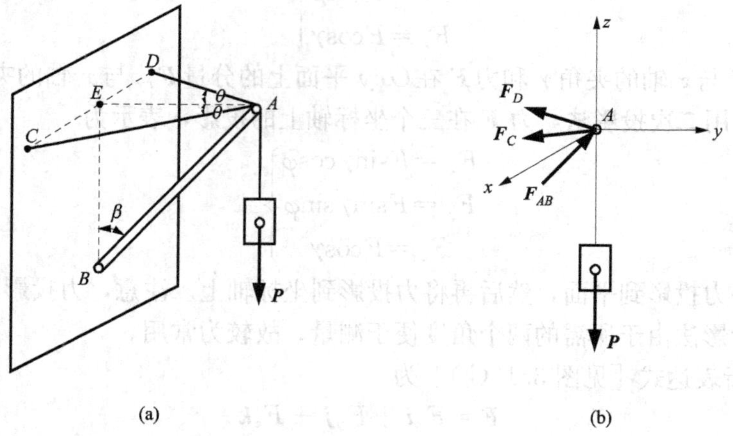

图 3.2

解 取铰链 A 连同重物为研究对象，作用其上的力有重力 $\boldsymbol{P}$、绳索拉力 $\boldsymbol{F}_C$ 和 F_D，以及杆 AB 对铰接点 A 的压力 $\boldsymbol{F}_{AB}$。因为 AB 是二力杆，所以力 $\boldsymbol{F}_{AB}$ 的作用线沿杆 AB 的轴线指向点 A。以上四个力组成一个空间汇交力系，如图 3.2（b）所示。

选取坐标轴，如图 3.2（b）所示，列出平衡方程

$$\sum F_x=0,\quad F_C\sin\theta-F_D\sin\theta=0,\quad F_C=F_D$$
$$\sum F_y=0,\quad -F_C\cos\theta-F_D\cos\theta+F_{AB}\sin\beta=0$$
$$\sum F_z=0,\quad F_{AB}\cos\beta-P=0$$

其中，$\theta=\arctan\dfrac{1}{2}=26.57°$。解得

$$F_{AB}=1414\text{N},\ F_C=F_D=559\text{N}$$

§3.2 空间力偶系

1. 力对点的矩矢

在空间力系中，各力与同一矩心分别构成不同的力矩平面，力使物体绕矩心 O 的转动效应，不仅取决于力矩的大小和转向，还取决于各力矩平面在空间的方位。因此，力对点之矩包括三个要素，即力矩的大小、力矩在其平面内的转向，以及力矩平面的方位。力 $\boldsymbol{F}$ 对点 O 之矩可用一个矢量来表示，该矢量记作 $\boldsymbol{M}_O(\boldsymbol{F})$。

力对点的矩矢表示如下：设在空间点 A 作用一力 $\boldsymbol{F}$，以矢量 $\boldsymbol{AB}$ 表示，如图 3.3 所示。取点 O 为矩心，矩心到力 $\boldsymbol{F}$ 作用线的垂直距离为 h。过矩心 O 作矢量 $\boldsymbol{M}_O(\boldsymbol{F})$，其长度按一定的比例尺表示力矩的大小，有 $|\boldsymbol{M}_O(\boldsymbol{F})|=Fh=2\triangle OAB$，也即等于 $\triangle OAB$ 面积的两倍；方向与力矩平面 OAB 垂直；其指向由右手螺旋法则确定，即右手四指表示力矩的转向，则大拇指的指向就是矢量 $\boldsymbol{M}_O(\boldsymbol{F})$ 的指向。由图 3.3 可知，当矩心的位置改变时，力矩矢 $\boldsymbol{M}_O(\boldsymbol{F})$ 的大小和方向均与矩心 O 的位置有关，是**固定矢**，其始端必须放在矩心上。

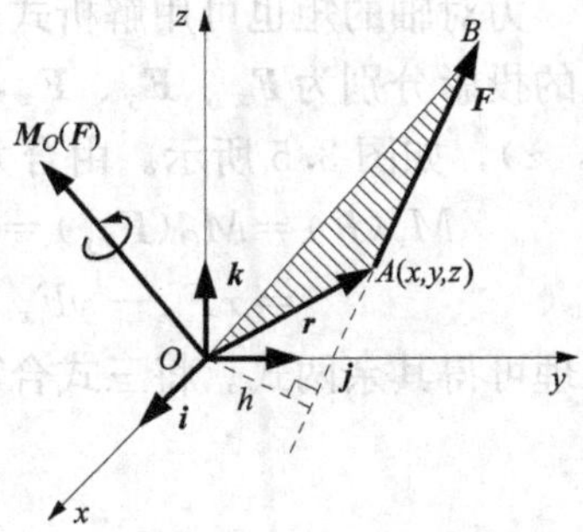

图 3.3

在图 3.3 中，以 $\boldsymbol{r}$ 表示力 $\boldsymbol{F}$ 的作用点 A 对矩心 O 的矢径，则矢积 $\boldsymbol{r}\times\boldsymbol{F}$ 的模等于 $\triangle OAB$ 面积的两倍，其方位垂直于 $\boldsymbol{r}$ 与 $\boldsymbol{F}$ 所组成的平面 OAB，指向也由右手螺旋法则确定。因此可得

$$\boldsymbol{M}_O(\boldsymbol{F})=\boldsymbol{r}\times\boldsymbol{F} \tag{3.8}$$

即力对任一点的矩矢，等于力的作用点对矩心的矢径与该力的矢量积。由矢量叉积的计算公式，可得

$$\boldsymbol{M}_O(\boldsymbol{F})=\boldsymbol{r}\times\boldsymbol{F}=\begin{vmatrix}\boldsymbol{i} & \boldsymbol{j} & \boldsymbol{k}\\ x & y & z\\ F_x & F_y & F_z\end{vmatrix}$$
$$=(yF_z-zF_y)\boldsymbol{i}+(zF_x-xF_z)\boldsymbol{j}+(xF_y-yF_x)\boldsymbol{k} \tag{3.9}$$

上式（3.9）为力对点的矩矢的解析表达式，单位为 N·m 或 kN·m。

2. 力对轴的矩

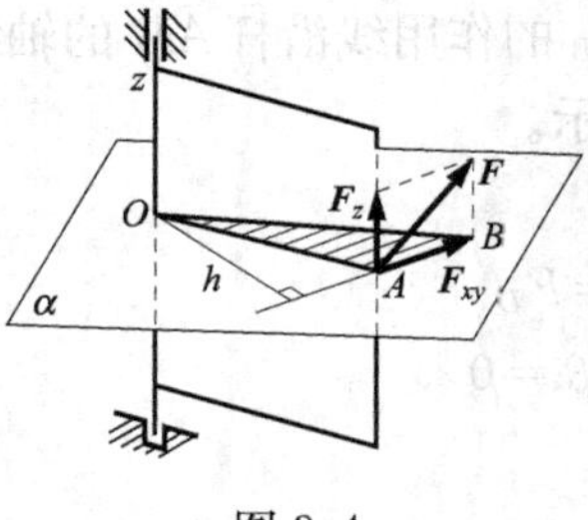

图 3.4

在工程中，常遇到物体在力的作用下绕某固定轴转动的情形。以开门为例，如图 3.4 所示，在门上点 A 作用一力 $\boldsymbol{F}$，使门绕门轴 z 转动。现将力 $\boldsymbol{F}$ 分解为平行于轴 z 的分力 $\boldsymbol{F}_z$ 和垂直于轴 z 的分力 $\boldsymbol{F}_{xy}$。由经验可知，分力 $\boldsymbol{F}_z$ 不能使门绕轴 z 转动，而分力 $\boldsymbol{F}_{xy}$ 才能使门绕轴 z 转动。现用符号 $M_z(\boldsymbol{F})$ 表示力 $\boldsymbol{F}$ 对轴 z 的矩，点 O 为平面 Oxy 与轴 z 的交点，h 为点 O 到力 $\boldsymbol{F}_{xy}$ 作用线的距离。而分力 $\boldsymbol{F}_{xy}$ 使门绕轴 z 转动的效应，可用力 $\boldsymbol{F}_{xy}$ 对点 O 之矩来度量。于是，力对轴的矩等于力在垂直于该轴平面上分力对该轴与此平面交点之矩，用公式表示为

$$M_z(\boldsymbol{F})=M_O(\boldsymbol{F}_{xy})=\pm F_{xy}h=\pm 2\triangle OAB \tag{3.10}$$

力对轴的矩是一个代数量，其正负号表示力 $\boldsymbol{F}$ 使物体绕轴 z 转动的方向，用右手螺旋法则确定，即以右手四指表示力 $\boldsymbol{F}$ 使物体绕轴 z 转动的方向，若大拇指的指向与轴 z 正向一致则为正；反之，为负。

当力的作用线与轴平行（$\boldsymbol{F}_{xy}=0$）或相交（$h=0$）时，即力与轴位于同一平面内时，力对该轴的矩为零。当力沿其作用线移动时，力对轴的矩不变（此时 $\boldsymbol{F}_{xy}$ 及 h 均不变）。

力对轴的矩也可用解析式表示。设力 $\boldsymbol{F}$ 在三个坐标轴上的投影分别为 $\boldsymbol{F}_x$、$\boldsymbol{F}_y$、$\boldsymbol{F}_z$，力作用点 A 的坐标为（x，y，z），如图 3.5 所示。由合力矩定理，得

$$M_z(\boldsymbol{F})=M_O(\boldsymbol{F}_{xy})=M_O(\boldsymbol{F}_x)+M_O(\boldsymbol{F}_y)$$
$$=xF_y-yF_x$$

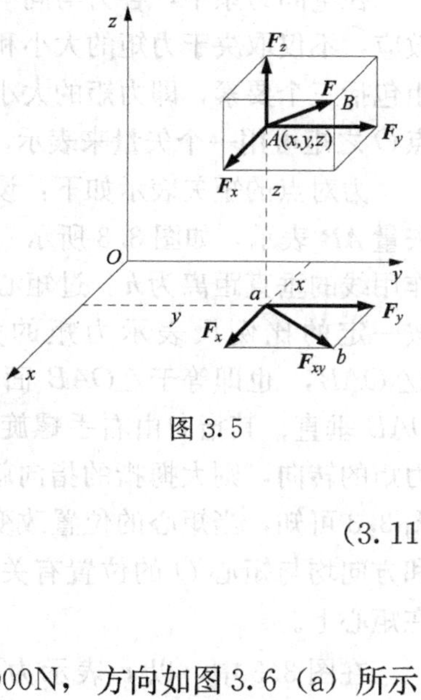

图 3.5

同理可得其余两式。将三式合写为

$$\left.\begin{aligned}M_x(\boldsymbol{F})&=yF_z-zF_y\\M_y(\boldsymbol{F})&=zF_x-xF_z\\M_z(\boldsymbol{F})&=xF_y-yF_x\end{aligned}\right\} \tag{3.11}$$

上述三式（3.11）就是计算力对轴的矩的解析表达式。

例 3.2 托架 OC 套在转轴 z 上，在点 C 作用一力 $F=2000\text{N}$，方向如图 3.6（a）所示。点 C 在 Oxy 平面内。试分别求力 $\boldsymbol{F}$ 对三个坐标轴的矩及对点 O 的矩矢。

解 已知力 $\boldsymbol{F}$ 作用点的坐标是 $x=-50\text{mm}$，$y=60\text{mm}$，$z=0$，则力 $\boldsymbol{F}$ 沿各坐标轴的投影［见图 3.6（b）］是

$$F_x=-F\cos45°\sin60°=-1224.7\text{N}$$
$$F_y=F\cos45°\cos60°=707.1\text{N}$$
$$F_z=F\sin45°=1414.2\text{N}$$

将各量代入式（3.11），可得力 $\boldsymbol{F}$ 对三个坐标轴的矩分别为

$$M_x(\boldsymbol{F})=yF_z-zF_y=0.06\text{m}\times1414.2\text{N}=84.9\text{N}\cdot\text{m}$$
$$M_y(\boldsymbol{F})=zF_x-xF_z=-(-0.05\text{m})\times1414.2\text{N}=70.7\text{N}\cdot\text{m}$$
$$M_z(\boldsymbol{F})=xF_y-yF_x=(-0.05\text{m})\times707.1\text{N}-0.06\text{m}\times(-1224.7\text{N})=38.1\text{N}\cdot\text{m}$$

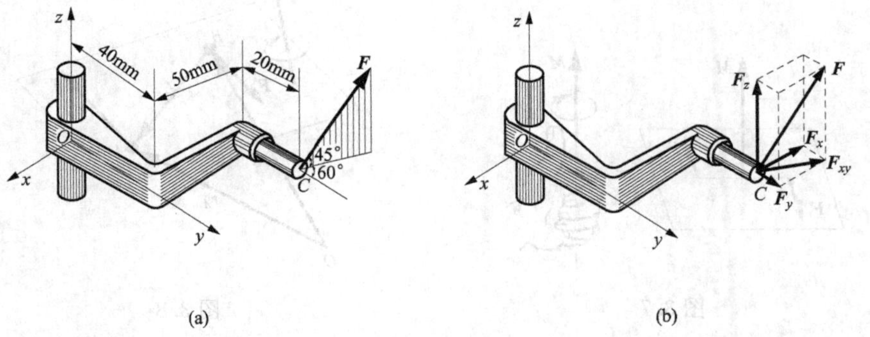

图 3.6

则力 $\boldsymbol{F}$ 对点 O 的矩矢为

$$\boldsymbol{M}_O(\boldsymbol{F})=(84.9\boldsymbol{i}+70.7\boldsymbol{j}+38.1\boldsymbol{k})\mathrm{N}\cdot\mathrm{m}$$

3. 力对点的矩和力对轴的矩的关系

由式（3.9）可知

$$\boldsymbol{M}_O(F)=(yF_z-zF_y)\boldsymbol{i}+(zF_x-xF_z)\boldsymbol{j}+(xF_y-yF_x)\boldsymbol{k}$$

令 $[\boldsymbol{M}_O(\boldsymbol{F})]_x$、$[\boldsymbol{M}_O(\boldsymbol{F})]_y$、$[\boldsymbol{M}_O(\boldsymbol{F})]_z$ 分别表示 $\boldsymbol{M}_O(\boldsymbol{F})$ 在轴 x、y、z 上的投影，得

$$\boldsymbol{M}_O(\boldsymbol{F})=[\boldsymbol{M}_O(\boldsymbol{F})]_x\boldsymbol{i}+[\boldsymbol{M}_O(F)]_y\boldsymbol{j}+[\boldsymbol{M}_O(\boldsymbol{F})]_z\boldsymbol{k}$$

比较上述两式，得

$$\left.\begin{aligned}[\boldsymbol{M}_O(\boldsymbol{F})]_x&=yF_z-zF_y\\[\boldsymbol{M}_O(\boldsymbol{F})]_y&=zF_x-xF_z\\[\boldsymbol{M}_O(\boldsymbol{F})]_z&=xF_y-yF_x\end{aligned}\right\}\tag{3.12}$$

再比较式（3.11）和式（3.12），可得

$$\left.\begin{aligned}[\boldsymbol{M}_O(\boldsymbol{F})]_x&=M_x(\boldsymbol{F})\\[\boldsymbol{M}_O(\boldsymbol{F})]_y&=M_y(\boldsymbol{F})\\[\boldsymbol{M}_O(\boldsymbol{F})]_z&=M_z(\boldsymbol{F})\end{aligned}\right\}\tag{3.13}$$

式（3.13）说明：**力对点的矩矢在过该点的任意轴上的投影，等于力对该轴的矩。**

4. 以矢量表示的力偶矩

在空间力偶系中，各力偶的作用面具有不同的方位，力偶对物体的作用效应，除取决于力偶矩的大小及力偶在其作用面内的转向外，还与力偶作用面在空间的方位有关。空间力偶对物体的作用效应取决于三个因素：①力偶矩的大小；②力偶作用面的方位；③力偶在作用面内的转向。

空间力偶的力偶矩可用矢量来表示：矢量的长度表示力偶矩的大小；矢量的方位表示力偶作用面的法线方位；矢量的箭头指向按右手螺旋法则表示力偶的转向，如图 3.7 所示。这个矢量称为**力偶矩矢**，记作 $\boldsymbol{M}$。力偶矩的单位为 N·m。

力偶对刚体的作用效果，可用组成力偶的两个力对空间某点之矩的矢量和来度量。

设力偶（$\boldsymbol{F}$，$\boldsymbol{F}'$），其力偶矩矢为 $\boldsymbol{M}$，如图 3.8 所示。在空间任取一点 O 为矩心，以 $\boldsymbol{r}_A$ 和 $\boldsymbol{r}_B$ 分别表示力 $\boldsymbol{F}$ 和 $\boldsymbol{F}'$ 的作用点 A 和 B 对矩心 O 的矢径，而点 A 相对于点 B 的矢径记为 $\boldsymbol{r}$，因此有

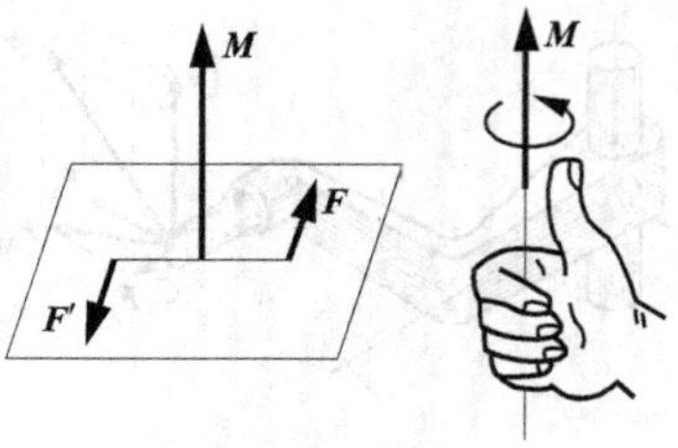

图 3.7

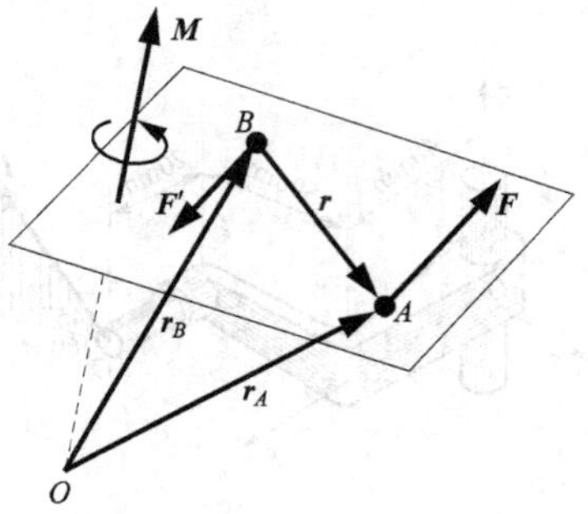

图 3.8

$$\boldsymbol{M}=\boldsymbol{r}_A\times\boldsymbol{F}+\boldsymbol{r}_B\times\boldsymbol{F}'=\boldsymbol{r}_A\times\boldsymbol{F}+\boldsymbol{r}_B\times(-\boldsymbol{F})=(\boldsymbol{r}_A-\boldsymbol{r}_B)\times\boldsymbol{F}=\boldsymbol{r}\times\boldsymbol{F}$$

即力偶对空间任一点的矩矢恒等于力偶矩矢，与矩心无关。空间力偶的作用效应只取决于力偶矩矢。**作用在同一刚体上的两个力偶，如果力偶矩矢相等，则彼此等效。**只要力偶矩矢的大小和方向不变，就可以在空间任意平行移动，因此力偶矩矢为**自由矢量**。

5. 空间力偶系的合成与平衡条件

（1）**空间力偶系的合成。**任意个空间力偶可合成为一个合力偶，合力偶矩矢等于各分力偶矩矢的矢量和，即

$$\boldsymbol{M}=\boldsymbol{M}_1+\boldsymbol{M}_2+\cdots+\boldsymbol{M}_n=\sum\boldsymbol{M}_i \tag{3.14}$$

（2）空间力偶系的平衡条件。空间力偶系平衡的充分和必要条件是，合力偶矩矢等于零，即力偶系中各力偶矩矢的矢量和等于零，即

$$\boldsymbol{M}=\sum\boldsymbol{M}_i=0 \tag{3.15}$$

可得空间力偶系的平衡方程为

$$\sum M_x=0,\quad \sum M_y=0,\quad \sum M_z=0 \tag{3.16}$$

即空间力偶系平衡的充分和必要条件是，力偶系中所有各力偶矩矢在三个坐标轴上的投影的代数和均等于零。

例 3.3　工件四个面上钻有五个孔，每个孔所受的切削力偶矩均为 80N·m，其转向如图 3.9（a）所示。试求工件所受合力偶的矩在轴 x、y、z 上的投影。

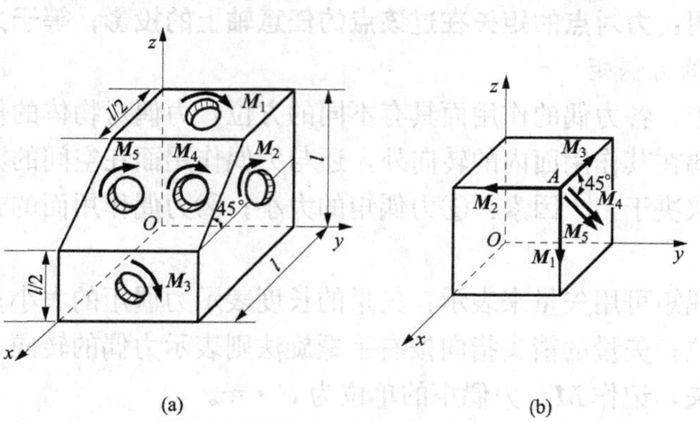

图 3.9

解　将各力偶用力偶矩矢量表示，并将其平行移到点 A［见图 3.9（b）］，得

$$M_x=\sum M_x=-M_3-M_4\cos45^\circ-M_5\cos45^\circ=-193.1\text{N}\cdot\text{m}$$

$$M_y=\sum M_y=-M_2=-80\text{N}\cdot\text{m}$$
$$M_z=\sum M_z=-M_1-M_4\cos45°-M_5\cos45°=-193.1\text{N}\cdot\text{m}$$

§3.3 空间任意力系的平衡

1. 空间任意力系向一点简化

设刚体受空间任意力系 $\boldsymbol{F}_1$，$\boldsymbol{F}_2$，…，$\boldsymbol{F}_n$ 的作用，如图 3.10 所示。任取一点 O 为简化中心，通过力线平移，将各力平移到点 O 并附加一个力偶，原空间任意力系［见图 3.10 (a)］就等效于一个空间汇交力系和一个空间力偶系［见图 3.10 (b)］。其中

$$\boldsymbol{F}_1'=\boldsymbol{F}_1,\ \boldsymbol{F}_2'=\boldsymbol{F}_2,\ \cdots,\ \boldsymbol{F}_n'=\boldsymbol{F}_n$$
$$\boldsymbol{M}_1=\boldsymbol{M}_O(\boldsymbol{F}_1),\ \boldsymbol{M}_2=\boldsymbol{M}_O(\boldsymbol{F}_2),\ \cdots,\ \boldsymbol{M}_n=\boldsymbol{M}_O(\boldsymbol{F}_n)$$

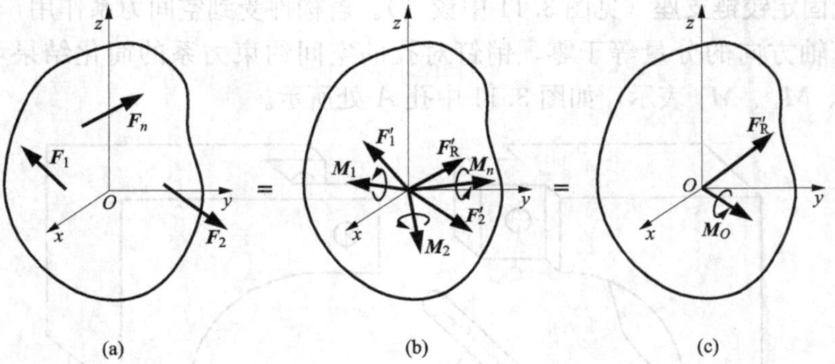

图 3.10

空间汇交力系 $\boldsymbol{F}_1'$，$\boldsymbol{F}_2'$，…，$\boldsymbol{F}_n'$ 合成为作用于简化中心 O 的一个力 $\boldsymbol{F}_R'$［见图 3.10 (c)］，这个矢量 $\boldsymbol{F}_R'$ 称为原力系的主矢，即

$$\boldsymbol{F}_R'=\sum\boldsymbol{F}_i'=\sum\boldsymbol{F}_i \tag{3.17}$$

主矢等于原力系中各力的矢量和。同样，空间力偶系可合成为一个力偶［见图 3.10 (c)］，这个力偶的力偶矩矢称为原力系对简化中心的主矩，记为 $\boldsymbol{M}_O$，等于原力系中各力对简化中心之矩的矢量和，即

$$\boldsymbol{M}_O=\sum\boldsymbol{M}_O(\boldsymbol{F}_i) \tag{3.18}$$

由此可知：**空间任意力系向任一点 O 简化，可得到一个力与一个力偶。这个力作用在简化中心 O，称为原力系的主矢，等于原力系中各力的矢量和，主矢与简化中心位置无关；这个力偶的力偶矩矢称为原力系对简化中心的主矩，等于原力系中各力对简化中心之矩的矢量和，主矩一般情况下与简化中心的位置有关。**

取简化中心 O 为坐标原点，建立直角坐标系 $Oxyz$，则主矢在坐标轴上的投影分别为

$$F_{Rx}'=\sum F_{ix},\quad F_{Ry}'=\sum F_{iy},\quad F_{Rz}'=\sum F_{iz} \tag{3.19}$$

主矩在坐标轴上的投影分别为

$$M_{Ox}=\sum M_x(\boldsymbol{F}),\quad M_{Oy}=\sum M_y(\boldsymbol{F}),\quad M_{Oz}=\sum M_z(\boldsymbol{F}) \tag{3.20}$$

由上，可求得主矢、主矩的大小和方向余弦。

2. 空间任意力系的平衡

空间任意力系平衡的必要和充分条件是，力系的主矢和对任一点的主矩都等于零，即

$$\boldsymbol{F}'_{\mathrm{R}}=0, \quad \boldsymbol{M}_O=0$$

由式(3.19)和式(3.20),可得空间任意力系平衡条件的解析表达式为

$$\left.\begin{array}{lll}\sum F_x=0, & \sum F_y=0, & \sum F_z=0 \\ \sum M_x=0, & \sum M_y=0, & \sum M_z=0\end{array}\right\} \tag{3.21}$$

称为**空间任意力系的平衡方程**,有6个独立的平衡方程,可求解6个未知量。

3. 空间约束与约束力

在§1.2中已经讨论了工程中的几种基本约束,当物体受到空间力系作用时,其约束对被约束物体施加的约束力系通常为空间力系。下面介绍几种空间约束,并对其约束力进行分析。

(1) 光滑圆柱形铰链。用圆柱销钉将两个带有销钉孔的构件连接在一起组成圆柱形铰链(见图3.11中铰 C)。被连接的构件可绕销钉轴做相对转动,若其中一个构件与地面或机架固连,则构成**固定铰链支座**(见图3.11中铰 A)。若构件受到空间力系作用,由于约束力系的主矩沿销钉轴方向的分量等于零,销钉对孔的空间约束力系的简化结果可用五个分量 $\boldsymbol{F}_x$、$\boldsymbol{F}_y$、$\boldsymbol{F}_z$、$\boldsymbol{M}_x$、$\boldsymbol{M}_y$ 表示,如图3.11中孔 A 处所示。

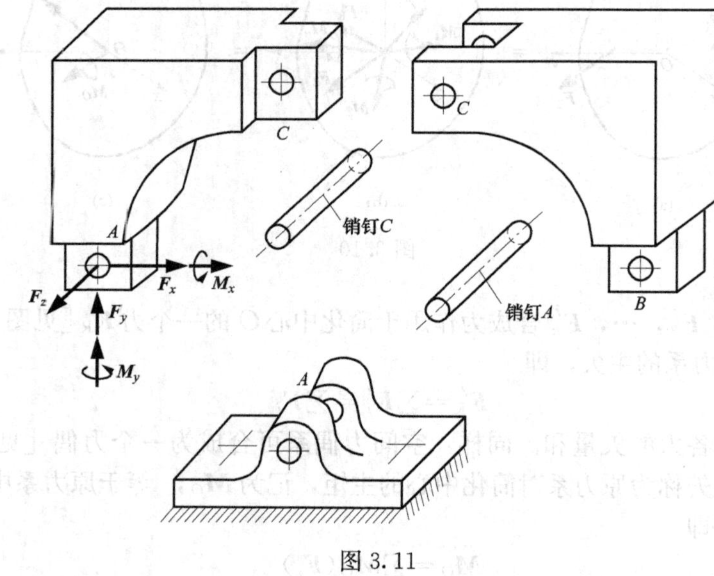

图3.11

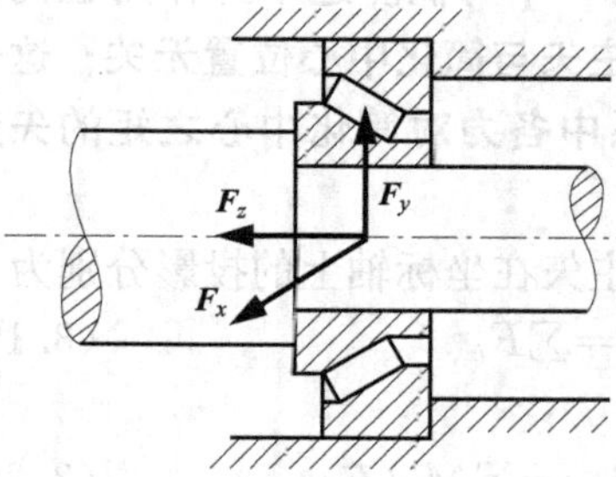

图3.12

圆锥滚子轴承是工程中常见的约束,其对轴颈的约束力可用三个正交分力 $\boldsymbol{F}_x$、$\boldsymbol{F}_y$、$\boldsymbol{F}_z$ 表示,如图3.12所示。

(2) 光滑球形铰链。固连于构件的球嵌入另一构件上的球壳内组成球形铰链[见图3.13(a)]。若其中一构件与地面或机架固连,则构成固定球铰支座[见图3.13(b)]。例如,汽车上变速箱操纵杆装置及机床上照明灯装置就采用了球形铰链。光滑球形铰链的球与壳之间是光滑球接触,约束力系可简化为过球心的合力。由于预先不能确定合力的方位,一般用三个正交分量 $\boldsymbol{F}_x$、$\boldsymbol{F}_y$、$\boldsymbol{F}_z$ 来表示,如图3.13(c)所示。

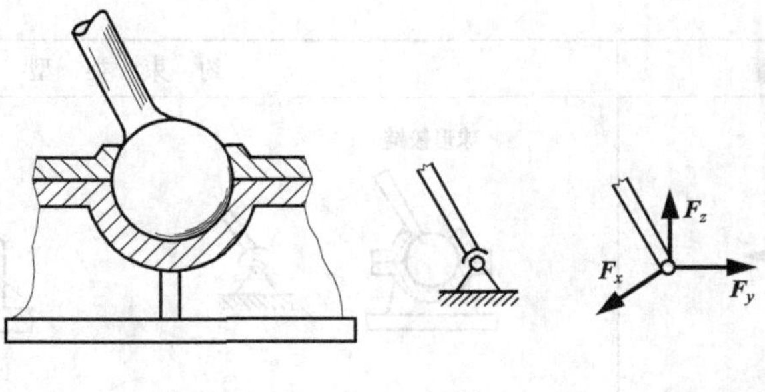

(a)　　(b)　　(c)

图 3.13

（3）固定端。嵌固在墙上的悬臂梁［见图 3.14（a）］在空间外力系的作用下，梁的插入部分一般受到空间约束力系作用。若选梁根部截面 A 的形心为简化中心，则可将约束力系简化为一个力 $\boldsymbol{F}_A$ 和一个力偶矩矢为 $\boldsymbol{M}_A$ 的力偶，由于该力和力偶的大小和方向不能预先确定，可用过截面 A 形心的三个正交分力 $\boldsymbol{F}_{Ax}$、$\boldsymbol{F}_{Ay}$、$\boldsymbol{F}_{Az}$ 和三个正交分力偶矩矢 $\boldsymbol{M}_{Ax}$、$\boldsymbol{M}_{Ay}$、$\boldsymbol{M}_{Az}$［见图 3.14（b）］表示。

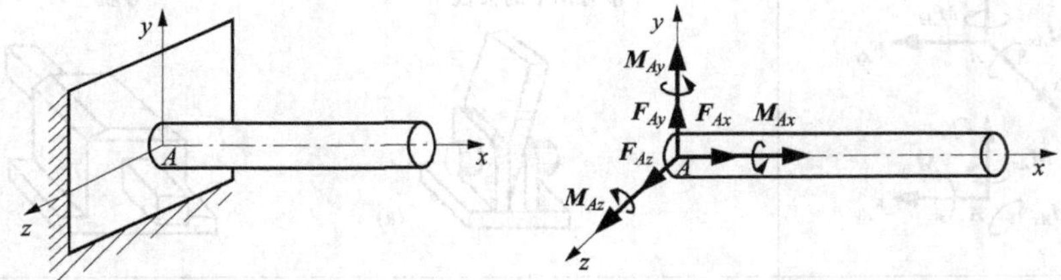

(a)　　(b)

图 3.14

工程中常见的约束和约束力，列入表 3.1 中。

表 3.1　　**空间约束的类型及其约束力举例**

序号	约束力未知量	约束类型
1	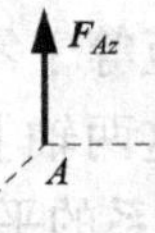	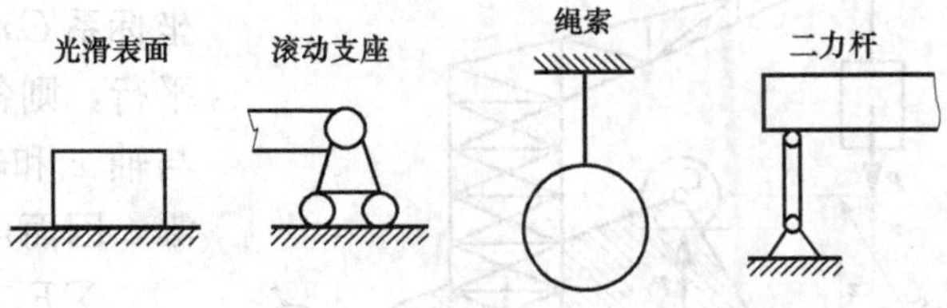
2	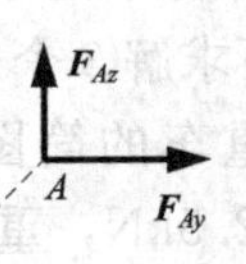	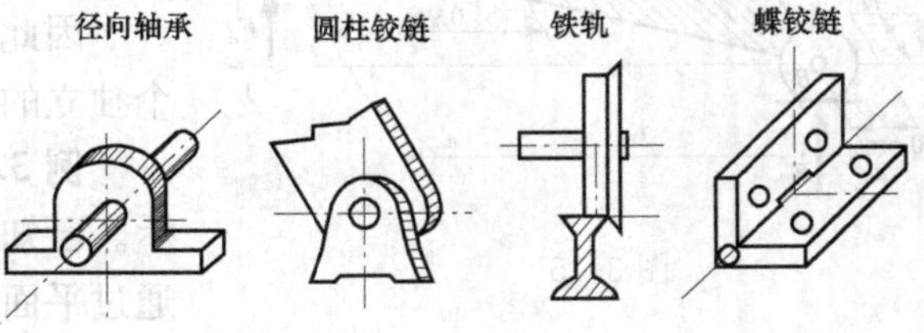

续表

序号	约束力未知量	约束类型
3	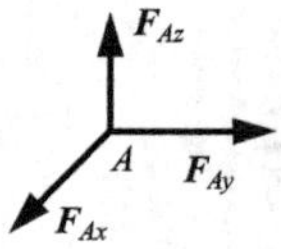	球形铰链  止推轴承 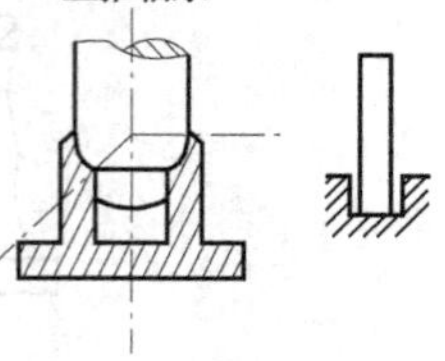
4	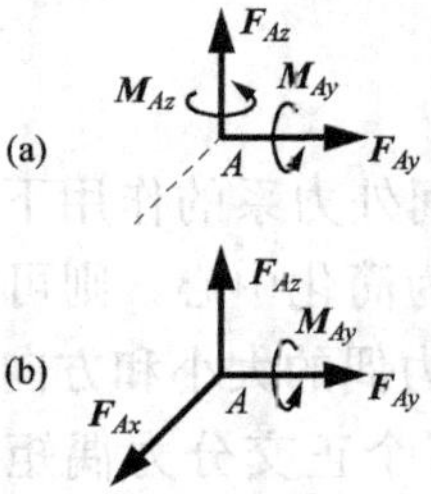	导向轴承 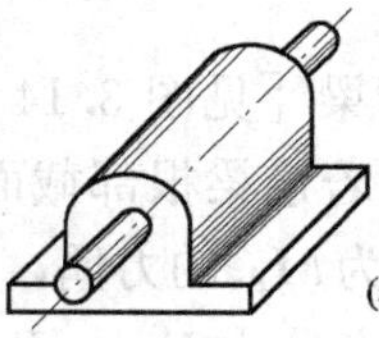 (a) 万向接头 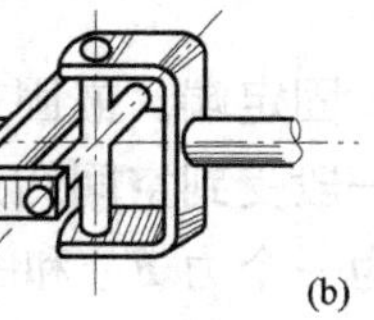 (b)
5	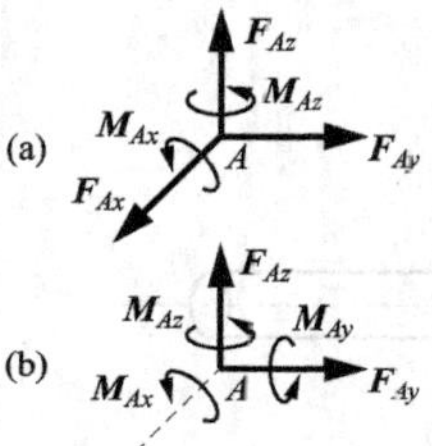	带有销子的夹板 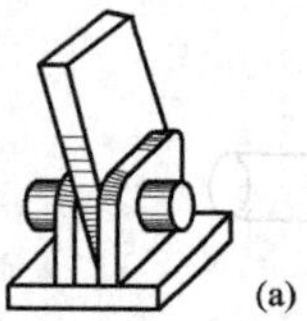 (a) 导轨 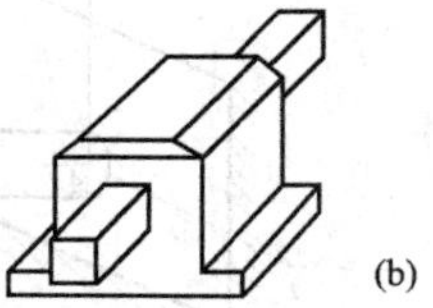 (b)
6	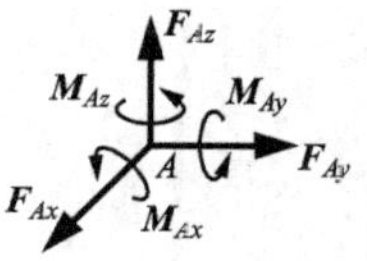	空间的固定端支座 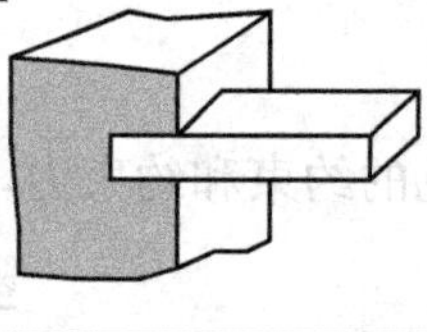

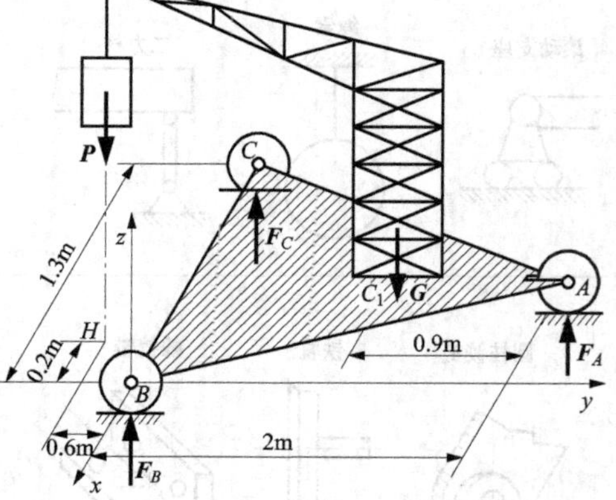

图 3.15

若物体受一空间平行力系的作用，取直角坐标系 $Oxyz$ 中的轴 z 与力系中各力的作用线平行，则各力对轴 z 的矩等于零；又由于各力与轴 x 和轴 y 垂直，在这两轴上的投影均等于零，因而可得空间平行力系的平衡方程为

$$\sum F_z = 0, \quad \sum M_x = 0, \quad \sum M_y = 0 \tag{3.22}$$

因此，对空间平行力系的平衡问题，有 3 个独立的平衡方程，可求解 3 个未知量。

例 3.4 三轮起重车的简图如图 3.15 所示。已知车自重 $G=12.5\text{kN}$，重力 $\boldsymbol{G}$ 的作用线通过平面 ABC 内的点 C_1。连线 AC_1 延长后垂直平分线段 BC。起吊物重 $P=5\text{kN}$。重力 $\boldsymbol{P}$ 的作用线通过平面 ABC 内的点 H。试求静止

时地面对起重车各轮的约束力。

解 取整个起重车为研究对象。其上所受的力有重力 $\boldsymbol{G}$ 与 $\boldsymbol{P}$ 和约束力 $\boldsymbol{F}_A$、$\boldsymbol{F}_B$ 与 $\boldsymbol{F}_C$。这 5 个力组成一个空间平行力系。3 个未知力，有 3 个独立的平衡方程，可以求解。取坐标系如图 3.15 所示，可得

$$\sum M_x=0,\quad F_A\times 2\text{m}-G\times 1.1\text{m}+P\times 0.6\text{m}=0,\quad F_A=5.4\text{kN}$$

$$\sum M_y=0,\quad F_A\times\frac{1.3}{2}\text{m}+F_C\times 1.3\text{m}-G\times\frac{1.3}{2}\text{m}-P\times 0.2\text{m}=0,\quad F_C=4.3\text{kN}$$

$$\sum F_z=0,\quad F_A+F_B+F_C-G-P=0,\quad F_B=7.8\text{kN}$$

解空间力系平衡问题时，通常选取与所要避开的未知力相交的轴为矩轴，尽量使 1 个方程只含 1 个未知量，从而达到简化计算的目的。

例 3.5 图 3.16 所示车床主轴安装在轴承 A 与 B 上，A 为止推轴承，B 为向心轴承。已知 $a=50\text{mm}$，$b=200\text{mm}$，$c=100\text{mm}$，$r_C=100\text{mm}$，$r_D=50\text{mm}$，压力角 $\theta=20°$。切削力作用在 H 处，各分量大小为 $F_x=470\text{N}$，$F_y=350\text{N}$，$F_z=1400\text{N}$。试求齿轮 C 所受的啮合力 $\boldsymbol{F}_\text{P}$ 和两轴承的约束力。部件重量不计。

解 取系统整体为研究对象，画受力图，建立坐标系 $Axyz$，如图 3.16 所示。系统所受的力构成空间任意力系，未知力有 6 个，可由 6 个平衡方程求解，即

$$\sum F_y=0,\quad F_{Ay}-F_y=0,\quad F_{Ay}=F_y=350\text{kN}$$

$$\sum M_y=0,\quad F_\text{P}\cos\theta\cdot r_C-F_z\cdot r_D=0,\quad F_\text{P}=745\text{N}$$

$$\sum M_x=0,\quad F_{Bz}\cdot b+F_z(b+c)-F_\text{P}\sin\theta\cdot a=0,\quad F_{Bz}=-2036\text{N}$$

$$\sum M_z=0,\quad -F_{Bx}\cdot b+F_x(b+c)-F_y\cdot r_D-F_\text{P}\cos\theta\cdot a=0,\quad F_{Bx}=442\text{N}$$

$$\sum F_x=0,\quad F_{Ax}+F_{Bx}-F_x-F_\text{P}\cos\theta=0,\quad F_{Ax}=728\text{N}$$

$$\sum F_z=0,\quad F_{Az}+F_{Bz}+F_z+F_\text{P}\sin\theta=0,\quad F_{Az}=381\text{N}$$

F_{Bz} 为负值，表明该力的实际方向与假设方向相反。

例 3.6 如图 3.17 所示，匀质长方形板边长分别为 a 和 b，由六根直杆支持于水平位置，直杆两端各用球形铰链与板和地面连接。板距地面高度为 b，板重为 $\boldsymbol{P}$，在 A 处作用一水平力 $\boldsymbol{F}$，且 $F=2P$。试求各杆的内力。

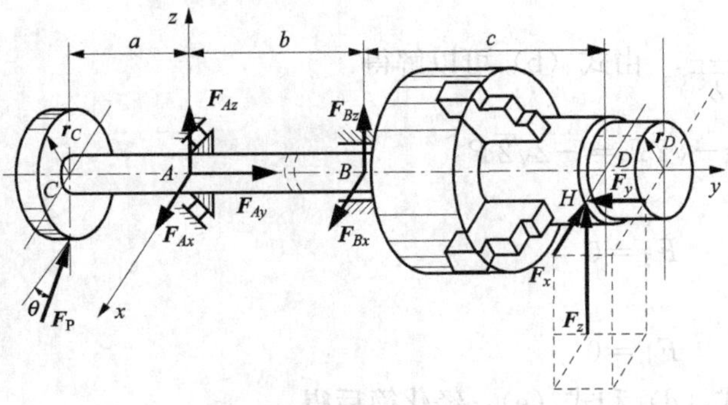

图 3.16

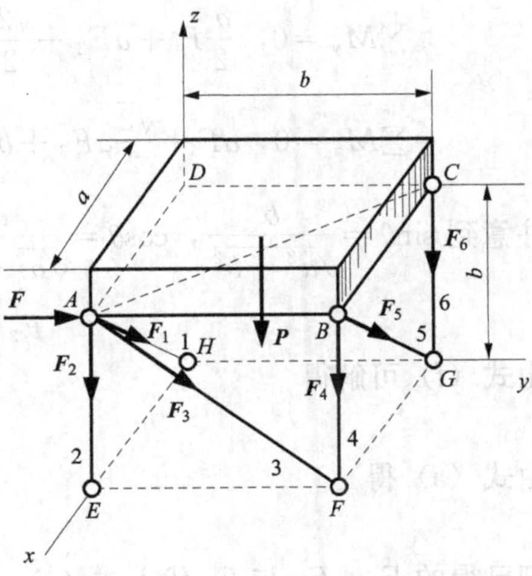

图 3.17

解 取长方形板为研究对象。设各杆均受拉力，其受力图如图 3.17 所示。

解法 1 取坐标系 $Hxyz$。为了避免遗漏和便于检查，可将各力的投影和对各坐标轴的矩列表（设 $\angle DAH=\angle CBG=\theta$），见表 3.2。

表 3.2 各力的投影和对各坐标轴的矩

项目	F	P	F_1	F_2	F_3	F_4	F_5	F_6
F_x	0	0	$-F_1\cos\theta$	0	0	0	$-F_5\cos\theta$	0
F_y	F	0	0	0	$\frac{\sqrt{2}}{2}F_3$	0	0	0
F_z	0	$-P$	$-F_1\sin\theta$	$-F_2$	$-\frac{\sqrt{2}}{2}F_3$	$-F_4$	$F_5\sin\theta$	$-F_6$
M_x	$-bF$	$-\frac{b}{2}P$	0	0	$-\frac{\sqrt{2}}{2}bF_3$	$-bF_4$	$-bF_5\sin\theta$	$-bF_6$
M_y	0	$\frac{a}{2}P$	0	aF_2	$\frac{\sqrt{2}}{2}aF_3$	aF_4	0	0
M_z	aF	0	0	0	$\frac{\sqrt{2}}{2}aF_3$	0	$bF_5\cos\theta$	0

列平衡方程，将表 3.2 中每一行的各项相加并令其等于零，可写出其平衡方程如下

$$\sum F_x=0,\quad -F_1\cos\theta-F_5\cos\theta=0 \tag{a}$$

$$\sum F_y=0,\quad F+\frac{\sqrt{2}}{2}F_3=0 \tag{b}$$

$$\sum F_z=0,\quad -P-F_1\sin\theta-F_2-\frac{\sqrt{2}}{2}F_3-F_4-F_5\sin\theta-F_6=0 \tag{c}$$

$$\sum M_x=0,\quad -bF-\frac{b}{2}P-\frac{\sqrt{2}}{2}bF_3-bF_4-bF_5\sin\theta-bF_6=0 \tag{d}$$

$$\sum M_y=0,\quad \frac{a}{2}P+aF_2+\frac{\sqrt{2}}{2}aF_3+aF_4=0 \tag{e}$$

$$\sum M_z=0,\quad aF+\frac{\sqrt{2}}{2}aF_3+bF_5\cos\theta=0 \tag{f}$$

注意到 $\sin\theta=\frac{b}{\sqrt{a^2+b^2}}$，$\cos\theta=\frac{a}{\sqrt{a^2+b^2}}$，由式（b）可以解得

$$F_3=-\sqrt{2}F=-2\sqrt{2}P$$

由式（f）可解得

$$F_5=0$$

由式（a）得

$$F_1=0$$

把已得的 F_1、F_3 与 F_5 代入式（c）、式（d）和式（e），经化简后得

$$F_2=1.5P,\quad F_4=0,\quad F_6=-0.5P$$

由以上结果可知，杆 1、4、5 受力为 0，杆 2 受拉，杆 3、6 受压。

解法 2 选取适当的平衡方程，可使一个方程只含有一个未知量，如

$$\sum M_{AE}=0,\quad F_5=0$$

$$\sum M_{BF}=0,\quad F_1=0$$

$$\sum M_{AC}=0,\quad F_4=0$$

$$\sum M_{AB}=0,\quad \frac{a}{2}P+aF_6=0,\quad F_6=-0.5P$$

$$\sum M_{DH}=0,\quad aF+\frac{\sqrt{2}}{2}aF_3=0,\quad F_6=-2\sqrt{2}P$$

$$\sum M_{FG}=0,\quad bF-\frac{b}{2}P-bF_2=0,\quad F_2=1.5P$$

解法 1 是空间任意力系平衡问题的基本解法，即画出研究对象的受力图后，将各荷载、约束力对所取坐标轴的投影及矩按顺序计算并列表，把表中每行各项代数相加，一般可得 6 个独立的平衡方程，可求解 6 个未知量。此解法的优点是步骤程序化，可很快地列出方程，但有时需解较多的联立方程，计算较繁琐。为简化计算，应尽量选取与所要避开的其余未知力垂直的坐标轴为投影轴，尽量选取与所要避开的其余未知力平行或相交的坐标轴为矩轴。

§3.4 物 体 的 重 心

1. 重心

地球中心对物体的吸引力称为**重力**。如果将物体看成由许多质点组成，由于地球比所研究的物体大得多，作用在这些质点上的重力形成的力系可认为是铅垂的空间平行力系，该力系合力的大小就等于物体的重力，这个合力的作用点就是物体的**重心**。显然，物体的重心是物体内一个确定的几何点，与物体在空间放置状态无关。以 G_i 表示物体各微小单元的重力，则所有微元重力的合力大小为 $G=\sum G_i$。若微元重力作用点的坐标为 (x_i,y_i,z_i)，重心 C 的坐标为 (x_C,y_C,z_C)，则重心坐标的计算公式为

$$x_C=\frac{\sum G_i x_i}{\sum G_i},\quad y_C=\frac{\sum G_i y_i}{\sum G_i},\quad z_C=\frac{\sum G_i z_i}{\sum G_i}\tag{3.23}$$

如果物体是均质的，其单位体积的重量 γ 为常数，任一微小部分的体积为 V_i，整个物体的体积为 V，则有

$$G=\sum V_i\gamma=\gamma\sum V_i=\gamma V$$

代入式 (3.23)，可得

$$x_C=\frac{\sum V_i x_i}{V},\quad y_C=\frac{\sum V_i y_i}{V},\quad z_C=\frac{\sum V_i z_i}{V}\tag{3.24}$$

此时，物体的重心只取决于物体的几何形状，与重力无关，因而又称为物体的**形心**。对均质物体，其重心和形心是重合的，而对于非均质物体，其重心与形心一般不重合。

如果物体是均质等厚的薄壳，如薄壁容器等，其厚度与其表面积相比很小，采用上述同样的方法可得薄壳重心为

$$x_C=\frac{\sum A_i x_i}{A},\quad y_C=\frac{\sum A_i y_i}{A},\quad z_C=\frac{\sum A_i z_i}{A}\tag{3.25}$$

如果物体是均质等厚的平面薄板，其厚度不计，取薄板的平面为坐标平面 Oxy，在式（3.25）中，$z_C=0$，而 x_C 和 y_C 仍按式（3.25）的前两式计算。

2. 重心的确定

如果均质物体具有对称面、对称轴或对称中心，该物体的重心就在对称面、对称轴或对称中心上。对于具有简单形状均质物体的重心，一般可用积分形式的重心坐标公式求解，或查阅有关手册。表 3.3 列出了几种常见的简单形状均质物体重心的位置。

表 3.3　　几种常见的简单形状均质物体重心的位置

图　　形	重心位置	图形	重心位置
三角形 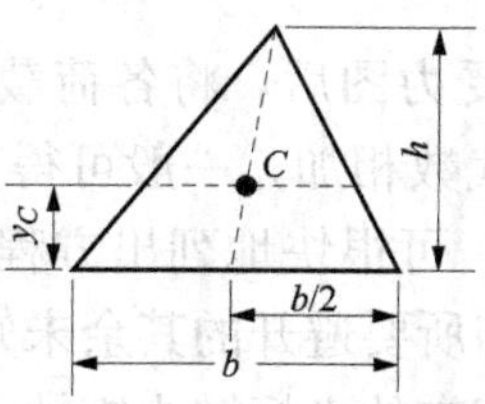	在中线的交点 $y_C=\dfrac{1}{3}h$	梯形 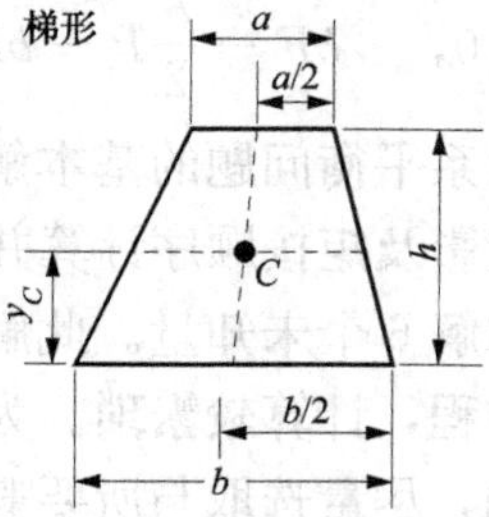	$x_C=\dfrac{h(2a+b)}{3(a+b)}$
圆弧 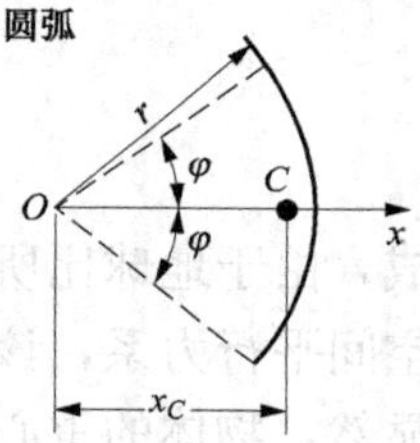	$x_C=\dfrac{r\sin\varphi}{\varphi}$ 对于半圆弧 $x_C=\dfrac{2r}{\pi}$	弓形 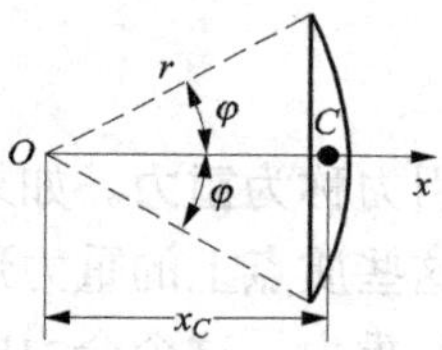	$x_C=\dfrac{2}{3}\dfrac{r^3\sin^3\varphi}{A}$ 面积 A $\dfrac{r^2(2\varphi-\sin2\varphi)}{2}$
扇形 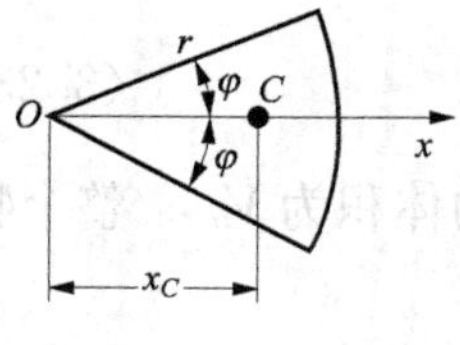	$x_C=\dfrac{2}{3}\dfrac{r\sin\varphi}{\varphi}$ 对于半圆 $x_C=\dfrac{4r}{3\pi}$	部分圆环 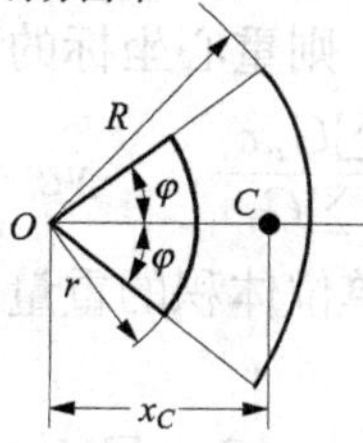	$x_C=\dfrac{2}{3}\dfrac{(R^3-r^3)\sin\varphi}{(R^2-r^2)\varphi}$
二次抛物线面 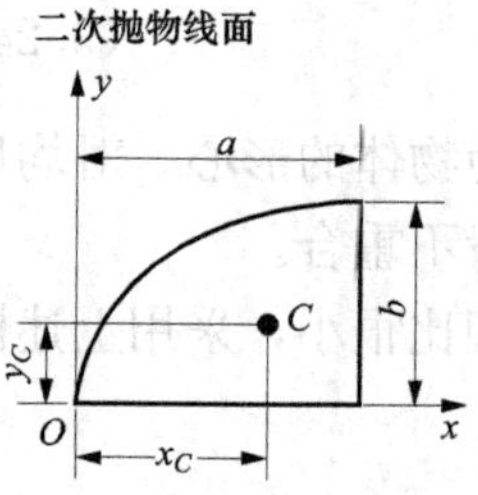	$x_C=\dfrac{5}{8}a$ $y_C=\dfrac{2}{5}b$	二次抛物线面 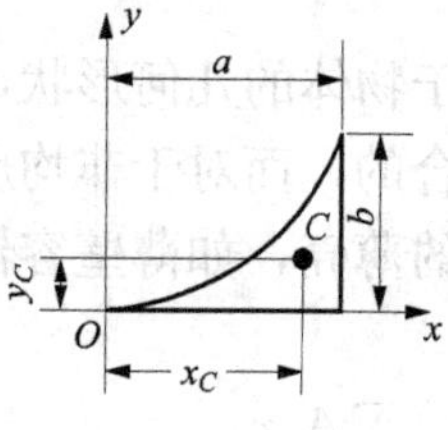	$x_C=\dfrac{3}{4}a$ $y_C=\dfrac{3}{10}b$

续表

图 形	重心位置	图形	重心位置
正圆锥体 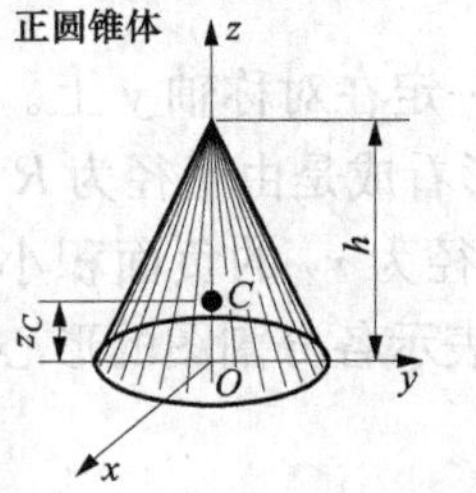	$z_C=\frac{1}{4}h$	正角锥体 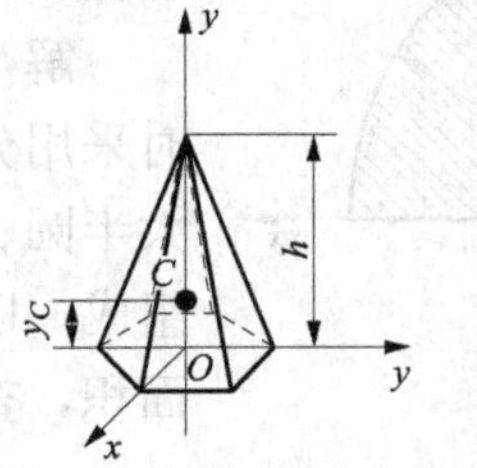	$z_C=\frac{1}{4}h$
半圆球 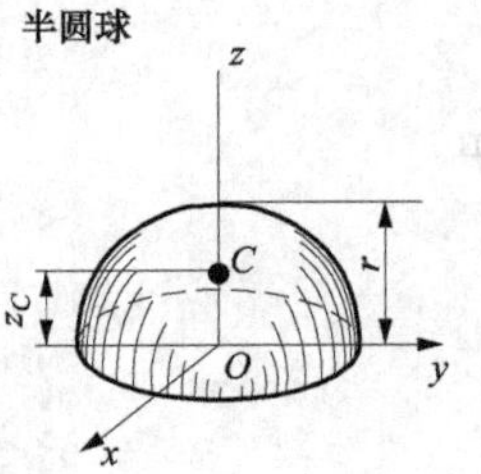	$z_C=\frac{3}{8}r$	锥形筒体 	$y_C=\frac{4R_1+2R_1-3t}{6(R_1+R_2-t)}L$

下面介绍几种常用的确定物体重心的方法。

(1) 分割法。工程上，有些形体虽然复杂，但往往可分割成几个简单几何形体，这些简单形体的重心通常是已知的，由求和形式的重心坐标公式可求出整个物体的重心。这种方法称为**分割法**。

例 3.7 角钢截面尺寸如图 3.18 所示，试求其形心位置。

解 取坐标系如图 3.18 所示，用虚线将图形分割为两个矩形，其面积 A_1、A_2 和形心坐标为

$A_1=(200\text{mm}-20\text{mm})\times 20\text{mm}=3600\text{mm}^2$

$A_2=150\text{mm}\times 20\text{mm}=3000\text{mm}^2$

$x_1=10\text{mm}$

$$y_1=20\text{mm}+\frac{200\text{mm}-20\text{mm}}{2}=110\text{mm}$$

$x_2=75\text{mm}$， $y_2=10\text{mm}$

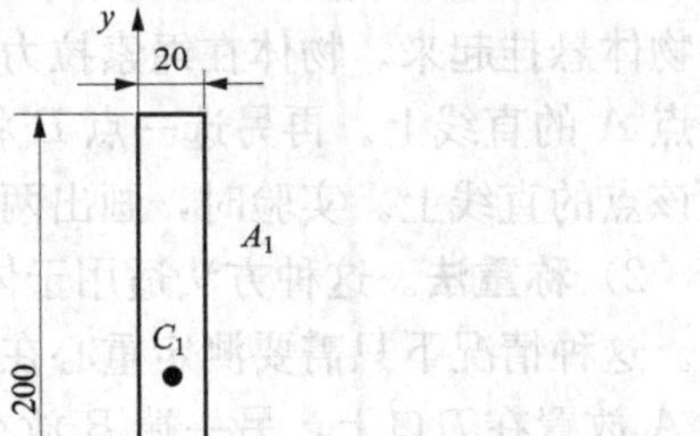

图 3.18

将以上数值代入式 (3.25)，得角钢截面相对于所取坐标系的形心坐标为

$$x_C=\frac{x_1A_1+x_2A_2}{A_1+A_2}=39.5\text{mm}$$

$$y_C=\frac{y_1A_1+x_2A_2}{A_1+A_2}=64.5\text{mm}$$

(2) 负面积（或体积）法。有些复杂形体，可看成是从某个简单形体中挖去另一个简单形体而形成的，其重心仍可用上述重心公式计算，只是挖去部分的体积或面积应取为负值，称为**负体积法或负面积法**。

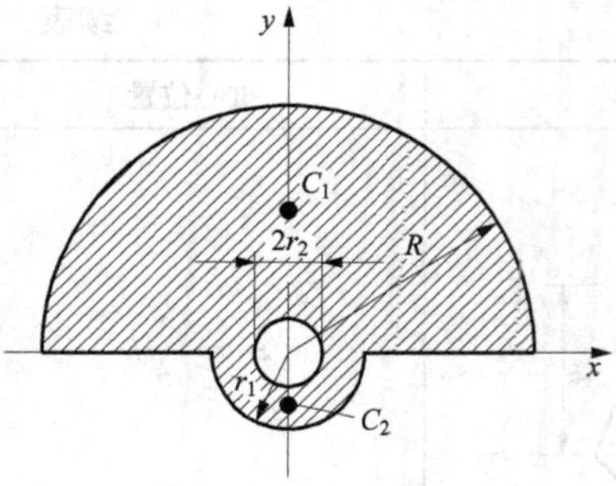

图 3.19

例 3.8 振动器的偏心块形如图 3.19 所示。已知 $R=100\text{mm}$，$r_1=30\text{mm}$，$r_2=13\text{mm}$。试求其形心 C 的坐标。

解 由对称性可知，形心 C 一定在对称轴 y 上。同时采用分割法和负面积法，将图形看成是由半径为 R 的大半圆、半径为 r_1 的小半圆和半径为 r_2 的负面积小圆组成。以 C_i 和 A_i（$i=1,2,3$）表示各分割图的形心和面积，查表 3.2 可求得

$$A_1=\pi R^2/2=5000\pi\text{mm}^2,\quad y_1=\frac{4R}{3\pi}=\frac{400}{3\pi}\text{mm}$$

$$A_2=\pi r_1^2/2=450\pi\text{mm}^2,\quad y_2=-\frac{4r_1}{3\pi}=-\frac{40}{\pi}\text{mm}$$

$$A_3=-\pi r_2^2=-169\pi\,\text{mm}^2,\quad y_3=0$$

注意 A_3 为负面积，由形心公式得

$$x_C=0$$

$$y_C=\frac{A_1y_1+A_2y_2+A_3y_3}{A_1+A_2+A_3}=39.1\text{mm}$$

(3) 实验法。对形状复杂或质量分布不均的物体，很难计算其重心坐标。此时，可用实验来测定重心位置，最常用的实验方法有悬挂法和称重法两种，这两种方法的理论根据都是物体的平衡条件。

1）**悬挂法**。这种方法适用于平板或薄片物件。如图 3.20 所示，先通过物体的任意点 A 将物体悬挂起来。物体在绳索拉力和重力作用下平衡，根据二力平衡公理，重心应在通过悬挂点 A 的直线上。再另选一点 B 将物体悬挂起来，使之处于平衡状态，同理，重心应在通过该点的直线上。实验时，画出两直线，其交点即为物体的重心。

2）**称重法**。这种方法适用于体积较大的物体，以具有对称轴的连杆为例，如图 3.21 所示。这种情况下只需要测定重心在对称轴上的位置，首先称出连杆的重量 G，然后将杆的一端 A 放置在刀口上，另一端 B 放在台秤上，并使对称轴线处于水平位置。从台秤上读出支承力 F_B 的大小，量出 A、B 两点的水平距离 l，由平衡可知

$$\sum M_A=0,\quad F_Bl-Gx_C=0$$

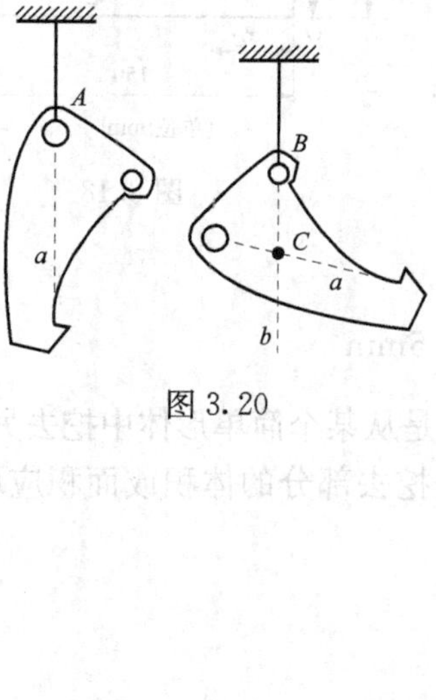

图 3.20

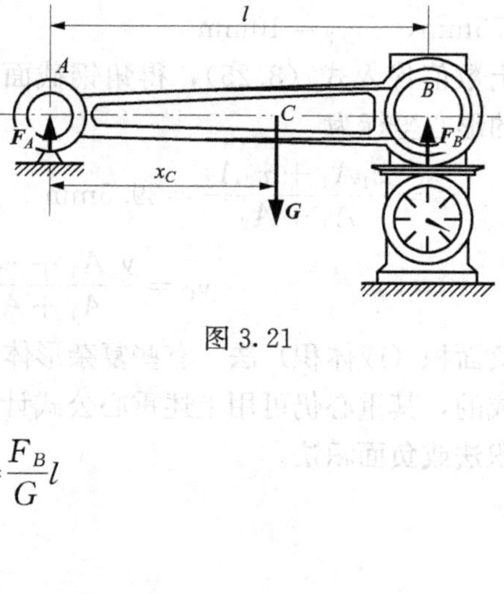

图 3.21

即

$$x_C=\frac{F_B}{G}l$$

这样，通过两次称重确定了重心在轴线上的位置。

对于非对称的物体，可以在三个方向重复上述做法，从而确定物体重心的位置。

§3.5 考虑摩擦的平衡问题

1. 滑动摩擦

两个表面粗糙的物体，当其接触表面之间有相对滑动或相对滑动趋势时，彼此作用有阻碍相对滑动的阻力，即滑动摩擦力，简称**摩擦力**。在前几章的讨论中，略去了摩擦力而假设接触面绝对光滑，因此接触面间约束力沿接触面公法线方向。当摩擦力很小时，这种理想化是允许的。当摩擦力对物体运动有重要影响时，就必须考虑摩擦力的作用。为说明滑动摩擦的规律，在粗糙的水平面上放置一重为 $\boldsymbol{W}$ 的物体，在重力 $\boldsymbol{W}$ 和法向约束力 $\boldsymbol{F}_{\mathrm{N}}$ 的作用下处于平衡状态，如图 3.22 所示。若给该物体施加水平推力 $\boldsymbol{P}$，接触面产生摩擦力，可分下面几种情况讨论。

(1) 滑动摩擦力。当力 $\boldsymbol{P}$ 由零逐渐增大但不超过某一值时，物体仍保持静止。这是因为沿接触面受到了阻碍物体滑动的摩擦力 $\boldsymbol{F}_{\mathrm{s}}$，如图 3.22 所示。这种在两个接触物体之间有相对滑动趋势时产生的摩擦力称为**静滑动摩擦力**，简称**静摩擦力**。由平衡条件得

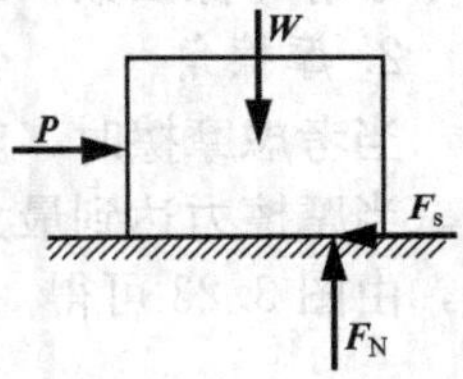

图 3.22

$$F_{\mathrm{N}}=W, \quad F_{\mathrm{s}}=P$$

当主动力 $\boldsymbol{P}$ 的大小在一定的范围内时，物体保持静止，静摩擦力的大小随水平力 $\boldsymbol{P}$ 的增大而增大，静摩擦力和一般约束力具有相同的性质，其大小由平衡方程确定，方向与物体滑动趋势相反。

(2) 最大静滑动摩擦力。当力 $\boldsymbol{P}$ 增至某一数值时，物体处于将要滑动尚未滑动的临界平衡状态。这时，静摩擦力达到最大值，称为最大静滑动摩擦力，简称**最大静摩擦力**，以 $F_{\max}$ 表示。

静摩擦力的大小随主动力变化而改变，其大小介于零与最大值之间，即

$$0 \leqslant F_{\mathrm{s}} \leqslant F_{\max} \tag{3.26}$$

大量的实验表明，**最大静摩擦力的大小与两接触物体间的正压力的大小成正比**，即

$$F_{\max}=f_{\mathrm{s}} F_{\mathrm{N}} \tag{3.27}$$

这就是**库仑摩擦定律**。式中，f_{s} 称为**静摩擦因数**，是无量纲的量。其大小需由实验测定，与相互接触的物体的材料、表面粗糙度、湿度、温度有关，而与接触面积的大小无关。常用材料的静摩擦因数列入表 3.4 中。

表 3.4 常用材料的滑动摩擦因数

材料名称	静摩擦因数 f_{s}		动摩擦因数 f	
	无润滑剂	有润滑剂	无润滑剂	有润滑剂
钢—钢	0.15	0.1～0.12	0.15	0.05～0.10
钢—铸铁	0.30	—	0.18	0.05～0.15
钢—青铜	0.15	0.1～0.15	0.15	0.1～0.15

续表

材料名称	静摩擦因数 f_s		动摩擦因数 f	
	无润滑剂	有润滑剂	无润滑剂	有润滑剂
钢—软钢	—	—	0.2	0.1～0.2
铸铁—铸铁	—	0.18	0.15	0.07～0.12
皮革—铸铁	0.4	0.15	0.6	0.15
木材—木材	0.4～0.6	0.1	0.2～0.5	0.07～0.15

（3）动滑动摩擦力。当主动力数值超过 F_{max} 时，物体就要产生滑动，这时的摩擦力称为**动滑动摩擦力**，简称**动摩擦力**。实验表明，动摩擦力的大小与两接触物体间的正压力成正比，即

$$F = fF_N \tag{3.28}$$

式中，f 称为**动滑动摩擦因数**，简称**动摩擦因数**。与接触物的材料和接触表面情况有关，且略小于静摩擦因数，即 $f < f_s$，见表 3.4。

2. 摩擦角

当考虑摩擦时，支承面对物体的全约束力 $\boldsymbol{F}_R$ 为法向正压力 $\boldsymbol{F}_N$ 和切向静摩擦力 $\boldsymbol{F}_s$ 的合力。当摩擦力达到最大值时，全约束力与接触面之间的夹角 φ 也达到最大值 φ_f，称为**摩擦角**，由图 3.23 可得

$$\tan\varphi_f = \frac{F_{max}}{F_N} = \frac{f_s F_N}{F_N} = f_s \tag{3.29}$$

即摩擦角的正切等于静摩擦因数。当物体滑动趋势方向变化时，在全约束力极限位置可画出一个锥面，称为**摩擦锥**。若各方向上静摩擦因数相同，则摩擦锥是以 $2\varphi_f$ 为顶角的正圆锥，如图 3.23 所示。

3. 自锁现象

因为静摩擦力总是小于或等于最大静摩擦力，因此全约束力与接触面法线的夹角也总是小于或等于摩擦角，即

$$0 \leqslant \varphi \leqslant \varphi_f \tag{3.30}$$

式（3.30）表明，全约束力的作用线只能在摩擦角和摩擦锥所限定的范围内变化。

如果把作用于物体上的所有主动力合成为一合力 $\boldsymbol{F}_P$，与接触面法线间的夹角为 θ，如图 3.24 所示。当物体平衡时，由平衡条件可知，$\boldsymbol{F}_P$ 与 $\boldsymbol{F}_R$ 必定在一条直线上，于是有

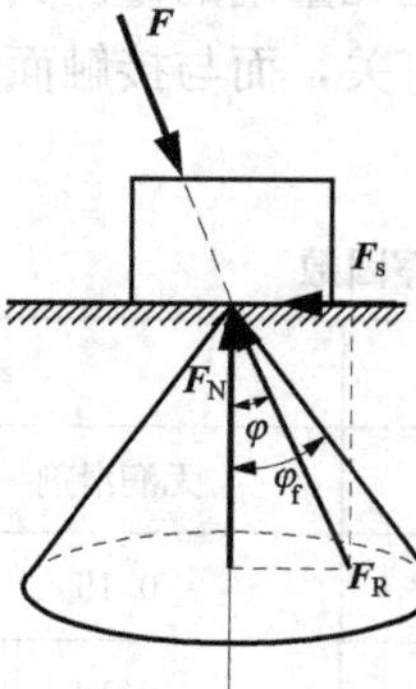

图 3.23

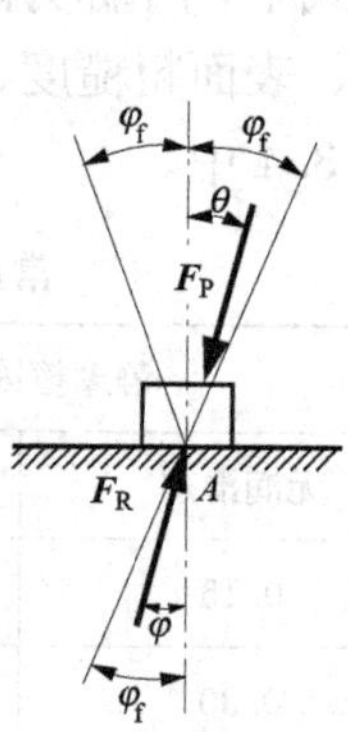

图 3.24

$$\theta = \varphi$$

由式（3.30）可知，主动力合力 $\boldsymbol{F}_R$ 的作用线应满足下列条件

$$\theta \leqslant \varphi_f \tag{3.31}$$

也就是说，作用于物体上的主动力合力，无论多么大，只要其作用线与接触面法线间的夹角 θ 小于或等于摩擦角 φ_f，物体必保持静止。这种现象称为自锁。这种与主动力大小无关，只与摩擦角有关的平衡条件称为**自锁条件**。

自锁只与摩擦角有关，是因为当 $\theta \leqslant \varphi_f$ 时，随着主动力不断增大，支承面法向反力和阻止物体滑动的摩擦力也会相应地增大，所以物体仍能静止不动。工程中常应用自锁原理，设计一些机构或夹具使机构工作时能自动“卡住”，如千斤顶、楔连接、圆锥销等；或设计一些机构保证其不会“卡住”，如丝杠传动机构等。

4. *摩擦角和自锁现象的应用*

（1）静摩擦因数的测定。应用摩擦角的概念，可采用试验方法测定静摩擦因数。如图 3.25（a）所示，把要测定的两种材料分别做成斜面和物块，把物块放在斜面上，并逐渐从 0°起增大斜面的倾角 θ，直至物体刚开始下滑为止。记下斜面倾角 θ，而此 θ 角就是要测定的摩擦角 φ_f，其正切就是要测定的摩擦因数 f_s。这是因为物块仅受重力 $\boldsymbol{G}$ 和全约束力 $\boldsymbol{F}_R$ 作用而平衡，因而 $\boldsymbol{F}_R$ 与 $\boldsymbol{G}$ 应等值、反向，共线，也即 $\boldsymbol{F}_R$ 的方向为铅垂方向，$\boldsymbol{F}_R$ 与斜面法线的夹角等于斜面的倾角 θ。当物块处于临界平衡状态时，全约束力 $\boldsymbol{F}_R$ 与法线间的夹角等于摩擦角 φ_f，即 $\theta = \varphi_f$。因而摩擦因数 $f_s = \tan\varphi_f = \tan\theta$。

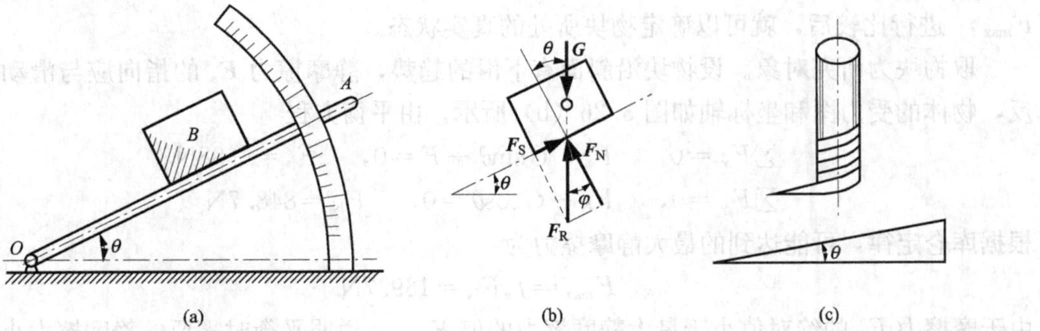

图 3.25

（2）螺旋千斤顶的自锁条件。由式（3.31）可知，只有当 $\theta \leqslant \varphi_f$ 时，物块不下滑，即斜面的自锁条件是斜面的倾角小于或等于摩擦角。斜面的自锁条件就是螺纹的自锁条件，因为螺纹可看成绕在一圆柱体上的斜面［见图 3.25（c）］，螺纹的升角 θ 就是斜面的倾角，螺母相当于斜面上的滑块 B，加于螺母的轴向荷载 G，相当于物块 B 的重力，要使螺纹自锁，必须使螺纹的升角 θ 小于或等于摩擦角 φ_f。因此，螺纹的自锁条件是 $\theta \leqslant \varphi_f$，若螺旋千斤顶的螺杆与螺母之间的摩擦系数 $f_s = 0.1$，则 $\tan\varphi_f = f_s = 0.1$，即 $\varphi_f = 5°43'$，为保证螺旋千斤顶自锁，一般取螺纹升角 $\theta = 4° \sim 4°30'$。

5. *考虑摩擦时物体的平衡问题*

考虑摩擦时物体的平衡问题也是用平衡方程来求解的，只是在受力分析中必须考虑摩擦力。这里要严格区分物体是处于一般的平衡状态，还是临界平衡状态。在一般平衡状态下，

摩擦力 $\boldsymbol{F}_s$ 由平衡条件确定，大小应满足 $0 \leqslant F_s \leqslant F_{max}$ 的条件，方向由接触面的相对运动趋势来确定。在临界平衡状态下，摩擦力为最大值，应该满足 $F_s = F_{max} = f_s F_N$ 的关系式。

考虑摩擦时物体的平衡问题，一般可以分为以下三种类型：

（1）已知作用在物体上的主动力，需要判断物体是否处于平衡状态并计算其所受的摩擦力。

（2）已知物体处于临界平衡状态，需要求主动力的大小或物体的平衡位置。

（3）求物体的平衡范围。由于静摩擦力 F_s 可以随主动力而变化（只要满足 $F_s \leqslant F_{max}$），因此在考虑摩擦时物体的平衡问题中，物体所受主动力的大小或平衡位置允许在一定范围内变化。这类问题的解答往往是一个范围值，称为**平衡范围**。

下面举例分别加以说明。

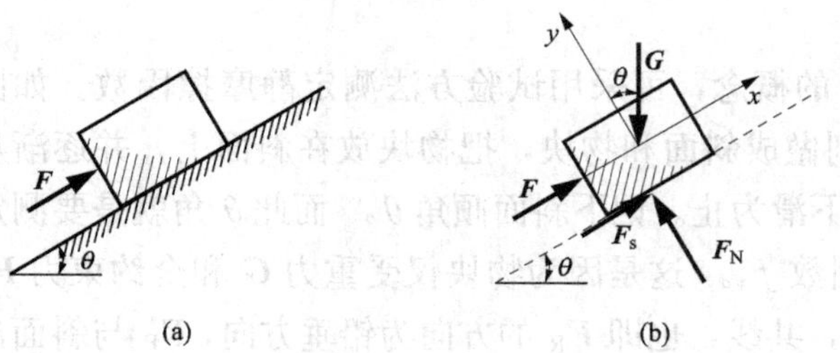

图 3.26

例 3.9 物块重 $G = 980\text{N}$，放在一倾斜角 $\theta = 30°$ 的斜面上。已知接触面间的静摩擦因数 $f_s = 0.2$。今有一大小为 $F = 588\text{N}$ 的力沿斜面作用于物块上［见图 3.26（a）］。问物块在斜面上是否处于静止？若静止，这时摩擦力为多大？

解 该题需判断物块是否处于静止状态，并计算摩擦力，属于第一种类型的问题。先假设物块平衡，然后根据平衡条件计算所需要的摩擦力及可能的最大静摩擦力 F_{max}，进行比较后，就可以确定物块所处的真实状态。

取物块为研究对象。设物块沿斜面有下滑的趋势，静摩擦力 $\boldsymbol{F}_s$ 的指向应与滑动趋势相反，物体的受力图和坐标轴如图 3.26（b）所示。由平衡方程

$$\sum F_x = 0, \quad F_s - G\sin\theta + F = 0, \quad F_s = -98\text{N}$$

$$\sum F_y = 0, \quad F_N - G\cos\theta = 0, \quad F_N = 848.7\text{N}$$

根据库仑定律，可能达到的最大静摩擦力为

$$F_{max} = f_s F_N = 169.7\text{N}$$

由于摩擦力 F_s 的绝对值小于最大静摩擦力的值 F_{max}，说明平衡时需要的静摩擦力小于可能的最大值，故假设平衡正确，物块在斜面上保持静止。这时摩擦力的大小为 98N，方向与假设相反，沿斜面向下。

例 3.10 斜面上放一重为 G 的物体，如图 3.27（a）所示。斜面的倾角为 θ，物体与斜面之间的摩擦角为 φ_f，且知 $\theta > \varphi_f$。试求维持物体在斜面上静止时，水平推力 $\boldsymbol{F}_A$ 所容许的范围。

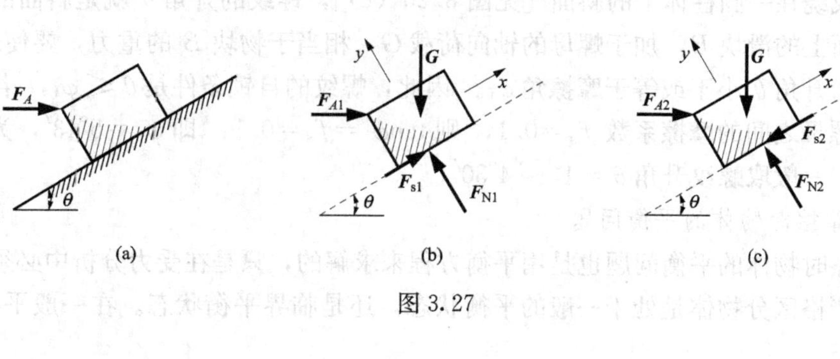

图 3.27

解 取物体为研究对象。由题意知$\theta>\varphi_f$，如果不加水平力$\boldsymbol{F}_A$，物体将向下滑动，现在加上水平推力$\boldsymbol{F}_A$可阻止物体向下滑动。当$\boldsymbol{F}_A$最小时，物体处于即将向下滑动的临界状态，当$\boldsymbol{F}_A$最大时，物体处于即将向上滑动的临界状态，所受静摩擦力都达到最大值。故该题为第三种类型的问题，可分为两种临界状态进行分析。

(1) 求F_A的最小值。设$F_{A\min}=F_{A1}$，这时静摩擦力$\boldsymbol{F}_{s1}$的方向应沿斜面向上。物体受力情况示于图3.27（b）中。取x、y坐标轴如图3.27（b）所示，由平衡方程

$$\sum F_x=0,\quad F_{A1}\cos\theta-G\sin\theta+F_{s1}=0$$

$$\sum F_y=0,\quad -F_{A1}\sin\theta-G\cos\theta+F_{N1}=0$$

及关于摩擦力的补充方程

$$F_{s1}=f_sF_{N1}=F_{N1}\tan\varphi_f$$

解得

$$F_{A1}=G\frac{\tan\theta-f_s}{1+f_s\tan\theta}=G\tan(\theta-\varphi_f)$$

(2) 求F_A的最大值。设$F_{A\max}=F_{A2}$，这时静摩擦力的方向应沿斜面向下。物体受力情况示于图3.27（c）中。取x、y坐标轴如图3.27（c）所示，由平衡方程

$$\sum F_x=0,\quad F_{A2}\cos\theta-G\sin\theta-F_{s2}=0$$

$$\sum F_y=0,\quad -F_{A2}\sin\theta-G\cos\theta+F_{N2}=0$$

及补充方程

$$F_{s2}=f_sF_{N2}=F_{N2}\tan\varphi_f$$

解得

$$F_{A2}=G\tan(\theta+\varphi_f)$$

由上可知，当水平推力$\boldsymbol{F}_A$的大小在$F_{A1}\leqslant F_A\leqslant F_{A2}$范围内变化时，物体在斜面上总保持静止。这就是其平衡范围。

例 3.11 某变速机构中滑移齿轮如图3.28（a）所示。已知b、d、$\boldsymbol{F}$，齿轮孔与轴间的静摩擦因数f_s，轮重不计。试求齿轮在推力$\boldsymbol{F}$作用下不被卡住的距离a。

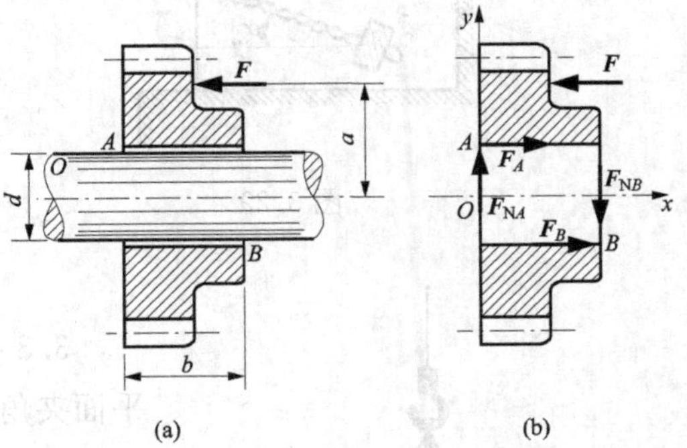

图 3.28

解 该题所要求的距离a为不卡住的范围值，为第三种类型的问题。

取齿轮为研究对象。孔与轴间有间隙，在力$\boldsymbol{F}$作用下，齿轮与轴仅在A、B两点接触。假设齿轮处于向左滑动临界状态，摩擦力应向右，受力图如图3.28（b）所示。平衡方程

$$\sum F_y=0,\quad F_{NA}-F_{NB}=0$$

$$\sum F_x=0,\quad f_sF_{NA}+f_sF_{NB}-F=0,\quad F_{NA}=F_{NB}=\frac{F}{2f_s}$$

$$\sum M_O=0,\quad Fa-F_{NB}b=0,\quad a=\frac{b}{2f_s}$$

由观察可知，a越小，齿轮越不会被卡住，故上面求出的a值是最大值。齿轮不被卡住的a值有一个变化范围

$$0 \leqslant a < \frac{b}{2f_s}$$

可见，是将摩擦平衡范围问题转化为临界平衡问题来求解。

由以上结果可知，当 b 一定时，a 仅取决于摩擦角，与力 $\boldsymbol{F}$ 大小无关。

§3.6 工程应用实训

3.1 吊桥的锚固墩如图 3.29 所示，吊桥的主拉钢索就锚固在墩内。试：

(1) 画出锚固墩的受力图，对各力进行标注；

(2) 建立临界状态下锚固墩的平衡条件；

(3) 分析研究欲提高锚固力可采取哪些措施。

3.2 混凝土坝的横断面如图 3.30 所示，坝高 50m，底宽 44m。坝体左侧受到水压力的作用，若混凝土的重力密度 $\gamma = 25\text{kN/m}^3$，坝与地面的静摩擦因数 $f_s = 0.6$。试分析研究下述问题：

(1) 坝体是否会滑动?

(2) 坝体是否会绕点 B 翻倒?

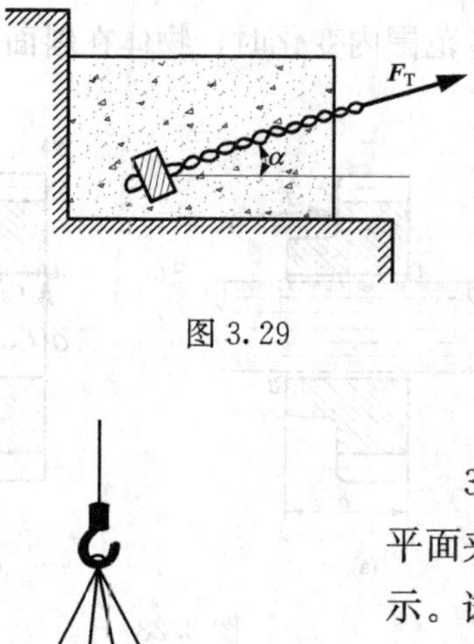

图 3.29

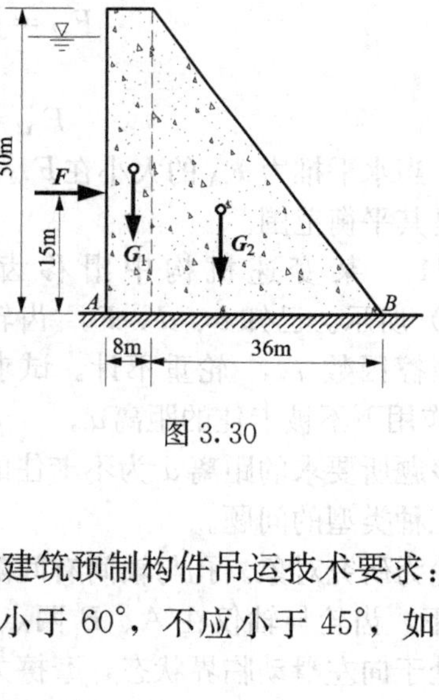

图 3.30

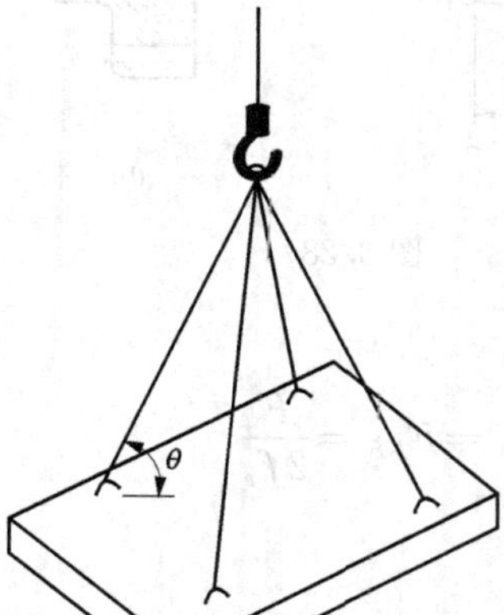

图 3.31

3.3 装配式建筑预制构件吊运技术要求：吊索与水平面夹角 θ 不宜小于 60°，不应小于 45°，如图 3.31 所示。试：

(1) 建立装配式建筑预制构件吊装的力学模型，并对力和尺寸等进行符号标注；

(2) 应用平衡条件，采用列表的方式，研究角度 θ 与吊索拉力及构件内力之间的变化规律；

(3) 对装配式建筑预制构件吊运技术要求："θ 不宜小于 60°，不应小于 45°"的合理性进行评价，并做出基于力学理论的解释。

习 题

3.1 题 3.1 图所示空间构架由三根无重直杆组成，在 D 端用球形铰链连接，A、B 和 C 端则用球形铰链固定在水平地板上。如果挂在 D 端的物重 $P=10\text{kN}$，试求三杆的受力。

3.2 如题 3.2 图所示，试求三脚架每根杆的内力。设各杆的自重不计，荷载 $\boldsymbol{F}$ 沿 y 轴的正向，其大小 $F=200\text{N}$。

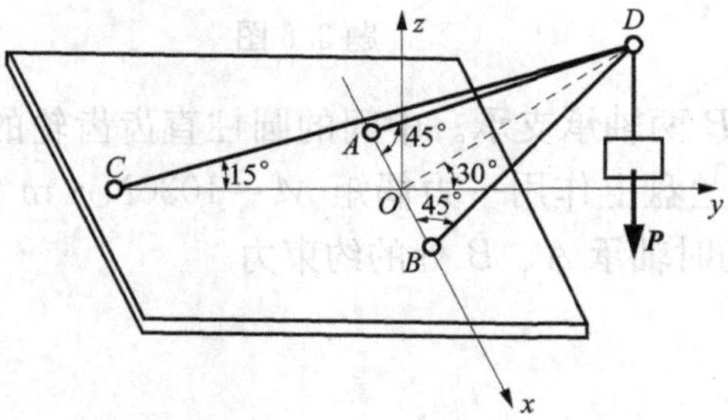

题 3.1 图

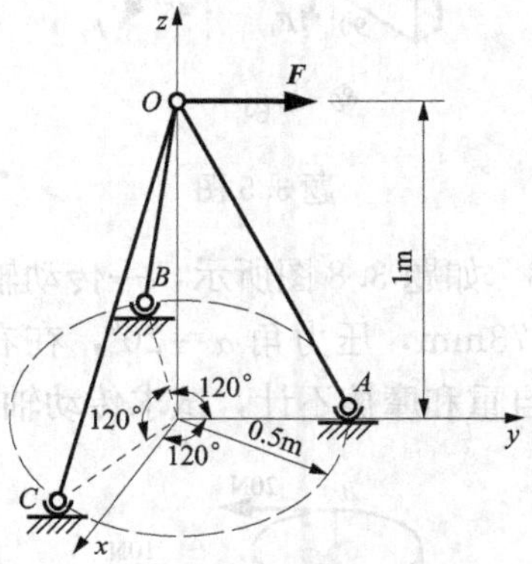

题 3.2 图

3.3 如题 3.3 图所示，力 $\boldsymbol{F}$ 作用在曲柄的中点 A。已知 $\alpha=30°$，$F=1\text{kN}$，$d=400\text{mm}$，$r=50\text{mm}$。试求力 $\boldsymbol{F}$ 对 x、y、z 轴的力矩。

3.4 作用在手柄上的力 $\boldsymbol{F}=100\text{N}$，作用线位置及手柄尺寸如题 3.4 图所示。试求力 $\boldsymbol{F}$ 对 x、y、z 轴的力矩。

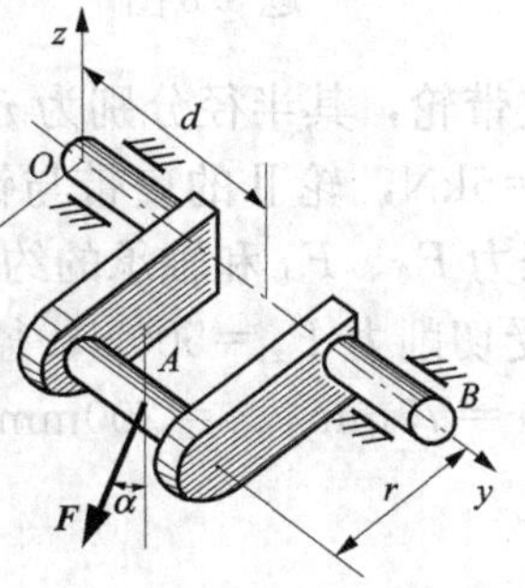

题 3.3 图

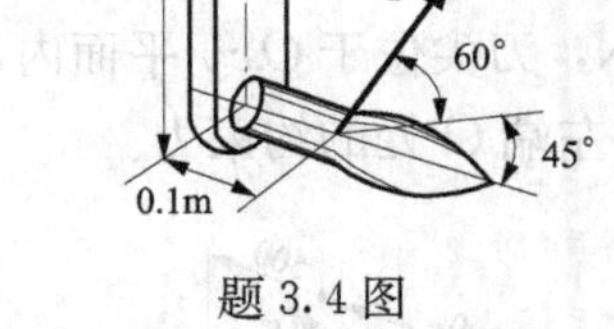

题 3.4 图

3.5 题 3.5 图所示为力系的三力分别为 $F_1=350\text{N}$、$F_2=400\text{N}$ 和 $F_3=600\text{N}$ 及其作用线的位置。试将此力系向原点 O 简化。

3.6 一重 $P=20\text{kN}$、水平悬挂的长方形平板被匀速提升，如题 3.6 图所示。重力 $\boldsymbol{P}$ 的作用线通过平板上点 C，试确定所需三力 $\boldsymbol{F}_1$、$\boldsymbol{F}_2$ 及 $\boldsymbol{F}_3$ 的大小。不计滑轮中的摩擦。

3.7 如题 3.7 图所示，三圆盘 A、B 和 C 的半径分别为 150、100mm 和 50mm。三轴 OA、OB 和 OC 在同一平面内，$\angle AOB$ 为直角。在这三圆盘上分别作用力偶，组成各力偶的力作用在轮缘上，它们的大小分别等于 10、20N 和 F。如这三圆盘所构成的物系是自由的，不计物系重量，试求能使此物系平衡的力 F 的大小和角 θ。

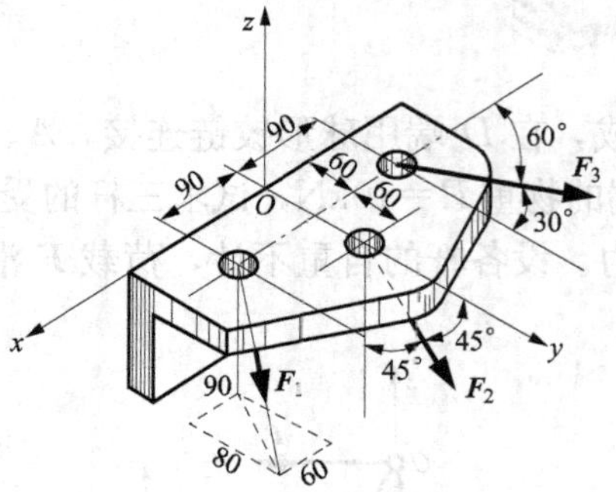

题 3.5 图

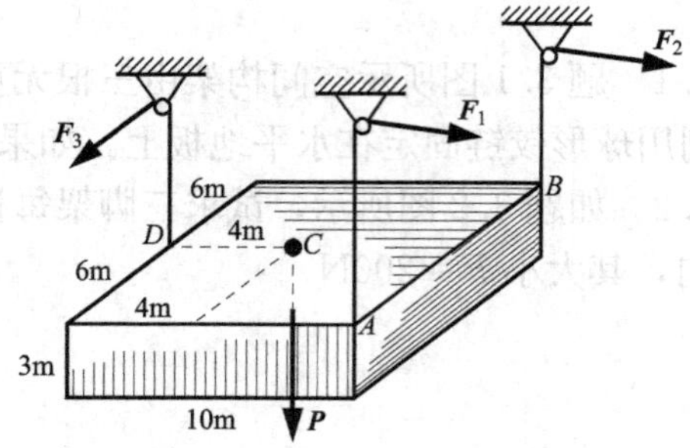

题 3.6 图

3.8 如题 3.8 图所示，一传动轴以 A、B 两轴承支承。中间的圆柱直齿齿轮的节圆直径 $d=173$mm，压力角 $\alpha=20°$，在右端的法兰盘上作用一力偶矩 $M=1030$N·m 的力偶。设轮轴自重和摩擦不计，试求传动轴匀速转动时轴承 A、B 处的约束力。

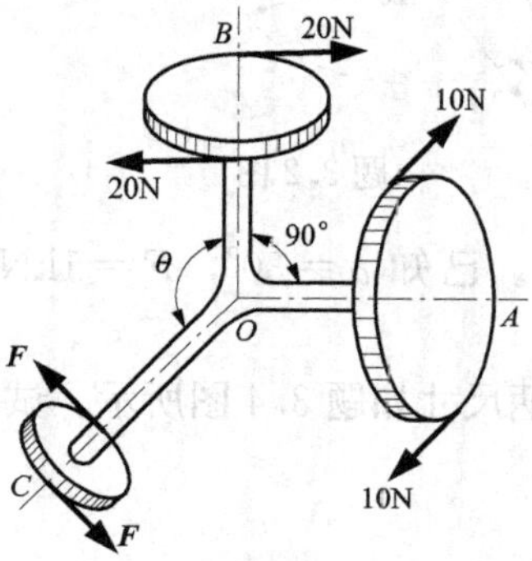

题 3.7 图

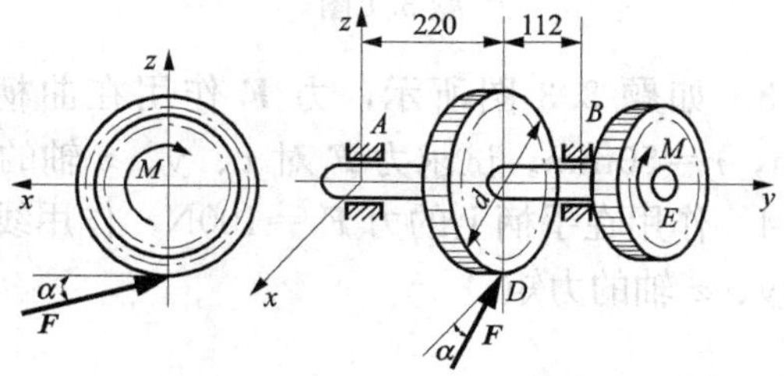

题 3.8 图

3.9 如题 3.9 图所示，一传动轴上装有两个皮带轮，其半径分别为 $r_1=200$mm，$r_2=250$mm，轮Ⅰ的皮带是水平的，其张力 $F_1=2F_2=5$kN，轮Ⅱ的皮带与铅垂线的夹角 $\theta=30°$，其张力 $F_3=2F_4$。试求传动轴匀速转动时的张力 F_3、F_4 和轴承的约束力。

3.10 如题 3.10 图所示，已知镗刀杆刀头上受切削力 $F_z=500$N，径向力 $F_x=150$N，轴向力 $F_y=75$N，刀尖位于 Oxy 平面内，其坐标 $x=75$mm，$y=200$mm。工件重量不计，试求被切削工件左端 O 处的约束力。

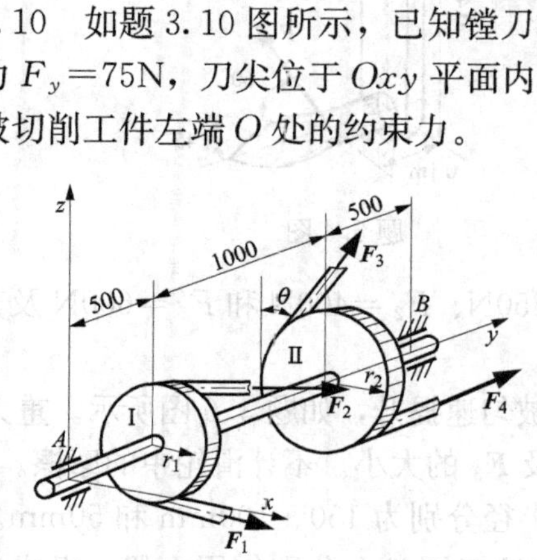

题 3.9 图

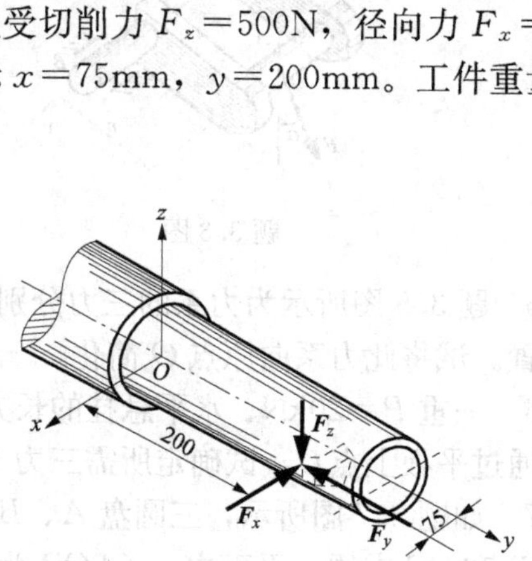

题 3.10 图

3.11 如题 3.11 图所示，电动机以转矩 M 通过链条传动将重物 P 等速提起，链条与水平线成 30°角（直线 Ox_1 平行于直线 Ax）。已知：$r=100\text{mm}$，$R=200$，$P=10\text{kN}$，链条主动边（下边）的拉力为从动边拉力的 2 倍。轴及轮的重量不计，试求轴承 A 和 B 的约束力及链条的拉力。

3.12 使水涡轮转动的力偶矩为 $M_z=1200\text{N}\cdot\text{m}$。在锥齿轮 B 处受到的力分解为三个分力：切向力 $\boldsymbol{F}_t$、轴向力 $\boldsymbol{F}_a$ 和径向力 $\boldsymbol{F}_r$。这些力的比例为 $F_t:F_a:F_r=1:0.32:0.17$。已知水涡轮连同轴和锥齿轮的总重为 $P=12\text{kN}$，其作用线沿轴 Cz，锥齿轮的平均半径 $OB=0.6\text{m}$，其余尺寸如题 3.12 图所示。试求止推轴承 C 和轴承 A 的约束力。

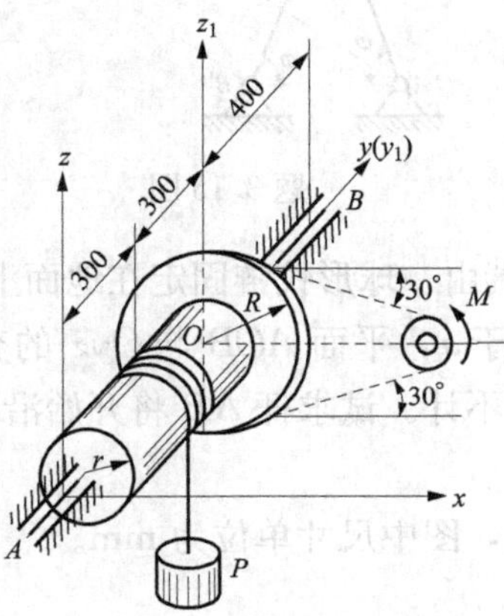

题 3.11 图

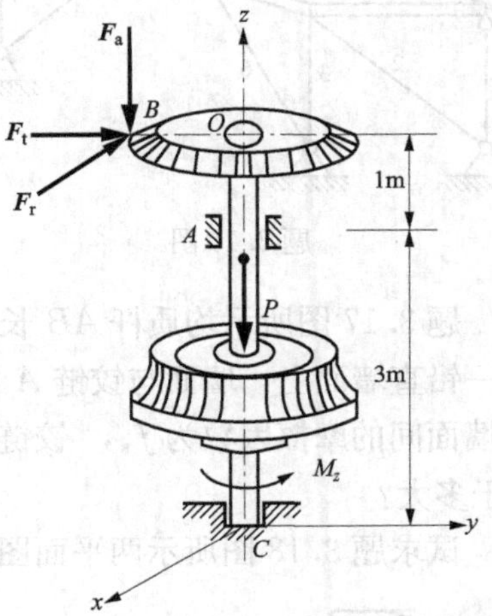

题 3.12 图

3.13 如题 3.13 图所示，均质长方形薄板重 $P=200\text{N}$，用球形铰链 A 和蝶形铰链 B 固定在墙上，并用绳子 CE 维持在水平位置。试求绳子的拉力和支座约束力。

3.14 如题 3.14 图所示，矩形搁板 $ABCD$ 可绕轴线 AB 转动，用杆 DE 支撑成水平位置。撑杆 DE 两端均为铰链连接。搁板连同其上重物共重 $G=800\text{N}$，重力作用线通过矩形搁板几何中心。已知 $AB=1.5\text{m}$，$AD=0.6\text{m}$，$AK=BM=0.25\text{m}$，$DE=0.75\text{m}$。不计板重，试求撑杆 DE 所受的力，以及蝶形铰链 K 和 M 的约束力。

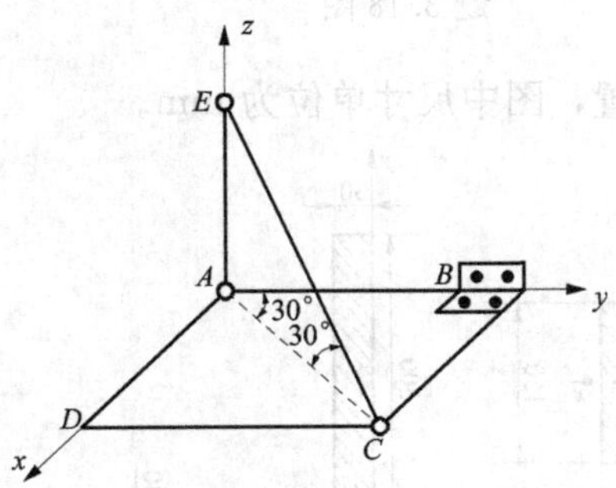

题 3.13 图

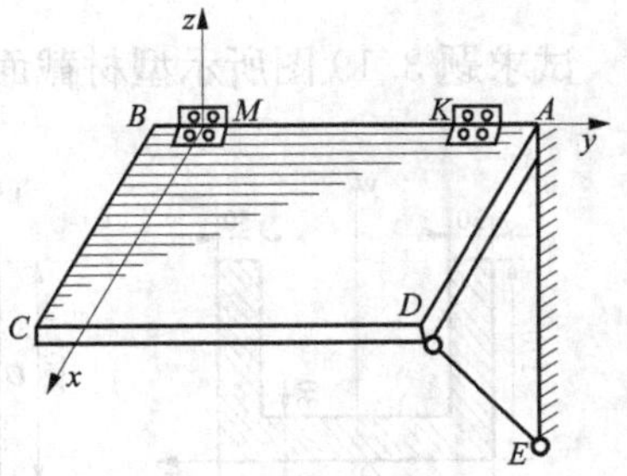

题 3.14 图

3.15 如题 3.15 图所示，六杆支撑一水平板，在板角处受铅直力 $\boldsymbol{F}$ 作用。设板和杆自重不计，试求各杆的内力。

3.16 一个宽、高、长各等于 a、b、c 的长方体，由题 3.16 图所示六杆件用铰链支承在水平位置。今有一水平力 $\boldsymbol{F}$ 沿 GH 方向作用于点 G。试求各支承杆所受的力，不计长方体及各杆的重量。点 M 是线段 AB 的中点，夹角 θ 和 φ 均已知。

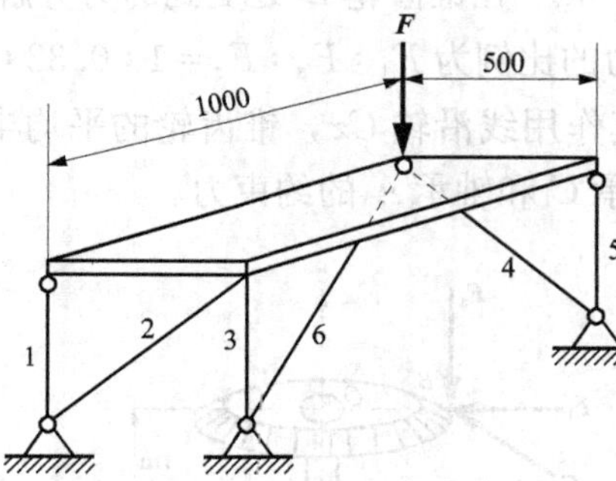

题 3.15 图

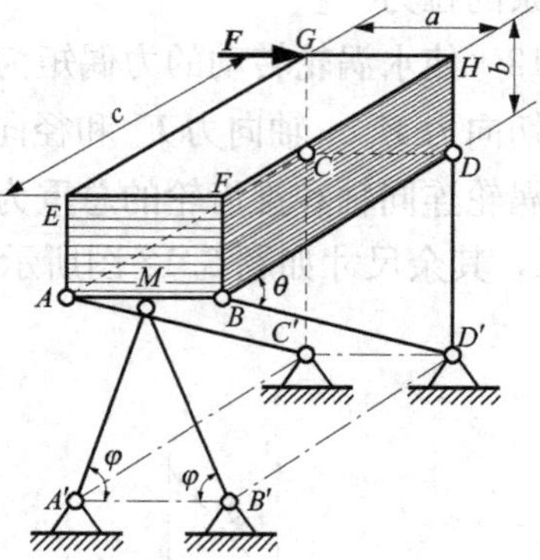

题 3.16 图

3.17 题 3.17 图所示均质杆 AB 长 l，重 $\boldsymbol{P}$，A 端由一球形铰链固定在地面上，B 端自由地靠在一铅直墙面上，墙面与铰链 A 的水平距离等于 a，平面 AOB 与 Oyz 的交角为 θ。杆 AB 与墙面间的摩擦因数为 f_s，铰链的摩擦阻力可不计。试求杆 AB 将开始沿墙滑动时，θ 角应等于多大？

3.18 试求题 3.18 图所示两平面图形的形心位置，图中尺寸单位为 mm。

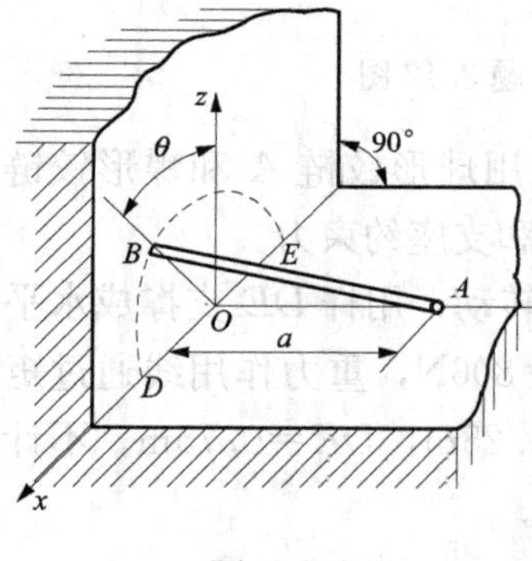

题 3.17 图

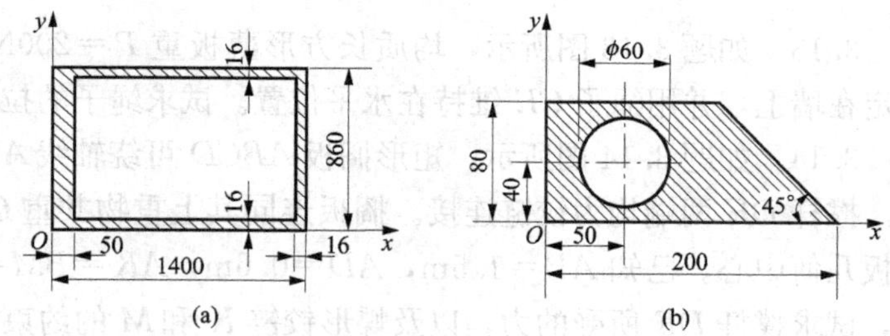

题 3.18 图

3.19 试求题 3.19 图所示型材截面形心的位置，图中尺寸单位为 mm。

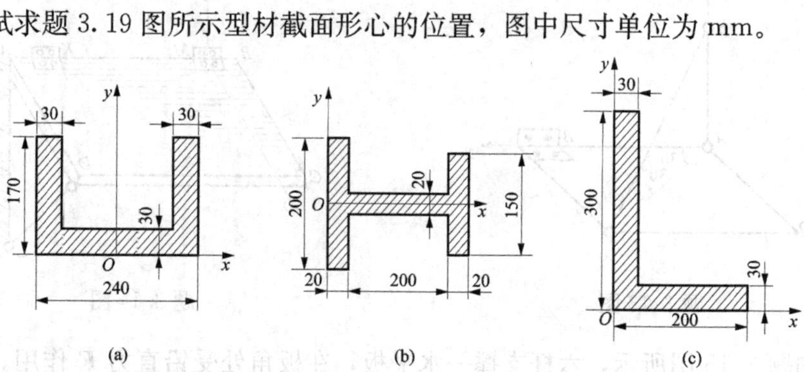

题 3.19 图

3.20 如题3.20图所示，重$P=3\mathrm{N}$的物块，受水平力$F=8\mathrm{N}$作用而静止于铅垂墙上，已知墙面与物块间的摩擦因数$f_s=0.5$，试求物块受到的摩擦力。

3.21 简易升降混凝土吊筒装置如题3.21图所示。混凝土和吊筒共重25kN，吊筒与滑道间的动摩擦因数为0.3。试分别求出重物匀速上升和下降时绳子的张力。

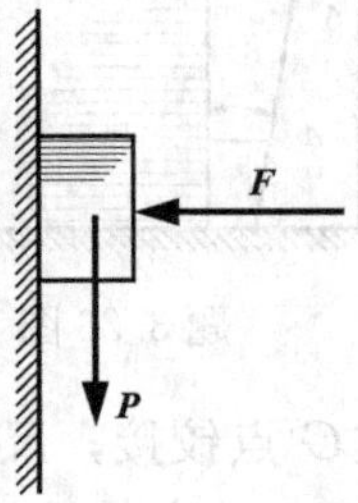

题3.20图

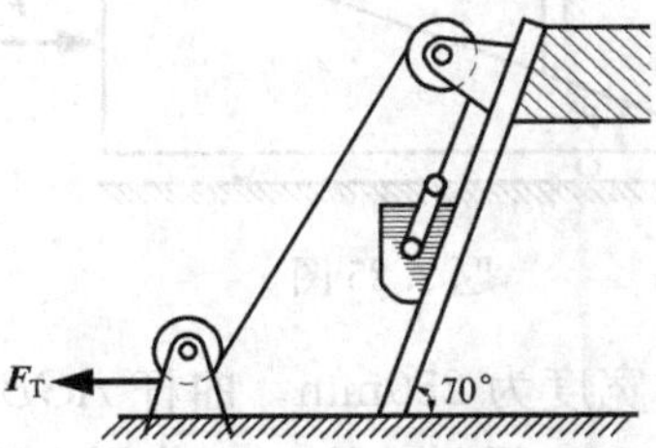

题3.21图

3.22 如题3.22图所示，矩形活动木窗重60N，可沿导槽上下移动，木窗由细绳跨过滑轮，用两个30N的平衡重吊住。若左边细绳突然被拉断，试问木窗与导槽间的静摩擦因数f_s为多大时，木窗才不致滑下（假设木窗与导槽间有微小间隙，当左边细绳被拉断时木窗在A、D两点接触）。

3.23 电工攀登电线杆的脚套钩如题3.23图所示。设电线杆直径$d=300\mathrm{mm}$，A、B间的铅直距离$b=100\mathrm{mm}$。若套钩与电线杆之间的摩擦因数$f_s=0.3$。试求工人操作时，为了安全，站在套钩上的最小距离l。

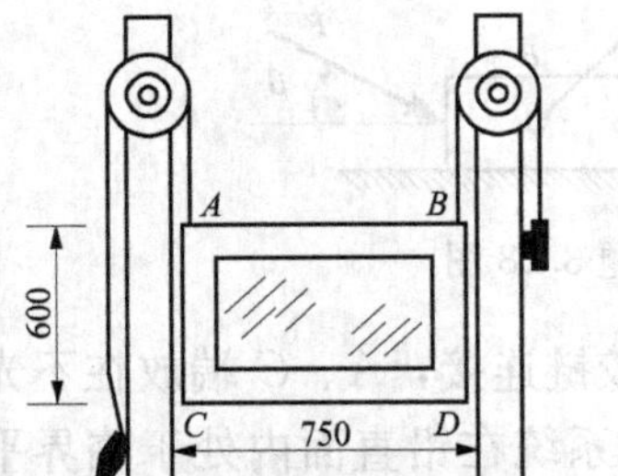

题3.22图

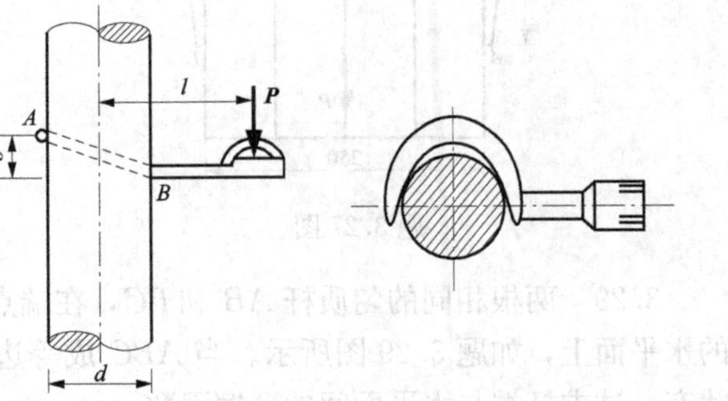

题3.23图

3.24 梯子AB靠在墙上，其重为$P=200\mathrm{N}$，如题3.24图所示。梯长为l，并与水平面交角$\theta=60°$。已知接触面间的摩擦因数均为0.25。今有一重650N的人沿梯上爬，试问人所能达到的最高点C到A点的距离s应为多少？

3.25 楔块顶重装置如题3.25图所示，在楔块B上作用力$\boldsymbol{P}$，设楔块A与B间的摩擦角为φ_f，其他有滚珠处表示光滑。试求使系统保持平衡所需力F的值（θ为已知）。

3.26 如题3.26图所示，试求使自重$P=2\mathrm{kN}$的物块C开始向右滑动时，作用于楔块B上力F的大小。已知各接触面间的摩擦角均为$\varphi_f=15°$。楔块A、B的自重不计。

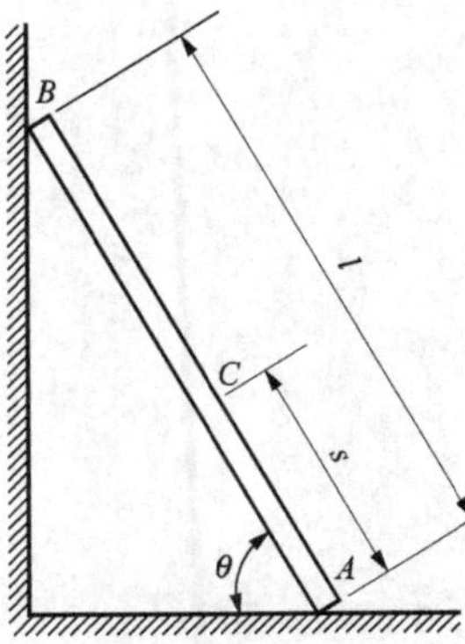

题3.24图

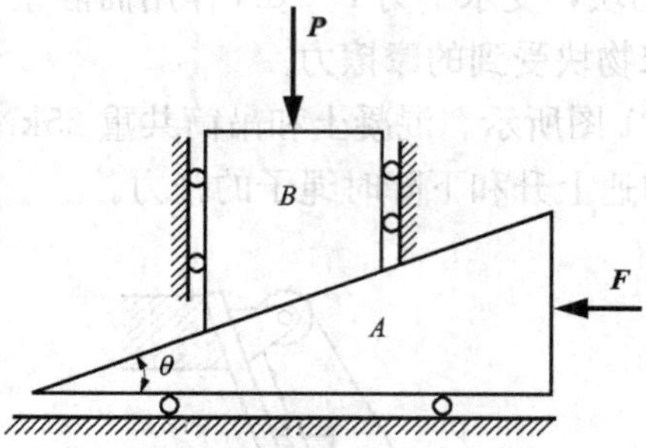

题 3.25 图

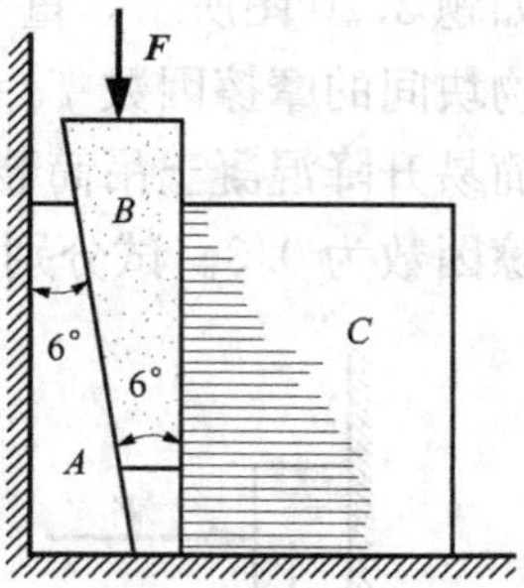

题 3.26 图

3.27　砖夹的宽度为 250mm，曲杆 AGB 与 $GCED$ 在 G 点铰接，尺寸如题 3.27 图所示。设砖重 $P=120\text{N}$，提起砖的力 $\boldsymbol{F}$ 作用在砖夹的中心线上，砖夹与砖间的摩擦因数 $f_s=0.5$，试求距离 b 为多大时才能把砖夹起。

3.28　平面曲柄连杆机构如题 3.28 图所示。$OA=l$，在曲柄 OA 上作用有一矩为 M 的力偶，OA 水平。连杆 AB 与铅垂线的夹角为 θ，滑块与水平面之间的摩擦角为 φ_f，不计重量，且 $\theta>\varphi_f$。试求平面曲柄连杆机构在图示位置保持平衡时 $\boldsymbol{F}$ 力的值。

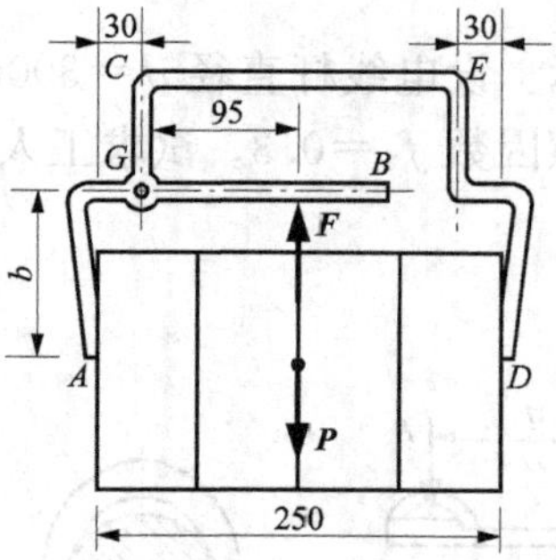

题 3.27 图

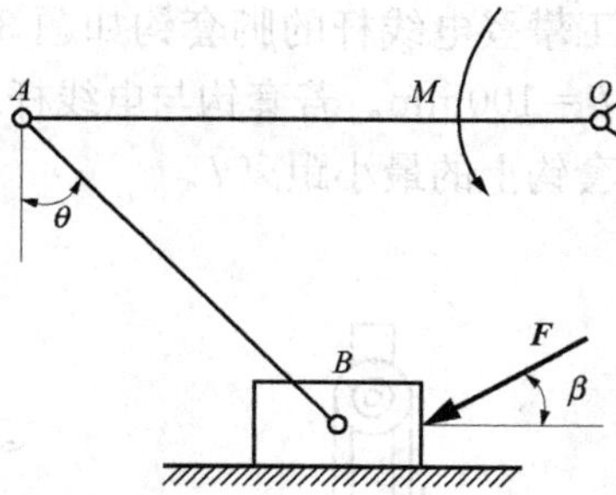

题 3.28 图

3.29　两根相同的匀质杆 AB 和 BC，在端点 B 用光滑铰链连接，A、C 端放在不光滑的水平面上，如题 3.29 图所示。当 ABC 成等边三角形时，系统在铅直面内处于临界平衡状态。试求杆端与水平面间的摩擦因数。

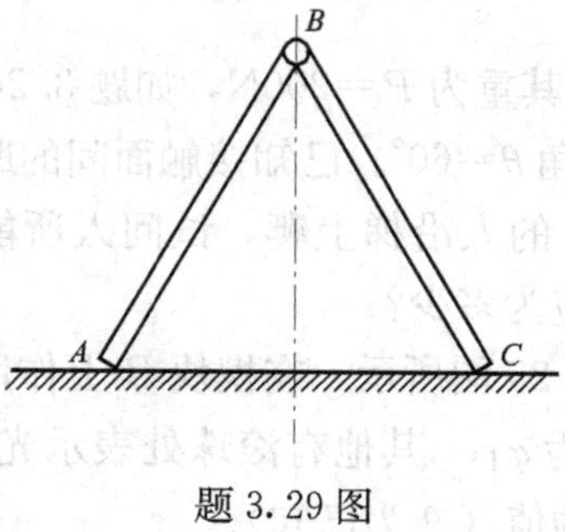

题 3.29 图

第4章 点的合成运动

教学要求：

1. 掌握点的运动学的基本概念，能熟练应用直角坐标法和自然法求解点的运动方程、轨迹、任一瞬时的速度和加速度；
2. 正确理解动点、动系、相对运动、绝对运动和牵连运动的概念；
3. 能熟练应用速度合成定理求解点的速度合成问题；
4. 能熟练应用加速度合成定理求解牵连运动为平移时点的加速度合成问题；
5. 能应用加速度合成定理求解牵连运动为定轴转动时点的加速度合成问题。

运动学的研究对象是质点、刚体或其组成的系统，由于运动学中不涉及质量等物理因素，因此，运动学中质点与几何点、刚体与几何形体是同一概念。在运动学中，质点的位置、速度、加速度，以及刚体的角速度、角加速度等均用矢量表示，各种运动学方程均可通过矢量运算导出。

确定一个物体的位置或者描述一个物体的运动，必须以另一个物体为参照才有意义，这另一个物体称为**参考体**。固连在参考体上的坐标系称为**参考系**。在运动学中，参考系可以任意选取，但对于一般工程问题，如果不特别指明，习惯上总是把参考系固连在地球上。

本章将引入动参考系的概念，应用运动相对性观点建立动点相对不同参考系的速度之间及加速度之间的关系。利用这些关系可将点的复杂运动分解成几个简单的运动来研究，或者将一些简单运动合成来求得较为复杂的运动。本章的运动合成法直接分析求解机构中有关的速度和加速度，而无须建立系统的运动方程，从而使运动学问题的研究得以简化。所以，本章的概念和方法在理论上和应用中均具有重要意义。

§4.1 点的运动

本节研究点在选定参考系中的位置随时间变化的规律，包括点的轨迹、运动方程，以及在任一瞬时点的速度和加速度。先介绍矢量法、直角坐标法和自然法，最后讨论定轴转动刚体内各点的速度和加速度。

1. 矢量法

设动点 P 在空间做曲线运动，任选一固定点 O 作为参考点，则点 P 在任一瞬时的位置可用其位置矢量，即点 O 到点 P 的矢径 $\boldsymbol{r}=\overrightarrow{OP}$ 唯一地确定（见图4.1）。点 P 运动时，矢径 r 的大小和方向随时间 t 而变化，是时间 t 的单值连续的矢量函数，即

$$\boldsymbol{r}=\boldsymbol{r}(t) \tag{4.1}$$

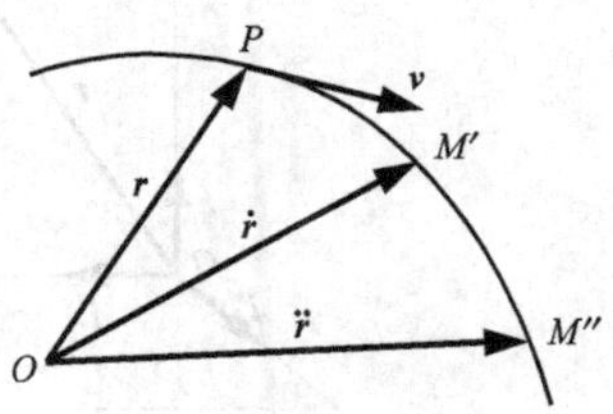

图4.1

式（4.1）称为点的**矢量形式的运动方程**。

点 P 运动时，其矢径端点在空间描绘出的一条曲线称为**矢径端图**。显然，矢径端图就是点的**轨迹**。

由物理学可知，动点的速度等于其矢径对时间的一阶导数，即

$$\boldsymbol{v}=\frac{\mathrm{d}\boldsymbol{r}}{\mathrm{d}t}=\dot{\boldsymbol{r}} \tag{4.2}$$

动点的速度是一矢量，其大小等于速度矢 $\boldsymbol{v}$ 的模，表示点运动的快慢程度，方向沿动点矢径的矢端曲线在对应点的切线（见图 4.1），并指向动点运动的方向。在国际单位制中，速度的单位为 m/s。

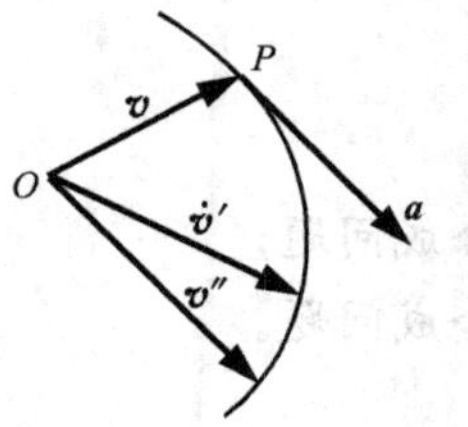

图 4.2

若将动点在连续不同瞬时的速度矢量 $\boldsymbol{v}$、$\boldsymbol{v}'$、$\boldsymbol{v}''$ 等都平行移动到同一任意点 O，其速度矢端点在空间描绘出的一条连续曲线，称为**速度矢端曲线**，如图 4.2 所示。动点的加速度等于其速度矢量对时间的一阶导数，或等于其矢径对时间的二阶导数，即

$$\boldsymbol{a}=\frac{\mathrm{d}\boldsymbol{v}}{\mathrm{d}t}=\dot{\boldsymbol{v}}=\ddot{\boldsymbol{r}} \tag{4.3}$$

加速度也是矢量，其大小等于加速度矢 $\boldsymbol{a}$ 的模，表示速率变化的快慢，方向则沿其速度矢端曲线的切线（见图 4.2）。在国际单位制中，加速度的单位为 m/s²。

2. 直角坐标法

通过固定点 O 建立一直角坐标系 $Oxyz$（见图 4.3），则点 P 在任一瞬时的位置可以用它的坐标 x、y、z 唯一地确定。点 P 运动时，其坐标 x、y、z 都随时间 t 而变化，是时间 t 的单值连续函数，即

$$\left.\begin{aligned}x&=f_1(t)\\y&=f_2(t)\\z&=f_3(t)\end{aligned}\right\} \tag{4.4}$$

方程组（4.4）称为点的**直角坐标形式的运动方程**。

由于运动方程决定了点 P 在空间的位置，因而也确定出点的轨迹。式（4.4）实际上就是以时间 t 为参变量的动点轨迹的参数方程。从运动方程中消去时间 t，得出两个柱面方程

$$\left.\begin{aligned}F_1(x,\ y)&=0\\F_2(y,z)&=0\end{aligned}\right\} \tag{4.5}$$

这两个柱面的交线就确定了点 P 的运动轨迹（见图 4.4）。所以，式（4.5）也就是点 P 的**轨迹方程**。

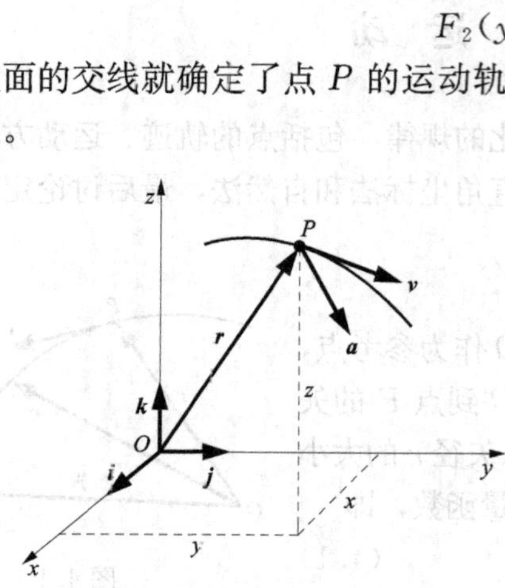

图 4.3

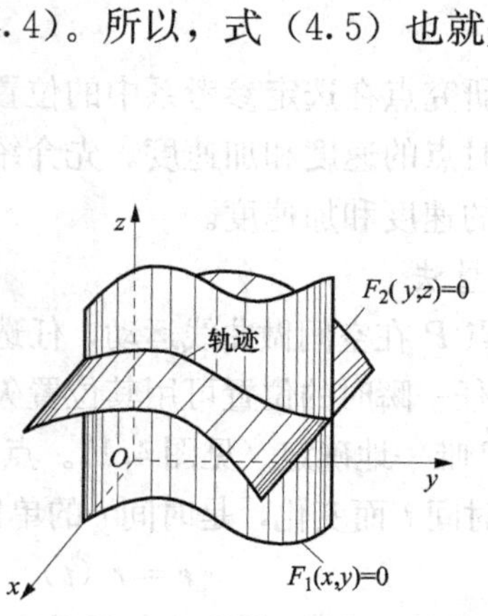

图 4.4

由图 4.3 可知，点 P 的坐标（x，y，z）是其矢径 $\boldsymbol{r}$ 在相应的坐标轴上的投影。若以 $\boldsymbol{i}$、$\boldsymbol{j}$、$\boldsymbol{k}$ 分别表示沿坐标轴 Ox、Oy、Oz 的单位矢量，则矢径 $\boldsymbol{r}$ 可表示为

$$\boldsymbol{r}=x\boldsymbol{i}+y\boldsymbol{j}+z\boldsymbol{k} \tag{4.6}$$

于是，矢径 $\boldsymbol{r}$ 的大小和方向余弦为

$$\left.\begin{aligned} r=|\boldsymbol{r}|=\sqrt{x^2+y^2+z^2} \\ \cos(\boldsymbol{r},\ \boldsymbol{i})=\frac{x}{r},\ \cos(\boldsymbol{r},\ \boldsymbol{j})=\frac{y}{r},\ \cos(\boldsymbol{r},\ \boldsymbol{k})=\frac{z}{r}\end{aligned}\right\} \tag{4.7}$$

注意到沿固定直角坐标轴的单位矢量 $\boldsymbol{i}$、$\boldsymbol{j}$、$\boldsymbol{k}$ 均为常矢量，将式（4.6）代入式（4.2），可得动点的速度

$$\boldsymbol{v}=\frac{\mathrm{d}\boldsymbol{r}}{\mathrm{d}t}=\frac{\mathrm{d}x}{\mathrm{d}t}\boldsymbol{i}+\frac{\mathrm{d}y}{\mathrm{d}t}\boldsymbol{j}+\frac{\mathrm{d}z}{\mathrm{d}t}\boldsymbol{k}=\dot{x}\boldsymbol{i}+\dot{y}\boldsymbol{j}+\dot{z}\boldsymbol{k} \tag{4.8}$$

写出速度$\boldsymbol{v}$的分解式

$$v=v_x\boldsymbol{i}+v_y\boldsymbol{j}+v_z\boldsymbol{k} \tag{4.9}$$

式中 v_x、v_y、v_z 分别是速度 v 在 Ox、Oy 和 Oz 轴上的投影。比较以上两式，得

$$\left.\begin{aligned} v_x=\frac{\mathrm{d}x}{\mathrm{d}t}=\dot{x} \\ v_y=\frac{\mathrm{d}y}{\mathrm{d}t}=\dot{y} \\ v_z=\frac{\mathrm{d}z}{\mathrm{d}t}=\dot{z}\end{aligned}\right\} \tag{4.10}$$

即动点的速度在固定直角坐标轴上的投影，等于该点相应的坐标对时间的一阶导数。若已知动点直角坐标形式的运动方程，则由式（4.10）可求得动点的速度在各坐标轴上的投影，从而可求得速度的大小和方向余弦

$$\left.\begin{aligned} v=\sqrt{v_x^2+v_y^2+v_z^2}=\sqrt{\dot{x}^2+\dot{y}^2+\dot{z}^2} \\ \cos(\boldsymbol{v},\ \boldsymbol{i})=\frac{v_x}{v},\ \cos(\boldsymbol{v},\ \boldsymbol{j})=\frac{v_y}{v},\ \cos(\boldsymbol{v},\ \boldsymbol{k})=\frac{v_z}{v}\end{aligned}\right\} \tag{4.11}$$

根据式（4.3），将式（4.9）对时间求导一次，得动点 M 的加速度

$$\begin{aligned}\boldsymbol{a}&=\frac{\mathrm{d}}{\mathrm{d}t}(v_x\boldsymbol{i}+v_y\boldsymbol{j}+v_z\boldsymbol{k}) \\ &=\dot{v}_x\boldsymbol{i}+\dot{v}_y\boldsymbol{j}+\dot{v}_z\boldsymbol{k}\end{aligned} \tag{4.12}$$

写出加速度 $\boldsymbol{a}$ 的分解式

$$\boldsymbol{a}=a_x\boldsymbol{i}+a_y\boldsymbol{j}+a_z\boldsymbol{k} \tag{4.13}$$

式中 a_x、a_y、a_z 分别是加速度 $\boldsymbol{a}$ 在 Ox、Oy 和 Oz 轴上的投影。比较以上两式，得

$$\left.\begin{aligned} a_x=\frac{\mathrm{d}v_x}{\mathrm{d}t}=\dot{v}_x=\ddot{x} \\ a_y=\frac{\mathrm{d}v_y}{\mathrm{d}t}=\dot{v}_y=\ddot{y} \\ a_z=\frac{\mathrm{d}v_z}{\mathrm{d}t}=\dot{v}_z=\ddot{z}\end{aligned}\right\} \tag{4.14}$$

即动点的加速度在固定直角坐标轴上的投影，等于该点速度的相应投影对时间的一阶导数，

或等于该点相应的坐标对时间的二阶导数。若已知加速度 $\boldsymbol{a}$ 的投影，则加速度的大小和方向余弦为

$$\left.\begin{aligned} a &= \sqrt{a_x^2 + a_y^2 + a_z^2} = \sqrt{\ddot{x}^2 + \ddot{y}^2 + \ddot{z}^2} \\ \cos(\boldsymbol{a}, \boldsymbol{i}) &= \frac{a_x}{a}, \cos(\boldsymbol{a}, \boldsymbol{j}) = \frac{a_y}{a}, \cos(\boldsymbol{a}, \boldsymbol{k}) = \frac{a_z}{a} \end{aligned}\right\} \tag{4.15}$$

例 4.1 图 4.5 (a) 所示为正弦机构，曲柄 $OA=r$，以 $\varphi=\omega t$ 的规律绕轴 O 转动，ω 为常量。滑块 A 可以在滑槽 BD 内滑动，带动槽杆 BDM 沿水平导轨运动。设 r、l、ω 都是已知量，试求槽杆端点 M 的运动方程、速度和加速度。

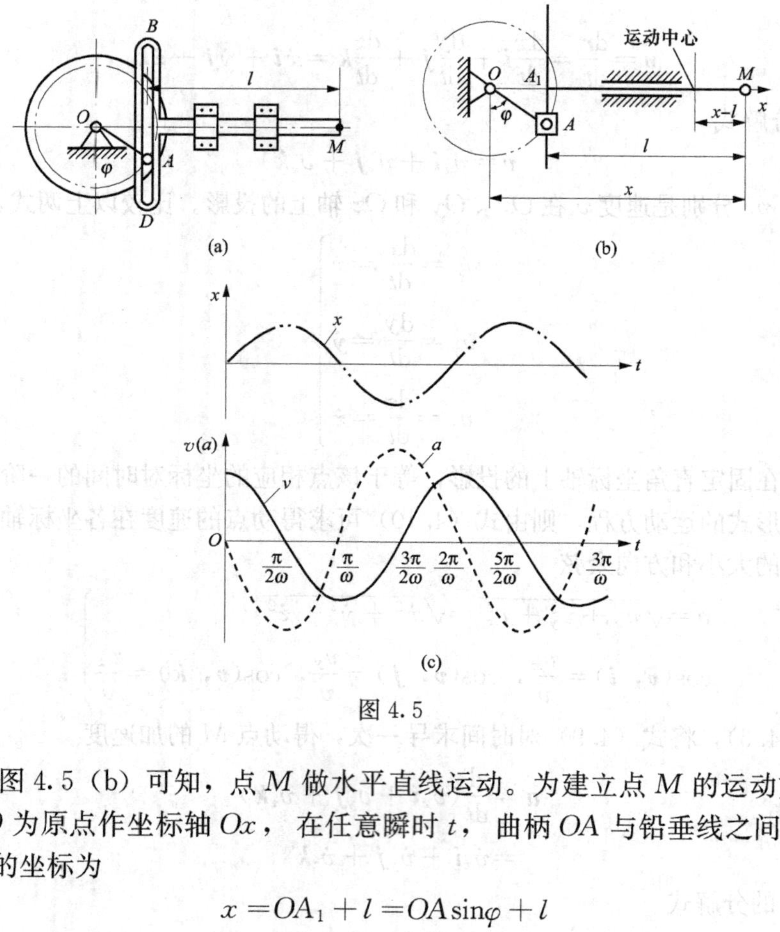

图 4.5

解 由简图 4.5 (b) 可知，点 M 做水平直线运动。为建立点 M 的运动方程，可沿点 M 的轨迹以 O 为原点作坐标轴 Ox， 在任意瞬时 t， 曲柄 OA 与铅垂线之间的夹角为 $\varphi=\omega t$，则点 M 的坐标为

$$x = OA_1 + l = OA\sin\varphi + l$$

即

$$x = r\sin\omega t + l \tag{a}$$

式 (a) 为点 M 的运动方程。显然，点 M 做直线简谐运动。而点 M 的速度和加速度分别为

$$v = \frac{\mathrm{d}x}{\mathrm{d}t} = r\omega\cos\omega t \tag{b}$$

$$a = \frac{\mathrm{d}v}{\mathrm{d}t} = -r\omega^2\sin\omega t \tag{c}$$

可见，点 M 的速度和加速度也按时间 t 的余弦函数或正弦函数的规律变化。

若以时间 t 为横坐标，分别以 x、v 及 a 为纵坐标，可做出方程 (a)、方程 (b) 和方程

(c) 的函数图形，分别称为 x-t 图、v-t 图和 a-t 图，如图 4.5 (c) 所示。由这些曲线图可知，点 M 运动的全过程具有下述特点：

(1) 运动是往复性的。点 M 由位置 $x=l(\varphi=0)$ 时开始运动，往返于 $x=l+r\left(\varphi=\frac{\pi}{2}, \frac{5}{2}\pi\cdots\right)$ 及 $x=l-r\left(\varphi=\frac{3}{2}\pi, \frac{7}{2}\pi\cdots\right)$ 时这两个极限位置之间。$x=l$ 这一位置称为点 M 的简谐运动中心。点 M 离开运动中心的最大距离 r 称为简谐运动的**振幅**。振幅大小取决于曲柄 OA 的长度。

(2) 运动是周期性的。往复运动一次的时间是 $T=\frac{2\pi}{\omega}$，称为简谐运动的周期。周期长短与常数 ω 有关。周期的倒数 $\frac{\omega}{2\pi}$ 称为频率，表示每秒钟内点 M 往复运动的次数。

(3) 运动是变速的。点 M 经过运动中心时速度最大，加速度为零；经过两极限位置时加速度最大，速度为零。点 M 从运动中心向两边运动时是减速运动；而从两边向中心运动时是加速运动。因此，简谐运动的加速度始终是指向简谐运动中心的。

3. 自然法

当点的运动轨迹为已知时，利用轨迹曲线本身建立弧坐标及自然轴系来描述动点运动的方法称为**自然法**。

设动点 M 沿已知轨迹曲线运动（见图 4.6），在轨迹曲线上任取一点 O 为参考点，并沿轨迹定出正负方向，则点 P 在某瞬时的位置，可由参考点 O 到点 P 的一段弧长 $\overset{\frown}{OP}$ 确定，并根据动点在参考点 O 的哪一边加上相应的正负号。这种带有正负号的弧长，称为动点 P 的**弧坐标**，用 s 表示。当点 P 运动时，其弧坐标 s 随时间 t 而变化，是时间 t 的单值连续函数，即

$$s=f(t) \tag{4.16}$$

式 (4.16) 称为点的**弧坐标形式的运动方程**。

当动点轨迹是平面曲线时，其所在的平面就称为动点的**密切面**；当轨迹是空间曲线时，可形象地认为动点 P 附近无限小的轨迹微段近似为平面曲线，其所在平面即为点 P 处的密切面。通过点 P 可作相互垂直的三条直线，即切线和主法线（均位于密切面内）及副法线（垂直于密切面），如图 4.7 所示。沿这三个方向的单位矢分别记作 $\boldsymbol{\tau}$、$\boldsymbol{n}$、$\boldsymbol{b}$，其中 $\boldsymbol{\tau}$ 指向弧坐标的正向，$\boldsymbol{n}$ 指向轨迹曲线的曲率中心，而 $\boldsymbol{b}=\boldsymbol{\tau}\times\boldsymbol{n}$，以动点 P 为原点，由该点切线、主法线和副法线所组成的正交轴系，称为点 P 处的**自然轴系**。自然轴系就是弧坐标的坐标系。显然，自然轴系的方向随动点位置的变化而改变。由物理学可知，动点 P 的速度大小等于弧坐标对时间的一阶导数，速度方向沿该点轨迹的切线方向，即

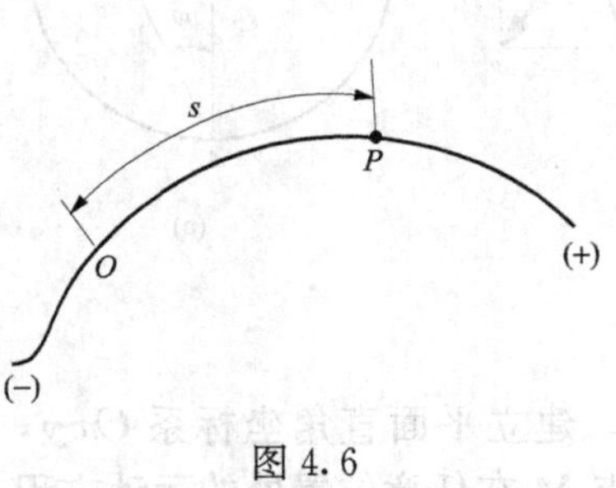

图 4.6

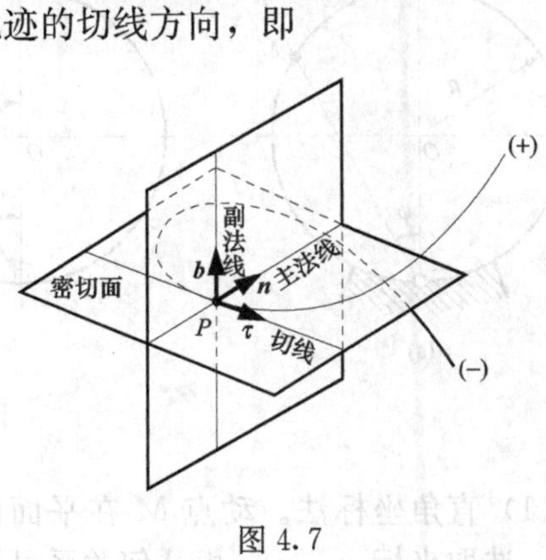

图 4.7

$$v = v\boldsymbol{\tau} = \dot{s}\boldsymbol{\tau} \tag{4.17}$$

若动点轨迹是平面曲线，由物理学可知，动点加速度等于切向加速度与法向加速度的矢量和，即

$$\boldsymbol{a} = \boldsymbol{a}_{\mathrm{t}} + \boldsymbol{a}_{\mathrm{n}} = \frac{\mathrm{d}v}{\mathrm{d}t}\boldsymbol{\tau} + \frac{v^2}{\rho}\boldsymbol{n} \tag{4.18}$$

式中 ρ 为该点处轨迹的曲率半径。若轨迹是空间曲线，则可形象地认为动点附近无限小的轨迹微段近似为平面曲线，式 (4.18) 仍然成立，即加速度矢量 $\boldsymbol{a}$ 在点 P 处的密切面内。将式 (4.18) 用弧坐标对时间的导数来表示，得

$$\boldsymbol{a} = \boldsymbol{a}_{\mathrm{t}} + \boldsymbol{a}_{\mathrm{n}} = \ddot{s}\boldsymbol{\tau} + \frac{\dot{s}^2}{\rho}\boldsymbol{n} \tag{4.19}$$

式 (4.19) 中第一项为**切向加速度**，反映了速度大小的变化率，其方向沿切线单位矢 $\boldsymbol{\tau}$，指向视 $\ddot{s}$ 的正负而定；第二项为**法向加速度**，反映了速度方向的变化率，其方向沿主法线，始终指向曲率中心。而加速度在副法线方向的投影为零。动点全加速度 $\boldsymbol{a}$ 的大小和方向为

$$\left.\begin{aligned} a &= \sqrt{a_{\mathrm{t}}^2 + a_{\mathrm{n}}^2} \\ \tan\theta &= \frac{|a_{\mathrm{t}}|}{a_{\mathrm{n}}} \end{aligned}\right\} \tag{4.20}$$

其中 θ 为 $\boldsymbol{a}$ 与主法线正向间的夹角，如图 4.8 所示。

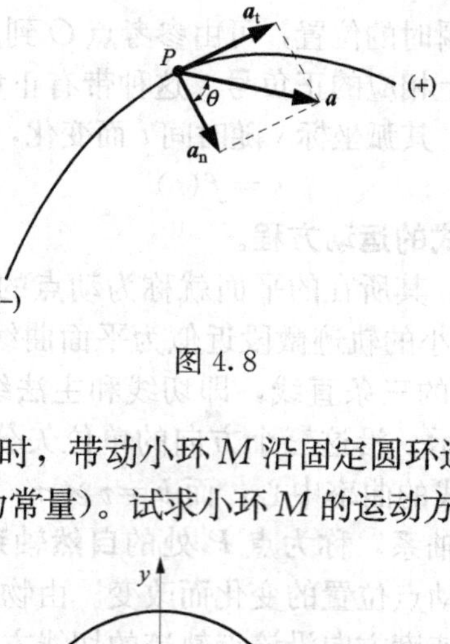

图 4.8

例 4.2 杆 AB 绕点 A 转动时，带动小环 M 沿固定圆环运动，如图 4.9 (a) 所示。已知固定圆环半径为 R，$\varphi = \omega t$(ω 为常量)。试求小环 M 的运动方程、速度和加速度。

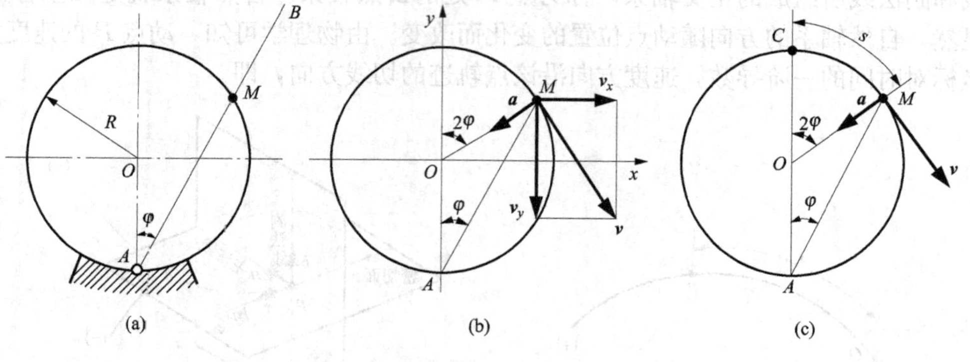

图 4.9

解 (1) 直角坐标法。动点 M 在平面内运动，建立平面直角坐标系 Oxy，如图 4.9 (b) 所示，选取坐标 x、y，由几何关系可写出动点 M 在任意位置处的运动方程

$$x = R\sin 2\varphi = R\sin 2\omega t, \quad y = R\cos 2\varphi = R\cos 2\omega t$$

对坐标求导数得动点速度

$$v_x = \dot{x} = 2R\omega\cos 2\omega t, \quad v_y = \dot{y} = -2R\omega\sin 2\omega t$$

速度的大小为

$$v = \sqrt{v_x^2 + v_y^2} = 2R\omega$$

其方向为

$$\cos(\boldsymbol{v}, \boldsymbol{i}) = v_x / v = \cos 2\varphi$$

$$\cos(\boldsymbol{v}, \boldsymbol{j}) = v_y / v = -\sin 2\varphi = \cos(90° + 2\varphi)$$

所以，速度方向与动点矢径 $\boldsymbol{r} = \overrightarrow{OM}$ 垂直。

对速度求导数得动点的加速度

$$a_x = \ddot{x} = -4R\omega^2\sin\omega t = -4\omega^2 x, \quad a_y = \ddot{y} = -4R\omega^2\cos\omega t = -4\omega^2 y$$

加速度的大小为

$$a = \sqrt{a_x^2 + a_y^2} = 4R\omega^2$$

且有

$$\boldsymbol{a} = -4\omega^2 x\boldsymbol{i} - 4\omega^2 y\boldsymbol{j} = -4\omega^2(x\boldsymbol{i} + y\boldsymbol{j}) = -4\omega^2\boldsymbol{r}$$

可见，加速度方向与矢径 $\boldsymbol{r}$ 相反，由点 M 指向点 O。

(2) 自然法。已知动点轨迹是半径为 R 的圆，以点 C 为原点取弧坐标 s，并规定沿轨迹的顺时针方向为正向［见图 4.9 (c)］。动点在任意瞬时的运动方程为

$$s = R \cdot 2\varphi = 2R\omega t$$

对坐标求导数得速度

$$v = \dot{s} = 2R\omega$$

其速度方向沿轨迹切向。由式 (4.19) 得加速度

$$a_t = \ddot{s} = 0, \quad a_n = \frac{\dot{s}^2}{\rho} = \frac{(2R\omega)^2}{R} = 4R\omega^2$$

所以，全加速度方向为点 M 的主法线方向，即由点 M 指向点 O。可见，两种方法求得的结果相同。该题由于已知动点轨迹是圆，因而用自然法比用直角坐标法简便。

由以上讨论可知，若已知动点沿轨迹的运动方程，可以通过以上公式求得该点的速度和加速度；反之，若已知动点的切向加速度随时间变化的函数关系和运动的初始条件（即在 $t=0$ 时的速度 v_0 和弧坐标 s_0），也可通过积分求出点的速度和运动方程。

若动点做匀加速曲线运动，即 a_t = 常量，且 $t=0$ 时的速度为 v_0，弧坐标为 s_0，则由积分可得

$$v = v_0 + a_t t \tag{4.21}$$

$$s = s_0 + v_0 t + \frac{1}{2}a_t t^2 \tag{4.22}$$

由以上两式消去时间 t，得

$$v^2 - v_0^2 = 2a_t(s - s_0) \tag{4.23}$$

点 M 沿曲线运动时，试就图 4.10 中所设的速度和加速度的情况，指出哪些是加速运动？哪些是减速运动？哪些是不可能的？

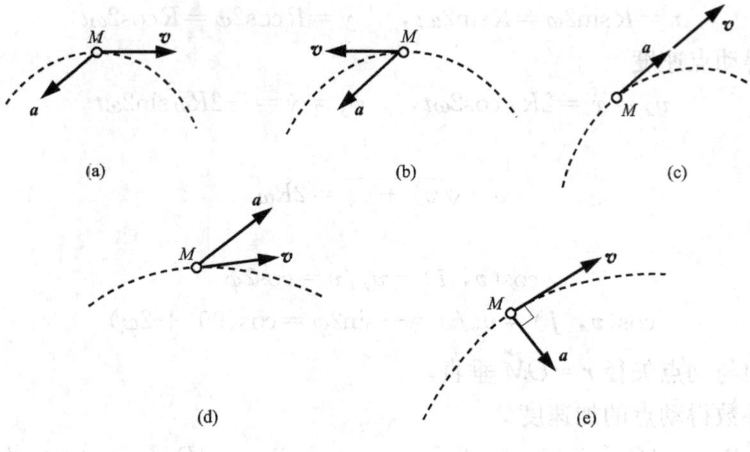

图 4.10

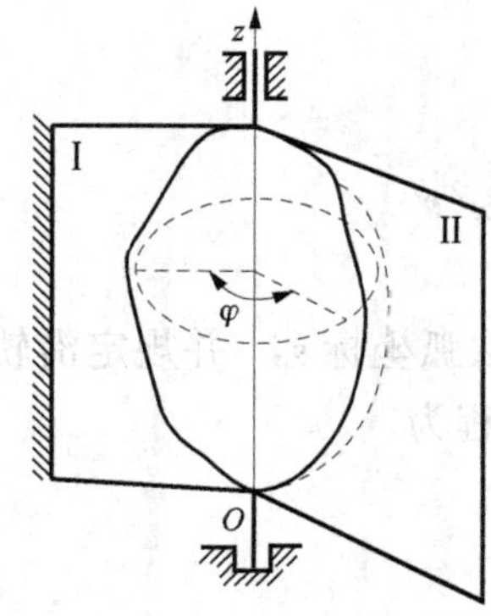

图 4.11

4. 定轴转动刚体内各点的速度和加速度

由物理学可知，定轴转动刚体的位置可由动平面Ⅱ与固定平面Ⅰ之间的转角坐标 φ 完全确定（见图 4.11），刚体的转动方程为

$$\varphi=\varphi(t) \tag{4.24}$$

用转角 φ 对于时间 t 的变化率来度量刚体转动的快慢和转向，称为刚体在瞬时 t 的**瞬时角速度**，简称**角速度**，用 ω 表示

$$\omega=\frac{\mathrm{d}\varphi}{\mathrm{d}t}=\dot{\varphi} \tag{4.25}$$

即刚体转动的瞬时角速度等于转角对时间的一阶导数，单位为 rad/s（弧度/秒）。

若角速度在刚体转动中保持不变，则这种转动称为**匀速转动**。旋转机械在正常工作时大都是匀速转动或可近似地看成匀速转动。刚体转动的快慢常用**转速**来度量，以 n 表示，单位为 r/min（转/分）。ω 与 n 的换算关系为

$$\omega=\frac{2\pi n}{60}=\frac{\pi n}{30} \tag{4.26}$$

旋转机械在启动或停车的过程中，角速度是随时间变化的，这种转动称为**变速转动**。用角速度对时间的变化率来度量角速度的变化，称为**瞬时角加速度**，简称**角加速度**，用 α 表示

$$\alpha=\frac{\mathrm{d}\omega}{\mathrm{d}t}=\frac{\mathrm{d}^2\varphi}{\mathrm{d}t^2}=\ddot{\varphi} \tag{4.27}$$

即刚体转动的瞬时角加速度等于角速度对时间的一阶导数或转角对时间的二阶导数，单位为 $\mathrm{rad/s^2}$（弧度/秒^2）。

若刚体以角速度 ω 和角加速度 α 绕转轴 z 做定轴转动，以 $\boldsymbol{k}$ 表示沿轴 z 的单位矢量，则角速度矢量和角加速度矢量为

$$\boldsymbol{\omega}=\omega\boldsymbol{k} \tag{4.28}$$

$$\boldsymbol{\alpha}=\frac{\mathrm{d}\boldsymbol{\omega}}{\mathrm{d}t}=\frac{\mathrm{d}\omega}{\mathrm{d}t}\boldsymbol{k}=\alpha\boldsymbol{k} \tag{4.29}$$

方向由右手螺旋法则确定（见图 4.12）。

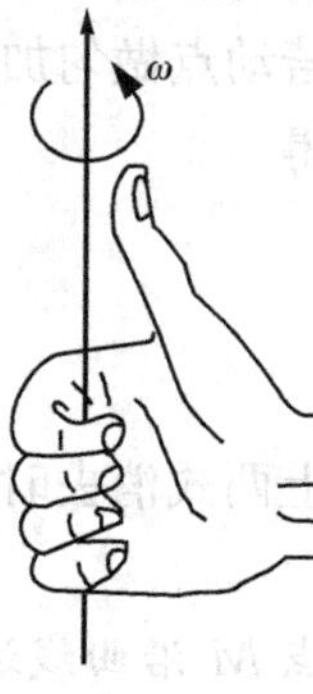

图 4.12

在转轴上任取一定点 O 作矢量 $\boldsymbol{\omega}$ 和 $\boldsymbol{\alpha}$，并过点 O 作刚体内任一点 P

（到转轴的距离为 R）的矢径 $\boldsymbol{r}$，ψ 为 $\boldsymbol{r}$ 与轴 z 正向间的夹角（见图 4.13），则点 P 的速度大小为

$$|\boldsymbol{v}|=R\omega=\omega\cdot r\sin\psi=|\boldsymbol{\omega}\times\boldsymbol{r}|$$

且 $\boldsymbol{v}$ 与 $\boldsymbol{\omega}\times\boldsymbol{r}$ 方向相同，所以有

$$\boldsymbol{v}=\dot{\boldsymbol{r}}=\boldsymbol{\omega}\times\boldsymbol{r} \tag{4.30}$$

即定轴转动刚体内任意一点的速度矢量等于刚体的角速度矢量与该点矢径的矢积。

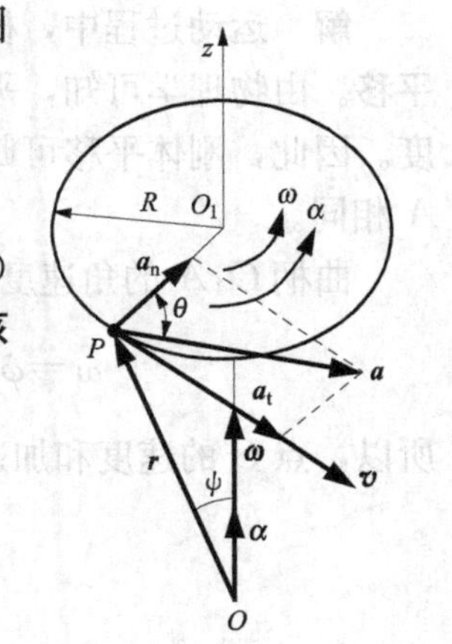

图 4.13

点 P 的切向和法向加速度的大小为

$$|\boldsymbol{a}_{\mathrm{t}}|=R\alpha=\alpha\cdot r\sin\psi=|\boldsymbol{\alpha}\times\boldsymbol{r}|$$

$$|\boldsymbol{a}_{\mathrm{n}}|=R\omega^2=\omega\cdot v\sin\frac{\pi}{2}=|\boldsymbol{\omega}\times\boldsymbol{v}|$$

且 $\boldsymbol{a}_{\mathrm{t}}$ 与 $\boldsymbol{\alpha}\times\boldsymbol{r}$ 方向一致，$\boldsymbol{a}_{\mathrm{n}}$ 与 $\boldsymbol{\omega}\times\boldsymbol{v}$ 方向一致，所以有

$$\boldsymbol{a}_{\mathrm{t}}=\boldsymbol{\alpha}\times\boldsymbol{r} \tag{4.31}$$

$$\boldsymbol{a}_{\mathrm{n}}=\boldsymbol{\omega}\times\boldsymbol{v}=\boldsymbol{\omega}\times(\boldsymbol{\omega}\times\boldsymbol{r}) \tag{4.32}$$

即定轴转动刚体内任意一点的切向加速度等于刚体的角加速度矢量与该点的矢径的矢积；法向加速度等于刚体的角速度矢量与速度矢量的矢积。

点 P 的全加速度为

$$\boldsymbol{a}=\frac{\mathrm{d}\boldsymbol{v}}{\mathrm{d}t}=\frac{\mathrm{d}}{\mathrm{d}t}(\boldsymbol{\omega}\times\boldsymbol{r})=\frac{\mathrm{d}\boldsymbol{\omega}}{\mathrm{d}t}\times\boldsymbol{r}+\boldsymbol{\omega}\times\frac{\mathrm{d}\boldsymbol{r}}{\mathrm{d}t} \tag{4.33}$$

$$=\boldsymbol{\alpha}\times\boldsymbol{r}+\boldsymbol{\omega}\times(\boldsymbol{\omega}\times\boldsymbol{r})=\boldsymbol{a}_{\mathrm{t}}+\boldsymbol{a}_{\mathrm{n}}$$

若以 θ 表示 $\boldsymbol{a}$ 与 $\boldsymbol{a}_{\mathrm{n}}$ 的夹角，点 P 的全加速度的大小及方向（见图 4.13）为

$$\left.\begin{aligned} a&=\sqrt{a_{\mathrm{t}}^2+a_{\mathrm{n}}^2}=R\sqrt{\alpha^2+\omega^4}\\ \tan\theta&=\frac{|a_{\mathrm{t}}|}{a_{\mathrm{n}}}=\frac{|\alpha|}{\omega^2}\end{aligned}\right\} \tag{4.34}$$

已知 R、ω、α，试写出图 4.14 中定轴转动折杆上点 A 的速度和加速度大小的表达式，并在图中画出其方向。

例 4.3　汽车上的雨刷固定在连杆 AB 上，由曲柄 O_1A 驱动。曲柄 O_1A 往复摆动的规律是 $\varphi=\frac{\pi}{4}\sin(2\pi t)\,\mathrm{rad}$，如图 4.15 所示。已知 $O_1A=O_2B=r=300\mathrm{mm}$，$AB=O_1O_2$。试求雨刷端点 C 的速度和加速度。

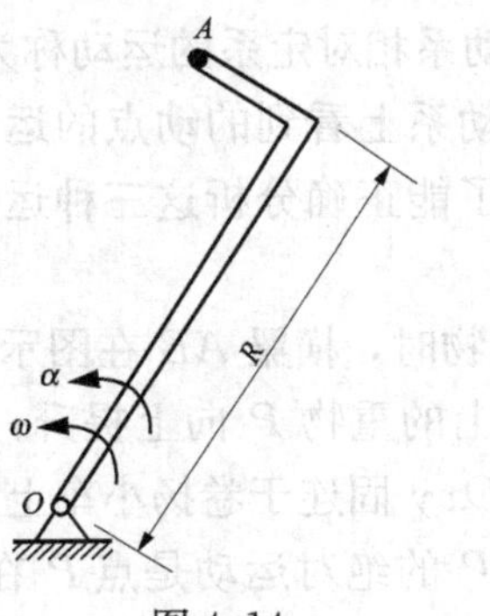

图 4.14

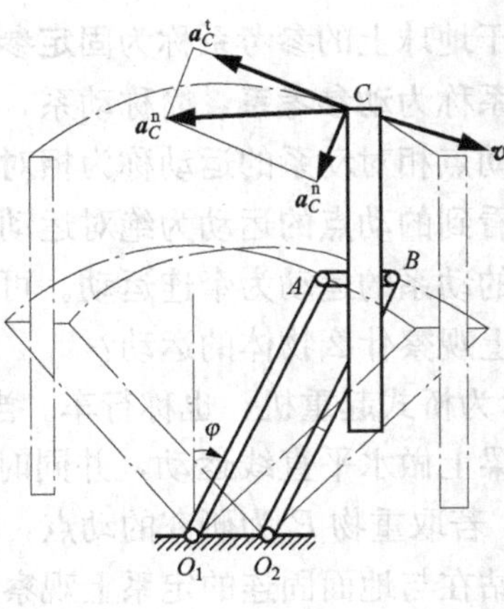

图 4.15

解　运动过程中，杆 AB 始终平行于 O_1O_2，故连杆 AB 与雨刷一起做平行移动，简称**平移**。由物理学可知，平移刚体上各点轨迹形状相同，同一瞬时各点具有相同的速度和加速度。因此，刚体平移可归结为体内任一点的运动。所以，点 C 的轨迹、速度和加速度与点 A 相同。

曲柄 O_1A 的角速度和角加速度分别为

$$\omega=\dot{\varphi}=\frac{\pi^2}{2}\cos(2\pi t)\mathrm{rad/s},\quad \alpha=\ddot{\varphi}=-\pi^3\sin(2\pi t)\mathrm{rad/s^2}$$

所以，点 C 的速度和加速度分别为

$$v_C=v_A=r\dot{\varphi}=0.15\pi^2\cos(2\pi t)\mathrm{m/s}$$
$$a_C^{\mathrm{t}}=a_A^{\mathrm{t}}=r\ddot{\varphi}=-0.3\pi^3\sin(2\pi t)\mathrm{m/s^2}$$
$$a_C^{\mathrm{n}}=a_A^{\mathrm{n}}=r\dot{\varphi}^2=0.075\pi^4\cos^2(2\pi t)\mathrm{m/s^2}$$

当 $0\mathrm{s}\leqslant t\leqslant\frac{1}{4}\mathrm{s}$ 时，点 C 速度与加速度的方向如图 4.15 所示。

点 C 的轨迹为圆，其圆心在何处？雨刷上各点的轨迹均为圆，为什么不能说"雨刷做圆周运动"？

§4.2　点的合成运动的概念

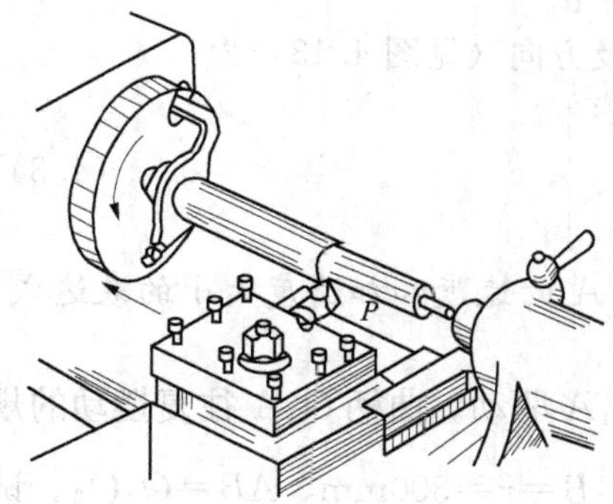

图 4.16

站在不同的参考系中观察同一物体的运动，所观察到的结果通常是不相同的，因此，对物体运动的描述是相对一定的参考系的。例如，无风时站在与地面相连的参考系上看到的雨滴是铅垂下落的；而站在与行驶车辆相连的参考系上看到的雨滴则是倾斜的。又如，车床车削螺纹时（见图 4.16），站在与车床床身相连的参考系上，看到车刀刀尖 P 相对于床身做直线运动；而若站在与旋转工件相连的参考系上和工件一起旋转，可看到刀尖做反向螺旋线运动，因而刀尖在工件表面上车出螺纹。

通常把固连于地球上的参考系称为**固定参考系**，简称定系，用 $O_0x_0y_0z_0$ 表示。把相对定系运动的参考系称为**动参考系**，简称动系，用 $Oxyz$ 表示。所研究的动点相对定系的运动称为**绝对运动**；动点相对动系的运动称为**相对运动**；动系相对定系的运动称为**牵连运动**。所以，站在定系上看到的动点的运动为绝对运动，站在动系上看到的动点的运动为相对运动，站在定系上看到的动系的运动为牵连运动。可见，为了能正确分析这三种运动，必须明确：站在什么参考系上观察什么物体的运动？

图 4.17 所示为桥式起重机，也称行车。当起吊重物时，横梁 AB 在图示位置保持不动，而卷扬小车在横梁上做水平直线运动，并同时将吊钩上的重物 P 向上提升，从而将重物运送到位置 P_1 处。若取重物 P 为研究的动点，将动系 Oxy 固连于卷扬小车上，定系 $O_0x_0y_0$ 固连于地面上，站在与地面固连的定系上观察到动点 P 的绝对运动是点 P 在铅垂平面内做曲线运动；站在与小车固连的动系上与小车一起运动，观察到动点 P 的相对运动是点 P 做

向上的铅垂直线运动；站在定系上观察到动系的牵连运动是动系做水平向右的直线平移。显然，如果动系不运动，则动点相对于动系的运动就等于它相对于静系运动；如果动点相对于动系没有运动，则它将随动系一起相对静系运动。因此在图 4.17 所示的实例中，动点对静系的平面曲线运动可看成是相对于动系的铅垂直线运动和随同动系一起的水平直线运动的合成运动。

凸轮机构如图 4.18 所示，凸轮绕轴 O 定轴转动，推动顶杆 AB 做上下往复运动。若取顶杆 AB 上点 A 为动点，动系固连在凸轮上。试分析动点 A 的绝对运动、相对运动和牵连运动。

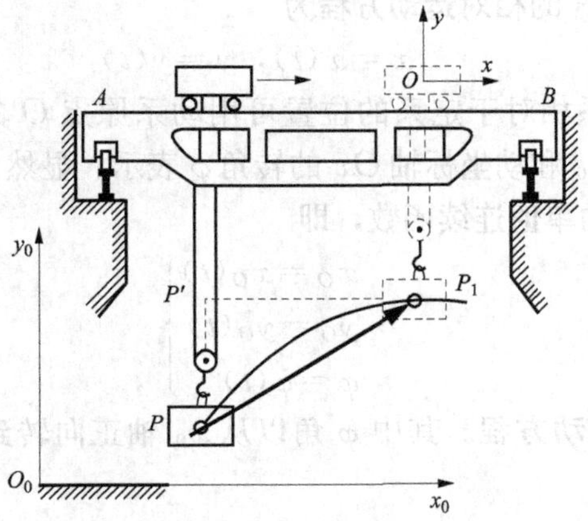

图 4.17

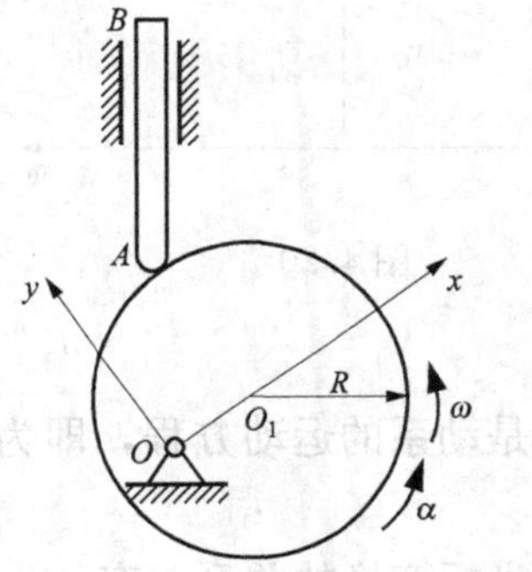

图 4.18

需要指出的是，绝对运动和相对运动都是指动点的运动，可能做直线运动，也可能做曲线运动；而牵连运动则是指与动系固连的刚体的运动，可能平移，也可能绕定轴转动或做其他较复杂的运动。

在点的合成运动中，动点相对于动系运动的速度和加速度，称为动点的**相对速度**和**相对加速度**，用$\boldsymbol{v}_r$ 和 $\boldsymbol{a}_r$ 表示。动点相对于定系运动的速度和加速度，称为动点的**绝对速度**和**绝对加速度**，用$\boldsymbol{v}_a$ 和 $\boldsymbol{a}_a$ 表示。需要特别注意动点的牵连速度和牵连加速度的概念。因为动系的运动是刚体运动，所以，动系上各点的运动一般是不相同的，而与动点的牵连运动直接相关的是动系上与动点重合的点的运动。同时，注意到随着动点的运动，它在动系上的重合点也在变化，因此定义：在某瞬时，动系上与动点重合的点的速度和加速度，称为动点在该瞬时的**牵连速度**和**牵连加速度**，用$\boldsymbol{v}_e$ 和 $\boldsymbol{a}_e$ 表示。例如，在图 4.19 所示的摇杆机构中，小环 P 套在摇杆 OA 和固定的大圆圈上。已知摇杆 OA 以角速度 ω 绕轴 O 匀速转动。若取小环 P 为动点，动系固连于摇杆 OA，定系固连于大圆圈上，则在图示瞬时，动点 P 的牵连速度即为 OA 杆上与小环重合的点速度，其大小为

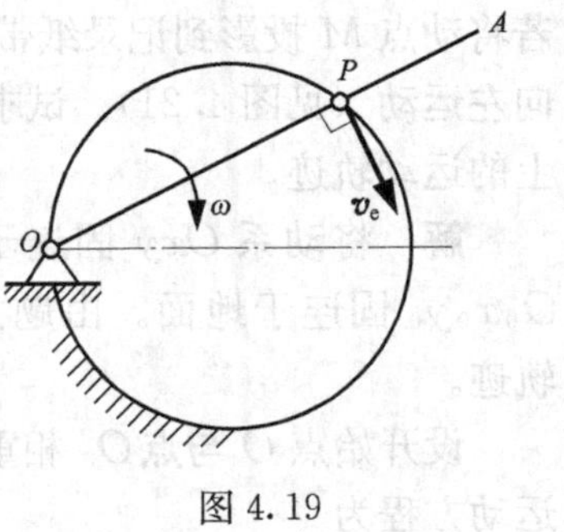

图 4.19

$$v_e = OP \cdot \omega$$

方向垂直于 OP，如图 4.19 所示。在图 4.19 所示瞬时，动点 P 的牵连加速度为杆 OA 上与小环重合的加速度，其大小为

$$a_e = OP \cdot \omega^2$$

方向沿杆 OA 指向点 O。

试写出图 4.18 所示凸轮机构中杆 AB 上点 A 的牵连速度和牵连加速度的表达式，并在图中分别画出它们的方向。

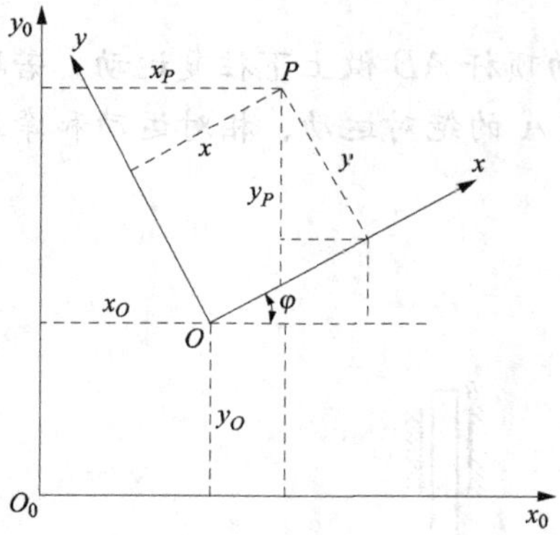

图 4.20

通过坐标变换的方法，可以建立动点三种运动之间的关系。以平面问题为例，设定系 $O_0x_0y_0$，动系 Oxy，如图 4.20 所示。动点 P 的**绝对运动方程**为

$$x_P = x_P(t), \quad y_P = y_P(t)$$

动点 P 的**相对运动方程**为

$$x = x(t), \; y = y(t)$$

而动系相对于定系的位置可用动系原点 O 的两个坐标 x_0、y_0 和动坐标轴 Ox 的转角 φ 表示。显然它们都是时间 t 的单值连续函数，即

$$\left.\begin{aligned} x_O &= x_O(t) \\ y_O &= y_O(t) \\ \varphi &= \varphi(t) \end{aligned}\right\}$$

这组方程是动系的运动方程，即为**牵连运动方程**。其中 φ 角以从 x_0 轴正向转到 x 轴正向为正。

根据坐标变换的关系，有

$$\begin{aligned} x_P &= x_O + x\cos\varphi - y\sin\varphi \\ y_P &= y_O = x\sin\varphi + y\cos\varphi \end{aligned} \tag{4.35}$$

利用这组关系，可以通过牵连运动方程来建立动点相对运动方程和绝对运动方程之间的关系。

从动点绝对运动方程中消去时间 t，就得到动点的**绝对运动轨迹**；从动点相对运动方程中消去时间 t，就得到动点的**相对运动轨迹**。

例 4.4 动点 M 沿轴 O_0y_0 做谐振动，其运动方程为

$$x_M = 0, \; y_M = A\cos(\omega t + \theta)$$

若将动点 M 投影到记录纸带上，且纸带以匀速 $\boldsymbol{u}$ 向左运动（见图 4.21）。试求动点 M 在记录纸带上的运动轨迹。

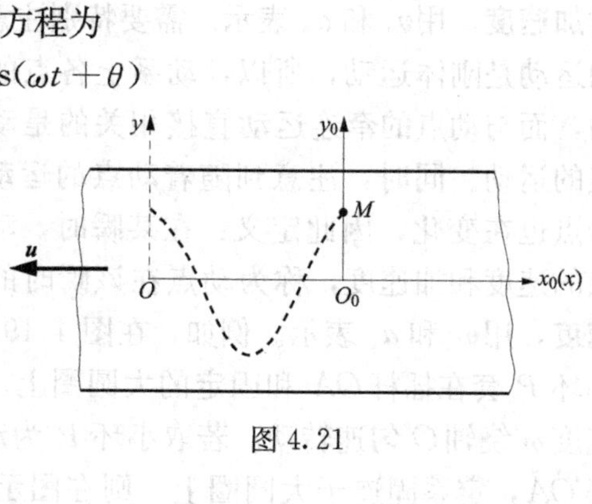

图 4.21

解 将动系 Oxy 固连于记录纸带上，定系 $O_0x_0y_0$ 固连于地面。由题意求动点 M 的相对轨迹。

设开始点 O 与点 O_0 相重合。动点 M 的绝对运动方程为

$$x_M = 0, \quad y_M = A\cos(\omega t + \theta)$$

因动系（纸带）做平移，故牵连运动方程为

$$x_O = -ut, \quad y_O = 0, \; \varphi = 0$$

将以上各式代入式（4.35），得

$$0=-ut+x, \quad A\cos(\omega t+\theta)=y$$

则动点 M 的相对运动方程为

$$x=ut, \quad y=A\cos(\omega t+\theta)$$

从以上两式中消去时间 t，得动点 M 的相对轨迹方程为

$$y=A\cos\left(\frac{\omega}{u}x+\theta\right)$$

§4.3 点的速度合成定理

首先分析动系 $Oxyz$ 绕定系 $O_0x_0y_0z_0$ 以角速度 $\boldsymbol{\omega}$ 定轴转动时（见图 4.22），其单位矢量 $\boldsymbol{i}$、$\boldsymbol{j}$、$\boldsymbol{k}$ 对时间的导数。

由图 4.22 可知，$\boldsymbol{i}=\boldsymbol{R}_A-\boldsymbol{R}_O$，将其对时间求导数，并由式（4.30）可得

$$\begin{aligned}\dot{\boldsymbol{i}}&=\dot{\boldsymbol{R}}_A-\dot{\boldsymbol{R}}_O=\boldsymbol{\omega}\times\boldsymbol{R}_A-\boldsymbol{\omega}\times\boldsymbol{R}_O \\ &=\boldsymbol{\omega}\times(\boldsymbol{R}_A-\boldsymbol{R}_O)=\boldsymbol{\omega}\times\boldsymbol{i}\end{aligned} \tag{4.36a}$$

同理

$$\dot{\boldsymbol{j}}=\boldsymbol{\omega}\times\boldsymbol{j}, \quad \dot{\boldsymbol{k}}=\boldsymbol{\omega}\times\boldsymbol{k} \tag{4.36b}$$

尽管式（4.36）是在动系做定轴转动的情形下导出的，但是可以证明，当动系做任何形式的运动时，该式仍然是正确的。

下面推导点的速度合成定理。如图 4.23 所示，用矢径 $\boldsymbol{R}$ 表示动点 P 在定系 $O_0x_0z_0$ 中的位置，点 P 相对动系 $Oxyz$ 的位置用矢径 $\boldsymbol{r}$ 表示，动系原点 O 在定系中的位置用矢径 $\boldsymbol{R}_O$ 表示，由图 4.23 可得

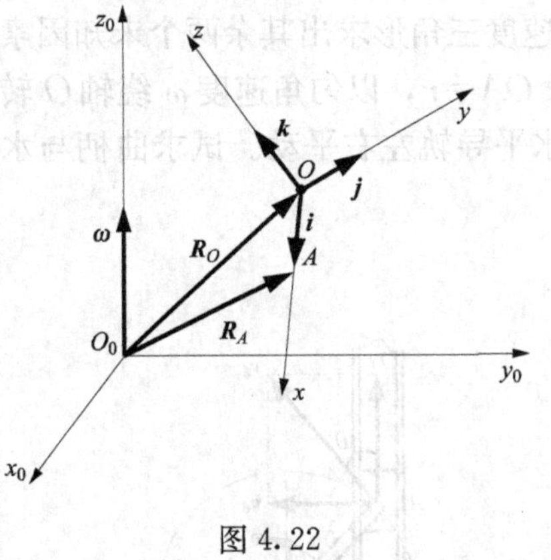

图 4.22

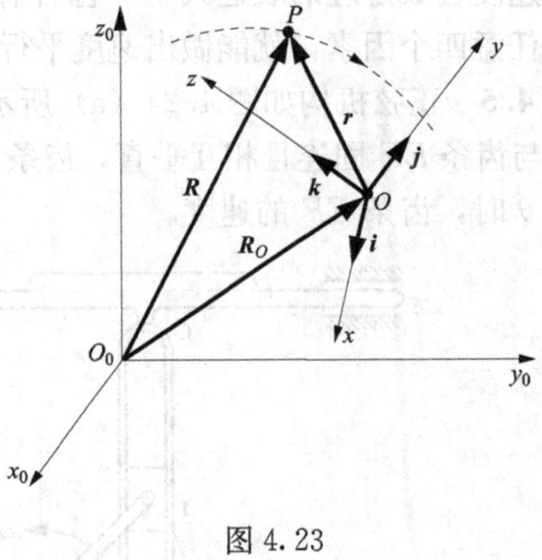

图 4.23

$$\boldsymbol{R}=\boldsymbol{R}_O+\boldsymbol{r} \tag{4.37}$$

式中 $\boldsymbol{r}=x\boldsymbol{i}+y\boldsymbol{j}+z\boldsymbol{k}$，动系运动时，$\boldsymbol{i}$、$\boldsymbol{j}$、$\boldsymbol{k}$ 的方向一般随时间而变化。动点的相对速度等于矢径 $\boldsymbol{r}$ 在动系中对时间的一阶导数，即站在动系上观察，认为动系不动时 $\boldsymbol{r}$ 对时间的导数，称为**相对导数**，并在导数符号上加波浪号“～”以与 $\boldsymbol{r}$ 在定系中对时间的导数（绝对导数）相区别。在求 $\boldsymbol{r}$ 的相对导数时，可将 $\boldsymbol{i}$、$\boldsymbol{j}$、$\boldsymbol{k}$ 看成是常矢量，所以有

$$\boldsymbol{v}_r=\frac{\widetilde{\mathrm{d}}\boldsymbol{r}}{\mathrm{d}t}=\dot{x}\boldsymbol{i}+\dot{y}\boldsymbol{j}+\dot{z}\boldsymbol{k} \tag{4.38}$$

将 $\boldsymbol{r}$ 在定系中对时间求绝对导数，这时，$\boldsymbol{i}$、$\boldsymbol{j}$、$\boldsymbol{k}$ 一般为变矢量，由式（4.36）和式（4.38）得

$$\begin{aligned}\frac{\mathrm{d}\boldsymbol{r}}{\mathrm{d}t}&=\dot{x}\boldsymbol{i}+\dot{y}\boldsymbol{j}+\dot{z}\boldsymbol{k}+x\dot{\boldsymbol{i}}+y\dot{\boldsymbol{j}}+z\dot{\boldsymbol{k}}\\&=\boldsymbol{v}_{\mathrm{r}}+\boldsymbol{\omega}\times(x\boldsymbol{i}+y\boldsymbol{j}+z\boldsymbol{k})\\&=\frac{\widetilde{\mathrm{d}}\boldsymbol{r}}{\mathrm{d}t}+\boldsymbol{\omega}\times\boldsymbol{r}\end{aligned}\tag{4.39}$$

上述公式适用于任意矢量对时间的求导运算。将式（4.37）对时间求导，可得

$$\begin{aligned}\boldsymbol{v}_{\mathrm{a}}&=\frac{\mathrm{d}\boldsymbol{R}}{\mathrm{d}t}=\frac{\mathrm{d}\boldsymbol{R}_O}{\mathrm{d}t}+\frac{\mathrm{d}\boldsymbol{r}}{\mathrm{d}t}=\boldsymbol{v}_O+\frac{\widetilde{\mathrm{d}}\boldsymbol{r}}{\mathrm{d}t}+\boldsymbol{\omega}\times\boldsymbol{r}\\&=\boldsymbol{v}_O+\boldsymbol{\omega}\times\boldsymbol{r}+\boldsymbol{v}_{\mathrm{r}}\end{aligned}\tag{4.40}$$

令

$$\boldsymbol{v}_{\mathrm{e}}=\boldsymbol{v}_O+\boldsymbol{\omega}\times\boldsymbol{r}\tag{4.41}$$

特别地，当动系做平移时，则有 $\boldsymbol{\omega}=0$，由式（4.41）得 $\boldsymbol{v}_{\mathrm{e}}=\boldsymbol{v}_O$，是动系上与点 P 重合的点的速度；当动系坐标轴 Oz 与定系坐标轴 O_0z_0 重合，且动系绕该定轴转动时，则有 $\boldsymbol{v}_O=0$，由式（4.41）得 $\boldsymbol{v}_{\mathrm{e}}=\boldsymbol{\omega}\times\boldsymbol{r}$，是做定轴转动的动系上与点 P 重合的点的速度，即动点的牵连速度。实际上，式（4.41）就是动系做任意运动时动点牵连速度的表达式。

将式（4.41）代入式（4.40）得到

$$\boldsymbol{v}_{\mathrm{a}}=\boldsymbol{v}_{\mathrm{e}}+\boldsymbol{v}_{\mathrm{r}}\tag{4.42}$$

称为点的**速度合成定理，即动点在任一瞬时的绝对速度等于其牵连速度与相对速度的矢量和**。显然，该定理适用于任何形式的牵连运动。

在速度合成定理的表达式中，包含有 $\boldsymbol{v}_{\mathrm{a}}$、$\boldsymbol{v}_{\mathrm{e}}$ 和 $\boldsymbol{v}_{\mathrm{r}}$ 三者的大小和方向共六个因素，若已知其中任意四个因素，就能做出速度平行四边形或速度三角形求出其余两个未知因素。

例 4.5 正弦机构如图 4.24（a）所示，曲柄长 $OA=r$，以匀角速度 ω 绕轴 O 转动。导槽 BC 与齿条 EF 固连且相互垂直，齿条 EF 可沿水平导轨左右平动。试求曲柄与水平线的夹角为 θ 时，齿条 EF 的速度。

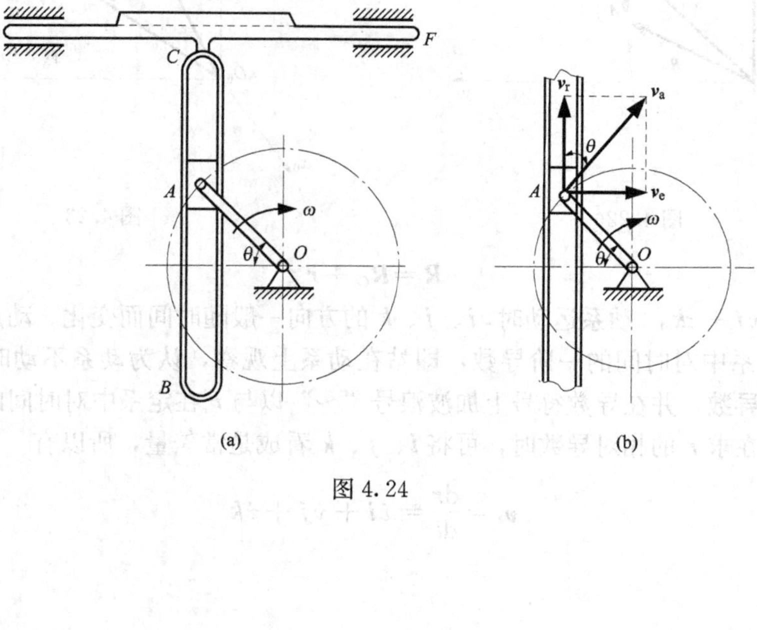

图 4.24

解 齿条 EF 与导槽 BC 组成一体，由曲柄上的滑 A 带动在水平方向做直线平移，而滑块 A 绕轴 O 做圆周运动。

取曲柄上的滑块 A 为动点，将动系固连于齿条和导槽，定系固连于机架，则动点 A 的绝对运动是绕轴 O 的圆周运动，绝对速度

$$v_a = v_A = OA \cdot \omega = r\omega$$

方向垂直于 OA，指向可由 ω 的转向确定。动点 A 的相对运动是沿导槽 BC 的直线运动，相对速度 $\boldsymbol{v}_r$ 沿 BC 方向。牵连运动是齿条和导槽的水平直线平移，动点 A 的牵连速度 $\boldsymbol{v}_e$ 即导槽上点 A 的速度，也就是齿条 EF 的速度，方向水平。在 $\boldsymbol{v}_a$、$\boldsymbol{v}_e$ 和 $\boldsymbol{v}_r$ 中，只有 $\boldsymbol{v}_e$ 和 $\boldsymbol{v}_r$ 的大小共两个未知因素。因此，根据速度合成定理

$$\boldsymbol{v}_a = \boldsymbol{v}_e + \boldsymbol{v}_r$$

可作速度平行四边形，如图 4.24（b）所示。由几何关系得

$$v_e = v_a \sin\theta = r\omega \sin\theta$$

因为齿条和导槽做平移，故齿条 EF 的速度

$$v_{EF} = v_e = r\omega \sin\theta$$

方向水平向右。

例 4.6 图 4.25（a）所示为牛头刨床的结构简图。小齿轮由电动机带动，大齿轮与小齿轮啮合而绕轴 O 转动。滑块 A 用销钉连接在大齿轮上随大齿轮一起运动，并通过滑槽使摇杆 O_1B 绕轴 O_1 摆动，摇杆 O_1B 又拨动滑块 B 使滑枕做往复直线平移，从而带动刨刀进行刨削加工。设大齿轮中心 O 与滑块 A 之间的距离 $OA = r$，轴 O 与轴 O_1 之间的距离 $OO_1 = l$，大齿轮的角速度为 ω。试求当 $\varphi = 90°$ 时摇杆 O_1B 的角速度 ω_1。

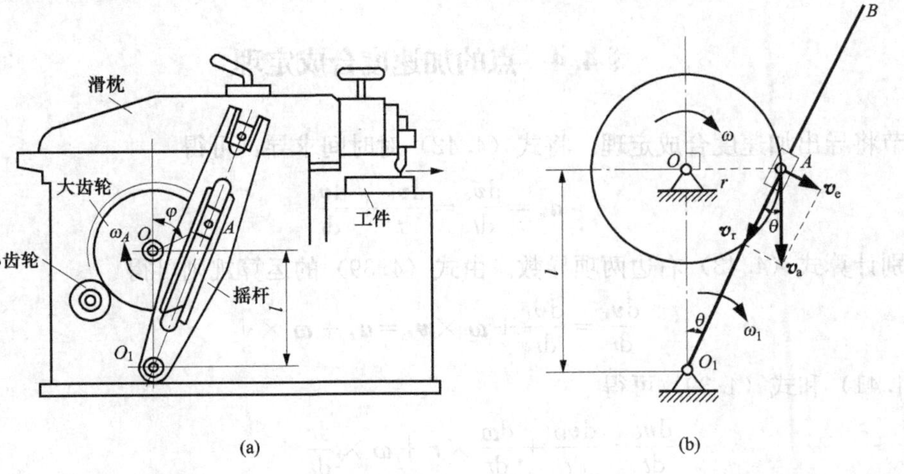

图 4.25

解 大齿轮转动时，通过其上的滑块 A 带动摇杆 O_1B 绕轴 O_1 摆动，滑块 A 与摇杆 O_1B 之间有相对运动。故取滑块 A 为动点，将动系连于摇杆 O_1B，定系连于刨床床身，则动点 A 的绝对运动是绕轴 O 的圆周运动，绝对速度

$$v_a = v_A = OA \cdot \omega = r\omega$$

方向垂直于 OA，指向由 ω 的转向确定。动点 A 的相对运动是沿滑槽的直线运动，相对速度 $\boldsymbol{v}_r$ 沿 AO_1 方向。牵连运动是摇杆 O_1B 绕轴 O_1 的摆动，牵连速度 $\boldsymbol{v}_e$ 为摆杆 O_1B 上与动

点A相重合的点的速度，即$v_e=O_1A\cdot\omega_1$，方向垂直于O_1A。由以上分析可知，动点A的三种速度的大小、方向共六个因素中，只有$\boldsymbol{v}_r$和$\boldsymbol{v}_e$的大小共两个未知因素。因此，根据速度合成定理

$$\boldsymbol{v}_a=\boldsymbol{v}_e+\boldsymbol{v}_r$$

作速度平行四边形，如图 4.25（b）所示。由几何关系得

$$v_e=v_a\sin\theta=r\omega\sin\theta$$

而

$$\sin\theta=\frac{r}{\sqrt{l^2+r^2}}$$

所以

$$v_e=\frac{r^2\omega}{\sqrt{l^2+r^2}}$$

于是，在图 4.25（b）所示瞬时，摇杆O_1B的角速度

$$\omega_1=\frac{v_e}{O_1A}=\frac{r^2\omega}{l^2+r^2}$$

其转向由$\boldsymbol{v}_e$的指向确定，即为顺时针转向。

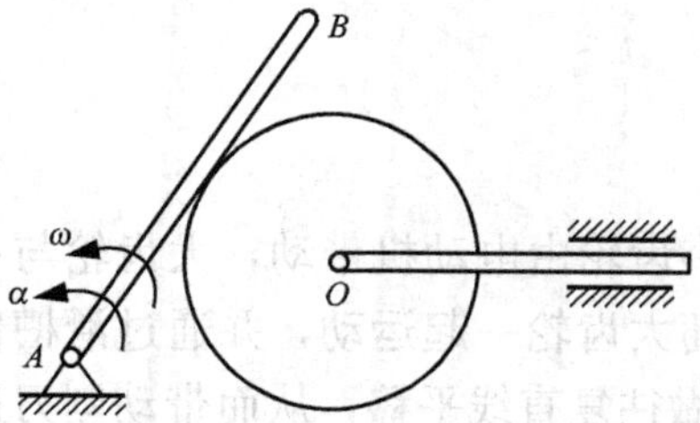

图 4.26

已知轮O在杆AB上做纯滚动，如图 4.26 所示。若取点O为动点，动系固连于杆AB上，试画出动点O的速度矢量图。

§4.4 点的加速度合成定理

本节将导出加速度合成定理。将式（4.42）对时间求导，可得

$$\boldsymbol{a}_a=\frac{d\boldsymbol{v}_a}{dt}=\frac{d\boldsymbol{v}_e}{dt}+\frac{d\boldsymbol{v}_r}{dt}\tag{4.43}$$

下面分别计算式（4.43）右边两项导数。由式（4.39）的运算规则可得

$$\frac{d\boldsymbol{v}_r}{dt}=\frac{\tilde{d}\boldsymbol{v}_r}{dt}+\boldsymbol{\omega}\times\boldsymbol{v}_r=\boldsymbol{a}_r+\boldsymbol{\omega}\times\boldsymbol{v}_r\tag{4.44}$$

由式（4.41）和式（4.39）可得

$$\begin{aligned}\frac{d\boldsymbol{v}_e}{dt}&=\frac{d\boldsymbol{v}_O}{dt}+\frac{d\boldsymbol{\omega}}{dt}\times\boldsymbol{r}+\boldsymbol{\omega}\times\frac{d\boldsymbol{r}}{dt}\\&=\boldsymbol{a}_O+\boldsymbol{\alpha}\times\boldsymbol{r}+\boldsymbol{\omega}\times(\boldsymbol{v}_r+\boldsymbol{\omega}\times\boldsymbol{r})\\&=\boldsymbol{a}_O+\boldsymbol{\alpha}\times\boldsymbol{r}+\boldsymbol{\omega}\times(\boldsymbol{\omega}\times\boldsymbol{r})+\boldsymbol{\omega}\times\boldsymbol{v}_r\\&=\boldsymbol{a}_e+\boldsymbol{\omega}\times\boldsymbol{v}_r\end{aligned}\tag{4.45}$$

式中

$$\boldsymbol{a}_e=\boldsymbol{a}_O+\boldsymbol{\alpha}\times\boldsymbol{r}+\boldsymbol{\omega}\times(\boldsymbol{\omega}\times\boldsymbol{r})\tag{4.46}$$

特别地，当动系做平移时，则有$\boldsymbol{\omega}=\boldsymbol{\alpha}=0$，由式（4.46）得$\boldsymbol{a}_e=\boldsymbol{a}_O$，是动系上与点$P$重合的点的加速度，即动点的牵连加速度；当动系$Oz$轴与定系$O_0z_0$轴重合，且动系绕该定轴

转动时，则有 $\boldsymbol{a}_O=0$，由式（4.46）得 $\boldsymbol{a}_e=\boldsymbol{\alpha}\times\boldsymbol{r}+\boldsymbol{\omega}\times(\boldsymbol{\omega}\times\boldsymbol{r})$，由式（4.33）可知，该加速度是做定轴转动的动系上点 P 的加速度。实际上，式（4.46）就是动系做任意运动时动点牵连加速度的表达式。令

$$\boldsymbol{a}_C=2\boldsymbol{\omega}\times\boldsymbol{v}_r \tag{4.47}$$

称为**科氏加速度**，等于动系转动角速度与动点相对速度矢积的2倍。将式（4.44）、式（4.45）、式（4.47）代入式（4.43）得到

$$\boldsymbol{a}_a=\boldsymbol{a}_e+\boldsymbol{a}_r+\boldsymbol{a}_C \tag{4.48}$$

称为点的**加速度合成定理，即动点在任一瞬时的绝对加速度等于其牵连加速度、相对加速度及科氏加速度的矢量和**。显然，式（4.48）适用于任何形式的牵连运动。若动系做平移，则 $\boldsymbol{\omega}=0$，由式（4.47）得 $\boldsymbol{a}_C=0$，所以有

$$\boldsymbol{a}_a=\boldsymbol{a}_e+\boldsymbol{a}_r \tag{4.49}$$

即当牵连运动为平移时，动点在任一瞬时的绝对加速度等于其牵连加速度与相对加速度的矢量和。式（4.49）称为牵连运动为平移时点的加速度合成定理。

例 4.7 如图4.27（a）所示，直角形曲柄 OBC 绕垂直于轴 O 在一定范围内以匀角速度 ω 转动，带动套在固定直杆 OA 上的小环 M 沿直杆滑动。已知：$OB=100\text{mm}$，$\omega=0.5\text{rad/s}$。试求当 $\varphi=60°$时，小环 M 的速度和加速度。

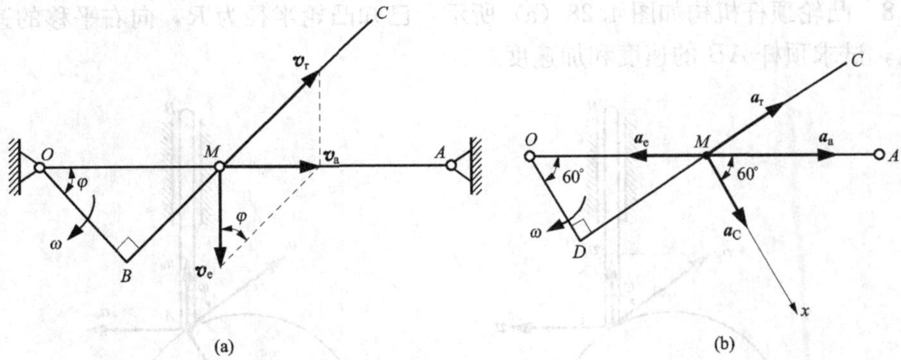

图 4.27

解 取小环 M 为动点，动系连于直角形杆 OBC，定系连于固定直杆 OA，则动点 M 的绝对运动是沿 OA 杆的直线运动；动点 M 的相对运动是沿直角形杆 BC 边的运动；牵连运动是直角形杆绕轴 O 的转动。

（1）求小环 M 的速度。由上面的分析知，动点 M 的牵连速度

$$v_e=OM\cdot\omega=\frac{OB}{\cos\varphi}\cdot\omega=\frac{0.10\text{m}}{\cos60°}(0.5\text{rad/s})=0.10\text{m/s}$$

方向垂直于 OM。

动点 M 的相对速度 $\boldsymbol{v}_r$ 沿 MC 方向；绝对速度 $\boldsymbol{v}_a$ 沿 MA 方向，两者的大小皆待求。根据点的速度合成定理

$$\boldsymbol{v}_a=\boldsymbol{v}_e+\boldsymbol{v}_r$$

作速度平行四边形，如图4.27（a）所示。由几何关系得

$$v_r=\frac{v_e}{\cos\varphi}=\frac{0.10\text{m/s}}{\cos60°}=0.20\text{m/s}$$

$$v_{a}=v_{e}\tan\varphi=(0.10\mathrm{m/s})\tan60^{\circ}=0.173\mathrm{m/s}$$

故当 $\varphi=60^{\circ}$时，小环 M 的速度 $v_M=v_a=0.173\mathrm{m/s}$，方向沿 MA。

(2) 求小环 M 的加速度。由加速度合成定理

$$\boldsymbol{a}_{a}=\boldsymbol{a}_{e}+\boldsymbol{a}_{r}+\boldsymbol{a}_{C} \tag{a}$$

在 $\varphi=60^{\circ}$时，动点 M 的牵连加速度

$$a_{e}=a_{e}^{n}=OM\cdot\omega^{2}=\frac{0.10\mathrm{m}}{\cos60^{\circ}}(0.5\mathrm{rad/s})^{2}=0.05\mathrm{m/s^{2}}$$

方向由 M 指向点 O。动点 M 的相对加速度 $\boldsymbol{a}_r$ 沿 MC 方向，绝对加速度 $\boldsymbol{a}_a$ 沿 MA 方向，两者的大小皆待求。科氏加速度为

$$a_{C}=2\omega v_{r}\sin90^{\circ}=2(0.5\mathrm{rad/s})(0.2\mathrm{m/s})=0.20\mathrm{m/s^{2}}$$

方向垂直于 $\boldsymbol{v}_r$。各加速度矢量如图 4.27 (b) 所示。将式 (a) 投影到轴 x 上，得

$$a_{a}\cos60^{\circ}=a_{C}-a_{e}\cos60^{\circ}$$

可解得

$$a_{a}=\frac{a_{C}-a_{e}\cos60^{\circ}}{\cos60^{\circ}}=\frac{(0.20-0.05\cos60^{\circ})\mathrm{m/s^{2}}}{\cos60^{\circ}}=0.35\mathrm{m/s^{2}}$$

故当 $\varphi=60^{\circ}$时，小环 M 的加速度 $a_M=a_a=0.35\mathrm{m/s^2}$，方向沿 MA。

例 4.8 凸轮顶杆机构如图 4.28 (a) 所示，已知凸轮半径为 R，向右平移的速度 $\boldsymbol{v}_0$ 和加速度 $\boldsymbol{a}_0$，试求顶杆 AB 的速度和加速度。

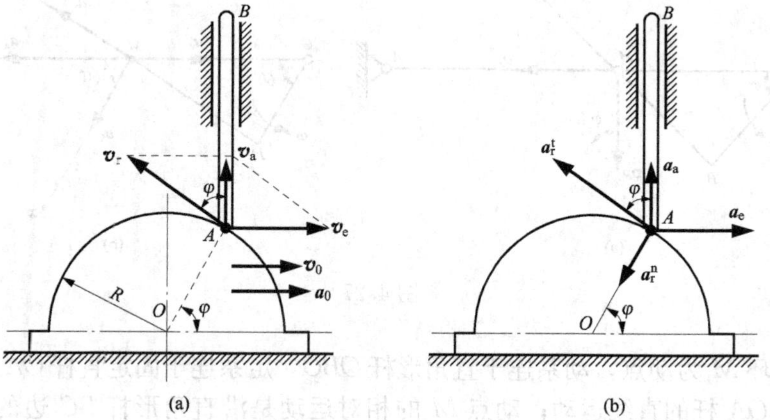

图 4.28

解 动点：AB 杆上点 A；动系：固连于凸轮上；点 A 绝对运动：铅垂向上做直线运动；点 A 相对运动：沿凸轮轮缘做圆周运动；动系牵连运动：向右做水平直线平移。由式 (4.42)，有

$$\boldsymbol{v}_{a}=\boldsymbol{v}_{e}+\boldsymbol{v}_{r} \tag{a}$$

画点 A 的速度矢量图，如图 4.28 (a) 所示，其中 $\boldsymbol{v}_e=\boldsymbol{v}_0$，由几何关系可得

$$v_{r}=v_{0}/\sin\varphi$$

顶杆 AB 的速度为

$$v_{a}=v_{0}\cot\varphi$$

动系做平移，有 $\boldsymbol{a}_C=0$。由式 (4.49)，有

$$\boldsymbol{a}_{\mathrm{a}}=\boldsymbol{a}_{\mathrm{e}}+\boldsymbol{a}_{\mathrm{r}}=\boldsymbol{a}_{\mathrm{e}}+\boldsymbol{a}_{\mathrm{r}}^{\mathrm{t}}+\boldsymbol{a}_{\mathrm{r}}^{\mathrm{n}} \tag{b}$$

画点 A 的加速度矢量图，如图 4.28（b）所示，其中 $a_{\mathrm{e}}=a_0$，$a_{\mathrm{r}}^{\mathrm{n}}=v^2/R$，将式（b）向 OA 线上投影，得

$$a_{\mathrm{a}}\sin\varphi=a_{\mathrm{e}}\cos\varphi-a_{\mathrm{r}}^{\mathrm{n}}$$

顶杆 AB 的加速度为

$$a_{\mathrm{a}}=a_0\cot\varphi-v_0^2\csc^3\varphi/R$$

例 4.9 图 4.29（a）所示为牛头刨床机构，其机构计算简图如图 4.29（b）所示。已知大齿轮以匀角速度 ω 绕轴 O 转动，$OA=r$，$O_1O=OD=2r$，试求 $\varphi=90°$时摇杆 O_1B 的角速度和角加速度，以及滑枕 E 的速度和加速度。

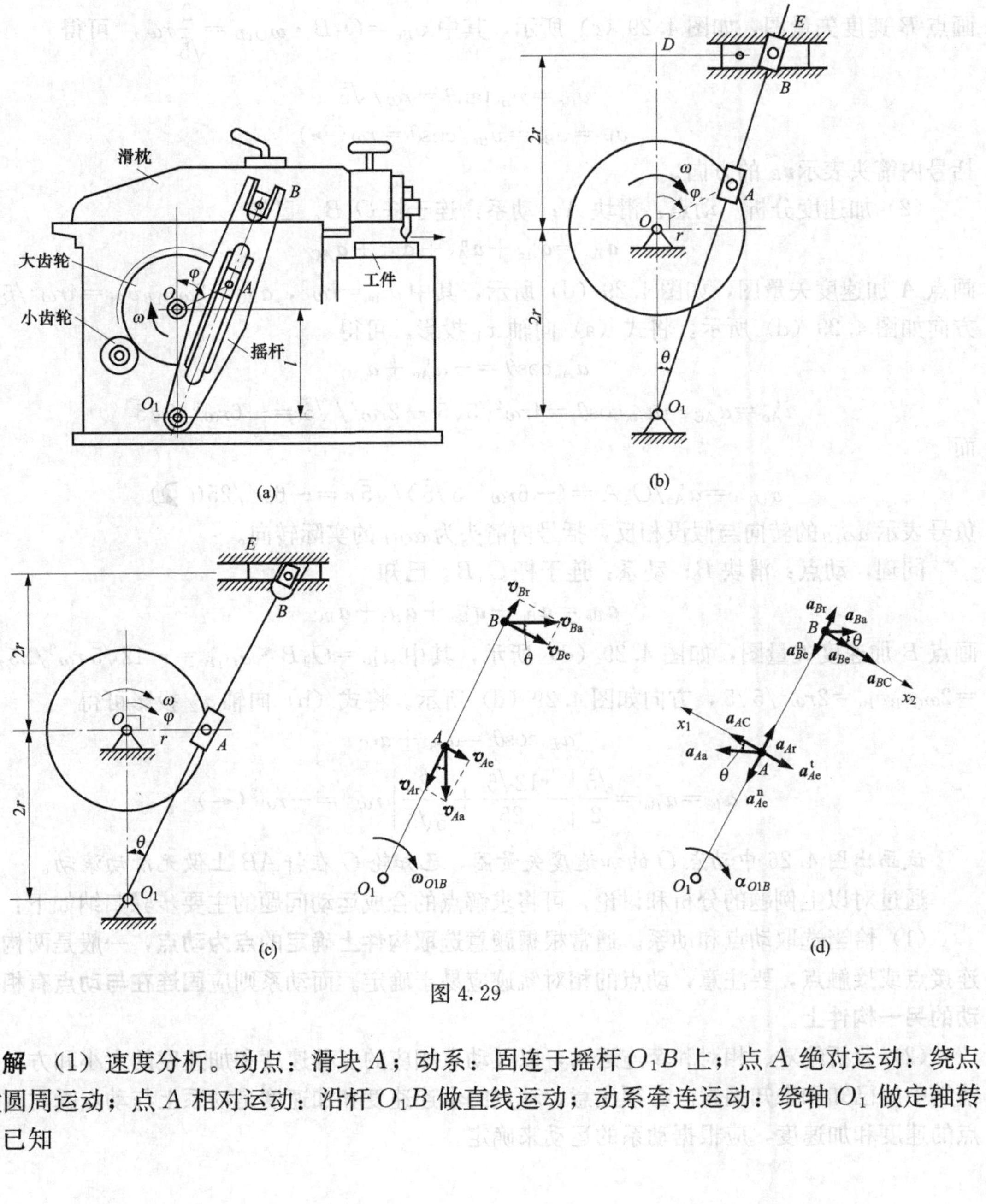

图 4.29

解 （1）速度分析。动点：滑块 A；动系：固连于摇杆 O_1B 上；点 A 绝对运动：绕点 O 做圆周运动；点 A 相对运动：沿杆 O_1B 做直线运动；动系牵连运动：绕轴 O_1 做定轴转动。已知

$$\boldsymbol{v}_{Aa}=\boldsymbol{v}_{Ae}+\boldsymbol{v}_{Ar}$$

画点 A 速度矢量图，如图 4.30（a）所示，其中 $v_{Aa}=r\omega$，由几何关系得

$$v_{Ar}=r\omega\cos\theta，v_{Ae}=r\omega\sin\theta$$

当 $\varphi=90°$时，$O_1A=\sqrt{5}r$，$\sin\theta=1/\sqrt{5}$，$\cos\theta=2/\sqrt{5}$，可得

$$\omega_{O_1B}=v_{Ae}/O_1A=r\omega\sin\theta/\sqrt{5}r=\omega/5(\curvearrowright)$$

括号内的箭头表示 ω_{O_1B}的转向。

同理，动点：滑块 B；动系：固连于杆 O_1B 上；点 B 绝对运动：向右做水平直线运动；点 B 相对运动：沿杆 O_1B 做直线运动；动系牵连运动：绕轴 O_1 做定轴转动。已知

$$\boldsymbol{v}_{Ba}=\boldsymbol{v}_{Be}+\boldsymbol{v}_{Br}$$

画点 B 速度矢量图，如图 4.29（c）所示，其中 $v_{Be}=O_1B\cdot\omega_{O_1B}=\dfrac{2}{\sqrt{5}}r\omega$，可得

$$v_{Br}=v_{Be}\tan\theta=r\omega/\sqrt{5}$$

$$v_E=v_{Ba}=v_{Be}/\cos\theta=r\omega(\rightarrow)$$

括号内箭头表示$\boldsymbol{v}_E$ 的方向。

（2）加速度分析。动点：滑块 A；动系：连于杆 O_1B。已知

$$\boldsymbol{a}_{Aa}=\boldsymbol{a}_{Ae}^{t}+\boldsymbol{a}_{Ae}^{n}+\boldsymbol{a}_{Ar}+\boldsymbol{a}_{AC} \tag{a}$$

画点 A 加速度矢量图，如图 4.29（d）所示，其中 $a_{Aa}=r\omega^2$，$a_{AC}=2\omega_{O_1B}v_{Ar}=4r\omega^2/5\sqrt{5}$，方向如图 4.29（d）所示。将式（a）向轴 x_1 投影，可得

$$a_{Aa}\cos\theta=-a_{Ae}^{t}+a_{AC}$$

$$a_{Ae}^{t}=a_{AC}-a_{Aa}\cos\theta=4r\omega^2/5\sqrt{5}-2r\omega^2/\sqrt{5}=-6r\omega^2/5\sqrt{5}$$

而

$$\alpha_{O_1B}=a_{Ae}^{t}/O_1A=(-6r\omega^2/5\sqrt{5})/\sqrt{5}r=-6\omega^2/25(\curvearrowright)$$

负号表示 α_{O_1B}的转向与假设相反，括号内箭头为 α_{O_1B}的实际转向。

同理，动点：滑块 B；动系：连于杆 O_1B。已知

$$\boldsymbol{a}_{Ba}=\boldsymbol{a}_{Be}^{t}+\boldsymbol{a}_{Be}^{n}+\boldsymbol{a}_{Br}+\boldsymbol{a}_{BC} \tag{b}$$

画点 B 加速度矢量图，如图 4.29（d）所示，其中 $a_{Be}^{t}=O_1B\cdot\alpha_{O_1B}=-12\sqrt{5}r\omega^2/25$，$a_{BC}=2\omega_{O_1B}v_{Br}=2r\omega^2/5\sqrt{5}$，方向如图 4.29（d）所示。将式（b）向轴 x_2 投影可得

$$a_{Ba}\cos\theta=a_{Be}^{t}+a_{BC}$$

$$a_E=a_{Ba}=\frac{\sqrt{5}}{2}\left(-\frac{12\sqrt{5}}{25}+\frac{2}{5\sqrt{5}}\right)r\omega^2=-r\omega^2(\leftarrow)$$

试画出图 4.26 中动点 O 的加速度矢量图，已知轮 O 在杆 AB 上做无滑动滚动。

通过对以上例题的分析和讨论，可将求解点的合成运动问题的主要步骤归纳如下：

（1）恰当选取动点和动系。通常根据题意**选取构件上确定的点为动点**，一般是两构件的连接点或接触点，要注意，动点的相对轨迹应易于确定。而动系则应**固连在与动点有相对运动的另一构件上**。

（2）分析绝对、相对和牵连运动，以及动点相应的三种速度和加速度的大小和方向，弄清其中的已知和未知因素。必须注意，动点的牵连速度和加速度是动系上与动点瞬时重合的点的速度和加速度，应根据动系的运动来确定。

(3) 正确画出速度矢量图，应用速度合成定理$\boldsymbol{v}_a=\boldsymbol{v}_e+\boldsymbol{v}_r$，由三角函数法或投影法，可解出 2 个未知因素。

(4) 正确画出加速度矢量图，应用加速度合成定理 $\boldsymbol{a}_a=\boldsymbol{a}_e+\boldsymbol{a}_r+\boldsymbol{a}_C$，对于平面问题，由投影法可求解 2 个未知因素。

§4.5 工程应用实训

4.1 塔式起重机如图 4.30 所示，小车沿吊臂行走速度为 v_1，重物垂直上升速度为 v_2，吊臂回转角速度为 ω，均为常量，试对重物进行运动分析：

(1) 画出起重机的计算简图，对尺寸进行符号标注，选择动点、动系，建立坐标系；

(2) 建立重物的绝对运动和相对运动方程，导出重物的轨迹方程，说明重物空间轨迹大致形状；

(3) 导出重物绝对速度和绝对加速度，以及相对速度和相对加速度表达式。

4.2 牛头刨床摇杆机构如图 4.31 所示，转角 $\varphi=\omega t$，其中 ω 为常量。距离 OO_1 是曲柄 OA 长度的 2 倍，滑枕点 B 到点 O_1 的铅垂距离是曲柄长度的 4 倍。试对牛头刨床进行运动分析：

(1) 画出牛头刨床结构计算简图，对尺寸进行符号标注，建立坐标系；

(2) 导出任意瞬时摇杆的角速度和角加速度的表达式；

(3) 导出任意瞬时刨刀的速度和加速度的表达式，并对刨床摇杆机构的设计做出分析评价。

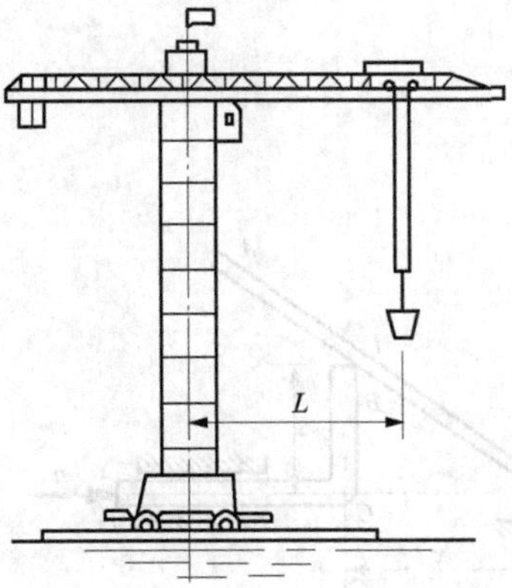

图 4.30

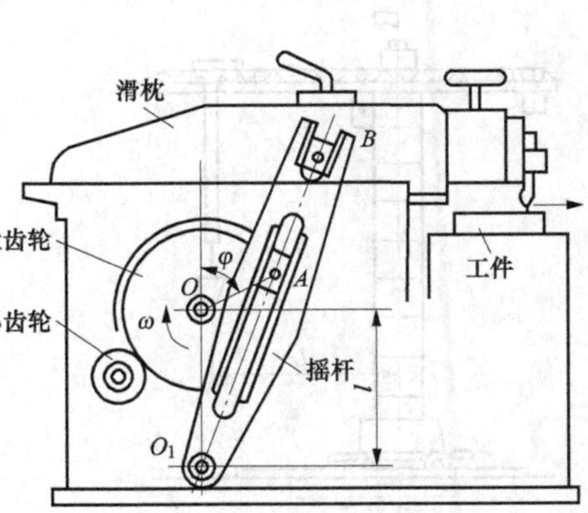

图 4.31

习 题

4.1 在题 4.1 图所示四连杆机构中，曲柄长 $O_1A=O_2B=r$，连杆长 $AB=O_1O_2$，设 $AM=c$，且已知曲柄 O_1A 每 4s 转一周，试求连杆上点 M 的轨迹、速度和加速度。

4.2 题 4.2 图所示为牛头刨床中的摇杆机构，电动机带动曲柄 OA 顺时针转动，转角 $\varphi=\omega t$，其中 ω 为常量。滑块 A 可沿摇杆 O_1B 滑动，并同时带动摇杆绕轴 O_1 摆动；摇杆又带动安装刨刀的滑枕做水平往复运动。已知曲柄长 $OA=r$，滑枕到轴 O_1 的距离为 l，$OO_1=3r$。试求任一瞬时刨刀的运动方程、速度和加速度。

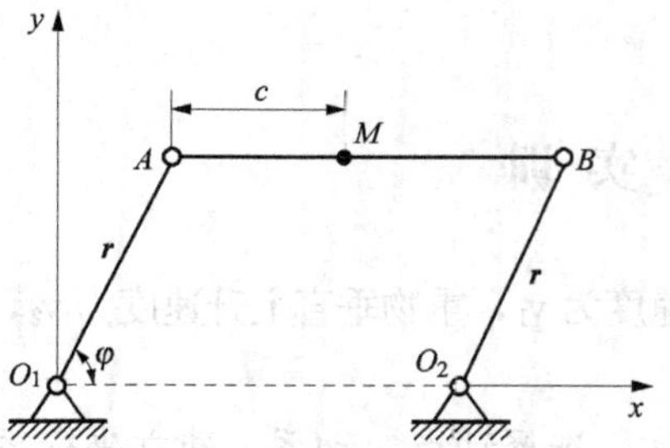

题 4.1 图

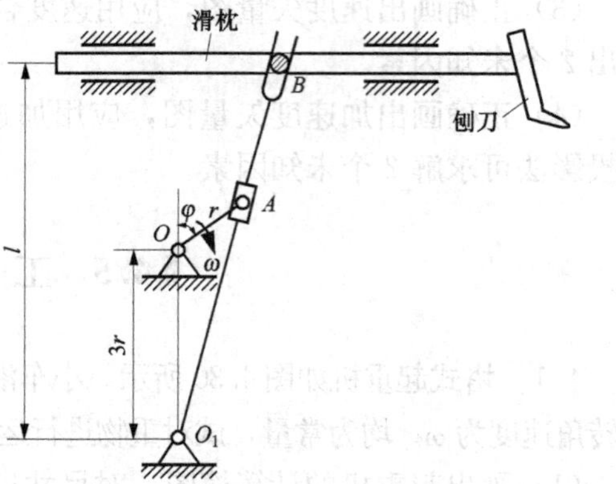

题 4.2 图

4.3　塔式起重机如题 4.3 图所示，其行走速度为 23.5m/min，起重速度为 22.8m/min，回转角速度为 0.64r/min，起重幅度 L=15m。试计算：

（1）起重机不回转，向前行走并铅垂向上起重时，重物的绝对速度；

（2）起重机不行走，回转并铅垂向上起重时，重物的绝对速度。

4.4　如题 4.4 图所示，直杆 OA 长 l，由推杆 BCD 推动而在图面内绕轴 O 转动。假定推杆的速度为 $\boldsymbol{u}$，其弯头长 $BC=b$。试求在 $OC=x$ 的瞬时，直杆 A 端的速度的大小（表示为 x 的函数）。

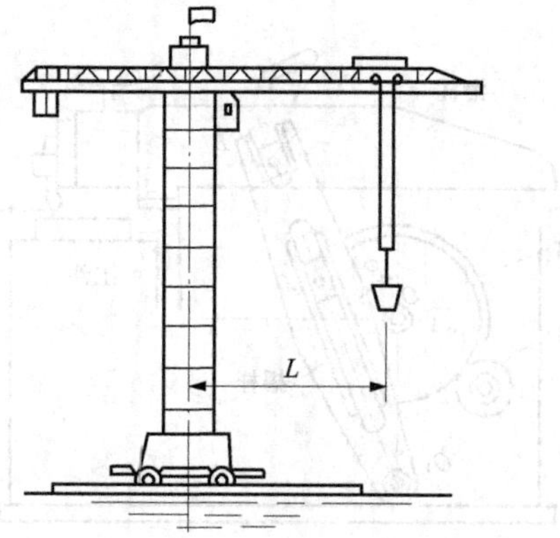

题 4.3 图

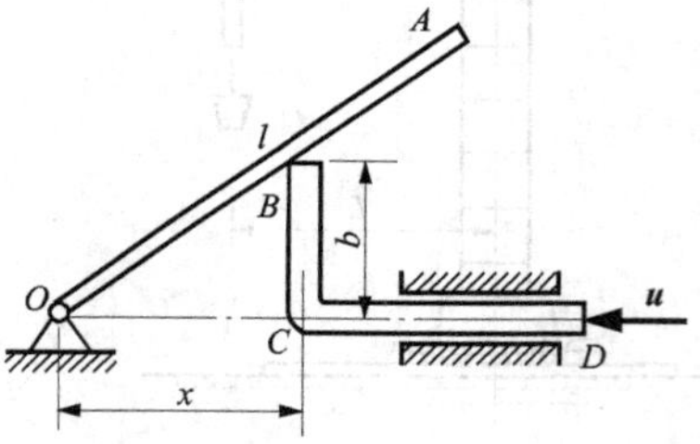

题 4.4 图

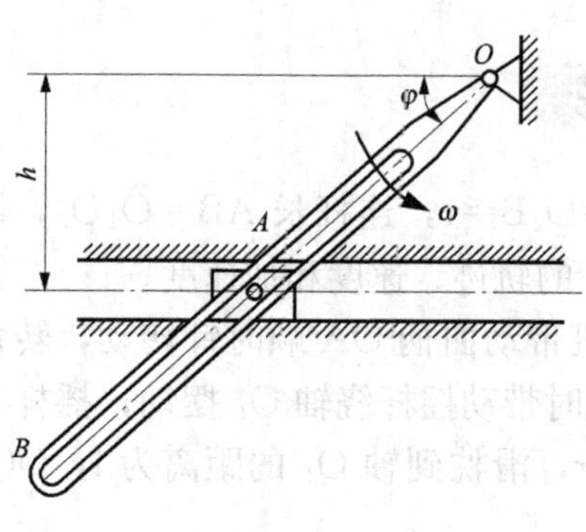

题 4.5 图

4.5　如题 4.5 图所示，滑块 A 由一绕定轴 O 转动的摇杆 OB 带动沿直线导轨运动，设摇杆的瞬时角速度是 ω，轴 O 至直线导轨的距离为 h。试求滑块 A 的速度的大小（表示为摇杆的转角 φ 的函数）。

4.6　竖直杆 AB 以匀速 $v=0.04\text{m/s}$ 沿轴 Ox 方向移动，并通过小环 M 与一根弯成抛物线 $y^2=0.18x$ 形状的固定金属丝相连，如题 4.6 图所示。试求当杆 AB 离抛物线顶点 O 的距离为 0.08m 时，小环 M 相对于杆 AB 的速度和绝对速度。

4.7　如题 4.7 图所示，直杆 AB 以速度 $\boldsymbol{v}_1$ 沿垂直于 AB 的方向向上移动，直杆 CD 在同一平面内以速度 $\boldsymbol{v}_2$ 沿垂直于 CD 的方向向左上方移动。如两直杆的交角为 θ，试求套在该两直杆交点处的小环 M 的速度的大小。

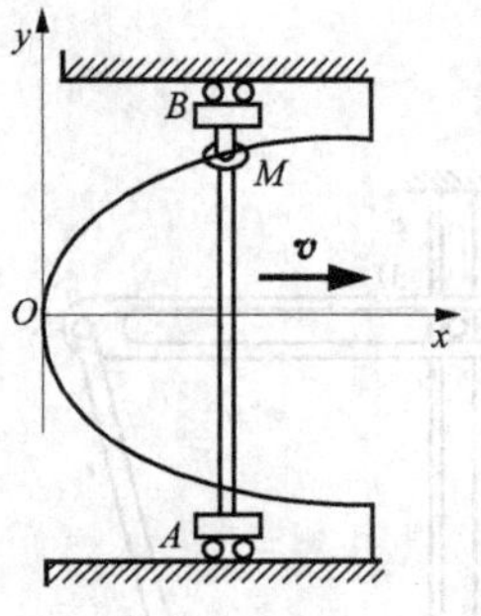

题 4.6 图

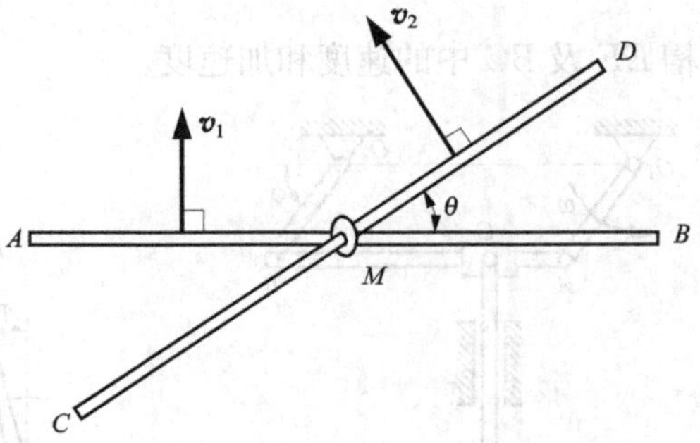

题 4.7 图

4.8　在题 4.8 图所示的曲柄连杆机构中，曲柄 OA 以角速度 ω 绕垂直于平面图形的轴 O 转动。设 $OA=AB=l$。试将动系固连在曲柄 OA 上，求当 $OB=2b$ 时，滑块 B 的相对速度和绝对速度。

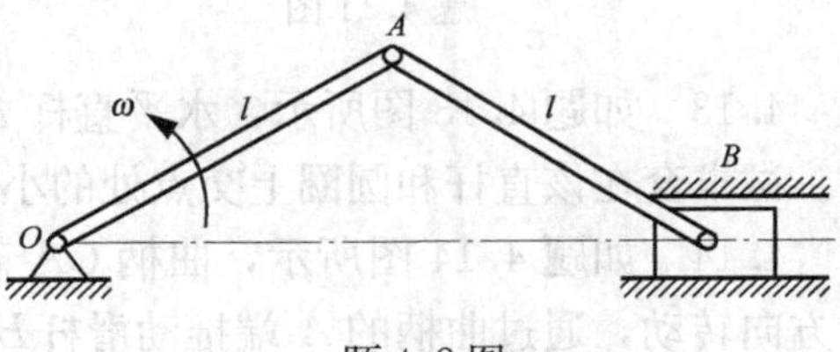

题 4.8 图

4.9　在题 4.9 图所示机构中，滑块 B 带动摇杆 O_1C 绕垂直于平面图形的轴 O_1 转动。设 $\varphi=\dfrac{\pi}{3}t$，$OA=AB=0.15\text{m}$，$OO_1=0.20\text{m}$，$O_1C=0.50\text{m}$。试求当 $t=7\text{s}$ 时，摇杆 O_1C 的端点 C 的速度 v_C。

4.10　题 4.10 图所示为具有圆弧形滑道的曲柄滑道机构，圆弧的半径 $R=OA=0.10\text{m}$，曲柄 OA 以匀转速 $n=120\text{r/min}$ 绕轴 O 转动，试求当 $\varphi=30°$时，滑道 BCD 的速度和加速度。

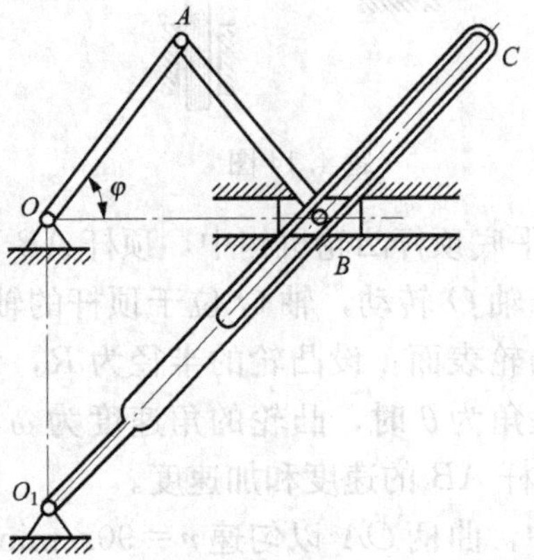

题 4.9 图

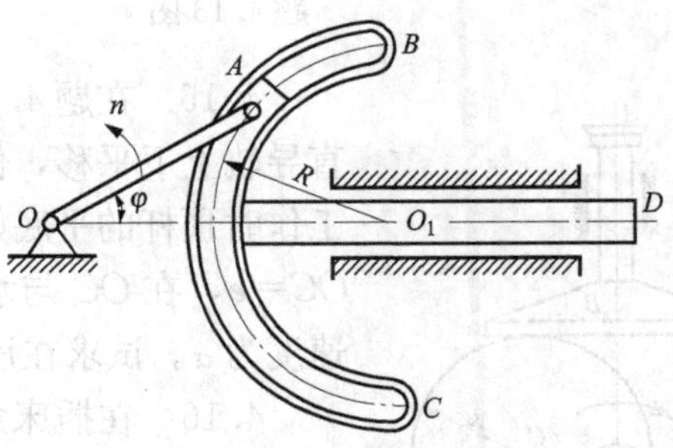

题 4.10 图

4.11　题 4.11 图所示铰接平行四连杆机构中，$O_1A=O_2B=0.10\text{m}$，$O_1O_2=AB$，杆 O_1A 以匀角速度 $\omega=2\text{rad/s}$ 绕轴 O_1 转动。杆 AB 上有一套筒 C 与杆 CD 铰接，机构各部分均在同一平面内，试求 $\varphi=60°$时，杆 CD 的速度和加速度。

4.12 导槽 BC 和 EF 间放一小圆柱销 M，导槽 BC 运动时带动小圆柱销 M 在固定导槽 EF 中运动，如题 4.12 图所示。已知曲柄 AB 以 $\varphi=\varphi_0\sin\omega t$ 的规律绕轴 A 左右摆动，式中 $\varphi_0=\frac{\pi}{3}=60°$，$\omega=1\text{rad/s}$，且 $AD=BC$，$AB=CD=r=0.20\text{m}$。试求当 $\varphi=30°$时，小圆柱销 M 在导槽 EF 及 BC 中的速度和加速度。

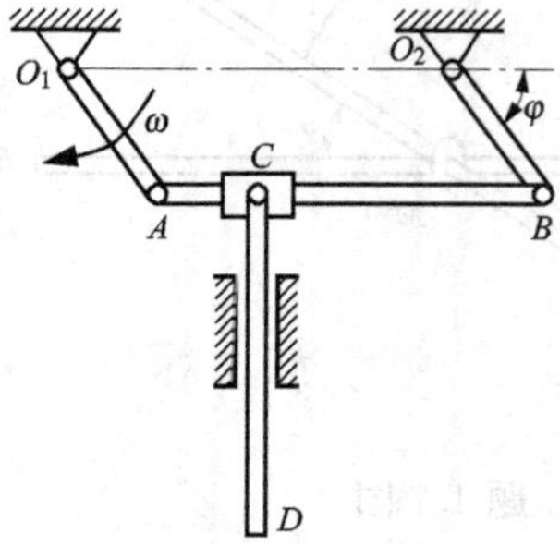

题 4.11 图

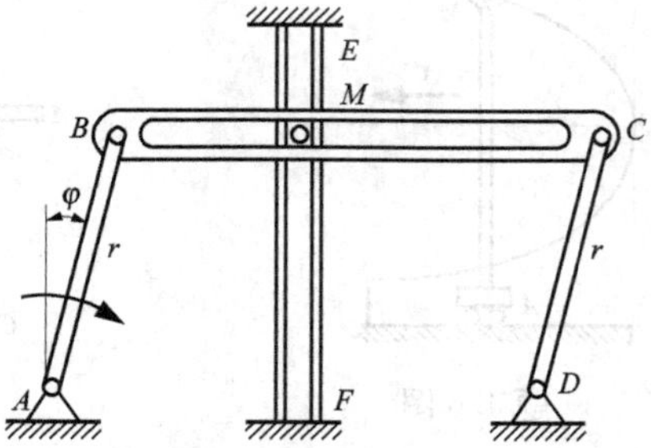

题 4.12 图

4.13 如题 4.13 图所示，水平直杆 AB 在半径为 r 的固定圆圈上以匀速 $\boldsymbol{u}$ 铅直向下平移。试求套在该直杆和圆圈上交点处的小环 M 的速度和加速度（表示为 φ 的函数）。

4.14 如题 4.14 图所示，曲柄 OA 长 0.40m，以匀角速度 $\omega=0.50\text{rad/s}$ 绕轴 O 逆时针方向转动，通过曲柄的 A 端推动滑杆 BC 沿铅垂方向运动。试求当曲柄 OA 与水平线的夹角 $\varphi=30°$时，滑杆 BC 的速度和加速度。

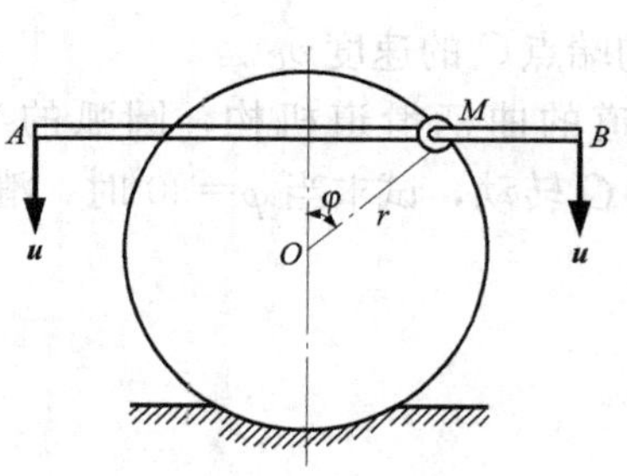

题 4.13 图

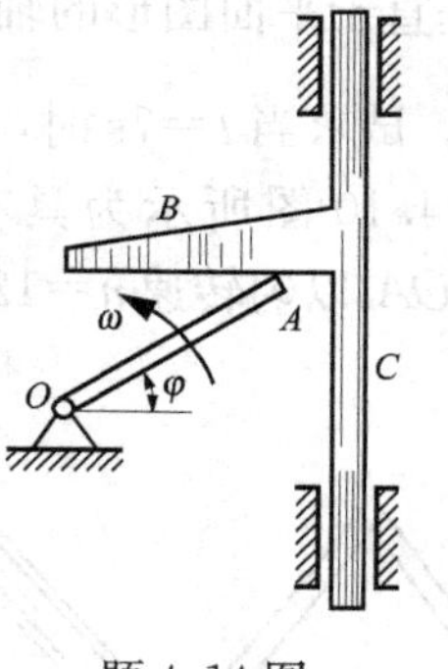

题 4.14 图

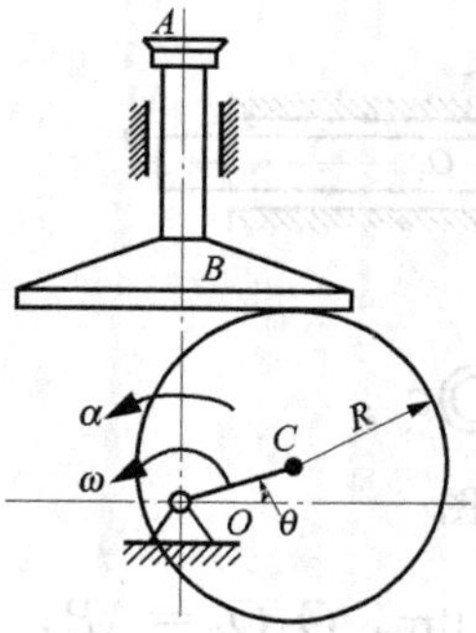

题 4.15 图

4.15 在题 4.15 图所示平底顶杆凸轮机构中，顶杆 AB 可沿铅直导轨上下平移，偏心凸轮绕轴 O 转动，轴 O 位于顶杆的轴线上。工作时顶杆的平底始终接触凸轮表面。设凸轮的半径为 R，偏心距 $OC=e$，在 OC 与水平线的夹角为 θ 时，凸轮的角速度为 ω，角加速度为 α。试求在该瞬时，顶杆 AB 的速度和加速度。

4.16 在插床急回机构中，曲柄 OA 以匀速 $n=90\text{r/min}$ 转动。通过滑块 A 带动扇形齿轮的导杆 O_1C 绕轴 O_1 摆动，从而带动齿轮条 B 做铅垂的上下往复运动。设轴 O、O_1 在同一水平线上，曲柄长 $OA=r=76\text{mm}$，其余尺寸如题 4.16 图所示。试求当 $\theta=30°$时，齿条 B 的速度和加速度。

4.17 如题4.17图所示，一半径 $r=0.20\text{m}$ 的圆盘，绕通过点 A 垂直于图面的轴转动。动点 M 以匀速 $v_r=0.40\text{m/s}$ 沿圆盘边缘运动。已知圆盘的角速度 $w=2\text{rad/s}$，角加速度 $\alpha=4\text{rad/s}^2$。试求在该瞬时动点 M 的绝对加速度。

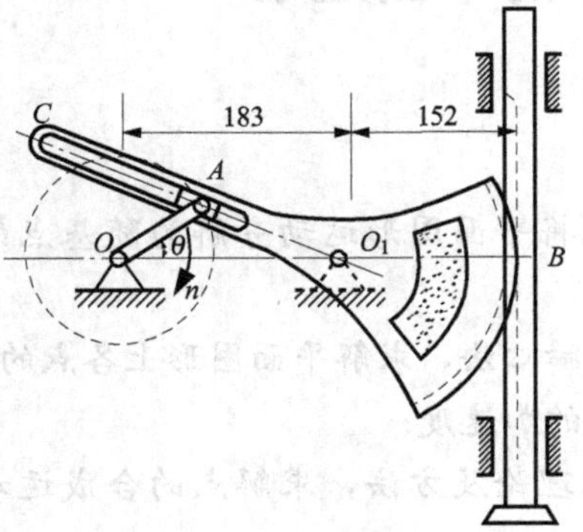

题4.16图

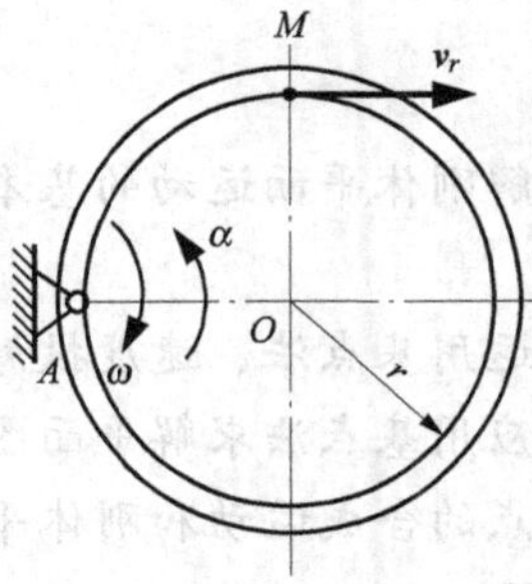

题4.17图

4.18 在题4.18图所示机构中，圆盘以匀角速度 $\omega_1=3\text{rad/s}$ 绕其中心轴 O_1 转动。当圆盘转动时，通过圆盘上的销钉 M_1 带动与导槽 AB 相固连的水平杆 CD 做往复直线平动。同时，杆 CD 上的销钉 M_2 又带动摇杆 O_2E 绕轴 O_2 摆动。已知 $r=0.20\text{m}$，$l=0.30\text{m}$，并设当 $\theta=30°$时，$\varphi=30°$。试求该瞬时摇杆 O_2E 的角速度和角加速度。

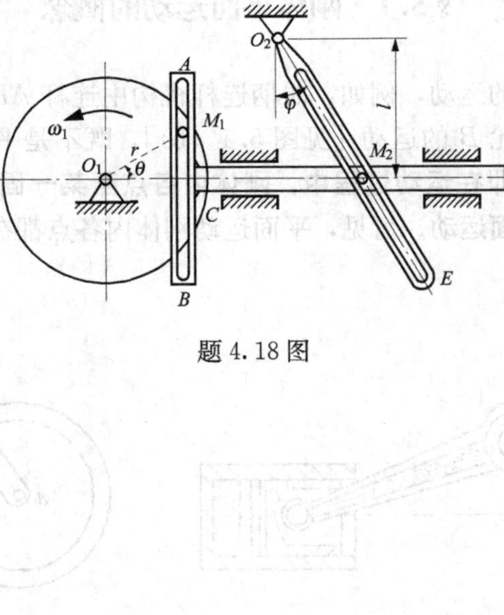

题4.18图

第5章　刚体的平面运动

教学要求：

1. 正确理解刚体平面运动的基本概念，能将平面图形运动分解为随基点的平移和绕基点的转动；

2. 能熟练运用基点法、速度投影法和速度瞬心法，求解平面图形上各点的速度；

3. 能熟练应用基点法求解平面图形上各点的加速度；

4. 能应用点的合成运动和刚体平面运动的理论及方法，求解点的合成运动和刚体平面运动的综合问题。

刚体的平面运动是工程中常见的运动，是一种比平移和定轴转动更为复杂的运动形式。本章将应用运动合成和分解的概念和方法，分析并求解平面运动刚体的角速度和角加速度，以及平面运动刚体上各点的速度和加速度。

§5.1　刚体平面运动的概念

工程中某些机械构件的运动，例如，曲柄连杆机构中连杆 AB 的运动［见图5.1（a）］，以及行星齿轮机构中行星轮 B 的运动［见图5.1（b）］，既不是平移也不是定轴转动，其运动具有一个共同的特征，即**在运动过程中，刚体内各点至某一固定平面的距离始终保持不变**，这种刚体运动称为**平面运动**。可见，平面运动刚体内各点都在平行于某一固定平面的一些平面内运动。

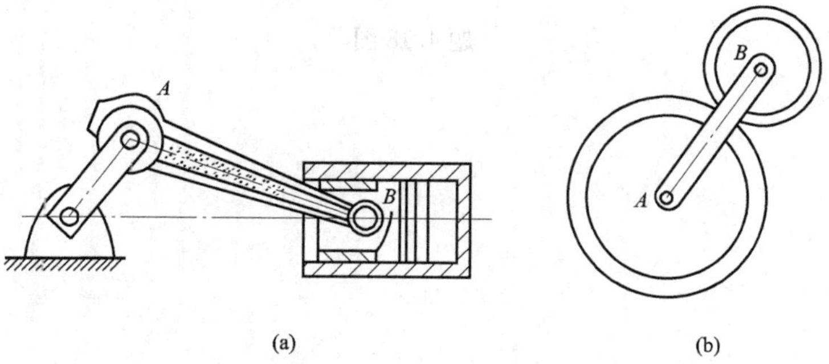

图5.1

将刚体向固定平面上垂直投影得到一个**平面图形**，过平面图形上任一点作垂直于固定平面且穿过该刚体的直线，当刚体做平面运动时，该直线做平移，即直线上各点与平面图形上那一点的运动完全相同。因此，平面图形上各点的运动代表了整个刚体内所有各点的运动。由此可得结论：三维刚体的平面运动可简化为平面图形在固定平面内的运动。

设任一平面图形在固定平面内运动，在该平面内取定系 $O_0x_0y_0$，如图5.2所示。为了确定平面图形的位置，只要确定其上任意线段 OP 的位置即可。而线段 OP 的位置可用点 O 的坐标（x_O，y_O）及它与轴 O_0x_0 的夹角 φ 来描写。可表示为

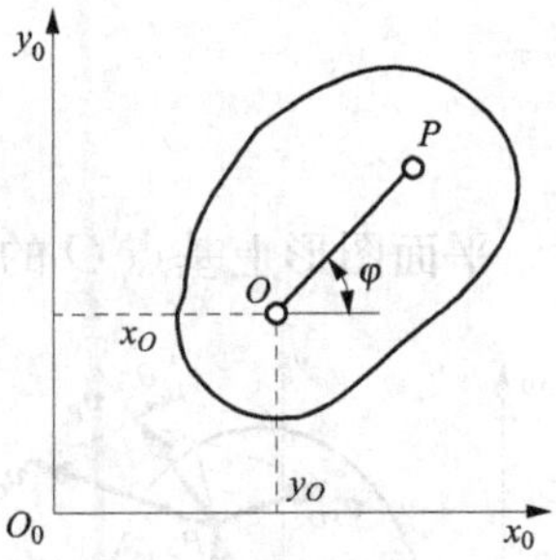

图5.2

$$x_O=f_1(t)$$
$$y_O=f_2(t)$$
$$\varphi=f_3(t) \tag{5.1}$$

式（5.1）是平面图形的运动方程，也就是**刚体平面运动的运动方程**。若已知方程（5.1），则图形在任意瞬时的位置也就完全确定了。

由图5.2可知，若平面图形上的点 O 固定不动，也即当 x_O 和 y_O 都为常量时，则图形绕点 O 做定轴转动；若平面图形不转动，也即当角 φ 为常量时，则线段 OP 的方向始终保持不变，图形在平面内做平移，这是图形运动的两种特殊情形。可见，在一般情形下，图形的运动可看成是平移和转动的合成运动。

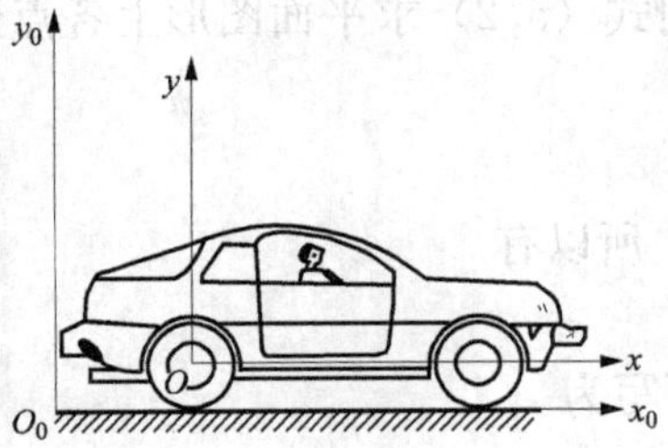

图5.3

以沿直线路面滚动的车轮为例进行分析。车轮相对于地面做平面运动（见图5.3）。若在车厢里观察，则车轮相对于车厢做定轴转动，而车厢相对于地面做平移。根据合成运动的概念，若将定系 $O_0x_0y_0$ 与地面固连，并取动系 Oxy 与车厢固结在一起并随车厢做平移，其原点取在车厢与轮心的连接点 O 处，点 O 称为**基点**。这样，Oxy 为平移坐标系。在任意瞬时，车轮相对于定系的平面运动（绝对运动）便可分解为随动系的平移（牵连运动）和相对于动系的转动（相对运动）。

这种分解运动的方法可用于任何平面图形的平面运动。在图形上任取一点 O 作为基点，并以它为原点假想地安上平移坐标系 Oxy。于是，**图形的平面运动可分解为随同基点的牵连平移和绕基点的相对转动。**

在平面运动的分解中，基点是可以任意选取的。由于平面图形上各点的运动规律不同，选取不同的点作为基点，与不同的基点相连的平移坐标系的运动规律也不同，因此平面图形的牵连平移与基点的选择有关。由于动系做平移，动系相对定系没有转动，在任意瞬时图形相对动系的转角就等于其相对定系的转角，且图形在任一时刻只能有一个转角，因此不论取哪点为基点，图形绕该点的转角总是等于该时刻图形的绝对转角，所以图形的相对转动与基点的选择无关。综合以上分析可得结论：将刚体的平面运动分解为平移和转动时，**平面图形的牵连平移与基点的选择有关，而平面图形相对平移坐标系的转角与基点的选择无关**。进一步可以推断：**平面图形牵连平移的速度和加速度分别等于基点的速度和加速度，而平面图形相对平移坐标系的角速度和角加速度分别等于该瞬时平面图形的绝对角速度和绝对角加速度**。正因为基点可任意选取，在具体应用中，通常选取运动已知且简单的点为基点，以简化计算。

§5.2 平面图形上各点的速度

平面图形上基点 O 的速度为$\boldsymbol{v}_O$，角速度为 ω，点 O 至图形上任意点 P 的矢径为 $\boldsymbol{r}$（见图 5.4）。取定系 $O_0x_0y_0$ 与地面固连，取相对定系做平行移动的坐标系 Oxy 为动系，动系原点可理解为与平面图形上基点 O 铰接（见图 5.4）。平面图形在固定平面内的绝对运动可看成该图形随基点 O 的平移（牵连运动）和绕基点 O 相对转动（相对运动）的合成。因为动系做平移，故点 P 的牵连速度就等于基点 O 的速度$\boldsymbol{v}_O$，点 P 的相对速度就是点 P 以 r 为半径绕点 O 做圆周运动的速度$\boldsymbol{v}_{PO}=\boldsymbol{\omega}\times\boldsymbol{r}$，即 $v_{PO}=r\omega$。由速度合成定理式（4.42）可得点 P 的速度为

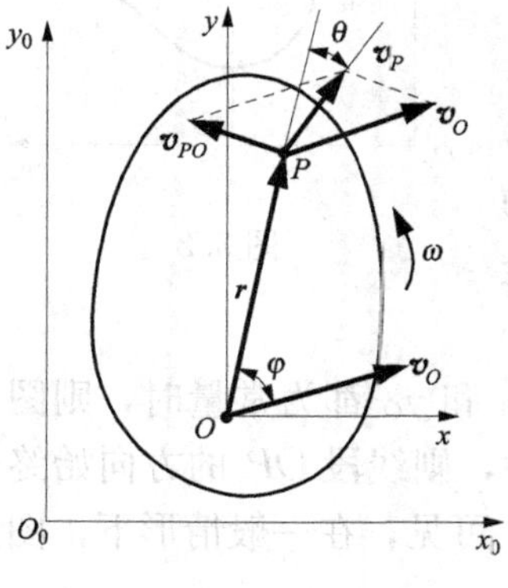

图 5.4

$$\boldsymbol{v}_P=\boldsymbol{v}_O+\boldsymbol{v}_{PO} \tag{5.2}$$

即平面图形上任一点的速度等于基点速度与该点相对基点做圆周运动的速度的矢量和。用式（5.2）求平面图形上各点速度的方法称为**合成法或基点法**。

式（5.2）与点的速度合成定理式（4.42）有何不同?

将式（5.2）两边点乘 $\boldsymbol{r}$，因为$\boldsymbol{v}_{PO}\cdot\boldsymbol{r}=(\boldsymbol{\omega}\times\boldsymbol{r})\cdot\boldsymbol{r}=0$，所以有

$$\boldsymbol{v}_P\cdot\boldsymbol{r}=\boldsymbol{v}_O\cdot\boldsymbol{r}$$

若 θ、φ 分别为$\boldsymbol{v}_P$、$\boldsymbol{v}_O$与矢径 $\boldsymbol{r}$ 的夹角（见图 5.4），上式可写为

$$v_P\cos\theta=v_O\cos\varphi \tag{5.3}$$

称为**速度投影定理，即平面图形上任意两点的速度在该两点连线上的投影相等**。实际上，若不满足式（5.3），则意味着刚体上任意两点距离 OP 将要伸长或缩短，这是不可能的。所以，式（5.3）实质上反映了刚体上任意两点之间的距离保持不变。因此速度投影定理不仅适用于刚体做平面运动，而且适用于刚体做其他形式的运动。

应用基点法解题时，与第四章点的合成运动的分析方法相同。式（5.2）中$\boldsymbol{v}_P$、$\boldsymbol{v}_O$ 和$\boldsymbol{v}_{PO}$共有大小和方向 6 个因素，要使问题可解，应已知其中 4 个因素。然而，点的相对速度$\boldsymbol{v}_{PO}$的方向总是已知的，它垂直于线段 OP。因此，只须已知其他任意 3 个因素，便可作速度平行四边形进行求解。若已知平面图形上一点速度的大小和方向，又知道第二点的速度方向，则应用速度投影定理，可方便地求出第二点速度的大小。

例 5.1 曲柄连杆滑块机构如图 5.5（a）所示。已知曲柄长 $OA=r$，连杆长 $AB=l$，曲柄以匀角速度 ω 转动。当曲柄的转角 $\varphi=\omega t$ 时，试求滑块 B 的速度$\boldsymbol{v}_B$ 和连杆 AB 的角速度 ω_{AB}。

解 在此机构中连杆 AB 做平面运动。取连杆为研究对象。点 A 的运动已知，其速度大小 $v_A=r\omega$，方向垂直于曲柄 OA，指向与 ω 的转向一致。取点 A 为基点，由式（5.2）有

$$\boldsymbol{v}_B=\boldsymbol{v}_A+\boldsymbol{v}_{BA}$$

式中点 B 的速度$\boldsymbol{v}_E$ 的方位已知，应沿直线 OB；$\boldsymbol{v}_A$ 为已知量，点 B 相对于点 A 的速度$\boldsymbol{v}_{BA}$的大小 $v_{BA}=l\omega_{AB}$是未知量，但方位已知，垂直于杆 AB。按矢量方程作速度平行四边形，由$\boldsymbol{v}_A$ 的指向确定$\boldsymbol{v}_B$ 和$\boldsymbol{v}_{BA}$的指向，如图 5.5（a）所示。

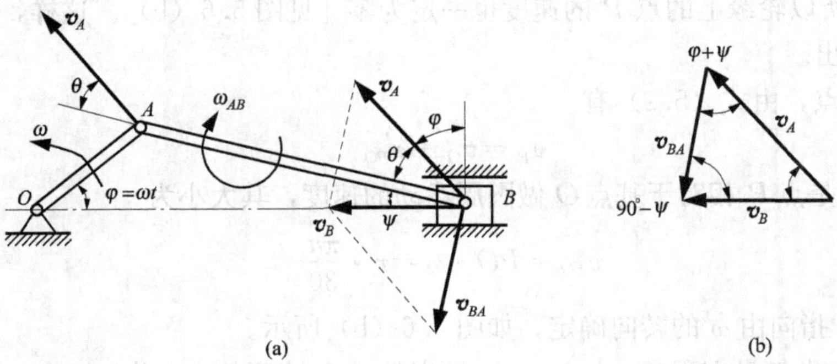

图 5.5

根据几何关系可直接计算速度平行四边形，或作速度三角形［见图 5.5（b)］。由正弦定理有

$$\frac{v_{BA}}{\sin(90°-\varphi)}=\frac{v_B}{\sin(\varphi+\psi)}=\frac{v_A}{\sin(90°-\psi)}$$

计算可得

$$v_B=\frac{\sin(\varphi+\psi)}{\sin(90°-\psi)}v_A=r\omega\,\frac{\sin(\varphi+\psi)}{\cos\psi}$$

$$v_{BA}=\frac{\sin(90°-\varphi)}{\sin(90°-\psi)}v_A=r\omega\,\frac{\cos\varphi}{\cos\psi}$$

式中 ψ 为连杆 AB 与水平线间的夹角，ψ 与 φ 存在以下关系

$$\sin\psi=\frac{r}{l}\sin\varphi$$

连杆 AB 的角速度

$$\omega_{AB}=\omega\,\frac{r}{l}\,\frac{\cos\varphi}{\cos\psi}$$

其转向可由 $\boldsymbol{v}_{BA}$ 的指向确定，为顺时针转向。此结果表明，虽然曲柄做匀速转动，但连杆却做变速转动。

该例若应用速度投影定理求解，也可以很简便地求出点 B 的速度 $\boldsymbol{v}_B$。设 $\boldsymbol{v}_A$ 与线 AB 的夹角为 θ，由几何关系［见图 5.5（a)］知

$$\theta=90°-(\varphi+\psi)$$

由式（5.3）有

$$v_B\cos\psi=v_A\cos[90°-(\varphi+\psi)]$$

考虑 $v_A=r\omega$，于是可得

$$v_B=r\omega\,\frac{\sin(\varphi+\psi)}{\cos\psi}$$

计算结果与基点法求得的结果完全相同。但是用速度投影定理无法求解刚体的角速度 ω_{AB}。

例 5.2　如图 5.6（a）所示，半径为 $r=750\text{mm}$ 的车轮，以转速 $n=60\text{r/min}$ 沿直线路面做纯滚动。试求轮心 O 和轮缘上两点 A、B 的速度。

解　车轮做平面运动。由于它在地面上无滑动，又因为轮缘上的点 P 与地面的接触点

P'的速度为零，所以轮缘上的点 P 的速度也一定为零［见图 5.6（b）］。这样，轮心 O 的速度可通过点 P 求出。

取点 O 为基点，由式（5.2）有

$$\boldsymbol{v}_P=\boldsymbol{v}_O+\boldsymbol{v}_{PO}$$

式中相对速度$\boldsymbol{v}_{PO}$是点 P 相对于基点 O 做圆周运动的速度，其大小为

$$v_{PO}=PO\cdot\omega=r\cdot\frac{\pi n}{30}$$

方向垂直于 PO，指向由 ω 的转向确定，如图 5.6（b）所示。

因为 $v_P=0$，由矢量方程知$\boldsymbol{v}_O=-\boldsymbol{v}_{PO}$，所以轮心 O 速度的大小为

$$v_O=v_{PO}=r\cdot\frac{\pi n}{30}=4.71\text{m/s}=17\text{km/h}$$

方向水平向右。

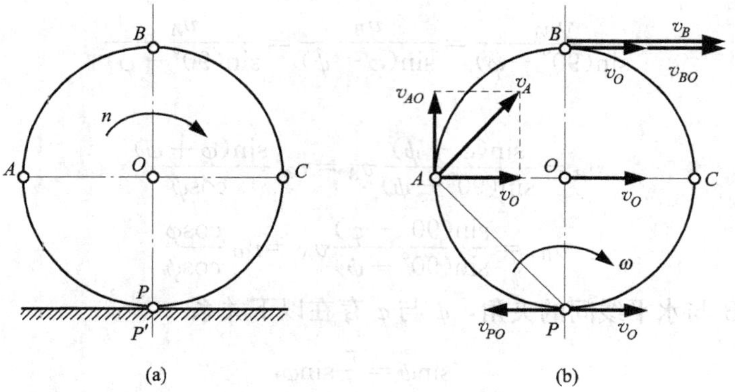

图 5.6

同理，欲求轮缘上点 A 的速度$\boldsymbol{v}_A$，仍取点 O 为基点，由式（5.2）有

$$\boldsymbol{v}_A=\boldsymbol{v}_O+\boldsymbol{v}_{AO}$$

式中$\boldsymbol{v}_O$ 的大小和方向均已知，$\boldsymbol{v}_{AO}$的大小为

$$v_{AO}=AO\cdot\omega=r\omega$$

方向垂直于 AO，指向由 ω 的转向确定。

在点 A 处作速度平行四边形，由$\boldsymbol{v}_O$ 和$\boldsymbol{v}_{AO}$决定$\boldsymbol{v}_A$ 的大小及方向，即

$$v_A=\sqrt{v_O^2+v_{AO}^2}=\sqrt{2}\,v_O=24\text{km/h}$$

其方向与水平线 AO 成 45°角，指向右上方，如图 5.6（b）所示。

至于轮缘上最高点 B 的速度，由于$\boldsymbol{v}_{BO}$与$\boldsymbol{v}_O$ 平行且指向相同，故

$$v_B=v_O+v_{BO}=17+17=34\text{km/h}$$

方向垂直于 BO，如图 5.6（b）所示。

请读者用基点法求出轮缘上点 C 的速度。

例 5.3 钢材剪床机构如图 5.7（a）所示。已知飞轮以匀角速度 $\omega=2\pi\text{rad/s}$ 绕轴 O 转动，$OA=200\text{mm}$，$AB=BC=BD=600\text{mm}$。当 OA 与水平线成 30°角时，连杆 AB 处于水平位置，摇杆 BD 与铅垂线成 30°角。试求图示位置时连杆 AB、BC 的角速度及剪刀 C 的速度。

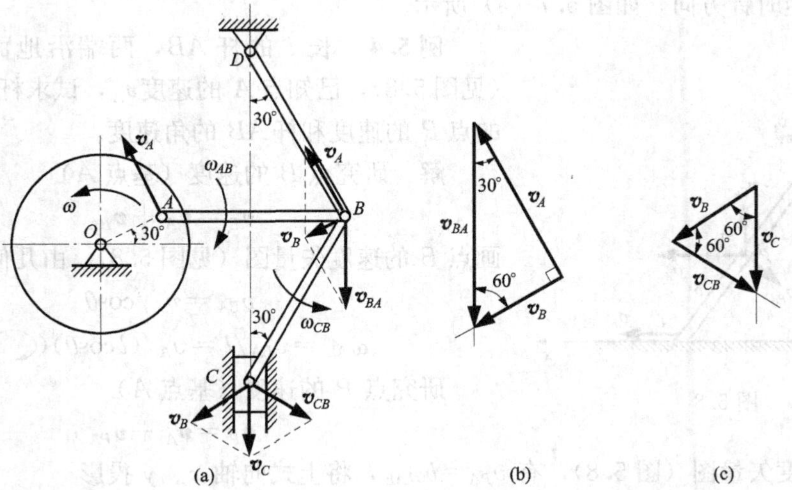

图 5.7

解 飞轮的运动可简化为曲柄 OA 做定轴转动；摇杆 BD 也做定轴转动；连杆 AB、BC 做平面运动。此机构可看成由四连杆机构 $OABD$ 和曲柄连杆机构 DBC 的组合。

首先研究连杆 AB 的运动。点 A 的速度大小为

$$v_A = OA \cdot \omega = (200\text{mm})(2\pi\text{rad/s}) = 400\pi\text{mm/s}$$

方向如图 5.7（a）所示。取 A 为基点求点 B 的速度 $\boldsymbol{v}_B$，由式（5.2）有

$$\boldsymbol{v}_B = \boldsymbol{v}_A + \boldsymbol{v}_{BA}$$

其中 $\boldsymbol{v}_B$ 的方向垂直于 BD；$\boldsymbol{v}_{BA}$ 的方向垂直于 AB。于是可作速度三角形决定 $\boldsymbol{v}_B$ 和 $\boldsymbol{v}_{BA}$ 的指向，如图 5.7（b）所示。由几何关系可得

$$v_B = v_A \tan 30° = (400\pi\text{mm/s})\tan 30° = 726\text{mm/s}$$

及

$$v_{BA} = \frac{v_A}{\cos 30°}$$

则连杆 AB 的角速度大小为

$$\omega_{AB} = \frac{v_{BA}}{AB} = \frac{v_A}{AB \cdot \cos 30°} = \frac{400\pi\text{mm/s}}{(600\text{mm})\cos 30°} = 2.42\text{rad/s}$$

由 $\boldsymbol{v}_{BA}$ 的指向确定 ω_{AB} 应是顺时针转向，如图 5.7（a）所示。

其次，研究连杆 BC 的运动。因点 B 的速度已知，故取 B 为基点，由 B、C 两点的速度关系有

$$\boldsymbol{v}_C = \boldsymbol{v}_B + \boldsymbol{v}_{CB}$$

其中 $\boldsymbol{v}_C$ 沿铅垂方向；$\boldsymbol{v}_{CB}$ 的方向垂直于 BC。于是可作速度三角形决定 $\boldsymbol{v}_C$ 和 $\boldsymbol{v}_{CB}$ 的指向，如图 5.7（c）所示。由几何关系知

$$v_C = v_{CB} = v_B = 726\text{mm/s}$$

而连杆 BC 的角速度大小为

$$\omega_{BC} = \frac{v_{CB}}{BC} = \frac{726\text{mm/s}}{600\text{mm}} = 1.21\text{rad/s}$$

其转向应为逆时针方向，如图 5.7 (a) 所示。

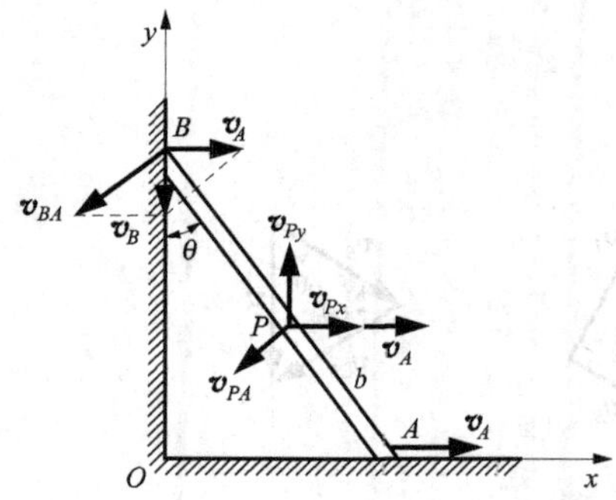

图 5.8

例 5.4 长 l 的杆 AB，两端沿地面和墙面滑动（见图 5.8），已知点 A 的速度 $\boldsymbol{v}_A$，试求杆上距 A 端为 b 的点 P 的速度和杆 AB 的角速度。

解 研究点 B 的速度（基点 A）

$$\boldsymbol{v}_B = \boldsymbol{v}_A + \boldsymbol{v}_{BA}$$

画点 B 的速度矢量图（见图 5.8），由几何关系可得

$$v_{BA} = v_A / \cos\theta$$

$$\omega_{AB} = v_{BA}/l = v_A/(l\cos\theta)(\circlearrowright)$$

研究点 P 的速度（基点 A）

$$\boldsymbol{v}_P = \boldsymbol{v}_A + \boldsymbol{v}_{PA}$$

画点 P 的速度矢量图（图 5.8），有 $v_{PA} = b\omega_{AB}$，将上式向轴 x、y 投影

$$v_{Px} = v_A - v_{PA}\cos\theta = (l-b)v_A/l(\rightarrow)$$

$$v_{Py} = -v_{PA}\sin\theta = -(bv_A\tan\theta)/l(\downarrow)$$

平面图形（或其延伸部分）上某瞬时速度为零的点称为图形在该瞬时的速度中心，简称**瞬心**。若以瞬心 C 为基点，则由式 (5.2) 得到点 P 的速度

$$\boldsymbol{v}_P = \boldsymbol{\omega} \times \boldsymbol{r} \tag{5.4}$$

即刚体的平面运动可看成绕瞬心 C 的瞬时转动。过点 C 垂直于平面图形的轴 Cz 为刚体的转动瞬轴。应用速度瞬心求平面图形上各点速度的方法称为**瞬心法**。该方法的关键是确定瞬心位置，通常根据图形上两个不同点的速度来确定。

若 A、B 两点速度方向已知且不平行［见图 5.9 (a)］或者 $\boldsymbol{v}_A$、$\boldsymbol{v}_B$ 的大小已知，相互平行且垂直 A、B 连线［见图 5.9 (b)、(c)］，则均可通过图示作垂线或连线求交点的方法确定瞬心 C 的位置。若 $\boldsymbol{v}_A$ 与 $\boldsymbol{v}_B$ 方向相同且与这两点连线不垂直［见图 5.9 (d)］，则瞬心 C 在无穷远处，即刚体做**瞬时平移**，此时图形上各点速度相同。若刚体沿某固定面滚动而不滑动，则其接触点就是该刚体的速度瞬心。必须指出，速度瞬心在刚体上的位置是随时间而不断变化的。

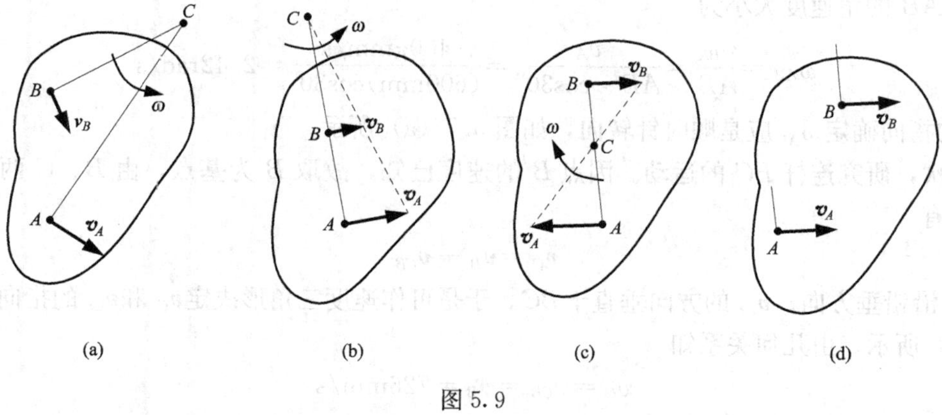

图 5.9

刚体瞬时平移与刚体平移有什么区别?

实际上，速度投影定理是速度合成公式［见式 (5.2)］在 OP 连线上的投影式，瞬心法

是以速度为零的点为基点的合成法，它们均是合成法的特殊应用。当已知待求速度方位时，用投影法求速度大小很简捷；而欲求角速度时，用瞬心法较方便和直观。

在用瞬心法分析平面图形上各点的速度时，可根据上述方法首先确定瞬心的位置，其次求出图形在该瞬时的角速度，最后求图形上各点的速度。下面通过实例来说明。

例 5.5 用瞬心法求例 5.1 中滑块 B 的速度 v_B 和连杆 AB 的角速度 ω_{AB}。

解 连杆 AB 做平面运动。点 A 的速度 $\boldsymbol{v}_A$ 大小、方向已知，点 B 的速度 $\boldsymbol{v}_B$ 方向沿连线 OB。过点 A、B 分别作 $\boldsymbol{v}_A$、$\boldsymbol{v}_B$ 的垂线，其交点 C 就是连杆 AB 在图示位置的速度瞬心（见图 5.10）。

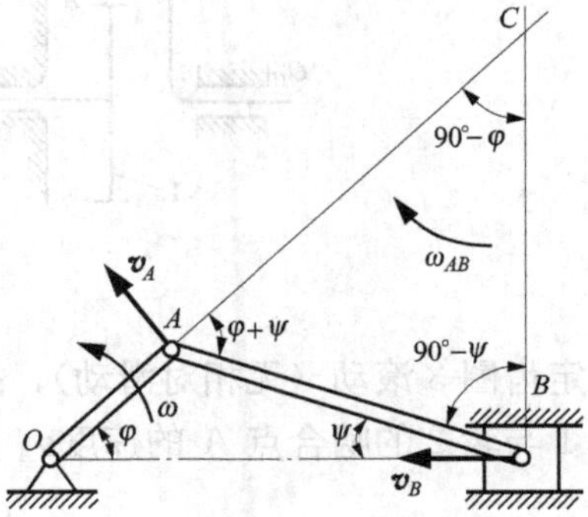

图 5.10

点 A 是曲柄 OA 和连杆 AB 的连接点，点 A 的速度 $\boldsymbol{v}_A$ 应同时满足这两构件的运动情况，由此可得

$$v_A = OA \cdot \omega = AC \cdot \omega_{AB}$$

因此

$$\omega_{AB} = \omega \frac{OA}{AC} = \omega \frac{r}{AC} \tag{a}$$

点 B 是连杆与滑块的连接点，因而点 B 的速度

$$v_B = BC \cdot \omega_{AB} = r\omega \frac{BC}{AC} \tag{b}$$

由△ABC，按正弦定理有

$$\frac{AB}{\sin(90° - \varphi)} = \frac{AC}{\sin(90° - \psi)} = \frac{BC}{\sin(\varphi + \psi)}$$

求得

$$AC = AB \frac{\sin(90° - \psi)}{\sin(90° - \varphi)} = l \frac{\cos\psi}{\cos\varphi}$$

$$BC = AB \frac{\sin(\varphi - \psi)}{\sin(90° - \varphi)} = l \frac{\sin(\varphi + \psi)}{\cos\varphi}$$

把 AC 代入式（a）得

$$\omega_{AB} = \omega \frac{r}{AC} = \omega \frac{r}{l} \frac{\cos\varphi}{\cos\psi}$$

其转向由 $\boldsymbol{v}_A$ 的指向确定，应是顺时针转向。

把 AC 及 BC 代入式（b）得滑块 B 的速度

$$v_B = r\omega \frac{BC}{AC} = r\omega \frac{\sin(\varphi + \psi)}{\cos\psi}$$

其指向由 ω_{AB} 的转向确定，水平向左。

可见，所求结果与用合成法得到的结果相同。

例 5.6 行星齿轮减速机构（见图 5.11）的太阳轮 1 绕轴 O_1 转动，带动行星轮 2 沿固定齿圈 3 滚动，行星轮 2 又带动其轴架 H（称为系杆）绕轴 O_H 转动。因轴 O_1 与轴 O_H 的转速不同，从而实现变速要求。已知各齿轮的节圆半径 r_1、r_2、r_3，试求传动比 i_{1H}（即 ω_1/ω_H）。

解 在机构中，轮 1 和系杆 H 做定轴转动，而行星轮 2 做平面运动。由于行星轮 2 沿

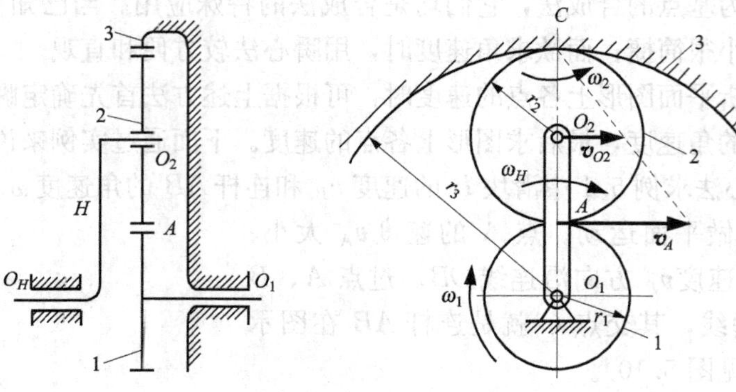

图 5.11

固定齿圈 3 滚动(无相对滑动),故两齿轮的啮合点 C 就是行星轮 2 的速度瞬心。轮 1 与轮 2 的啮合点 A 的速度$\boldsymbol{v}_A$ 的大小应满足下列关系

$$v_A = O_1A \cdot \omega_1 = AC \cdot \omega_2$$

即

$$r_1\omega_1 = 2r_2\omega_2 \tag{a}$$

设 ω_1 为顺时针转向,则由$\boldsymbol{v}_A$ 的指向确定 ω_2 应是逆时针转向。

轮 2 与系杆 H 的连接点 O_2 的速度$\boldsymbol{v}_{O_2}$ 的大小应满足下列关系

$$v_{O2} = O_2C \cdot \omega_2 = O_1O_2 \cdot \omega_H$$

即

$$r_2\omega_2 = (r_1 + r_2)\omega_H \tag{b}$$

由$\boldsymbol{v}_{O_2}$ 的指向确定 ω_H 应是顺时针转向。

联立式(a)和式(b)消去 ω_2,得

$$r_1\omega_1 = 2(r_1 + r_2)\omega_H \tag{c}$$

考虑

$$2(r_1 + r_2) = r_1 + r_3$$

且在齿轮传动中相啮合齿轮的齿数与半径成正比,故由式(c)可得传动比

$$i_{1H} = \frac{\omega_1}{\omega_H} = \frac{r_1 + r_3}{r_1} = \frac{z_1 + z_3}{z_1}$$

其中 z_1、z_3 分别为齿轮 1 和齿圈 3 的齿数。

例 5.7 两个齿轮 A 和 B 由连杆 AC 连接,可在固定齿条上滚动[见图 5.12(a)]。当 $\varphi = 0$ 时,齿轮 B 的中心速度 $v_B = 200\text{mm/s}$,试求此时齿轮 A 的角速度。已知 $r = 50\text{mm}$,$e = 30\text{mm}$。

解 齿轮 A、B 及连杆 AC 均做平面运动,运动的传递是由齿轮 B 经连杆 AC 带动齿轮 A 做滚动。因此,欲求 A 的角速度 ω_A,必须先求点 A 的速度$\boldsymbol{v}_A$;而欲求$\boldsymbol{v}_A$,则必须先求点 C 的速度$\boldsymbol{v}_C$,点 C 为连杆与齿轮 B 的连接点。

首先,研究齿轮 B 的运动。因它沿固定齿条做纯滚动,故瞬心在接触点 C_1 处。于是,其角速度为

$$\omega_B = \frac{v_B}{BC_1} = \frac{v_B}{r}$$

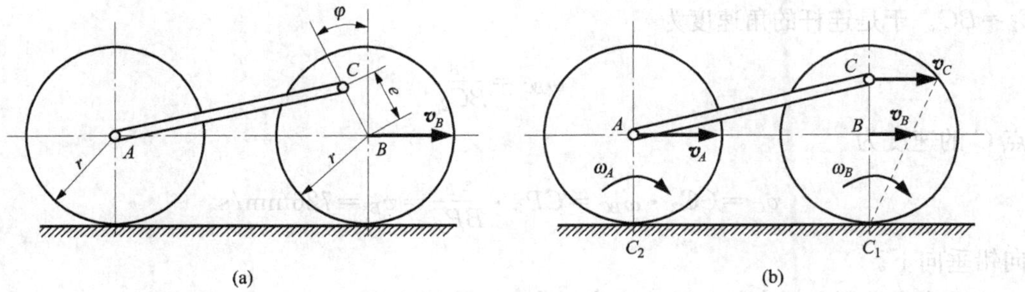

图 5.12

其转向由$\boldsymbol{v}_B$ 的方向决定，应为顺时针转向。当 $\varphi=0$ 时，点 C 在最高位置，如图 5.12（b）所示。因此，其速度为

$$v_C = CC_1 \cdot \omega_B = \frac{r+e}{r} v_B$$

方向水平向右。

其次，研究连杆 AC 的运动。其上点 A 的速度$\boldsymbol{v}_A$ 的方向由齿轮 A 决定，沿水平方向。这样，点 A、C 的速度$\boldsymbol{v}_A$ 和$\boldsymbol{v}_C$ 都沿水平方向，互相平行。因此，此时连杆 AC 为瞬时平移，其角速度 $\omega_{AC}=0$。于是有

$$v_A = v_C = \frac{r+e}{r} v_B$$

最后，由于齿轮 A 做纯滚动，故其速度瞬心在接触点 C_2 处，因而可求得其角速度为

$$\omega_A = \frac{v_A}{AC_2} = \frac{r+e}{r^2} v_B$$
$$= \frac{(50+30)\text{mm}}{(50\text{mm})^2}(200\text{mm/s}) = 6.4\text{rad/s}$$

为顺时针转向。

例 5.8 用瞬心法求例 5.3 中机构在图示位置剪刀 C 的速度。

解 连杆 AB 及 BC 做平面运动。只要根据已知条件，分别确定它们的瞬心位置，并求出各自的角速度，最后便可求出剪刀 C 的速度。

连杆 AB 上点 A 及 B 的速度方向均已知，故过 A、B 两点分别作$\boldsymbol{v}_A$、$\boldsymbol{v}_B$ 的垂线，则两垂线的交点 C_1 就是连杆 AB 的瞬心（见图 5.13）。于是连杆的角速度为

$$\omega_{AB} = \frac{v_A}{AC_1} = \frac{OA \cdot \omega}{AB \cdot \cos 30^\circ}$$

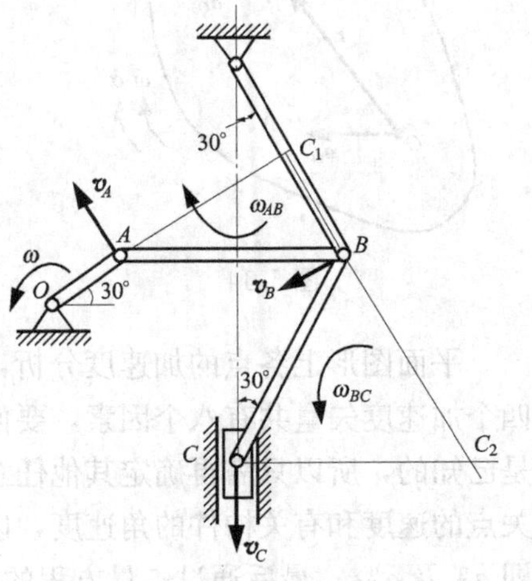

图 5.13

因此点 B 的速度为

$$v_B = BC_1 \cdot \omega_{AB} = AB \cdot \omega_{AB} \cdot \sin 30^\circ$$
$$= OA \cdot \omega \cdot \tan 30^\circ = (200\text{mm})(2\pi\text{rad/s})\tan 30^\circ = 726\text{mm/s}$$

方向如图 5.13 所示。

连杆 BC 上点 B 的速度$\boldsymbol{v}_B$ 已知，点 C 的速度$\boldsymbol{v}_C$ 的方向沿滑道中心的铅垂线。同理，可确定连杆 BC 的瞬心 C_2。由几何关系知，$\triangle BC_2C$ 为等边三角形（见图 5.13），故 $BC_2=$

$CC_2 = BC$。于是连杆的角速度为

$$\omega_{BC} = \frac{v_B}{BC_2}$$

而点 C 的速度为

$$v_C = CC_2 \cdot \omega_{BC} = CP_2 \cdot \frac{v_B}{BP_2} = v_B = 726\text{mm/s}$$

方向铅垂向下。

试用速度投影定理求解例 5.8，并与瞬心法进行比较。

§5.3 平面图形上各点的加速度

平面图形在固定平面内的运动可看成该图形随基点 O 的平移和以 $\boldsymbol{\omega}$、$\boldsymbol{\alpha}$ 绕基点 O 相对转动的合成运动（见图 5.14），因为动系做平移，所以点 P 的牵连加速度等于基点 O 的加速度 $\boldsymbol{a}_O$。点 P 的相对加速度等于点 P 绕基点 O 做圆周运动的切向加速度 $\boldsymbol{a}_{PO}^{t} = \boldsymbol{\alpha} \times \boldsymbol{r}$ 和法向加速度 $\boldsymbol{a}_{PO}^{n} = \boldsymbol{\omega} \times (\boldsymbol{\omega} \times \boldsymbol{r})$ 的矢量和。由加速度合成定理（4.49）可得点 P 的加速度为

$$\boldsymbol{a}_P = \boldsymbol{a}_O + \boldsymbol{a}_{PO}^{t} + \boldsymbol{a}_{PO}^{n} \tag{5.5}$$

即平面图形上任一点的加速度等于基点加速度与该点相对基点做圆周运动的切向加速度和法向加速度的矢量和。用式（5.5）求平面图形上各点加速度的方法称为**基点法**。

请读者判断图 5.15 所示平面图形上加速度分布是否可能，并说明理由。

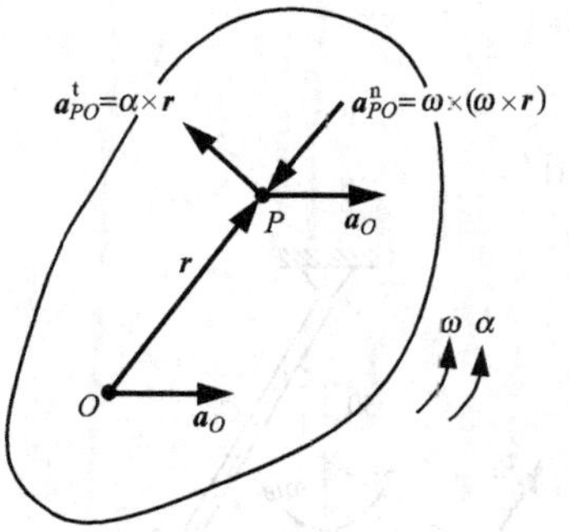

图 5.14

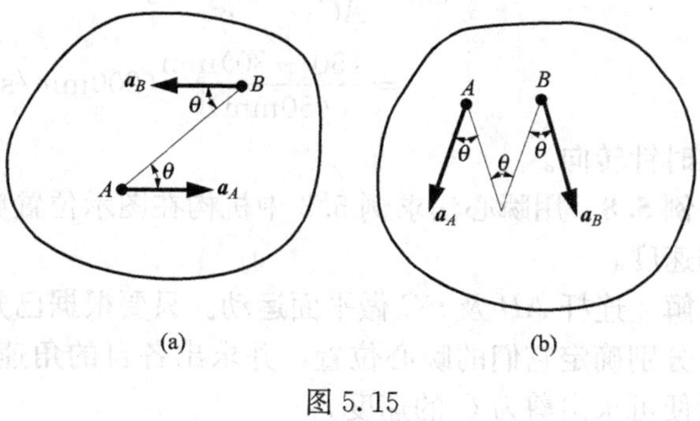

图 5.15

平面图形上各点的加速度分析，其步骤与速度分析的合成法基本相似。式（5.5）中的四个加速度矢量共有八个因素，要使问题有解，其中六个应已知。因为 $\boldsymbol{a}_{PO}^{t}$ 和 $\boldsymbol{a}_{PO}^{n}$ 的方向总是已知的，所以只需再确定其他任意四个因素。为此，通常在分析加速度之前，首先分析有关点的速度和有关构件的角速度，以便求得有关点的法向加速度及相对法向加速度的大小，即 a_P^n 及 a_{PO}^n。最后通过矢量方程的投影式求解未知量。

例 5.9 车轮在地面上滚动而无滑动，已知轮心 O 瞬时的速度为 $\boldsymbol{v}_O$，加速度为 $\boldsymbol{a}_O$，轮子的半径为 r［见图 5.16（a）］。试求轮缘与地面接触点 P 的加速度。

解 车轮做平面运动，轮心 O 的加速度已知。取点 O 为基点，则点 P 的加速度为

$$\boldsymbol{a}_P = \boldsymbol{a}_O + \boldsymbol{a}_{PO}^{t} + \boldsymbol{a}_{PO}^{n} \tag{a}$$

其中 $\boldsymbol{a}_O$ 的大小及方向已知，$\boldsymbol{a}_{PO}^{t}$ 及 $\boldsymbol{a}_{PO}^{n}$ 的方向也已知，为求它们的大小，需先求出轮子的角

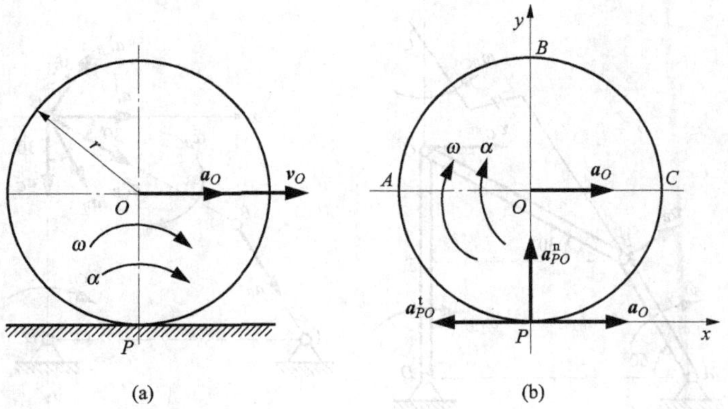

图 5.16

速度 ω 与角加速度 α。因为轮子做无滑动滚动，轮子的速度瞬心为点 P，其角速度为

$$\omega=\frac{v_O}{r} \tag{b}$$

当 $\boldsymbol{v}_O$ 随时间 t 改变时，ω 也随之而改变。因此式（b）是 ω 和 v_O 的函数关系式，故轮子的角加速度为

$$\alpha=\frac{\mathrm{d}\omega}{\mathrm{d}t}=\frac{1}{r}\ \frac{\mathrm{d}v_O}{\mathrm{d}t}=\frac{a_O}{r}$$

ω 和 α 的转向分别由 $\boldsymbol{v}_O$ 和 $\boldsymbol{a}_O$ 的指向决定，均为顺时针转向［见图 5.16（a）］。这样，$\boldsymbol{a}_{PO}^{t}$ 和 $\boldsymbol{a}_{PO}^{n}$ 的大小应分别为

$$a_{PO}^{t}=r\alpha=r\cdot\frac{a_O}{r}=a_O$$

$$a_{PO}^{n}=r\omega^2=r\left(\frac{v_O}{r}\right)^2=\frac{v_O^2}{r}$$

各加速度分量的方向如图 5.16（b）所示。

现用投影法来求 $\boldsymbol{a}_P$ 的大小与方向。取直角坐标系 Pxy，如图 5.16（b）所示，把式（a）分别向两坐标轴上投影得

$$a_{Px}=a_O-a_{PO}^{t}=a_O-a_O=0$$

$$a_{Py}=a_{PO}^{n}=\frac{v_O^2}{r}$$

于是可得

$$a_P=\frac{v_O^2}{r}$$

方向沿 PO 并指向点 O。可见，速度瞬心 P 的加速度并不等于零。

请读者依照上述分析方法，求出点 A、B 及 C 的加速度。

例 5.10　四连杆机构如图 5.17（a）所示。已知曲柄长 $AB=200\text{mm}$，以 $n=50\text{r/min}$ 做匀速转动。摇杆长 $CD=400\text{mm}$。当机构在图示位置时，试求此时连杆 BC 和摇杆 CD 的角加速度。

解　曲柄 AB 及摇杆 CD 做定轴转动，连杆 BC 做平面运动。AD 可看成为一根固结在

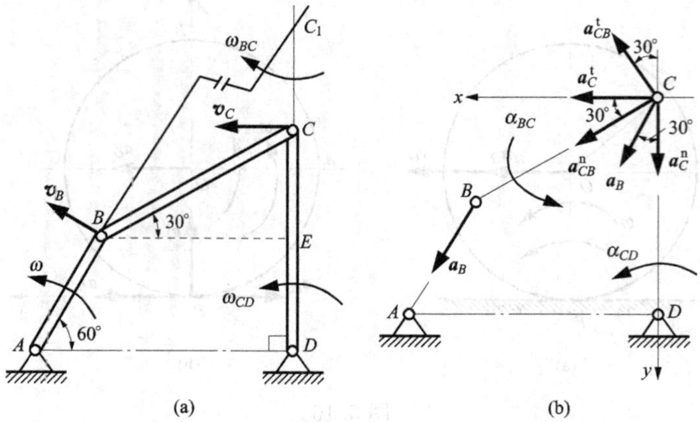

图 5.17

机架上不动的连杆，故称为四连杆机构。因点 B 和点 C 是三根运动构件的连接点，机构运动的传递是由点 B 和点 C 来实现的，故以连杆 BC 为研究对象。

(1) 用瞬心法分析速度，求连杆 BC 和摇杆 CD 的角速度 ω_{BC} 和 ω_{CD}。

曲柄 AB 的运动已知，故点 B 的速度大小为 $v_B = AB \cdot \omega$，方向垂直于 AB，指向如图 5.17 (a) 所示；点 C 的速度方向垂直于摇杆 CD。由此可确定连杆 BC 的速度瞬心 C_1 的位置，如图 5.17 (a) 所示。由几何关系知

$$CC_1 = BC = 2CE = 2(CD - ED) = 2(CD - AB \cdot \sin 60°) = 454\text{mm}$$

$$BC_1 = 2CC_1 \cdot \cos 30° = 786\text{mm}$$

于是点 B、C 的速度可分别表示为

$$v_B = AB \cdot \omega = BC_1 \cdot \omega_{BC}$$

$$v_C = CC_1 \cdot \omega_{BC} = CD \cdot \omega_{CD}$$

从而分别求得

$$\omega_{BC} = \frac{AB}{BC_1}\omega = \frac{200\text{mm}}{786\text{mm}} \times \frac{(50\text{r/min})(\pi\text{rad/r})}{30\text{s/min}} = 1.33\text{rad/s}$$

$$\omega_{CD} = \frac{CC_1}{CD}\omega_{BC} = \frac{454\text{mm}}{400\text{mm}}(1.33\text{rad/s}) = 1.51\text{rad/s}$$

由 $\boldsymbol{v}_B$ 及 $\boldsymbol{v}_C$ 的指向分别确定 ω_{BC} 及 ω_{CD} 的转向，前者为顺时针，后者为逆时针，如图 5.17 (a) 所示。

(2) 用基点法分析加速度，求连杆 BC 和摇杆 CD 的角加速度 α_{BC} 和 α_{CD}。因曲柄 AB 做匀速转动，故点 B 做匀速圆周运动，其加速度大小为

$$a_B = a_B^n = AB \cdot \omega^2 = (200\text{mm})\left(\frac{50\pi}{30}\text{rad/s}\right)^2 = 5480\text{mm/s}^2 = 5.48\text{m/s}^2$$

方向由点 B 指向点 A。点 C 做圆周运动，其加速度一般有 $\boldsymbol{a}_C^t$ 和 $\boldsymbol{a}_C^n$ 两个分量。因此，若取 B 为基点，则点 C 的加速度为

$$\boldsymbol{a}_C^t + \boldsymbol{a}_C^n = \boldsymbol{a}_B + \boldsymbol{a}_{CB}^t + \boldsymbol{a}_{CB}^n \tag{a}$$

式中各加速度矢的方位均已知，除 $\boldsymbol{a}_C^t$ 和 $\boldsymbol{a}_{CB}^t$ 的指向待定外，其余的指向也都已知；$\boldsymbol{a}_B$ 的大小已求出，$\boldsymbol{a}_C^n$ 和 $\boldsymbol{a}_{CB}^n$ 的大小分别为

$$a_C^n = CD \cdot \omega_{CD}^2 = (400\text{mm})(1.51\text{rad/s})^2 = 912\text{mm/s}^2$$

$$a_{CB}^n = BC \cdot \omega_{BC}^2 = (454\text{mm})(1.33\text{rad/s})^2 = 803\text{mm/s}^2$$

因此，只剩 $\boldsymbol{a}_C^t$ 和 $\boldsymbol{a}_{CB}^t$ 的大小两个未知因素，故可由式（a）解出。

用投影法求解。首先假设 $\boldsymbol{a}_C^t$ 和 $\boldsymbol{a}_{CB}^t$ 的指向，并取投影轴 x 和 y，如图 5.17（b）所示。将式（a）分别向轴 x 和轴 y 投影可得

$$a_C^t = a_B\sin30° + a_{CB}^t\sin30° + a_{CB}^n\cos30° \tag{b}$$

$$a_C^n = a_B\cos30° - a_{CB}^t\cos30° + a_{CB}^n\sin30° \tag{c}$$

由式（c）解得

$$\begin{aligned}
a_{CB}^t &= a_B - \frac{a_C^n - a_{CB}^n\sin30°}{\cos30°} \\
&= 5480\text{mm/s}^2 - \frac{(912 - 803\sin30°)\text{mm/s}^2}{\cos30°} \\
&= 4890\text{mm/s}^2 = 4.89\text{m/s}^2
\end{aligned}$$

代入式（b）解得

$$\begin{aligned}
a_C^t &= (a_B + a_{CB}^t)\sin30° + a_{CB}^n\cos30° \\
&= (5480 + 4890)\text{mm/s}^2 \cdot \sin30° + 803\text{mm/s}^2 \cdot \cos30° \\
&= 5880\text{mm/s}^2 = 5.88\text{m/s}^2
\end{aligned}$$

所求得的 a_{CB}^t 和 a_C^t 都是正值，说明图 5.17（b）上假设的指向就是实际指向。

在求出 a_{CB}^t 和 a_C^t 后，进一步可求得

$$\alpha_{BC} = \frac{a_{CB}^t}{BC} = \frac{4890\text{mm/s}^2}{454\text{mm}} = 10.8\text{rad/s}^2$$

$$\alpha_{CD} = \frac{a_C^t}{CD} = \frac{5880\text{mm/s}^2}{400\text{mm}} = 14.7\text{rad/s}$$

α_{BC} 和 α_{CD} 的转向分别由 $\boldsymbol{a}_{CB}^t$ 和 $\boldsymbol{a}_C^t$ 的指向确定，均为逆时针转向。

例 5.11 在例 5.7 的图 5.12（a）所示的机构中，齿轮 B 的中心做加速直线运动，当 $\varphi=0$ 时，其速度和加速度分别为 $v_B=200\text{mm/s}$，$a_B=100\text{mm/s}^2$。试求此时连杆 AC 和齿轮 A 的角加速度。已知连杆长 $AC=150\text{mm}$，其他尺寸与例 5.7 相同。

解 由例 5.7 中的速度分析知

$$\omega_B = \frac{v_B}{r} = \frac{200\text{mm/s}}{50\text{mm}} = 4\text{rad/s}$$

$$\omega_{AC} = 0,\ \omega_A = 6.4\text{rad/s}$$

齿轮 B 的角加速度与其中心点的加速度大小之间存在如下关系

$$\alpha_B = \frac{a_B}{r} = \frac{100\text{mm/s}^2}{50\text{mm}} = 2\text{rad/s}^2$$

首先，取点 B 为基点分析齿轮 B 的运动，则点 C 的加速度为

$$\boldsymbol{a}_C = \boldsymbol{a}_B + \boldsymbol{a}_{CB}^t + \boldsymbol{a}_{CB}^n \tag{a}$$

式中右边各加速度分量均为已知，大小分别为

$$a_{CB}^t = e \cdot \alpha_B = 30 \times 2 = 60\text{mm/s}^2$$

$$a_{CB}^n = e \cdot \omega_B^2 = 30 \times 4^2 = 480\text{mm/s}^2$$

方向如图 5.18 所示。根据式（a）便可求得 $\boldsymbol{a}_C$。

其次，取点 C 为基点分析连杆 AC 的运动，则点 A 的加速度为

$$\boldsymbol{a}_A=\boldsymbol{a}_C+\boldsymbol{a}_{AC}^{t}+\boldsymbol{a}_{AC}^{n} \tag{b}$$

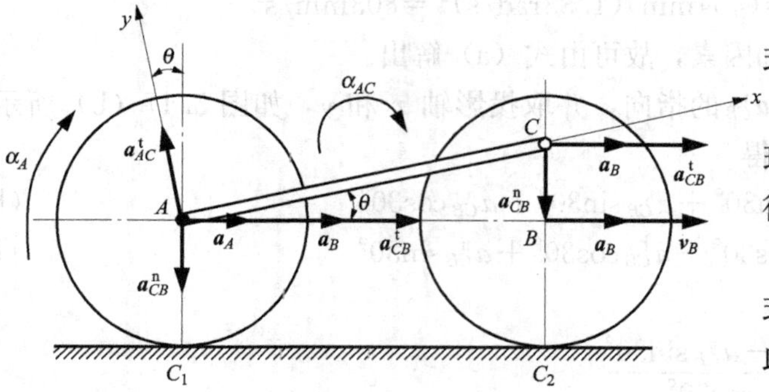

图 5.18

式中 $\boldsymbol{a}_{AC}^{n}$ 的大小为

$$a_{AC}^{n}=AC\cdot\omega_{AC}^{2}=0$$

现将式（a）及 $a_{AC}^{n}=0$ 代入式（b）得

$$\boldsymbol{a}_A=\boldsymbol{a}_B+\boldsymbol{a}_{CB}^{t}+\boldsymbol{a}_{CB}^{n}+\boldsymbol{a}_{AC}^{t} \tag{c}$$

式中只有 $\boldsymbol{a}_A$ 和 $\boldsymbol{a}_{AC}^{t}$ 的大小未知，因此可解。

假设 $\boldsymbol{a}_A$ 和 $\boldsymbol{a}_{AC}^{t}$ 的指向，并取投影轴 x、y，如图 5.18 所示。于是矢量方程式（c）的两个投影式分别为

$$a_A\cos\theta=(a_B+a_{CB}^{t})\cos\theta-a_{CB}^{n}\sin\theta \tag{d}$$

$$-a_A\sin\theta=-(a_B+a_{CB}^{t})\sin\theta-a_{CB}^{n}\cos\theta+a_{AC}^{t} \tag{e}$$

由几何关系求得式中的 $\sin\theta=0.20$，$\cos\theta=0.98$。将已知数据代入，由式（d）解得

$$\begin{aligned}a_A&=a_B+a_{CB}^{t}-a_{CB}^{n}\tan\theta\\&=100\text{mm/s}^2+60\text{mm/s}^2-480\text{mm/s}^2\times\frac{0.20}{0.98}=62\text{mm/s}^2\end{aligned}$$

代入（e）式解得

$$\begin{aligned}a_{AC}^{t}&=a_{CB}^{n}\cos\theta+(a_B+a_{CB}^{t}-a_A)\sin\theta\\&=480\text{mm/s}^2\times0.98+(100+60-62)\text{mm/s}^2\times0.20\\&=490\text{mm/s}^2\end{aligned}$$

最后可求得连杆 AC 及齿轮 A 的角加速度分别为

$$\alpha_{AC}=\frac{a_{AC}^{t}}{AC}=\frac{490\text{mm/s}^2}{150\text{mm}}=3.27\text{rad/s}^2$$

$$\alpha_A=\frac{a_A}{r}=\frac{62\text{mm/s}^2}{50\text{mm}}=1.24\text{rad/s}^2$$

α_{AC} 和 α_A 的转向与图 5.18 所示假设 $\boldsymbol{a}_{AC}^{t}$ 和 $\boldsymbol{a}_A$ 的指向一致，均为顺时针转向。

由以上分析计算可知，刚体平面运动的理论和分析方法，可以建立做平面运动的同一个刚体上两个不同点的速度之间或加速度之间的关系。当需建立有相对运动的两个不同刚体上重合点的速度之间或加速度之间的关系时，则须应用点的合成运动理论和分析方法。在许多实际的工程机构中，可能既有刚体的平面运动，又有点的合成运动，这就需要综合应用这两种理论和方法进行分析和求解。

下面通过例题来说明刚体平面运动和点的合成运动这两种分析方法的综合应用。

例 5.12 平面机构如图 5.19（a）所示，杆 AB 的 A 端用销钉 A 与轮铰接，B 端插入绕轴 O_1 转动的套筒中，轮沿直线做纯滚动。已知轮 O 的半径为 r，轮心 O 的速度为 $\boldsymbol{v}_O$，加速度为 $\boldsymbol{a}_O$。试求当 $\varphi=45°$ 时杆 AB 的角速度和角加速度。

解 轮 O 做平面运动，由已知条件用平面运动的方法可求出点 A 的速度和加速度。杆

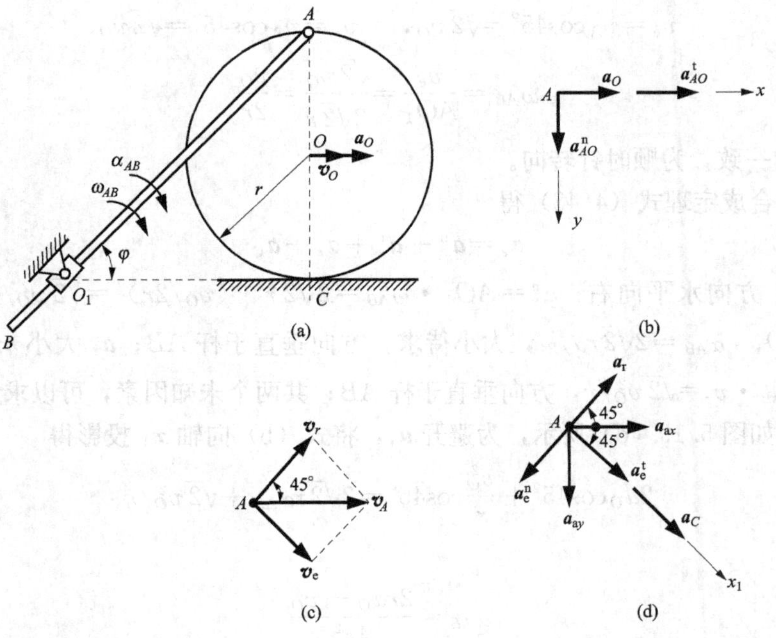

图 5.19

AB 与套筒 O_1 有相对滑动，可用点的合成运动方法求出杆 AB 的角速度和角加速度。

（1）先求点 A 的速度和加速度。研究轮 O 的平面运动，此瞬时速度瞬心为点 C，轮 O 的角速度

$$\omega = v_O / r$$

其转向为顺时针。点 A 的加速度大小为

$$v_A = 2r \cdot \omega = 2v_O$$

其方向水平向右。

以点 O 为基点，研究点 A 的加速度

$$\boldsymbol{a}_A = \boldsymbol{a}_O + \boldsymbol{a}_{AO}^{t} + \boldsymbol{a}_{AO}^{n} \tag{a}$$

式中 $\boldsymbol{a}_O$ 的大小和方向均已知；$a_{AO}^{n} = r\omega^2 = v_O^2/r$，方向由点 A 指向点 O；$a_{AO}^{t} = r\alpha = r \cdot a_O / r = a_O$，方向水平向右，只有 $\boldsymbol{a}_A$ 的大小和方向两个未知因素，可以求解。画出点 A 加速度矢量图，如图 5.19（b）所示，将式（a）分别向轴 x 和轴 y 投影可得

$$a_{Ax} = a_O + a_{AO}^{t} = 2a_O$$

$$a_{Ay} = a_{AO}^{n} = v_O^2 / r$$

（2）再求杆 AB 的角速度和角加速度。取点 A 为动点，动系固连在套筒 O_1 上。点 A 的绝对运动：平面曲线运动；点 A 的相对运动：沿杆 AB 做直线运动；点 A 的牵连运动：套筒扩大部分上点 A 的重合点绕点 O_1 做圆周运动。

由速度合成定理式（4.42）得

$$\boldsymbol{v}_a = \boldsymbol{v}_e + \boldsymbol{v}_r$$

式中 $v_a = v_A = 2v_O$，方向水平向右；$v_e = AO_1 \cdot \omega_{AB} = 2\sqrt{2}\, r\omega_{AB}$，大小待求，方向垂直于杆 AB；$\boldsymbol{v}_r$ 方向沿杆 AB，大小未知；共两个未知因素，可以求解。画点 A 速度矢量图，如图 5.19（c）所示。由几何关系可得

$$v_e = v_A\cos45° = \sqrt{2}v_O, \quad v_r = v_A\cos45° = \sqrt{2}v_O$$

$$\omega_{AB} = \frac{v_e}{AO_1} = \frac{\sqrt{2}v_O}{2\sqrt{2}r} = \frac{v_O}{2r}$$

转向与$\boldsymbol{v}_e$方向一致，为顺时针转向。

由加速度合成定理式（4.48）得

$$\boldsymbol{a}_a = \boldsymbol{a}_e^n + \boldsymbol{a}_e^t + \boldsymbol{a}_r + \boldsymbol{a}_C \tag{b}$$

式中 $a_a = a_A$，方向水平向右；$a_e^n = AO_1 \cdot \omega_{AB}^2 = 2\sqrt{2}r \cdot (v_O/2r)^2 = \sqrt{2}v_O^2/(2r)$，方向沿 AO_1；$a_e^t = AO_1 \cdot \alpha_{AB} = 2\sqrt{2}r\alpha_{AB}$，大小待求，方向垂直于杆 AB；$\boldsymbol{a}_r$ 大小未知，方向沿杆 AB；$a_C = 2\omega_{AB} \cdot v_r = \sqrt{2}v_O^2/r$，方向垂直于杆 AB；共两个未知因素，可以求解。画点 A 加速度矢量图，如图 5.19（d）所示，为避开 $\boldsymbol{a}_r$，将式（b）向轴 x_1 投影得

$$2a_O\cos45° + \frac{v_O^2}{r}\cos45° = 2\sqrt{2}r\alpha_{AB} + \sqrt{2}v_O^2/r$$

解得

$$\alpha_{AB} = \frac{2ra_O - v_O^2}{4r^2}$$

其转向与 $\boldsymbol{a}_e^t$ 方向一致，为顺时针转向。具体计算时，若代入已知数据求出 α_{AB} 为正，则为顺时针转向；若求出 α_{AB} 为负，则为逆时针转向。

试用刚体平面运动的概念说明：当动系做平面运动时，式（4.41）和式（4.46）分别为动系上与动点重合的点的速度和加速度的表达式。

§5.4 工程应用实训

5.1 四种刨床机构如图 5.20 所示，曲柄 $OA = r$，以匀角速度转动，$b = 4r$。试应用点的合成运动和刚体平面运动的理论和方法，在进行运动分析计算的基础上，对四种刨床机构进行比较分析研究，对各自的工作效率做出定性评价。

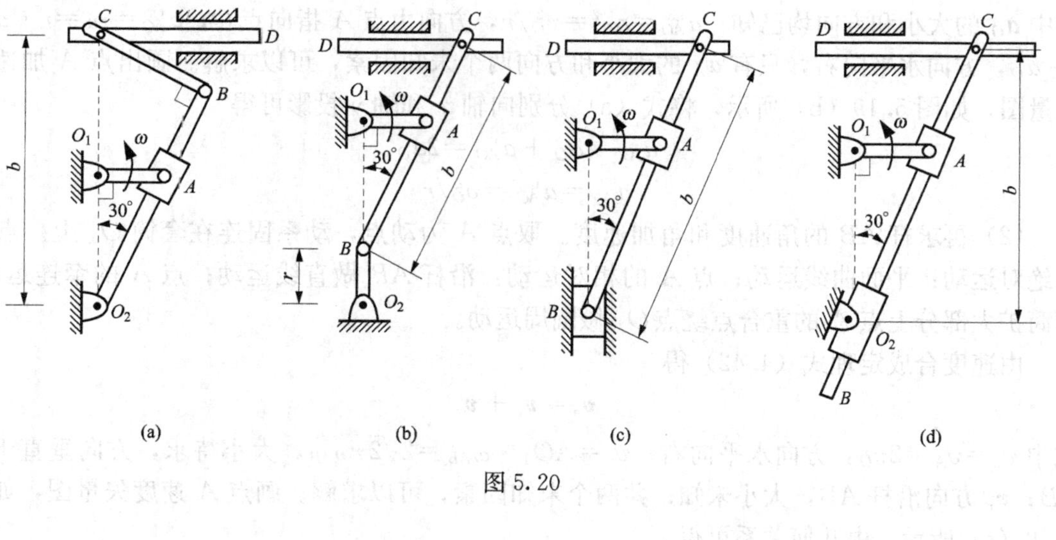

图 5.20

习　题

5.1　如题 5.1 图所示，某柴油机的曲柄 $OA=0.8\text{m}$，连杆 $AB=1.6\text{m}$，额定转速 $n=116\text{r/min}$。当 θ 分别为 0°和 90°时，试求连杆 AB 的角速度以及活塞 B 的速度。

5.2　插齿机传动机构简图如题 5.2 图所示。曲柄 OA 通过连杆 AB 带动摆杆 BC 绕轴 O_1 摆动，与摆杆连成一体的扇齿轮带动齿条使插刀 H 上下运动。设曲柄 OA 长为 r，其角速度为 ω。试求在图示位置时插刀的速度。

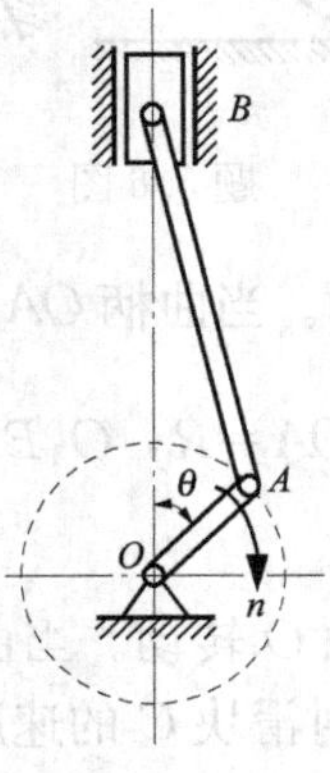

题 5.1 图

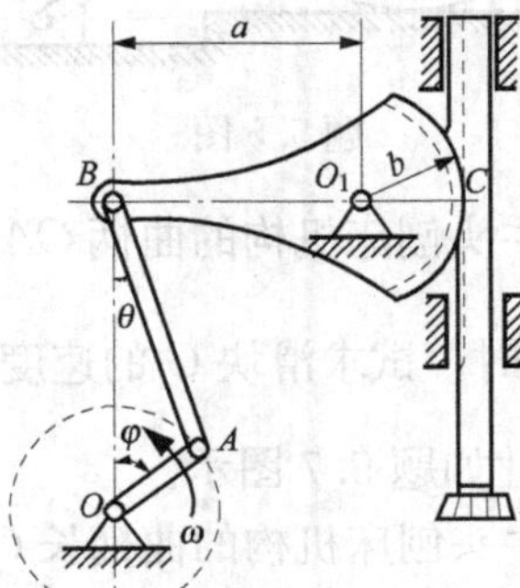

题 5.2 图

5.3　在题 5.3 图所示机构中，杆 AB 一端连接滚子 A，以匀速 $v_A=160\text{mm/s}$ 沿水平向右运动，杆活套于可绕轴 O 转动的套管内。试求当 $x=60\text{mm}$ 时，杆的角速度和端点 B 的速度。设 $AB=20\text{mm}$，$h=80\text{mm}$。

5.4　在题 5.4 图所示曲柄槽杆机构中，曲柄 OA 以匀角速度 $\omega=50\text{rad/s}$ 绕轴 O 转动，带动槽杆 AB 在固定销子 C 上滑动。试求当 $\varphi=90°$时槽杆的角速度和点 B 的速度。设 $OA=30\text{mm}$，$AB=175\text{mm}$，$OC=75\text{mm}$。

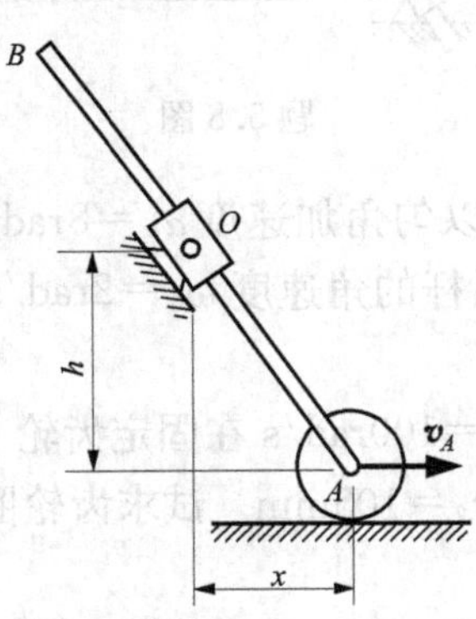

题 5.3 图

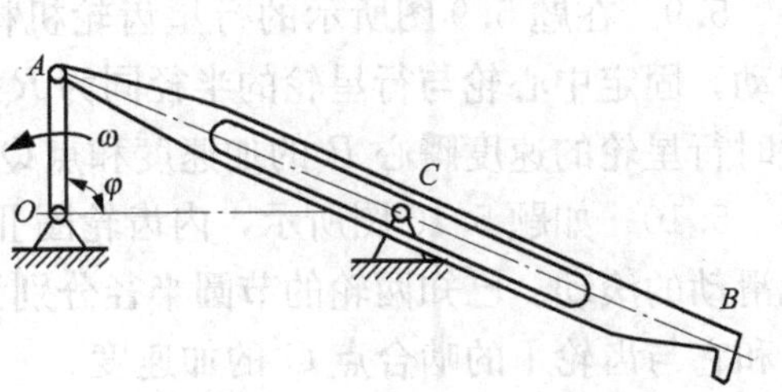

题 5.4 图

5.5　节圆半径 $r=200\text{mm}$ 的齿轮以匀角速度 $\omega=2\text{rad/s}$ 沿齿条做纯滚动，带动连杆 AB 及滑块 B 运动，如题 5.5 图所示。试求图示瞬时（OA 水平）滑块 B 的速度和连杆 AB 的角速度。设 $OA=100\text{mm}$，$AB=400\text{mm}$。

5.6　如题 5.6 图所示，直径为 $60\sqrt{3}$ mm 的滚子在水平面上做纯滚动，杆 BC 一端与滚子铰接，另一端与滑块 C 铰接。设杆 BC 在水平位置时，滚子的角速度 $\omega=12\text{rad/s}$，$\theta=30°$，$\varphi=60°$，$BC=270\text{mm}$。试求该瞬时杆 BC 的角速度和点 C 的速度。

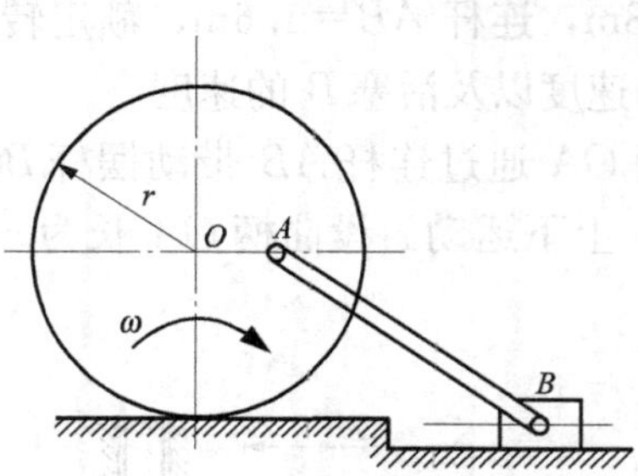

题 5.5 图

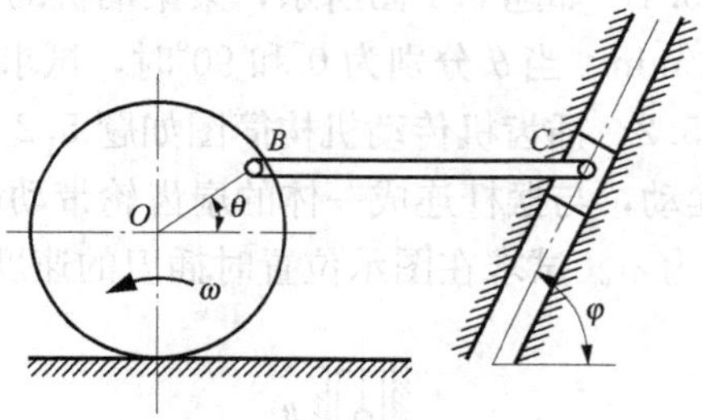

题 5.6 图

5.7　牛头刨床机构的曲柄 OA 以匀角速度 ω_0 绕轴 O 转动。当曲柄 OA 和摇杆 O_1B 处于水平位置时，试求滑块 C 的速度和摇杆 O_1B 的角速度。设 $OA=R$，$O_1B=r$，$BC=\dfrac{4\sqrt{3}}{3}h$，其他尺寸如题 5.7 图示。

5.8　牛头刨床机构的曲柄长 $OA=r$，以匀角速度 ω_0 绕轴 O 转动。当曲柄 OA 处于题 5.8 图所示位置时，连杆 BC 与铅垂线的夹角 $\varphi=30°$。试求此时滑块 C 的速度。

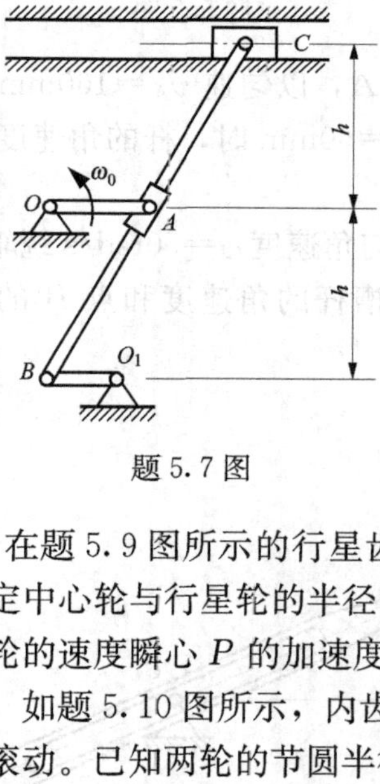

题 5.7 图

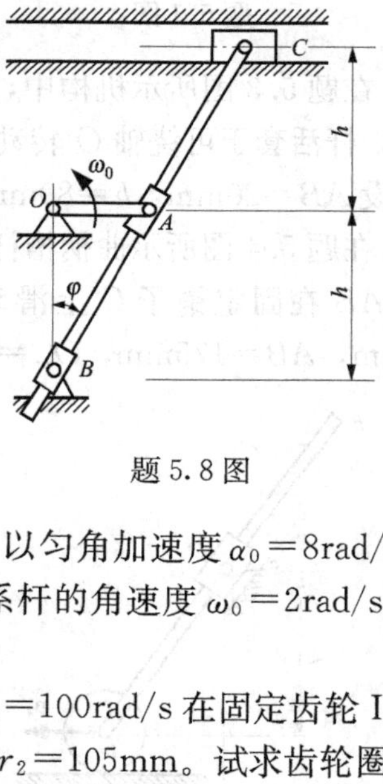

题 5.8 图

5.9　在题 5.9 图所示的行星齿轮机构中，系杆 OA 以匀角加速度 $\alpha_0=8\text{rad/s}^2$ 绕轴 O 转动，固定中心轮与行星轮的半径同为 $R=120\text{mm}$。当系杆的角速度 $\omega_0=2\text{rad/s}$ 时，试求此时行星轮的速度瞬心 P 的加速度和点 Q 的加速度。

5.10　如题 5.10 图所示，内齿轮圈Ⅱ以匀角速度 $\omega_2=100\text{rad/s}$ 在固定齿轮Ⅰ的周围做无滑动的滚动。已知两轮的节圆半径分别为 $r_1=70\text{mm}$，$r_2=105\text{mm}$。试求齿轮圈Ⅱ的中心 C 和它与齿轮Ⅰ的啮合点 C' 的加速度。

5.11　如题 5.11 图所示，V 型汽缸轴线夹角为 90°，曲柄 OA 以匀角速度 $\omega_0=10\text{rad/s}$ 转动。试求 $\varphi=90°$ 时活塞 B、C 的速度和加速度。设 $OA=100\text{mm}$，$AB=AC=100\sqrt{2}\text{mm}$。

5.12　如题 5.12 图所示，通过曲柄连杆机构，使平台Ⅰ做往复直线运动。已知曲柄 OA 转速 $n=60\text{r/min}$，$OA=100\text{mm}$，$AB=300\text{mm}$，齿轮 C、D 上下均与齿条啮合。试求当 $\varphi=90°$ 时平台Ⅰ的速度和加速度。

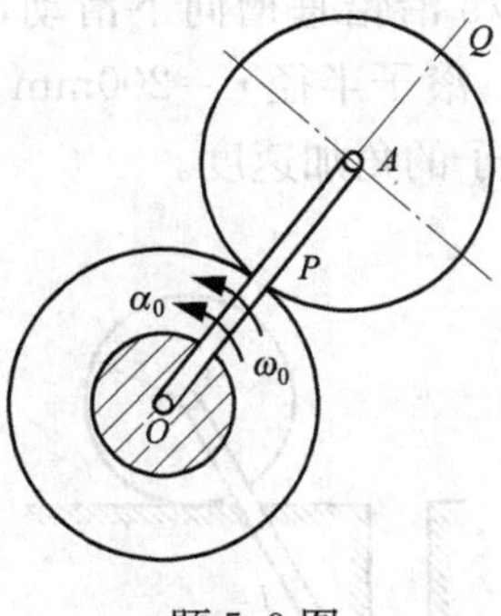

题5.9图

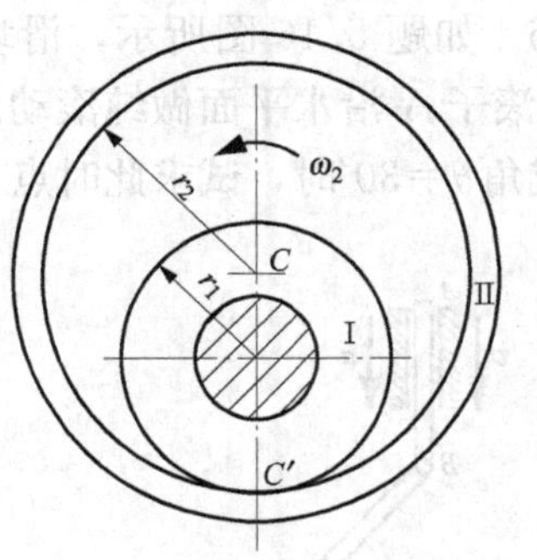

题5.10图

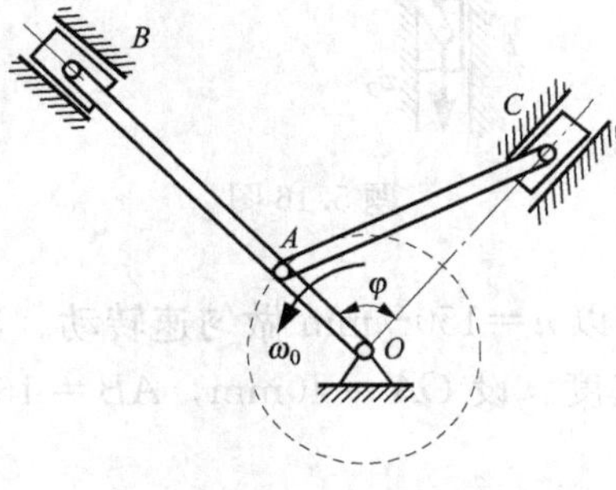

题5.11图

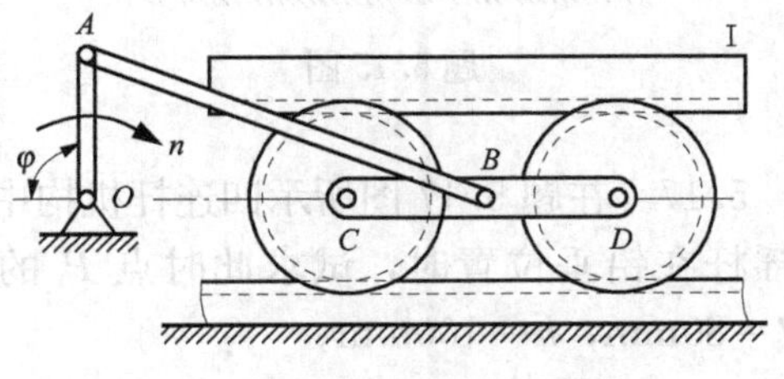

题5.12图

5.13　在题5.13图所示四连杆机构中，曲柄 AB 以匀角速度 ω_0 绕轴 A 转动，且 $AB=CD=r$。当 $\angle BAD=90°$，$\angle ABC=\angle ADC=45°$ 时，试求此时点 C 的加速度和杆 CD 的角加速度。

5.14　在题5.14图所示石油唧筒中，曲柄 OA 以 $n=20\text{r/min}$ 绕轴 O 转动。设某瞬时 BC 与 OA 处于水平，点 B 在点 O 的铅垂线上。试求此时点 C 的速度与加速度。已知 $O_1C=2\text{m}$，$O_1B=3\text{m}$，$AB=2.5\text{m}$，$OA=0.6\text{m}$。

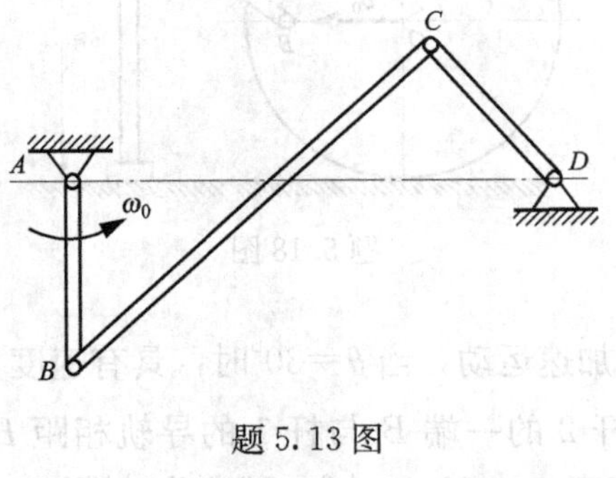

题5.13图

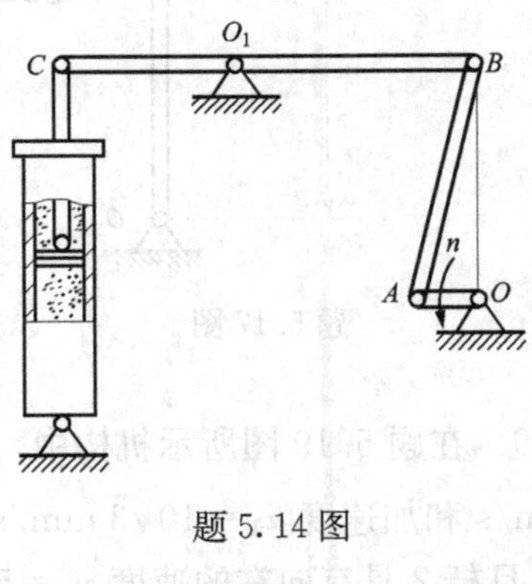

题5.14图

5.15　在某一瞬时，机构处于题5.15图所示位置。此时导杆 AB 具有向下的速度 $v=2\text{m/s}$ 和向下的加速度 $a=6\text{m/s}^2$，设齿扇和固定齿条的啮合点 C 无相对滑动。试求此时连杆 BO 的角加速度、点 O 的加速度和齿扇的角加速度。已知 $r=300\text{mm}$，$OB=\sqrt{2}\,r$，$\varphi=45°$。

5.16　如题 5.16 图所示，滑块 B 以匀速度 $v_B=2\text{m/s}$ 沿铅垂槽向下滑动，通过连杆 AB 带动滚子 A 沿水平面做纯滚动。设连杆长 $l=800\text{mm}$，滚子半径 $r=200\text{mm}$。当 AB 与铅垂线成角 $\theta=30°$时，试求此时点 A 的加速度及连杆、滚子的角加速度。

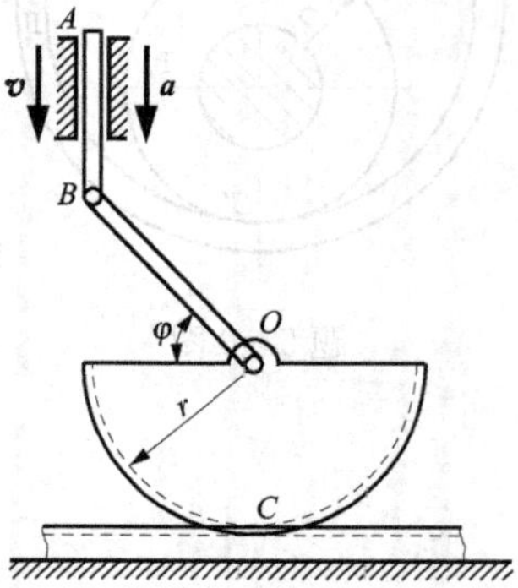

题 5.15 图

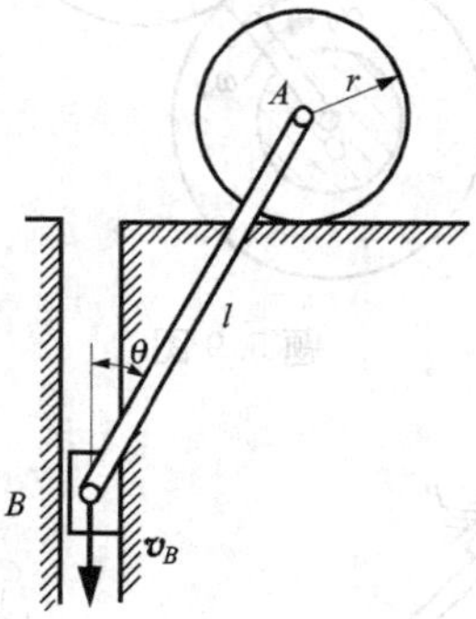

题 5.16 图

5.17　在题 5.17 图所示四连杆机构中，曲柄 OA 以 $n=150\text{r/min}$ 做匀速转动。当曲柄和摇杆在铅垂位置时，试求此时点 P 的速度和加速度。设 $OA=40\text{mm}$，$AB=160\text{mm}$，$BP=80\text{mm}$，$h=100\text{mm}$。

5.18　如题 5.18 图所示，齿轮 O 在水平齿条上往复滚动，通过连杆 AB 推动颈套 A 沿立轴上下滑动，A、B 处均为铰接。当颈套 A 到达 $y=175\text{mm}$ 的位置时，轮心 O 与点 B 的连线位于水平，此时轮心速度 $v_O=120\text{mm/s}$，指向右方，且加速度等于零。试求此时颈套 A 的加速度。设齿轮节圆半径 $r=100\text{mm}$，连杆长 $l=125\text{mm}$，$OB=75\text{mm}$。

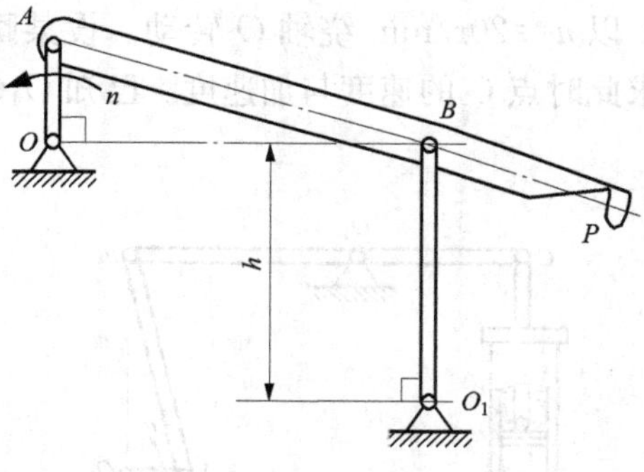

题 5.17 图

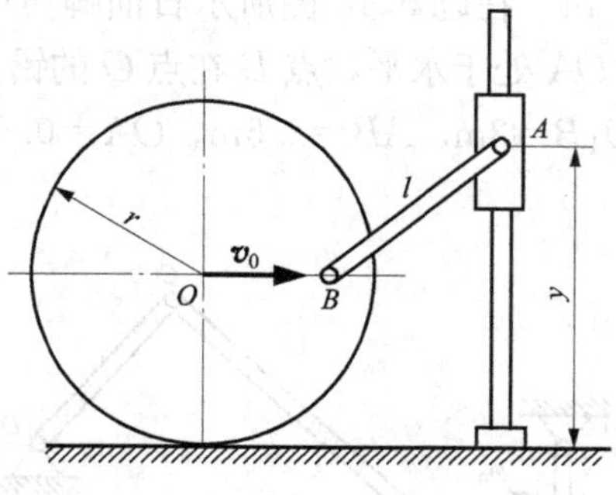

题 5.18 图

5.19　在题 5.19 图所示机构中，导杆 1 向上做加速运动，当 $\theta=30°$时，具有速度 $v_1=10\sqrt{3}\,\text{mm/s}$ 和加速度 $a_1=10\sqrt{3}\,\text{mm/s}^2$。此时控制杆 2 的一端 B 与杆 1 的导轨相距 $BO=30\text{mm}$，且杆 2 具有向右的速度 $v_2=50\text{mm/s}$ 和加速度 $a_2=10\text{mm/s}^2$。试求此时槽杆 3 的角加速度和滑块 B 相对于槽杆 3 的加速度。

5.20　曲柄导杆机构的曲柄长 $OA=120\text{mm}$，在题 5.20 图所示位置$\angle AOB=90°$时，曲柄的角速度 $\omega=4\text{rad/s}$，角加速度 $\alpha=2\text{rad/s}^2$。试求此时导杆 AC 的角加速度及导杆相对于套筒 B 的加速度。设 $OB=160\text{mm}$。

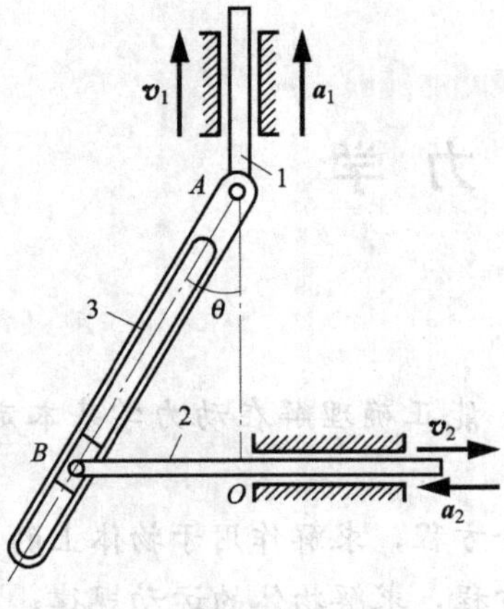

题 5.19 图

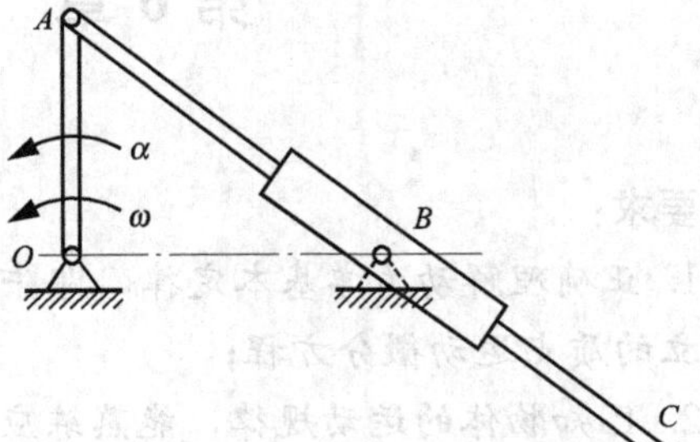

题 5.20 图

第6章 质点动力学

教学要求:

1. 正确理解动力学基本定律,即牛顿运动三定律,能正确理解在动力学基本定律基础上建立的质点运动微分方程;

2. 已知物体的运动规律,能熟练应用质点运动微分方程,求解作用于物体上的力;

3. 已知作用于物体上的力,能应用质点运动微分方程,求解物体的运动规律;

4. 能正确理解非惯性系中动力学问题,了解非惯性系做平移和转动时质点的相对运动动力学问题的求解方法。

动力学研究作用于物体上的力与物体机械运动之间的关系。动力学的知识在现代工程技术中有广泛的应用,例如,动力机械设计、结构动力分析、高层建筑的抗震计算,火箭和卫星的发射等工程问题,都需要以动力学理论为基础。

在动力学中经常用到的力学模型有质点、质点系、刚体和刚体系统。如果一个物体的大小和形状可以忽略不计,就可将其抽象为只有质量而没有大小的点,称为质点。质点系是由有限或无限多相互联系着的质点所组成的系统。刚体可看作其中任意两质点间的距离都保持不变的系统,也称为不变质点系,由若干个刚体组成的系统称为刚体系统。

动力学问题可以用大家熟知的动力学基本定律来研究,也可以用由基本定律推导出来的动力学普遍定理来研究,还可以像静力学那样用平衡方程的方法来研究。对于具体问题,应根据问题的特点及其复杂程度进行具体分析,选择恰当的研究方法。

本章首先在阐述动力学基本定律的基础上建立了质点运动微分方程,着重讨论应用质点运动微分方程求解质点动力学两类问题。接着讨论质点相对于非惯性参考系的运动微分方程及其应用,主要研究非惯性参考系做平移和转动时质点的相对运动动力学问题。

§6.1 动力学基本定律

动力学基本定律是牛顿总结了前人的研究成果,在其名著《自然哲学的数学原理》中提出的三个定律,通常称为**牛顿运动三定律**。牛顿动力学基本定律是以质点为研究对象建立起来的,是动力学最基本的定律。

第一定律(惯性定律) 质点如不受外力作用,则始终保持静止或匀速直线运动状态。该定律表明任何物体(质点)都具有保持静止或匀速直线运动状态不变的特性,物体的这种特性称为**惯性**,所以第一定律又称惯性定律。第一定律还表明力是改变物体运动状态(即获得加速度)的外部原因。

第二定律(力、质量和加速度关系定律) 质点受力作用时,其所获得的加速度大小与力的大小成正比,与质点的质量成反比,加速度的方向与力的方向相同。

若质点同时受到几个力作用，则作用于质点上的各力可用合力来代表，即 $\boldsymbol{F}_{\mathrm{R}}=\sum\boldsymbol{F}_i$，即作用于质点上的力可理解为受这几个力的合力的作用。设质点的质量为 m，质点的加速度为 $\boldsymbol{a}$，则第二定律可用公式表示为

$$\sum\boldsymbol{F}_i=m\boldsymbol{a} \tag{6.1}$$

此即动力学的基本方程，是建立其他动力学方程的基础。

在国际单位制中，使 1kg 质量的质点产生 1m/s 的加速度所施加的力，定义为 1N，称为一牛顿。在这些物理量中，质量、长度、时间的单位为**基本单位**，力的单位为**导出单位**，由式（6.1）可得

$$1\mathrm{N}=1\mathrm{kg}\cdot1\mathrm{m/s^2}$$

质量是物体固有的属性，是物体惯性的度量，而重量是指物体所受重力的大小，设物体的质量为 m，重量为 G，则

$$G=mg \tag{6.2}$$

式中 g 为重力加速度，在地球表面上各处的重力加速度数值并不相同，与当地的纬度和高度有关。我国各地重力加速度的平均值取 $g=9.80\mathrm{m/s^2}$。

第三定律（力的作用与反作用定律） 两物体间作用力与反作用力，总是大小相等、方向相反，沿同一条作用线并分别作用于这两个物体上。

第三定律又称力的作用与反作用定律，该定律已在物理学中做过说明并被广泛应用。

质点所受合力的方向就是质点的运动方向，这一说法是否正确？为什么？

凡是能使牛顿运动定律成立的参考系称为**惯性参考系**，例如，研究人造卫星的轨道、洲际导弹的飞行等问题，可取以地球中心为原点，三根轴分别指向三个恒星中心的参考系（即地心参考系）为惯性参考系。研究天文问题，可取以太阳中心为原点，三根轴分别指向三个恒星中心的参考系（即日心参考系）为惯性参考系。天文观测资料表明，日心参考系是非常精确的惯性参考系。固连于地球的参考系由于地球自转的影响，严格地说已不是惯性参考系，但对于一般工程问题而言，由牛顿定律所得的计算结果是足够精确的，因此也可当作惯性参考系。物理学已证明，相对于惯性参考系做匀速直线平移的参考系也是惯性参考系。在实际问题中，如无特别说明，一般均以与地球固连的参考系为惯性参考系。

§6.2 质点运动微分方程

牛顿第二定律给出了解决质点动力学问题的基本方程，若将该式表示为包含质点位置坐标对时间的导数的方程，则称为**质点运动微分方程**。

设质点 P 的质量为 m，受合力 $\sum\boldsymbol{F}_i$ 的作用沿空间曲线运动，质点的矢径为 $\boldsymbol{r}$，如图 6.1 所示。

由运动学可知

$$\boldsymbol{a}=\ddot{\boldsymbol{r}}=\frac{\mathrm{d}^2\boldsymbol{r}}{\mathrm{d}t^2}$$

于是式（6.1）可改写为

$$m\ddot{\boldsymbol{r}}=\sum\boldsymbol{F}_i \tag{6.3}$$

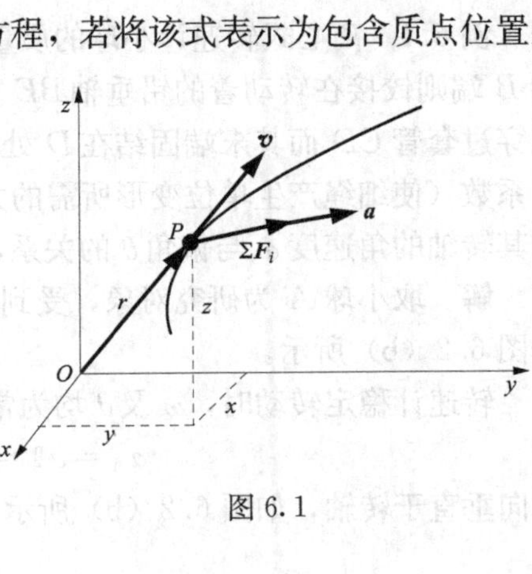

图 6.1

式（6.3）为矢量形式的质点运动微分方程。

求解动力学问题，往往需要根据运动的特点，选择不同形式的参考坐标系。若将式（6.3）投影到直角坐标系 $Oxyz$ 的各坐标轴上，则得

$$\left.\begin{aligned} m\ddot{x} &= \sum F_x \\ m\ddot{y} &= \sum F_y \\ m\ddot{z} &= \sum F_z \end{aligned}\right\} \tag{6.4}$$

式中：$\sum F_x$、$\sum F_y$、$\sum F_z$ 分别为作用在质点 P 上各力在相应的坐标轴上投影的代数和，而 x、y、z 为矢径 $\boldsymbol{r}$ 在相应坐标轴上的投影。式（6.4）为直角坐标形式的质点运动微分方程。

若质点 P 的轨迹已知，将式（6.3）投影到自然轴系上，得

$$\left.\begin{aligned} m\ddot{s} &= \sum F_t \\ m\frac{\dot{s}^2}{\rho} &= \sum F_n \\ 0 &= \sum F_b \end{aligned}\right\} \tag{6.5}$$

式中：$\ddot{s}=\dfrac{d^2 s}{dt^2}=a_t$、$\dfrac{\dot{s}^2}{\rho}=a_n$、$a_b=0$ 分别是质点 P 的加速度 $\boldsymbol{a}$ 在切线、主法线及副法线正向的投影；ρ 为曲线在点 P 处的曲率半径；$\sum F_t$、$\sum F_n$ 及 $\sum F_b$ 分别为作用于质点 P 上的各力在相应自然坐标轴上投影的代数和。式（6.5）为弧坐标形式的质点运动微分方程。

试采用投影的方法，推导极坐标形式的质点运动微分方程。

动力学问题可分为两类基本问题：

（1）已知物体的运动规律，求作用于物体上的力；

（2）已知作用于物体上的力，求物体的运动规律。

对于第一类问题，通常是将物体（质点）的运动方程对时间求导数，求得质点的加速度后，代入运动微分方程便可求得未知的作用力。

而第二类问题，若已知力是位置坐标的函数，或时间的函数，或速度的函数，或以上若干个变量的函数，将已知力代入运动微分方程后进行积分运算，根据初始条件，最终可求得质点的运动方程。

两个质量相同的质点，在相同力的作用下运动，这两质点的轨迹、速度及加速度是否相同？为什么？

例 6.1 离心式转速计小球的质量为 m，固连在质量可略去不计的杆 AB 的 A 端，而杆的 B 端则铰接在转动着的铅垂轴 BE 上［见图 6.2（a）］。小球受弹性细绳 ACD 的支持，细绳穿过套管 CD 而其末端固结在 D 处，弹性细绳的原长（未受力时的长度）为 CD，弹簧刚度系数（使细绳产生单位变形所需的力）为 k，设 $AB=BC=l$。试求转速计稳定匀速转动时其转轴的角速度 ω 与偏角 θ 的关系，以及杆 AB 所受的力。

解 取小球 A 为研究对象，受到重力 mg、细绳的弹性力 $\boldsymbol{F}$ 和杆的约束力 $\boldsymbol{F}_N$ 的作用，如图 6.2（b）所示。

转速计稳定转动时，ω 及 θ 均为常数，因此杆的角加速度 $\alpha=0$，小球 A 的加速度

$$a_A = a_A^n = AB\sin\theta \cdot \omega^2 = l\sin\theta \cdot \omega^2$$

方向垂直于转轴，如图 6.2（b）所示。

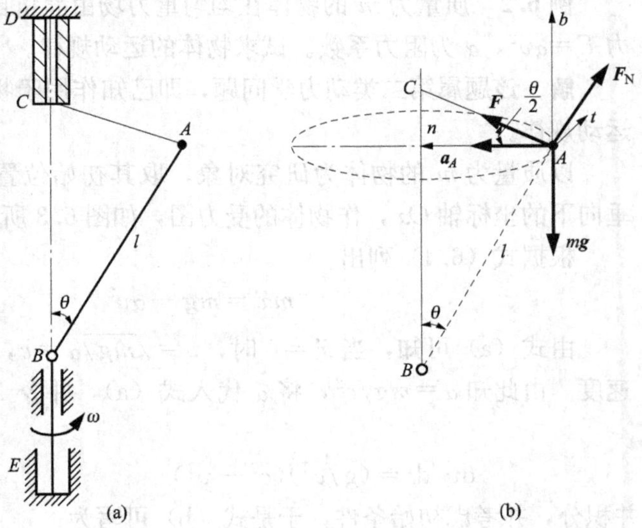

图 6.2

细绳的弹性力 $\boldsymbol{F}$ 沿绳 AC，其大小为

$$F=k\cdot CA=k\cdot 2l\sin\frac{\theta}{2}$$

以点 A 为坐标原点，取自然轴系如图 6.2（b）所示。根据弧坐标形式的质点运动微分方程，得小球 A 的运动微分方程在主法线和副法线方向的投影分别为

$$ma_{\mathrm{A}}=F\cos\frac{\theta}{2}-F_{\mathrm{N}}\sin\theta$$

$$0=F\sin\frac{\theta}{2}+F_{\mathrm{N}}\cos\theta-mg$$

将 a_A 及 F 之值代入上两式，得

$$ml\omega^2\sin\theta=2kl\sin\frac{\theta}{2}\cos\frac{\theta}{2}-F_{\mathrm{N}}\sin\theta \tag{a}$$

$$0=2kl\sin^2\frac{\theta}{2}+F_{\mathrm{N}}\cos\theta-mg \tag{b}$$

若 $\sin\theta\neq 0$，则由式（a）可得

$$F_{\mathrm{N}}=l(k-m\omega^2)$$

故杆 AB 所受的压力大小为 $l(k-m\omega^2)$。

将 F_{N} 值代入式（b），由于 $\sin^2\frac{\theta}{2}=\frac{1}{2}(1-\cos\theta)$，于是得

$$\omega=\sqrt{\frac{kl-mg}{ml\cos\theta}}$$

这就是所求 ω 与偏角 θ 的关系。由于 $\cos\theta\leqslant 1$，所以稳定转动只能发生在

$$\omega\geqslant\sqrt{\frac{kl-mg}{ml}}$$

若 $\omega\leqslant\sqrt{\frac{kl-mg}{ml}}$，则 $\theta=0$。

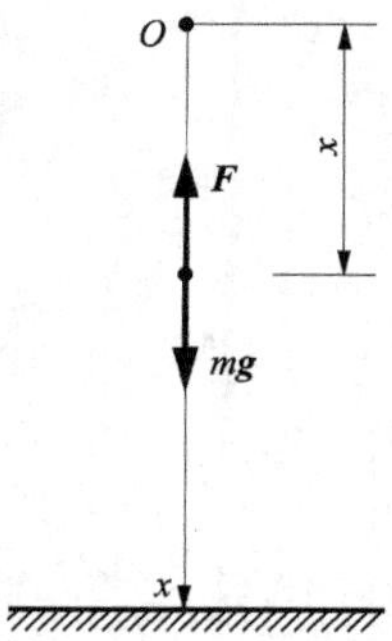

图 6.3

例 6.2 质量为 m 的物体在均匀重力场由静止自由下落，设空气阻力 $F=\alpha v^2$，α 为阻力系数。试求物体的运动规律。

解 该题属第二类动力学问题，即已知作用于物体上的力求物体的运动规律。

以质量为 m 的物体为研究对象，取其初始位置为原点 O，并取铅垂向下的坐标轴 Ox，作物体的受力图，如图 6.3 所示。

根据式（6.4）列出

$$m\ddot{x}=mg-\alpha v^2 \tag{a}$$

由式（a）可知，当 $\ddot{x}=0$ 时，$v=\sqrt{mg/\alpha}=c$，即 c 为物体的极限速度。由此知 $\alpha=mg/c^2$，将 α 代入式（a），并令 $\ddot{x}=\mathrm{d}v/\mathrm{d}t$，于是上式可写为

$$\mathrm{d}v/\mathrm{d}t=(g/c^2)(c^2-v^2) \tag{b}$$

对式（b）分离变量并积分，并考虑初始条件，于是式（b）可写为

$$\int_0^v \frac{c\,\mathrm{d}v}{(c^2-v^2)}=\int_0^t \frac{g\,\mathrm{d}t}{c} \tag{c}$$

由于$\dfrac{1}{c^2-v^2}=\dfrac{1}{2c}\left(\dfrac{1}{c-v}+\dfrac{1}{c+v}\right)$，式（c）积分得

$$\frac{c+v}{c-v}=\mathrm{e}^{(2g/c)t}$$

由此得

$$v=c\,\mathrm{th}(gt/c) \tag{d}$$

对式（d）再次积分，得物体的运动规律

$$x=(c^2/g)\ln[\mathrm{ch}(gt/c)]$$

例 6.3 由地面铅直向上发射火箭，不考虑空气阻力。试求火箭能飞出地球引力场做星际飞行所需的最小初速度。已知地球半径 $R=6371\text{km}$。

解 将火箭当作质点，只考虑地球的引力。根据万有引力定律，地球对火箭的引力大小为

$$F=k\frac{m_0 m}{r^2} \tag{a}$$

式中：m_0 为地球的质量；m 为火箭的质量；r 为火箭到地心的距离；k 为引力常数。因火箭在地面附近，$r\approx R=6371\text{km}$，受到的引力等于重力，故

$$mg=k\frac{m_0 m}{R^2}$$

由此可得引力常数

$$k=\frac{gR^2}{m_0}$$

代入式（a）得

$$F=\frac{mgR^2}{r^2} \tag{b}$$

设火箭在引力作用下铅直上升，以地心为坐标原点 O，沿火箭直线运动轨迹作 Ox 轴

（见图 6.4），显然有 $r=x$，由式（6.4）可得火箭的运动微分方程为

$$m\frac{\mathrm{d}v}{\mathrm{d}t}=-\frac{mgR^2}{x^2} \tag{c}$$

因为

$$\frac{\mathrm{d}v}{\mathrm{d}t}=\frac{\mathrm{d}v}{\mathrm{d}x}\cdot\frac{\mathrm{d}x}{\mathrm{d}t}=v\frac{\mathrm{d}v}{\mathrm{d}x}$$

代入式（c）并分离变量得

$$v\mathrm{d}v=-gR^2\frac{\mathrm{d}x}{x^2} \tag{d}$$

设火箭点火完成时的速度为 v_0，将式（d）两边定积分

$$\int_{v_0}^{v}v\mathrm{d}v=\int_{R}^{x}-gR^2\frac{\mathrm{d}x}{x^2}$$

积分后可得

$$v^2=v_0^2-2gR^2\left(\frac{1}{R}-\frac{1}{x}\right)$$

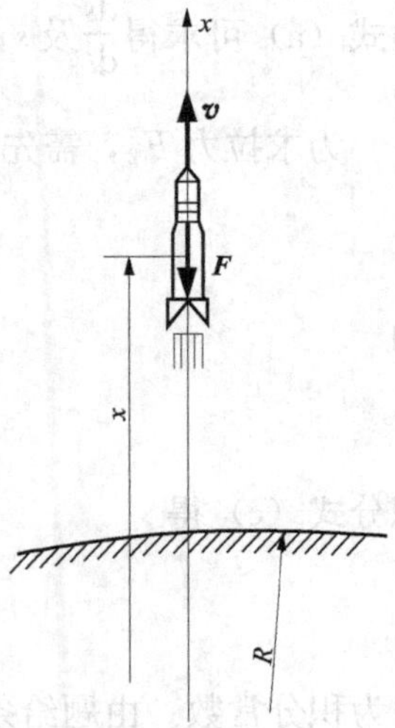

图 6.4

火箭要脱离地球引力场，即意味着火箭的位置可达 $x\to\infty$，且 $v\geqslant 0$。取 $v=0$ 可得最小初速度

$$v_0=\sqrt{2gR}=11.2\text{km/s}$$

这个速度称为**第二宇宙速度**。

例 6.4　图 6.5 所示桥式起重机上的小车，吊着重量为 $\boldsymbol{W}$ 的物体，沿桥架以速度 $\boldsymbol{v}_0$ 做匀速运动。因故急刹车后重物由于惯性绕悬挂点 C 向前摆动。设绳长为 l。试求刹车前后绳子拉力的变化。

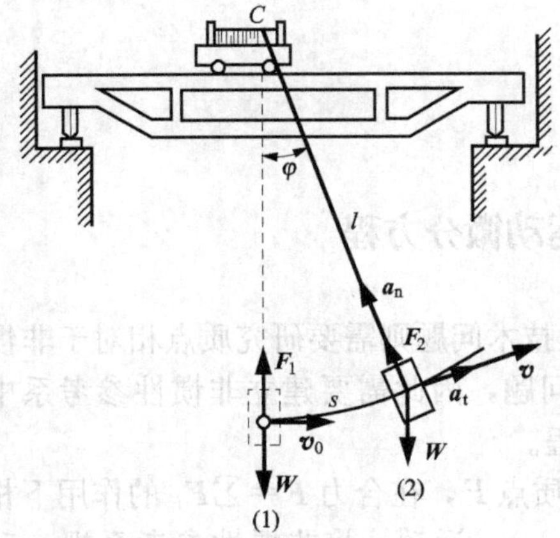

图 6.5

解　取重物为研究对象，其上作用有重力 $\boldsymbol{W}$ 和绳子的拉力 $\boldsymbol{F}$。刹车前物体做匀速直线运动，处于平衡状态，其受力图如图 6.5 中位置（1）所示。显然 $F_1=W$。刹车后，物体绕点 C 摆动。取物体摆动到与原来位置成 φ 角时的任意位置来研究，其受力图如图 6.5 中位置（2）所示。此时物体做圆周运动，运动轨迹已知，用式（6.5）求解较方便。因在任一瞬时物体沿圆周运动的路程 $s=l\varphi$，其中 s 与 φ 都随时间 t 而变，求导后可知

$$\dot{s}=v=l\dot{\varphi}$$
$$\ddot{s}=\dot{v}=l\ddot{\varphi}$$

故由式（6.5）可得

$$\frac{W}{g}l\ddot{\varphi}=-W\sin\varphi \tag{a}$$

$$\frac{W}{g}l\dot{\varphi}^2=F_2-W\cos\varphi \tag{b}$$

由式（a）可求得$\frac{ds}{dt}$及s；由式（b）可求得约束力F_2。

为求拉力F_2，需先求出$\dot{\varphi}$。将式（a）的左右两端各乘以$\frac{g}{l}\dot{\varphi}$，可得

$$\dot{\varphi}\ \frac{d}{dt}\dot{\varphi}=-\frac{g}{l}\sin\varphi\dot{\varphi}$$

即

$$d\left(\frac{\dot{\varphi}^2}{2}\right)=-\frac{g}{l}\sin\varphi d\varphi \tag{c}$$

积分式（c）得

$$\frac{1}{2}\varphi^2=\frac{g}{l}\cos\varphi+C \tag{d}$$

C为积分常数。由题给条件知，当$t=0$时，$\varphi_0=0$，$\dot{\varphi}_0=\frac{v_0}{l}$，将$\varphi_0$与$\dot{\varphi}_0$代入式（d）得

$$C=-\frac{g}{l}+\frac{1}{2}\dot{\varphi}_0^2$$

所以

$$\dot{\varphi}^2=\frac{2g}{l}(\cos\varphi-1)+\dot{\varphi}_0^2 \tag{e}$$

将式（e）代入式（b）得

$$\begin{aligned}F_2&=\frac{W}{g}l\left[\frac{2g}{l}(\cos\varphi-1)+\dot{\varphi}_0^2\right]+W\cos\varphi\\&=W\left[(3\cos\varphi-2)+\frac{v_0^2}{gl}\right]\end{aligned}$$

v_0为重物开始摆动的速度，是常量。可见$\cos\varphi$越大，F_2就越大，当$\varphi=0$时，F_2有最大值

$$F_{2\max}=W\left(1+\frac{v_0^2}{gl}\right)$$

§6.3 非惯性系中的质点运动微分方程

牛顿运动定律只适用于惯性参考系，但是某些工程技术问题则需要研究质点相对于非惯性参考系的动力学问题，因此需要建立非惯性参考系中的质点运动微分方程。

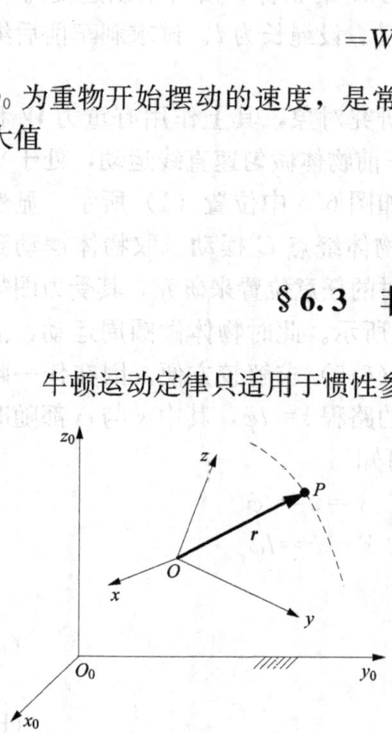

图 6.6

设质量为m的质点P，在合力$\boldsymbol{F}=\sum\boldsymbol{F}_i$的作用下相对于非惯性参考系$Oxyz$运动，将非惯性参考系视为动系，该动系又相对于定参考系$O_0x_0y_0z_0$运动，如图6.6所示。

在定系中，由牛顿第二定律，有

$$m\boldsymbol{a}=\boldsymbol{F} \tag{6.6}$$

式中：$\boldsymbol{a}$是质点的绝对加速度，由运动学中点的加速度合成定理知

$$\boldsymbol{a}=\boldsymbol{a}_{\mathrm{r}}+\boldsymbol{a}_{\mathrm{e}}+\boldsymbol{a}_{\mathrm{C}} \tag{6.7}$$

将式（6.7）代入式（6.6），移项后得

$$m\boldsymbol{a}_{\mathrm{r}}=\boldsymbol{F}+(-m\boldsymbol{a}_{\mathrm{e}})+(-m\boldsymbol{a}_{\mathrm{C}})$$

令

$$\boldsymbol{F}_{\mathrm{Ie}}=-m\boldsymbol{a}_{\mathrm{e}}，\boldsymbol{F}_{\mathrm{IC}}=-m\boldsymbol{a}_{\mathrm{C}}$$

则

$$m\boldsymbol{a}_{\mathrm{r}}=\boldsymbol{F}+\boldsymbol{F}_{\mathrm{Ie}}+\boldsymbol{F}_{\mathrm{IC}} \tag{6.8}$$

式（6.8）称为**非惯性系中的质点动力学基本方程**，也称为**质点相对运动动力学基本方程**。其中 $\boldsymbol{F}_{\mathrm{Ie}}$ 称为**牵连惯性力**，$\boldsymbol{F}_{\mathrm{IC}}$ 称为**科氏惯性力**，均具有力的量纲，且与质点质量有关，式（6.8）表明，只要在牛顿第二定律的作用力项中假想地加上牵连惯性力 $\boldsymbol{F}_{\mathrm{Ie}}$ 和科氏惯性力 $\boldsymbol{F}_{\mathrm{IC}}$，则质点在非惯性系中的运动在形式上仍服从牛顿第二定律，以前解决质点动力学问题的方法全都可以应用。

在动系 $Oxyz$ 内，式（6.8）可写成微分方程的形式

$$m\frac{\tilde{\mathrm{d}}^2\boldsymbol{r}}{\mathrm{d}t^2}=\boldsymbol{F}+\boldsymbol{F}_{\mathrm{Ie}}+\boldsymbol{F}_{\mathrm{IC}} \tag{6.9}$$

式（6.9）就是**非惯性系中的质点运动微分方程**，也称为质点相对运动微分方程。式中：$\boldsymbol{r}$ 为质点 P 在动系中的矢径；$\dfrac{\tilde{\mathrm{d}}^2\boldsymbol{r}}{\mathrm{d}t^2}$ 为 $\boldsymbol{r}$ 对时间的二阶相对导数。在实际应用时，可根据已知条件，选取直角坐标系或自然轴系，将式（6.9）投影到相应的坐标轴上，再进行计算。

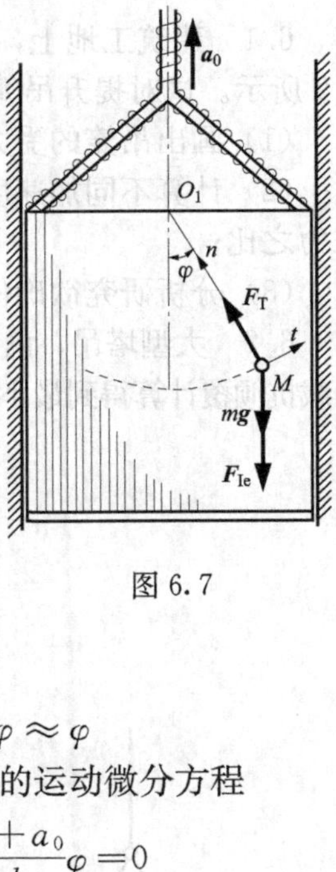

图 6.7

例 6.5 已知电梯以匀加速度 $\boldsymbol{a}_0$ 上升，试求电梯中摆长为 l 的单摆相对电梯厢的运动微分方程。

解 以单摆为研究对象，动系固连在电梯厢上。单摆在任意偏角 φ 时所受的力有重力 $m\boldsymbol{g}$，细绳拉力 $\boldsymbol{F}_{\mathrm{T}}$，还应加上牵连惯性力 $\boldsymbol{F}_{\mathrm{Ie}}=-\mathrm{m}\boldsymbol{a}_0$，如图 6.7 所示。将式（6.8）向摆在动系中的轨迹切向投影可得

$$ml\ddot{\varphi}=-mg\sin\varphi-ma_0\sin\varphi=-m(g+a_0)\sin\varphi$$

对于微幅振动

$$\sin\varphi\approx\varphi$$

可得单摆相对电梯厢的运动微分方程

$$\ddot{\varphi}+\frac{g+a_0}{l}\varphi=0$$

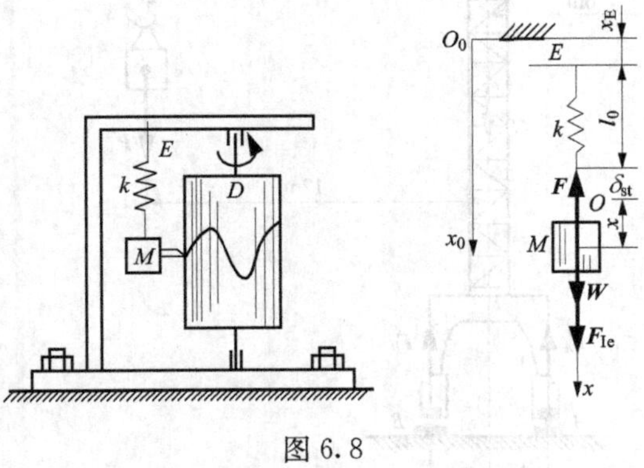

图 6.8

例 6.6 记录铅垂振动的地震测量仪如图 6.8 所示。设基础做微幅为 A，频率为 ω 的谐振，其运动规律为 $A\sin\omega t$，试求测振仪的振子 M 相对于支架的运动。弹簧质量与阻力均忽略不计。

解 以振子为研究对象，动系固连于支架，支架随基础做平移，运动规律为

$$x_E=A\sin\omega t$$

因此振子的牵连加速度为

$$a_e = \ddot{x} = -A\omega^2 \sin\omega t$$

取基础未振动时振子的静平衡位置作为动系原点 O，动坐标轴 Ox 的正向向下。当基础铅垂振动时，振子沿铅垂方向做受迫振动。振子在任意瞬时 t 的坐标为 x，其所受的力有重力 $W=mg$ 和恢复力 $F=-k(\delta_{st}+x)$，其中 δ_{st} 为弹簧的静伸长，加上牵连惯性力 $F_{Ie}=ma_e=mA\omega^2\sin\omega t$，并将方程式（6.8）投影到 Ox 轴上，可得振子的相对运动微分方程

$$m\ddot{x} = W - k(\delta_{st}+x) + mA\omega^2\sin\omega t \tag{a}$$

因 $W=k\delta_{st}$，故式（a）可简化为

$$\ddot{x} + \omega_0^2 x = A\omega^2\sin\omega t \tag{b}$$

式中 $\omega_0^2=\dfrac{k}{m}$，式（b）的特解就是振子相对支架的运动方程

$$x = \frac{A\omega^2}{\omega_0^2-\omega^2}\sin\omega t$$

§6.4 工程应用实训

6.1 建筑工地上，施工人员正乘坐挂在钢索上的吊笼前往高层建筑施工现场，如图 6.9 所示。试对提升吊笼的安全性进行分析和研究。

（1）画出吊笼的受力图，对各力进行标注；

（2）计算不同加速度：0.5、1 、1.5、2、4、6、8m/s² 时，对应的钢索拉力与静载下拉力之比；

（3）分析研究欲确保安全，提升吊笼的操作需注意哪些问题。

6.2 大型塔吊，已知：机身重 $G=220$kN，最大吊重 $P=50$kN，尺寸如图 6.10 所示。由静载抗倾覆计算得到最小平衡重 W 为 7.5kN，为确保塔吊在动荷载下不倾覆，试进行如下分析：

图 6.9

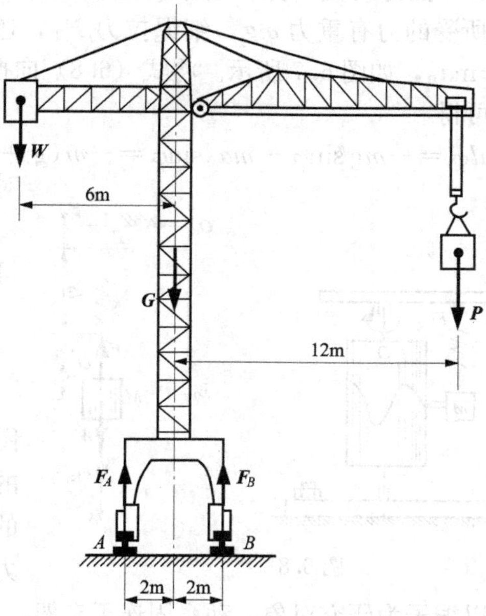

图 6.10

(1) 画出塔吊的计算简图，并对各力及尺寸进行标注；

(2) 在危险工况下，计算不同提升加速度：0.5、1、1.5、2、4m/s^2 时，对应的最小平衡重的取值；

(3) 研究欲确保塔吊在动荷载下不倾覆，平衡重与起吊加速度的安全许可值范围。

习 题

6.1 如题6.1图所示，用绞车沿斜面提升质量为 m 的重物 M，已知斜面的倾角为 θ，斜面与重物间的动滑动摩擦因数为 f。若绞车的鼓轮半径为 r，且鼓轮按 $\varphi=\frac{1}{2}\alpha t^2$（$t$ 以 s 计，φ 以 rad 计）的规律做匀加速转动，试求钢索的拉力。

6.2 单摆的摆长为 l，摆锤 A 的质量为 m，按 $\varphi=\varphi_0\sin\sqrt{\frac{g}{t}}t$（$t$ 以 s 计，φ 以 rad 计）的规律做微幅摆动，式中 φ_0 为常量，g 为重力加速度。试求摆锤经过最高位置和最低位置的瞬时绳中的拉力。

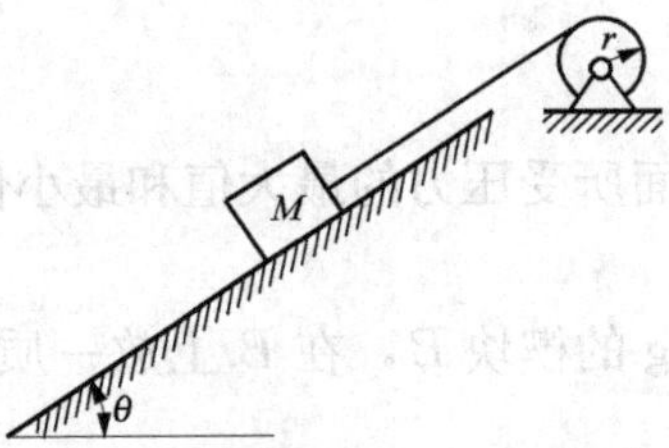

题 6.1 图

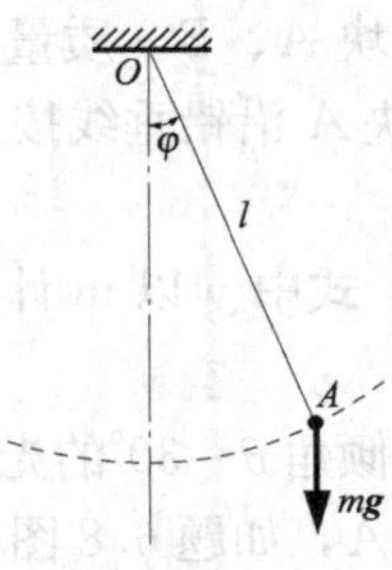

题 6.2 图

6.3 质量为 m 的球用两根各长 l 的杆支持，如题 6.3 图所示。球和杆一起以匀角速度 ω 绕铅垂轴 AB 转动。如 $AB=2a$，杆的两端均为铰接，杆重忽略不计。试求各杆所受的力。

6.4 如题 6.4 图所示，调速器内有两重块 A、B，质量各为 30kg，可沿调速器的直径方向 MN 滑动。两重块分别用弹簧连接在 M、N 两点，其重心分别同弹簧的末端重合。弹簧的刚度 k=19 600N/m，弹簧在没有变形时其末端到轴 O 的距离等于 0.05m。当调速器以 n=120r/min 绕铅垂轴 O 匀速转动时，试求重块的重心到轴 O 的距离。

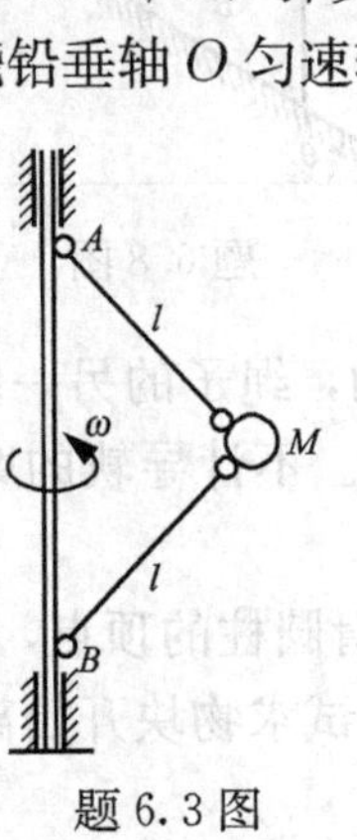

题 6.3 图

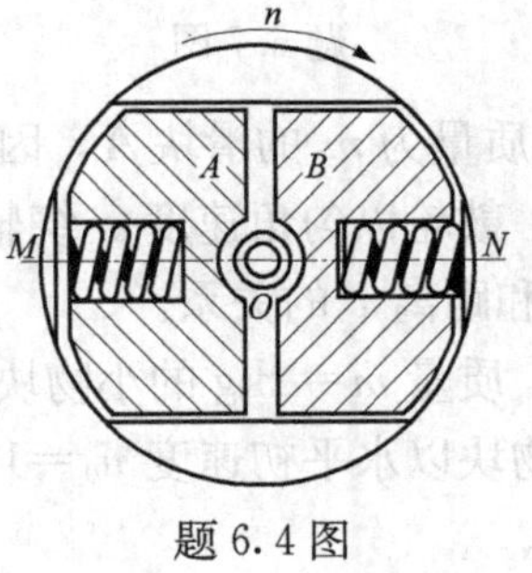

题 6.4 图

6.5　在题6.5图所示曲柄滑槽机构中，活塞和滑槽的质量共为50kg。曲柄OA长$r=0.30\text{m}$，绕轴O做匀速转动，转速$n=120\text{r/min}$。试求当曲柄在以下两位置时，滑块作用在滑槽上的水平力（各处摩擦不计）：(1) $\varphi=0$；(2) $\varphi=90°$。

6.6　如题6.6图所示，一质量为m的物块放在匀速转动的水平转台上，其重心距转轴的距离为r。如物块与台面之间的摩擦因数为f_s，试求物块不致因转台旋转而滑出的最大速度。

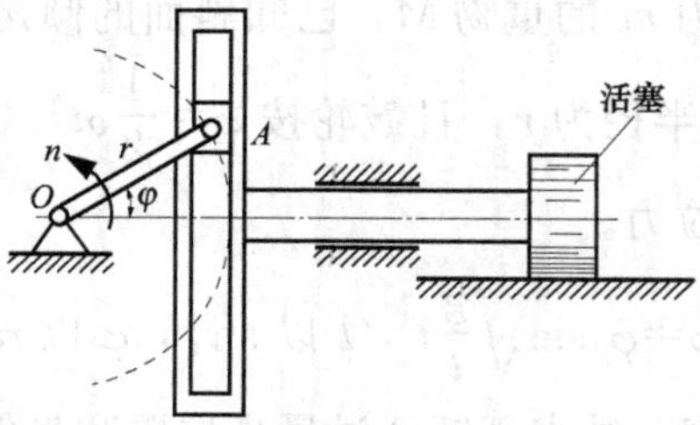

题6.5图

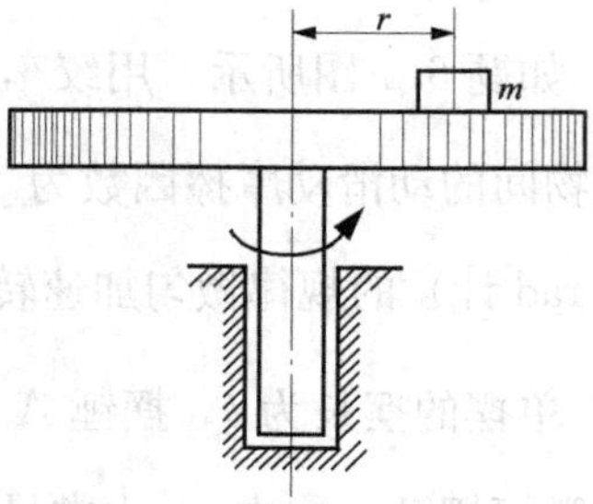

题6.6图

6.7　物块A、B，质量分别为$m_A=100\text{kg}$，$m_B=200\text{kg}$，并作弹簧连接，如题6.7图所示。设物块A沿铅垂线按规律

$$y=0.02\sin 10t$$

做简谐运动，式中y以m计，t以s计。试求水平支承面所受压力的最大值和最小值。弹簧的质量不计。

6.8　在倾角$\theta=30°$的光滑斜面上有一质量$m_B=5\text{kg}$的楔块B，在B上放一质量$m_A=10\text{kg}$的物块A，如题6.8图所示。

(1) 当B在斜面上滑下时，问A、B之间应有多大的摩擦因数才能防止A在B上滑动？

(2) 如果A、B之间的摩擦因数为零，试求B开始下滑时，A和B的加速度。

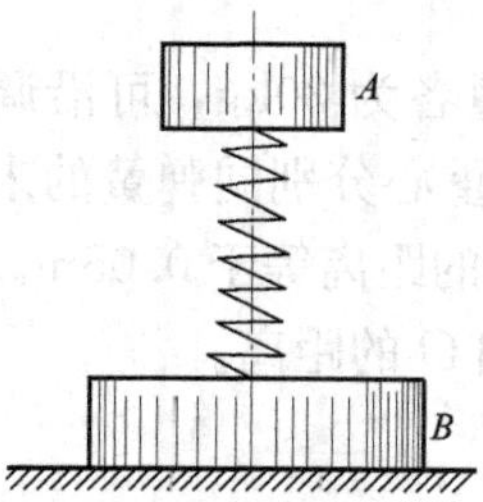

题6.7图

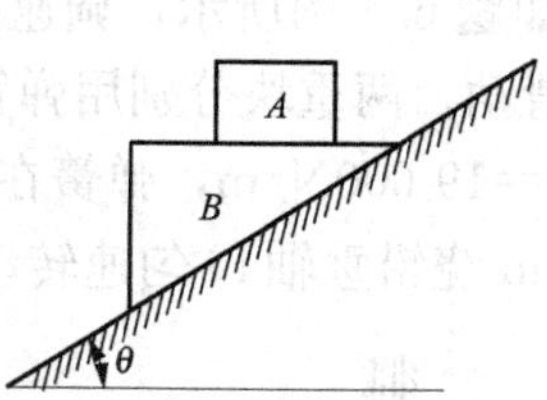

题6.8图

6.9　质量为m的滑块A，因绳子的牵引沿水平导轨滑动，绳子的另一端缠在半径为r的鼓轮上，鼓轮以匀角速度ω绕轴O转动，如题6.9图所示。不计导轨的摩擦，试求绳子的拉力F和距离x的关系。

6.10　质量$m=2\text{kg}$的小物块放置在半径$r=0.5\text{m}$的光滑圆柱的顶点，如题6.10图所示。设给物块以水平初速度$v_0=1\text{m/s}$使其沿圆柱表面运动。试求物块开始离开圆柱表面时的角度θ_{max}。

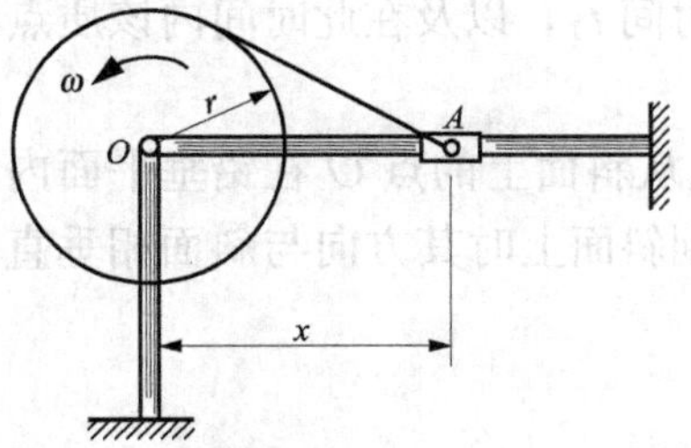

题 6.9 图

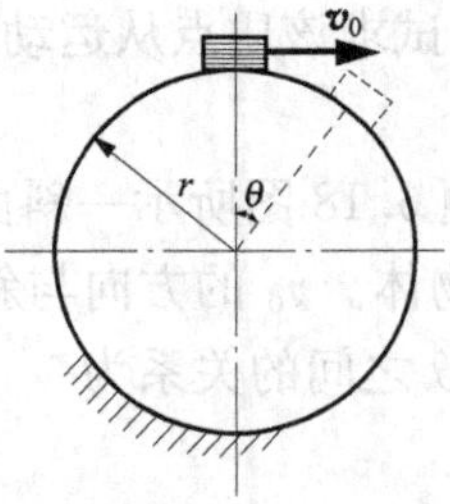

题 6.10 图

6.11 如题 6.11 图所示，运送碎石块的皮带运输机的皮带与水平线成 θ 角，设轮 A 的半径为 r，角加速度为 α，皮带与轮之间无相对滑动，试求为保证碎石块在皮带上不滑动所需的摩擦因数 f_s。

6.12 飞机 A 以速度 v_1 在距地面高度 H 处水平等速飞行。当飞机飞到一个炮台 B 的正上方时，炮台向飞机发射一炮弹，若不计空气阻力，试问要能打中飞机，则：

(1) 炮弹的初速度 v_0 应满足什么条件？

(2) 射击仰角 θ 与 v_0 的关系应如何？

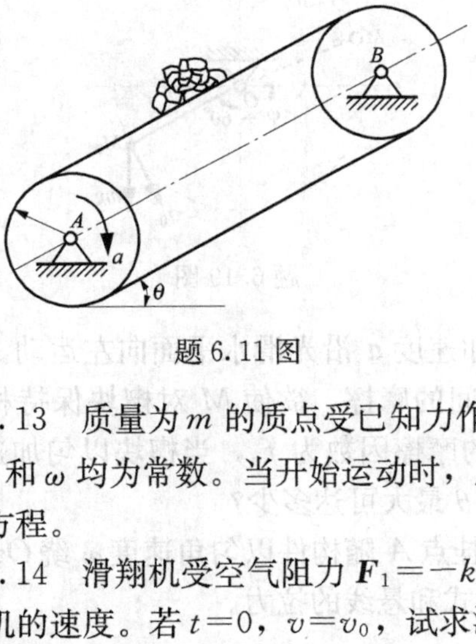

题 6.11 图

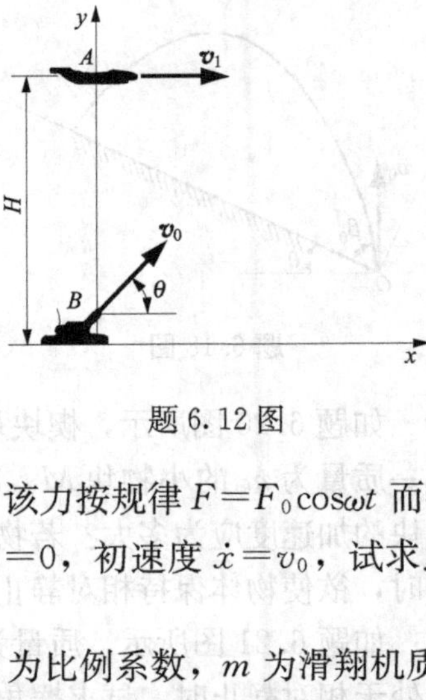

题 6.12 图

6.13 质量为 m 的质点受已知力作用沿直线运动，该力按规律 $F=F_0\cos\omega t$ 而变化，其中 F_0 和 ω 均为常数。当开始运动时，质点的初位置 $x_0=0$，初速度 $\dot{x}=v_0$，试求此质点的运动方程。

6.14 滑翔机受空气阻力 $\boldsymbol{F}_1=-km\boldsymbol{v}$作用，其中 k 为比例系数，m 为滑翔机质量，$\boldsymbol{v}$为滑翔机的速度。若 $t=0$，$v=v_0$，试求滑翔机由瞬时 $t=0$ 到任意瞬时 t 所飞过的距离。假定滑翔机是沿水平直线飞行的。

6.15 一物体从地面以初速度 v_0 铅直上抛。假设重力不变，空气阻力的大小与物体速度的平方成比例，即 $F_1=kmv^2$，其中 k 为比例常数，m 为物体的质量，试求该物体返回地面时的速度。

6.16 如题 6.16 图所示，一重物自离地 $h=3200\text{km}$ 的高度无初速度地下落到地面，可不计空气阻力，但要考虑地球对重物引力的变化，试求重物到达地面时的速度及所需的时间。已知地球的半径 $R=6371\text{km}$。

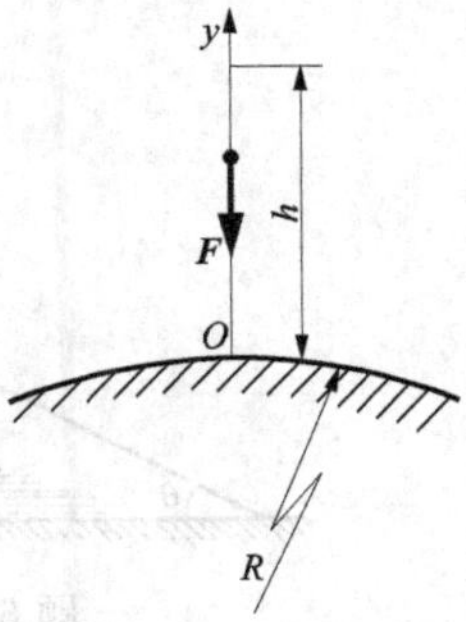

题 6.16 图

6.17 质量为 m、初速度为$\boldsymbol{v}_0$ 的自由质点做直线运动。在此质点上作用着唯一的阻力 $\boldsymbol{F}_1$，其方向与速度相反，大小为 $F_1=k\sqrt[3]{v}$

（k 为常数）。试求该质点从运动开始到停止所经历的时间 t_1，以及在此时间内该质点所经过的路程 s。

6.18 题 6.18 图所示一斜面与水平方向成 θ 角，从斜面上的点 O 在铅垂平面内以初速度 $\boldsymbol{v}_0$ 抛射一物体。$\boldsymbol{v}_0$ 的方向与斜面成 β_0 角，物体落到斜面上时其方向与斜面相垂直。试证明角 β_0 与角 θ 之间的关系为

$$2\tan\theta tan\beta_0 = 1$$

以及物体落到斜面上所需的时间

$$t = \frac{2v_0}{g\sqrt{1+3\sin^2\theta}}$$

6.19 质量 $m=1\text{kg}$ 的小球由长 $l=0.5\text{m}$ 的细绳悬挂于固定点 O，M_0 为小球的初始位置，细绳 OM_0 与铅垂线成 60°角。设小球在铅垂平面内有一初速度 $v_0=3.5\text{m/s}$，方向如题 6.19 图所示。试：

（1）求细绳的拉力为零时小球的位置 M 及在该位置时小球的速度 v_0。

（2）求此后小球的运动轨迹。

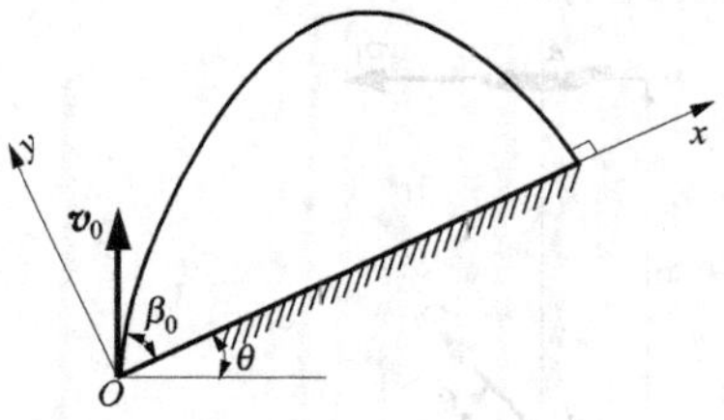

题 6.18 图

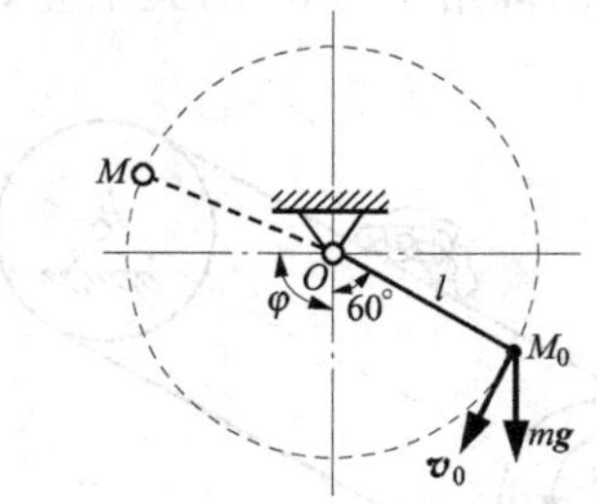

题 6.19 图

6.20 如题 6.20 图所示，楔块从静止开始以匀加速度 $\boldsymbol{a}$ 沿光滑水平面向左运动。楔块斜面上放一质量为 m 的小物块 M。略去物体与斜面间的摩擦，欲使 M 对楔块保持相对静止，问楔块的加速度应为多大？若物块 M 与斜面间的摩擦因数为 f_s，当楔块以匀加速度 $\boldsymbol{a}$ 向左运动时，欲使物体保持相对静止，问楔块的楔角 θ 最大可达多少？

6.21 如题 6.21 图所示，质量为 m 的单摆的悬挂点 A 随构件以匀角速度 ω 绕 Oz 轴转动，当摆处于相对静止时，试求摆角 φ 所满足的关系式和悬线的拉力。

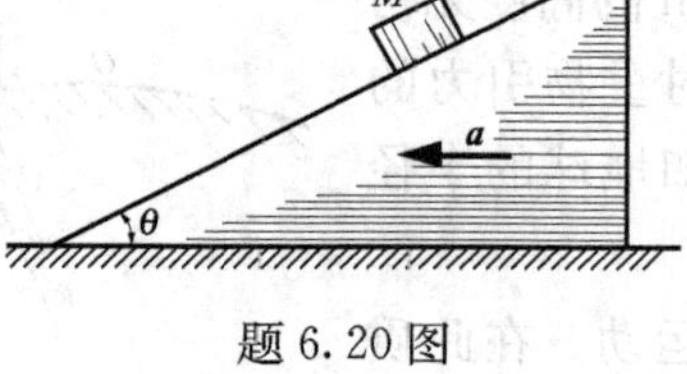

题 6.20 图

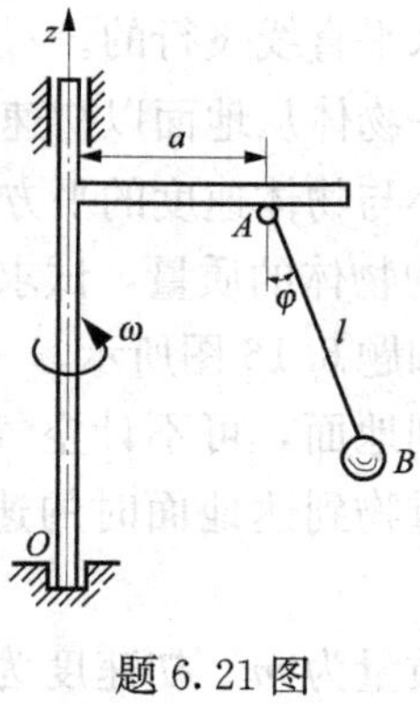

题 6.21 图

6.22 如题 6.22 图所示，小球质量为 m，置于曲线 $y=f(x)$ 形状的光滑钢管中，此曲线通过坐标原点，并绕铅垂轴 Oy 以匀角速度 ω 转动。如欲使小球在此曲线上的任何位置皆能处于相对静止状态，试求此曲线的形状及管子的约束力 F。

6.23 离心调速器构造简图如题 6.23 图所示。在铅垂轴 AB 的上端 A，用铰链连接着两根长度都是 l 的细杆；杆的下端装有重球，靠近下端又用铰链与另外两根等长的细杆相连，下端带有可以沿转轴上下滑动的套筒 S。设调整速器以匀角速度 ω 转动，试求球杆的偏角 θ 与调速器的角速度之间的关系（视重球为质点，机构其他部分质量略去不计）。

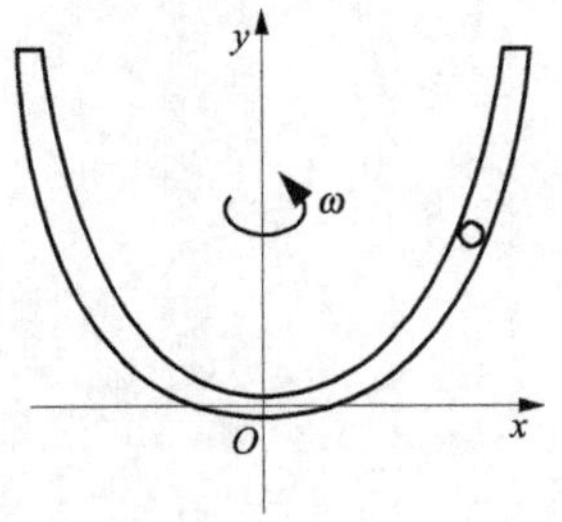

题 6.22 图

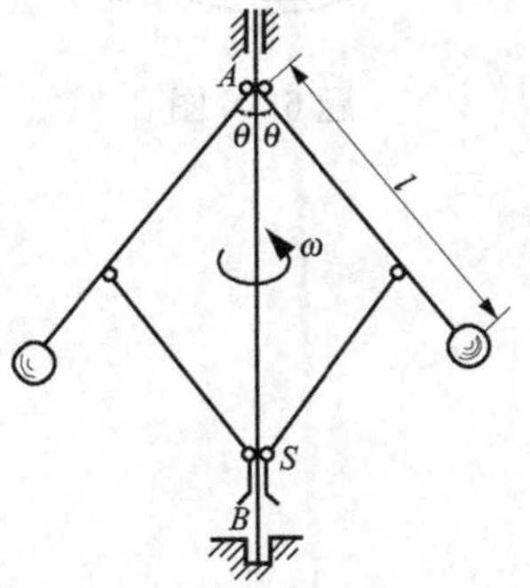

题 6.23 图

6.24 如题 6.24 图所示，在以匀加速度 $\boldsymbol{a}$ 向右运动的车厢中，有一质点 M 由高 h 的点 M_0 自由落下，其相对初速度等于零。试求质点相对于车厢的相对运动规律和相对轨迹，并求质点落下后偏移的距离 l。

6.25 如题 6.25 图所示，小球 A 的质量为 1kg，可在平板的光滑斜槽中运动。设平板的水平加速度 $a=8\text{m/s}$，且为常数，试求小球相对于斜槽的加速度和斜槽对小球的约束力。若开始时小球处于位置 O 处，且相对于斜槽的初速度为零，试求其沿斜槽的运动规律。

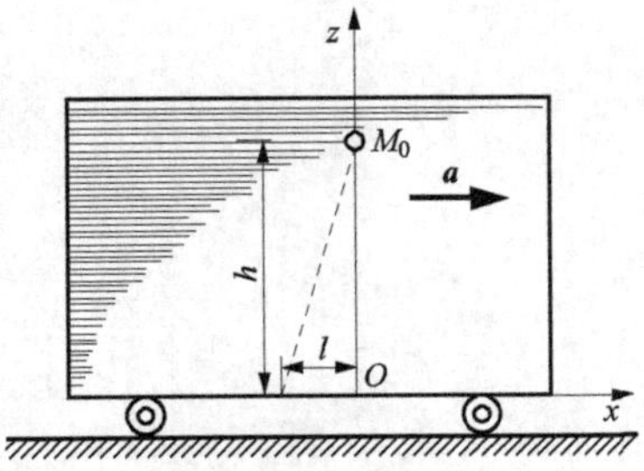

题 6.24 图

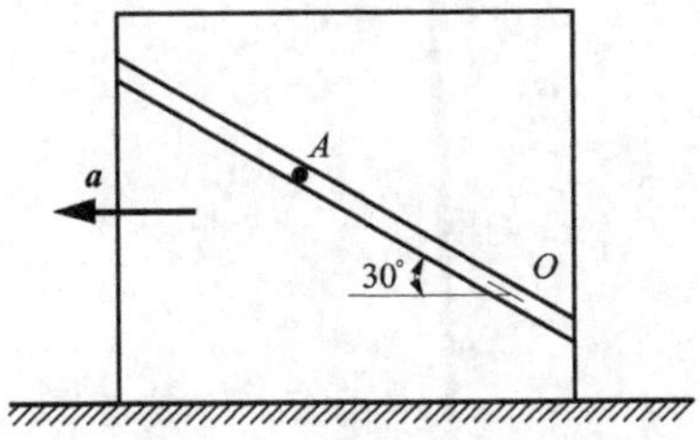

题 6.25 图

6.26 如题 6.26 图所示，光滑钢丝圆圈半径为 r，位于铅垂平面内，以匀加速度 $\boldsymbol{a}$ 沿铅垂方向向上移动。圆圈上套一小环，其质量为 m，开始时小环位于偏角 φ_0 处，其相对运动速度为 v_{r0}，试求此后小环的相对速度及圈的约束力 F_N。

6.27 如题 6.27 图所示，为测定地震时地面的横向振动，在地下室装置一单摆，摆长为 l，摆锤质量为 m，摆原处于静止状态，地震时摆产生相对于地下室的振动。设地震引起地面的横向振动规律为 $x_1=A\sin\omega t$。试求摆相对于地下室的微振动规律。

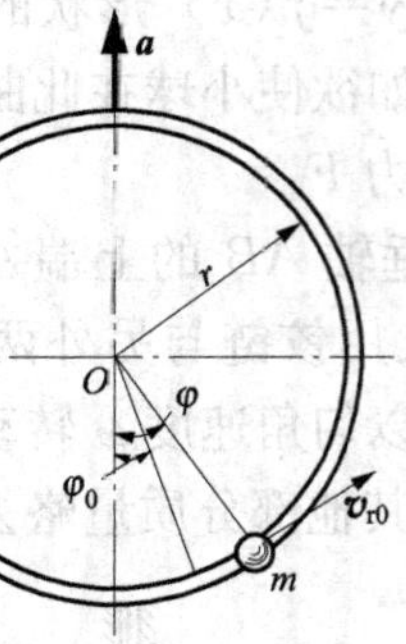

题 6.26 图

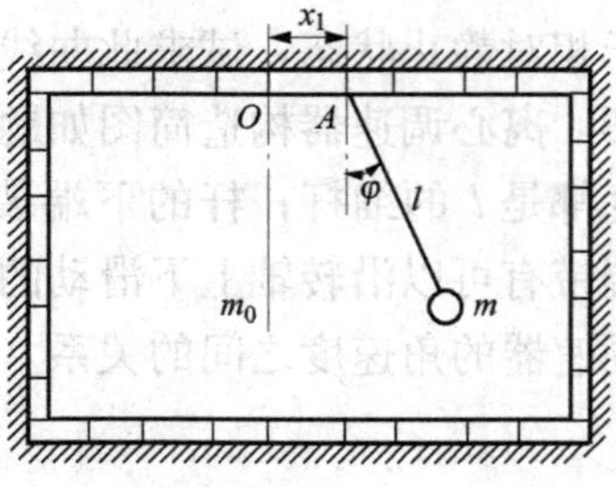

题 6.27 图

第7章　动力学普遍定理

教学要求：

1. 正确理解动力学普遍定理，即动量定理、动量矩定理和动能定理，了解动力学基本定理在解决刚体系统动力学问题中的地位和作用；

2. 能熟练应用动量定理及质心运动定理，求解动力学问题及动量守恒问题；

3. 能熟练应用动量矩定理、刚体定轴转动微分方程及刚体平面运动微分方程，求解动力学问题及动量矩守恒问题；

4. 能熟练应用动能定理及机械能守恒定律求解动力学问题，能综合应用动力学普遍定理求解复杂刚体系统动力学问题。

对于质点系动力学问题，可列出各质点的运动微分方程，联立求解。但当质点数趋于无穷多时，解联立方程会遇到数学上的困难。事实上，许多质点系动力学问题，并不需要求出每个质点的运动规律，而只需知道质点系整体运动的某些特征就足够了。表征质点系整体运动的物理量有动量、动量矩和动能等，表征力系对质点系作用效应的量有冲量、冲量矩和功等，质点系的运动量与力作用量之间的数学关系称为**动力学普遍定理**，包括动量定理、动量矩定理和动能定理。

本章首先介绍动量定理、动量矩定理和动能定理，然后讨论动力学普遍定理的综合应用。

§7.1　动　量　定　理

动量定理建立了质点或质点系动量的变化与作用力或其冲量之间的关系。

1. 质点的动量定理

在质点质量 m 恒定不变的条件下，质点运动微分方程可写为

$$\frac{\mathrm{d}}{\mathrm{d}t}(m\boldsymbol{v})=\boldsymbol{F} \tag{7.1}$$

将质点的质量与其速度的乘积 $m\boldsymbol{v}$ 称为**质点的动量**，质点的动量是矢量，其方向与质点速度方向相同。式（7.1）称为**质点的动量定理**，说明质点的动量对时间的导数等于质点所受的力。式（7.1）还可写为

$$\mathrm{d}(m\boldsymbol{v})=\boldsymbol{F}\mathrm{d}t \tag{7.2}$$

式中：$\boldsymbol{F}\mathrm{d}t$ 称为力的元冲量，元冲量也是矢量。式（7.2）为质点动量定理的微分形式，表明质点动量的微分等于作用于质点上力的元冲量。

设当时间由 t_1 到 t_2 时，质点的速度由 $\boldsymbol{v}_1$ 变为 $\boldsymbol{v}_2$，对式（7.2）进行积分，则得

$$m\boldsymbol{v}_2-m\boldsymbol{v}_1=\int_{t1}^{t2}\boldsymbol{F}\mathrm{d}t=\boldsymbol{I} \tag{7.3}$$

式中：$\boldsymbol{I}=\int_{t_1}^{t_2}\boldsymbol{F}\mathrm{d}t$ 称为力的**冲量**。式（7.3）为质点动量定理的积分形式，说明质点的动量在一段有限的时间间隔内的改变，等于作用力在该时间内的冲量。

2. 质点系的动量定理

设质点系由 n 个质点组成，第 i 个质点的质量为 m_i，速度为 $\boldsymbol{v}_i$，质点系以外的物体作用于此质点上的力称为**外力**，用 $\boldsymbol{F}_i^{\mathrm{e}}$ 表示；质点系内其他质点对该质点的作用力称为**内力**，用 $\boldsymbol{F}_i^{\mathrm{i}}$。根据质点的动量定理，可列出各质点的动量定理为

$$\frac{\mathrm{d}}{\mathrm{d}t}(m_i\boldsymbol{v}_i)=\boldsymbol{F}_i^{\mathrm{e}}+\boldsymbol{F}_i^{\mathrm{i}}\qquad(i=1,2,\cdots,n)$$

对质点系，则将上述方程两边分别相加，得

$$\sum\frac{\mathrm{d}}{\mathrm{d}t}(m_i\boldsymbol{v}_i)=\sum\boldsymbol{F}_i^{\mathrm{e}}+\sum\boldsymbol{F}_i^{\mathrm{i}}$$

方程左边交换求导与求和次序后，得

$$\frac{\mathrm{d}}{\mathrm{d}t}\sum(m_i\boldsymbol{v}_i)=\sum\boldsymbol{F}_i^{\mathrm{e}}+\sum\boldsymbol{F}_i^{\mathrm{i}}\tag{7.4}$$

式中：$\sum m_i\boldsymbol{v}_i$ 为质点系动量 $\boldsymbol{p}$，式（7.4）右边第一项为 $\sum\boldsymbol{F}_i^{\mathrm{e}}$，是质点系所受外力的矢量和，即外力系的主矢；第二项 $\sum\boldsymbol{F}_i^{\mathrm{i}}$ 为作用于质点系的所有内力的矢量和。根据牛顿第三定律，质点系的内力总是成对出现的，必定大小相等，方向相反且共线。因此，内力的矢量和必等于零，即

$$\sum\boldsymbol{F}_i^{\mathrm{i}}=0$$

于是，**质点系的动量定理**可表示为

$$\frac{\mathrm{d}\boldsymbol{p}}{\mathrm{d}t}=\sum\boldsymbol{F}_i^{\mathrm{e}}\tag{7.5}$$

式（7.5）表明，质点系的动量对时间的导数等于作用于质点系上外力的矢量和。

将式（7.5）在 t_0 和 t 时刻间积分，得

$$\boldsymbol{p}-\boldsymbol{p}_0=\int_{t_0}^{t}\sum\boldsymbol{F}_i^{\mathrm{e}}\cdot\mathrm{d}t=\sum\boldsymbol{I}_i^{\mathrm{e}}\tag{7.6}$$

式（7.6）为质点系动量定理的积分形式，表明质点系的动量在某个时间间隔内的改变，等于在同一时间间隔内外力冲量的矢量和。

质点系的动量定理为矢量表达式，根据不同的具体问题，选择不同坐标系的投影式。对于直角坐标系，质点系的动量定理可写成

$$\left.\begin{aligned}\frac{\mathrm{d}p_x}{\mathrm{d}t}&=\sum F_x^{\mathrm{e}}\\\frac{\mathrm{d}p_y}{\mathrm{d}t}&=\sum F_y^{\mathrm{e}}\\\frac{\mathrm{d}p_z}{\mathrm{d}t}&=\sum F_z^{\mathrm{e}}\end{aligned}\right\}\tag{7.7}$$

$$\left.\begin{aligned}p_x-p_{0x}&=\sum I_x\\p_y-p_{0y}&=\sum I_y\\p_z-p_{0z}&=\sum I_z\end{aligned}\right\}\tag{7.8}$$

3. 质点系的动量守恒定律

质点系的动量定理式（7.5）及式（7.6）均表明，质点系动量的改变只与外力有关，而与内力无关。若外力系的主矢为零，即$\sum \boldsymbol{F}_i^e = 0$，则动量的变化率为零，$\boldsymbol{p}$ 保持常矢量不变，即

$$\boldsymbol{p} = \text{常矢量}$$

若外力系主矢沿某个方向（如沿 x 轴方向）的投影为零，即$\sum F_x^e = 0$，动量沿此方向的投影也保持不变，即

$$p_x = \text{常量}$$

以上结论称为**质点系的动量守恒定律**。

两物块 A 和 B 的质量分别为 m_A 和 m_B，初始静止。若物块 A 沿斜面下滑的相对速度为$\boldsymbol{v}_r$，如图 7.1 所示。设物块 B 向左的速度为$\boldsymbol{v}$，由动量守恒定律可得

$$m_A v_r \cos\theta = m_B v$$

对吗？

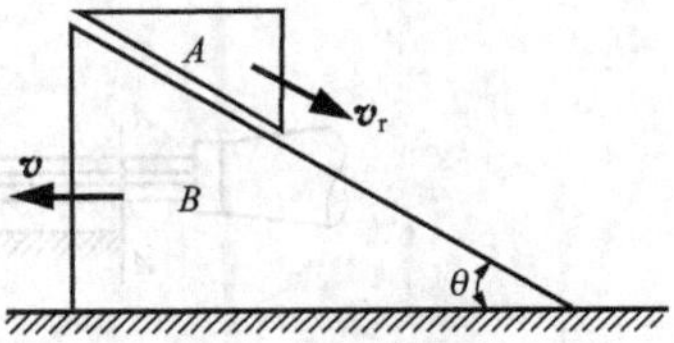

图 7.1

例 7.1　一单摆的支点固定在一可沿水平光滑的直线轨道平移的滑块 A 上（见图 7.2），摆杆质量不计。试建立该系统的运动微分方程，并计算任意时刻轨道对滑块 A 的约束力。

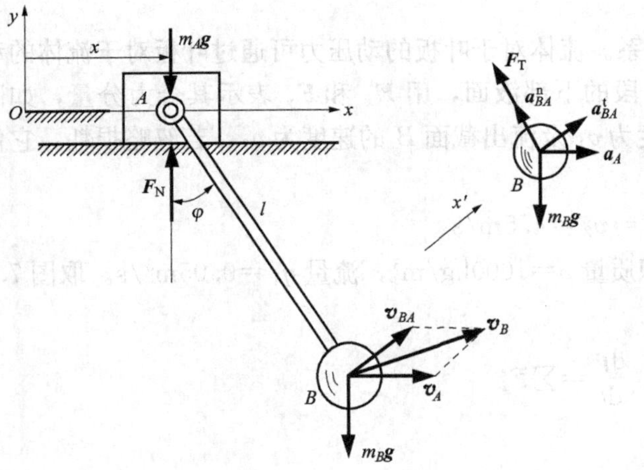

图 7.2

解　此系统的位置可用坐标 x 及 φ 来确定，其中 x 表示滑块 A 相对于惯性坐标系 Oxy 的绝对位置，φ 表示单摆相对于以滑块 A 为原点的平移坐标系的相对位置。

首先，确定运动学关系，滑块 A 的速度 $v_A = \dot{x}$，摆杆 AB 做平面运动，点 B 的速度和加速度分别为

$$\boldsymbol{v}_B = \boldsymbol{v}_A + \boldsymbol{v}_{BA}, \quad \boldsymbol{a}_B = \boldsymbol{a}_A + \boldsymbol{a}_{BA}^t + \boldsymbol{a}_{BA}^n$$

如图 7.2 所示，且 $v_{BA} = l\dot{\varphi}$，$v_A = \dot{x}$，$a_A = \ddot{x}$，$a_{BA}^t = l\ddot{\varphi}$，$a_{BA}^n = l\dot{\varphi}^2$。

其次，以系统为研究对象，列出沿轴 x 和 y 方向的动量定理，得

$$\frac{d}{dt}[m_A\dot{x} + m_B(\dot{x} + l\dot{\varphi}\cos\varphi)] = 0 \tag{a}$$

$$\frac{d}{dt}(m_B l\dot{\varphi}\sin\varphi) = F_N - m_A g - m_B g \tag{b}$$

再以单摆 B 为研究对象，可列出沿轴 x'的运动微分方程

$$m_B(l\ddot{\varphi} + \ddot{x}\cos\varphi) = -m_B g\sin\varphi \tag{c}$$

由式（a）和式（c），得系统的运动微分方程

$$(m_A + m_B)\ddot{x} + m_B l(\ddot{\varphi}\cos\varphi - \dot{\varphi}^2\sin\varphi) = 0$$

$$l\ddot{\varphi} + \ddot{x}\cos\varphi + g\sin\varphi = 0 \tag{d}$$

由式(b)可解得轨道对滑块 A 的约束力

$$F_N=(m_A+m_B)g+m_Bl(\ddot{\varphi}\sin\varphi+\dot{\varphi}^2\cos\varphi) \tag{e}$$

例 7.2 一喷射水流以速度 $v_1=4.5\text{m/s}$ 沿水平方向射入一光滑固定叶板，如图 7.3(a)所示。设水流的体积流量 $q_V=0.05\text{m}^3/\text{s}$，离开叶板的折射角为 135°，试求流体作用于叶板的动压力的合力。

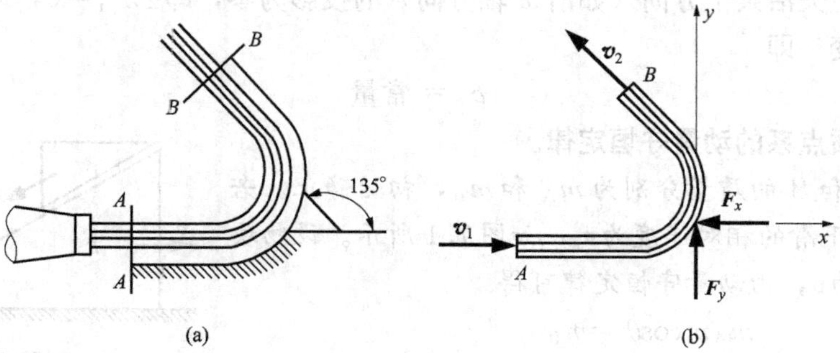

图 7.3

解 截取 AB 段流体为研究的质点系。流体对于叶板的动压力可通过叶板对于流体的动约束力求得。动约束力分布在流体 AB 段的下部液面，用 $\boldsymbol{F}_x$ 和 $\boldsymbol{F}_y$ 表示其合力分量，如图 7.3(b)所示。流体流入截面 A 的速度为 v_1 及流出截面 B 的速度为 v_2，若忽略损耗，它们大小应相等，即

$$v_1=v_2=4.5\text{m/s}$$

方向如图 7.3(b)所示。已知水的体积质量 $\rho=1000\text{kg/m}^3$，流量 $q_V=0.05\text{m}^3/\text{s}$。取图 7.3(b)所示坐标系，应用动量定理

$$\frac{\mathrm{d}\boldsymbol{p}}{\mathrm{d}t}=\sum\boldsymbol{F}_i^{\mathrm{e}}$$

由于

$$\frac{\mathrm{d}\boldsymbol{p}}{\mathrm{d}t}=\rho q_V(\boldsymbol{v}_2-\boldsymbol{v}_1)$$

于是

$$\boldsymbol{F}=\rho q_V(\boldsymbol{v}_2-\boldsymbol{v}_1) \tag{a}$$

由于计算的是动约束力，因而不计自重的影响，于是式(a)对所选定的坐标轴的投影式可表达为

$$-F_x=\rho q_V(v_2\cos135°-v_1)$$
$$F_y=\rho q_V(v_2\sin135°-0)$$

将已知数据代入后解得

$$F_x=(1000\text{kg/m}^3)(0.05\text{m}^3/\text{s})[4.5\text{m/s}-(4.5\text{m/s})\cos135°]=384\text{N}$$
$$F_y=(1000\text{kg/m}^3)(0.05\text{m}^3/\text{s})(4.5\text{m/s})\sin135°=159\text{N}$$

液体对叶板动压力与上述结果大小相等，而方向相反。

4. 质心运动定理

质心是质点系的质量中心，由重心公式可推得质点系质心坐标的矢量表达式为

$$\boldsymbol{r}_C=\frac{\sum m_i\boldsymbol{r}_i}{\sum m_i}=\frac{\sum m_i\boldsymbol{r}_i}{m} \tag{7.9}$$

式中：$\boldsymbol{r}_C$ 为质点系质心 C 至固定点 O 的矢径；m 为质点系的总质量；m_i 为第 i 个质点的质量；$\boldsymbol{r}_i$ 为第 i 个质点至固定点 O 的矢径。

将式（7.9）对时间求导，得

$$m\frac{\mathrm{d}\boldsymbol{r}_C}{\mathrm{d}t}=\sum m_i\frac{\mathrm{d}\boldsymbol{r}_i}{\mathrm{d}t}$$

或表达为

$$m\boldsymbol{v}_C=\sum m_i\boldsymbol{v}_i=\boldsymbol{p} \tag{7.10}$$

由式（7.10）可知，质点系的动量等于质点系的总质量与质心速度的乘积，其方向与质心速度的方向相同。

将式（7.10）代入质点系动量定理的微分形式（7.5），得

$$\frac{\mathrm{d}}{\mathrm{d}t}(m\boldsymbol{v}_C)=\sum\boldsymbol{F}_i^{\mathrm{e}}$$

对于质量不变的质点系，由上式可得

$$m\boldsymbol{a}_C=\sum\boldsymbol{F}_i^{\mathrm{e}} \tag{7.11}$$

式（7.11）表明，质点系的总质量与质心加速度的乘积等于作用于质点系的外力系的主矢，此即**质心运动定理**。

将式（7.11）与质点运动微分方程（或牛顿第二定律）相比可知，质点系的质心运动规律完全等同于一个质点的运动规律，这个质点集中了整个系统的质量，且受到作用于质点系全部外力的作用。

质心运动定理的直角坐标投影式为

$$\left.\begin{aligned}ma_{Cx}&=m\frac{\mathrm{d}^2x_C}{\mathrm{d}t^2}=\sum F_x^{\mathrm{e}}\\ma_{Cy}&=m\frac{\mathrm{d}^2y_C}{\mathrm{d}t^2}=\sum F_y^{\mathrm{e}}\\ma_{Cz}&=m\frac{\mathrm{d}^2z_C}{\mathrm{d}t^2}=\sum F_z^{\mathrm{e}}\end{aligned}\right\} \tag{7.12}$$

例 7.3 浮吊举起重物的质量为 2×10^3kg，吊臂 OA 与铅垂线夹角为 60°，如图 7.4 所示。设浮吊的质量为 20×10^3kg，水的阻力及杆 OA 的质量略去不计。杆 OA 长 8m。试求杆 OA 转到与铅垂线成 30°角时浮吊的水平位移。

解 以重物和浮吊为研究的质点系，略去水的阻力，则所有外力都是铅垂方向的。由质心运动定理式（7.11）知 $a_{Cx}=0$，又因为初始时系统的质心是静止的，即 $v_{Cx}=0$，故在运动过程中，系统质心的水平坐标 x_C 始终保持不变。

设举起重物前，重物的重力 P_1 和浮吊的重力 P_2 的水平坐标分别为 x_1、x_2；举起后它们的坐标变为 $x_1+\Delta x_1$、$x_2+\Delta x_2$，其中 Δx_1、Δx_2 分别为 P_1、P_2 的绝对位移。由质心坐标公式可知，举起重物前系统质心 C 的坐标为

$$x_{C1}=\frac{2x_1+20x_2}{22}$$

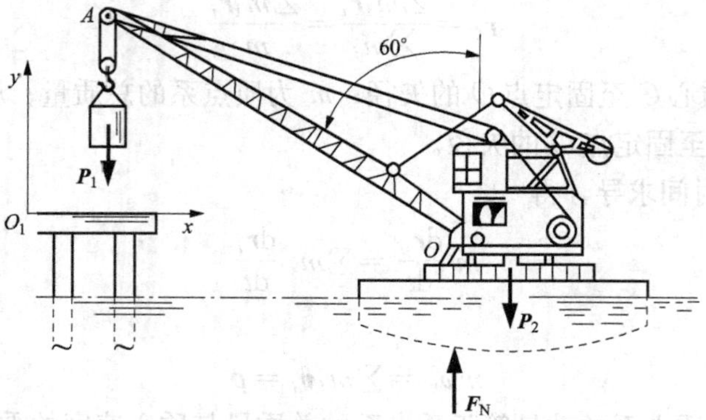

图 7.4

举起重物后系统质心坐标为

$$x_{C2}=\frac{2(x_1+\Delta x_1)+20(x_2+\Delta x_2)}{22}$$

由于系统质心在举起重物的过程中始终保持静止不动，即

$$x_{C1}=x_{C2}$$

化简后得

$$\Delta x_1+10\Delta x_2=0 \tag{a}$$

由运动学可知，点的绝对位移等于牵连位移与相对位移的矢量和。杆 OA 从角 60°转至 30°时，重物相对于浮吊的位移以 Δx_{1r}表示，则有

$$\Delta x_1=\Delta x_{1r}+\Delta x_2$$

代入式（a)，得

$$\Delta x_{1r}+11\Delta x_2=0$$

于是

$$\Delta x_2=-\frac{1}{11}\Delta x_{1r} \tag{b}$$

由已知条件可知

$$\Delta x_{1r}=(8\text{m})\sin60^\circ-(8\text{m})\sin30^\circ=2.93\text{m}$$

代入式（b)，得浮吊的水平位移为

$$\Delta x_2=-\frac{2.93\text{m}}{11}=-0.266\text{m}$$

“—”表示浮吊的位移方向与重物相对位移的方向相反。

例 7.4 设例 7.1 中，A 为滑块质心，运动开始时，$x=x_0$，$\varphi=\varphi_0$，$\dot{x}=0$，$\dot{\varphi}=0$。试求滑块 A 的运动方程及单摆 B 的轨迹方程。

解 以系统为研究对象。因为水平方向不受力，作用于系统的外力匀沿铅垂方向，即 $\sum F_x=0$，由质心运动定理可知 $\ddot{x}_C=0$。因为系统开始时为静止，所以 $\dot{x}_C=0$，即质心坐标 x_C 为常量。初始时刻系统质心 C 的 x 坐标为

$$x_{C0}=\frac{m_A x_0+m_B(x_0+l\sin\varphi_0)}{m_A+m_B}=C(\text{常量})$$

系统处于任意位置时，系统质心坐标为

$$x_C=\frac{m_A x+m_B(x+l\sin\varphi)}{m_A+m_B}=C(\text{常量})$$

由此得

$$m_A x_0+m_B(x_0+l\sin\varphi_0)=C_1$$
$$m_A x+m_B(x+l\sin\varphi)=C_1$$

可得滑块 A 的运动方程为

$$x=C_2-\frac{m_B}{m_A+m_B}l\sin\varphi$$

单摆 B 的运动方程为

$$x_B=x+l\sin\varphi=C_2+\frac{m_A}{m_A+m_B}l\sin\varphi$$

$$y_B=-l\cos\varphi$$

消去 φ，即得单摆 B 的轨迹方程

$$(1+m_B/m_A)^2(x_B-C_2)^2+y_B^2=l^2$$

这是以 $x=C_2$，$y=0$ 为中心的椭圆方程，这种摆称为椭圆摆。

试由上述例题的求解过程，归纳出应用质心运动定理解题的具体步骤。

§7.2　动量矩定理

动量定理建立了外力系主矢与动量变化之间的关系，揭示了质点系运动规律的一个侧面。而动量矩定理建立了外力系对某点的主矩与质点系对同一点动量矩变化之间的关系，揭示了质点系运动规律的另一个侧面。将两者结合起来，才能全面描述质点系的运动规律。

1. 质点的动量矩定理

将质点的动量定理式（7.1）两边与质点到固定点 O 的矢径 $\boldsymbol{r}$（见图 7.5）作矢积运算，得

$$\boldsymbol{r}\times\frac{\mathrm{d}}{\mathrm{d}t}(m\boldsymbol{v})=\boldsymbol{r}\times\boldsymbol{F}$$

由于

$$\frac{\mathrm{d}}{\mathrm{d}t}(\boldsymbol{r}\times m\boldsymbol{v})=\frac{\mathrm{d}\boldsymbol{r}}{\mathrm{d}t}\times m\boldsymbol{v}+\boldsymbol{r}\times\frac{\mathrm{d}}{\mathrm{d}t}(m\boldsymbol{v})$$

而 $\frac{\mathrm{d}\boldsymbol{r}}{\mathrm{d}t}=\boldsymbol{v}$，于是 $\frac{\mathrm{d}\boldsymbol{r}}{\mathrm{d}t}\times m\boldsymbol{v}=0$，则前式可写为

$$\frac{\mathrm{d}}{\mathrm{d}t}(\boldsymbol{r}\times m\boldsymbol{v})=\boldsymbol{r}\times\boldsymbol{F}$$

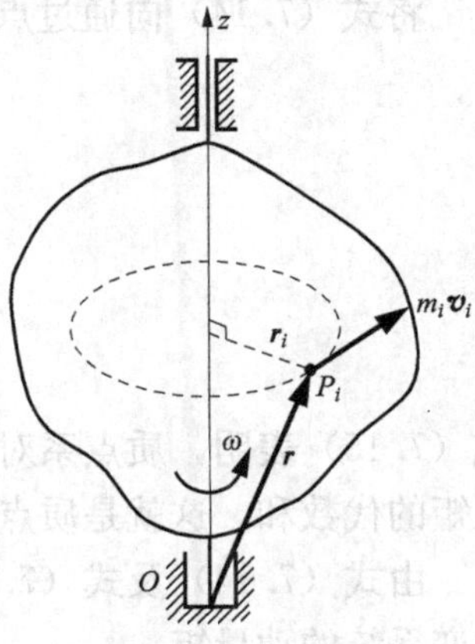

图 7.5

式中：$\boldsymbol{r}\times m\boldsymbol{v}$ 为质点的动量对固定点 O 的矩，称为质点对固定点 O 的**动量矩**，为矢量，如图 7.5 所示。上式右边为作用力 $\boldsymbol{F}$ 对点 O 之矩，记为 $\boldsymbol{M}_O(\boldsymbol{F})$，即

$$\boldsymbol{r}\times\boldsymbol{F}=\boldsymbol{M}_O(\boldsymbol{F})$$

于是可导出

$$\frac{\mathrm{d}}{\mathrm{d}t}(\boldsymbol{r}\times m\boldsymbol{v})=\boldsymbol{M}_O(\boldsymbol{F}) \tag{7.13}$$

此即质点的动量矩定理，表明质点对固定点的动量矩对时间的导数，等于作用在质点上的力对该点的矩。

2. 质点系的动量矩定理

设质点系由 n 个质点组成，考察其中任一质点 P_i，作用于该质点的力可分为内力 $\boldsymbol{F}_i^{\mathrm{i}}$ 及外力 $\boldsymbol{F}_i^{\mathrm{e}}$。根据质点的动量矩定理式（7.13）有

$$\frac{\mathrm{d}}{\mathrm{d}t}\boldsymbol{M}_O(m_i\boldsymbol{v}_i)=\boldsymbol{M}_O(\boldsymbol{F}_i^{\mathrm{i}})+\boldsymbol{M}_O(\boldsymbol{F}_i^{\mathrm{e}})$$

质点系中每个质点都可写出如上等式，将以上 n 个方程相加，得

$$\sum\frac{\mathrm{d}}{\mathrm{d}t}\boldsymbol{M}_O(m_i\boldsymbol{v}_i)=\sum\boldsymbol{M}_O(\boldsymbol{F}_i^{\mathrm{i}})+\sum\boldsymbol{M}_O(\boldsymbol{F}_i^{\mathrm{e}})$$

或

$$\frac{\mathrm{d}}{\mathrm{d}t}\sum\boldsymbol{M}_O(m_i\boldsymbol{v}_i)=\sum\boldsymbol{M}_O(\boldsymbol{F}_i^{\mathrm{i}})+\sum\boldsymbol{M}_O(\boldsymbol{F}_i^{\mathrm{e}})$$

式中：$\sum\boldsymbol{M}_O(m_i\boldsymbol{v}_i)=\boldsymbol{L}_O$ 为质点系对固定点 O 的动量矩；$\sum\boldsymbol{M}_O(\boldsymbol{F}_i^{\mathrm{i}})$ 为质点系全部内力对点 O 之矩的矢量和，由于质点系内力总是成对出现，故

$$\sum\boldsymbol{M}_O(\boldsymbol{F}_i^{\mathrm{i}})=0$$

于是前式可写为

$$\frac{\mathrm{d}\boldsymbol{L}_O}{\mathrm{d}t}=\sum\boldsymbol{M}_O(\boldsymbol{F}_i^{\mathrm{e}}) \tag{7.14}$$

式（7.14）表明，质点系对任一固定点的动量矩对时间的导数，等于质点系所受外力对该点之矩的矢量和，此即**质点系的动量矩定理**。

将式（7.14）向通过点 O 的惯性坐标系投影，得

$$\left.\begin{aligned}\frac{\mathrm{d}L_x}{\mathrm{d}t}&=\sum M_x(\boldsymbol{F}_i^{\mathrm{e}})\\ \frac{\mathrm{d}L_y}{\mathrm{d}t}&=\sum M_y(\boldsymbol{F}_i^{\mathrm{e}})\\ \frac{\mathrm{d}L_z}{\mathrm{d}t}&=\sum M_z(\boldsymbol{F}_i^{\mathrm{e}})\end{aligned}\right\} \tag{7.15}$$

式（7.15）表明，质点系对任一固定轴的动量矩对时间的导数等于质点系所受外力对同一轴之矩的代数和。这就是质点系对固定轴的动量矩定理。

由式（7.14）及式（7.15）可知，质点系的内力并不改变系统的动量矩，只有外力才能改变系统的动量矩。

若质点系所受外力对固定点 O 的主矩 $\boldsymbol{M}_O$ 始终等于零，则质点系对固定点 O 的动量矩 $\boldsymbol{L}_O$ 等于常矢量。

若质点系所受外力对某固定轴 z 之矩的代数和 M_z 始终等于零，则质点系对轴 z 的动量矩 L_z 等于常量。

综上所述，若质点系所受外力对某一固定点（或轴）之矩的代数和始终等于零，则质点系对该点（或轴）的动量矩保持不变，这就是**质点系的动量矩守恒定律**。

例 7.5　铰车机构如图 7.6（a）所示，在手柄 AB 上施加转矩 M_O，通过鼓轮 D 使物体 C 移动。已知鼓轮可视为均质圆柱体，半径为 r，质量为 m_1；物体 C 质量为 m_2，它与水平面的动摩擦因数为 f，手柄、转轴及绳索的质量及轴承摩擦均略去不计。试求物体 C 的加速度。

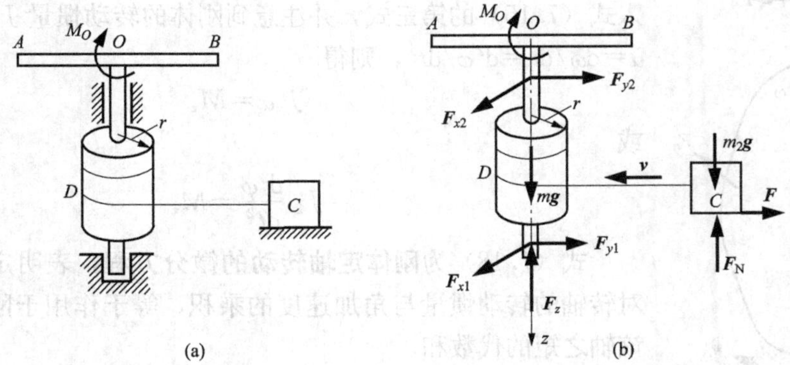

图 7.6

解　取鼓轮 D、绳索及物体 C 组成的系统为研究对象，作受力图如图 7.6（b）所示。鼓轮 D 绕铅垂轴 Oz 做定轴转动，设其角速度为 ω，物体 C 沿水平面做直线平移，其速度 $v=r\omega$。

系统绕轴 z 的动量矩为

$$L_z = J_{Dz}\omega + m_2 vr = \frac{1}{2}m_1 r^2 \frac{v}{r} + m_2 vr$$

$$= \left(\frac{1}{2}m_1 + m_2\right) rv$$

系统所受外力对转轴 z 的矩为

$$M_z = M_O - Fr = M_O - fm_2 gr$$

应用质点系对转轴 z 的动量矩定理

$$\frac{\mathrm{d}L_z}{\mathrm{d}t} = M_z$$

得

$$\frac{\mathrm{d}}{\mathrm{d}t}\left[\left(\frac{1}{2}m_1 + m_2\right) rv\right] = M_O - fm_2 gr$$

由于 $\frac{\mathrm{d}v}{\mathrm{d}t}=a$，于是物块 C 的加速度

$$a = \frac{\mathrm{d}v}{\mathrm{d}t} = \frac{2(M_O - fm_2 gr)}{(m_1 + 2m_2)r}$$

3. 刚体绕定轴转动的微分方程

质点系对固定轴的动量矩定理可用来讨论刚体的定轴转动规律。设刚体以角速度 ω 绕固定轴 z 转动（见图 7.5），其对转轴的动量矩为

$$L_z = \sum M_z(m_i \boldsymbol{v}_i) = \sum m_i v_i r_i = \sum m_i r_i^2 \omega = \omega \sum m_i r_i^2$$

令$\Sigma m_i r_i^2 = J_z$，称为刚体对轴 z 的**转动惯量**。于是可得

$$L_z = J_z \omega \tag{7.16}$$

即定轴转动刚体对转轴的动量矩等于刚体对转轴的转动惯量与角速度的乘积。

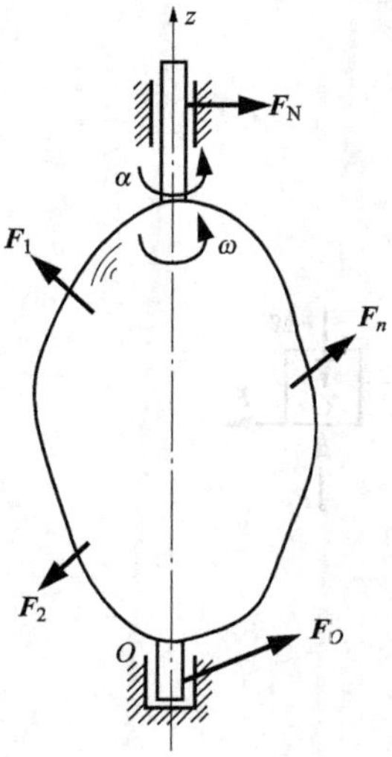

图 7.7

设刚体以角速度 ω 绕轴 z 做定轴转动，如图 7.7 所示，刚体的角加速度为 α，刚体对轴 z 的转动惯量为 J_z。将式（7.16）代入式（7.15）的第三式，并注意到刚体的转动惯量 J_z 为常量，由 $\alpha = \mathrm{d}\omega/\mathrm{d}t = \mathrm{d}^2\varphi/\mathrm{d}t^2$，则得

$$J_z \alpha = M_z \tag{7.17}$$

或

$$J_z \frac{\mathrm{d}^2\varphi}{\mathrm{d}t^2} = M_z \tag{7.18}$$

式（7.18）为**刚体定轴转动的微分方程**，表明定轴转动刚体对转轴的转动惯量与角加速度的乘积，等于作用于刚体的外力对该轴之矩的代数和。

式（7.17）与式（7.11）形式上十分相似，两式中的物理量有一一对应的关系。前面已经说明质量 m 是质点和平移刚体惯性的度量，而转动惯量 J_z 则是刚体转动惯性的度量。在国际单位制中，转动惯量的单位是 $\mathrm{kg \cdot m^2}$。

各种形状刚体的转动惯量的计算公式可从工程手册中查到，表 7.1 中列出一些简单形状均质刚体的转动惯量的计算公式。读者也可依下列公式自行计算。

表 7.1 　　均质物体的转动惯性量

物体种类	简　图	转动惯量 J_z	回转半径 ρ_z
细直杆	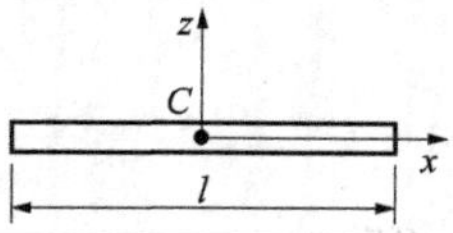	$\frac{1}{12}ml^2$	$0.289l$
三角形	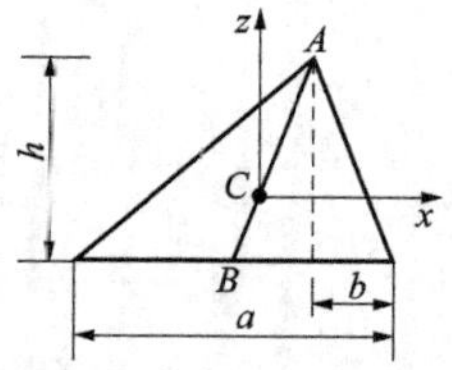	$\frac{1}{18}m(a^2+b^2-ab)$	$0.236(a^2+b^2-ab)^{1/2}$
矩形板	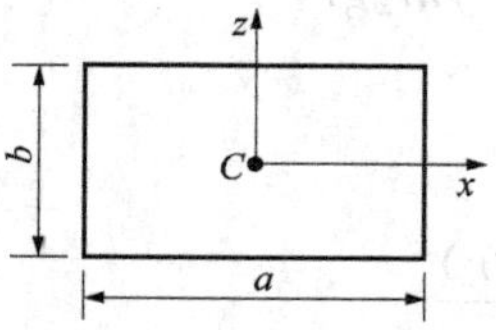	$\frac{1}{12}ma^2$	$0.289a$
薄圆板	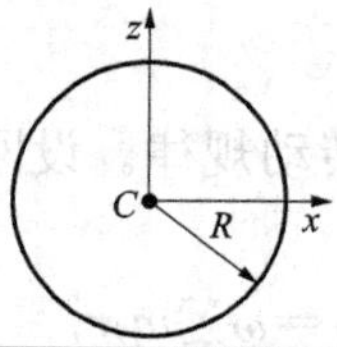	$\frac{1}{4}mR^2$	$0.5R$

续表

物体种类	简　图	转动惯量 J_z	回转半径 ρ_z
半圆板	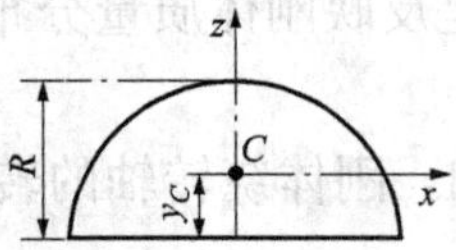	$\frac{1}{4}mR^2$	$0.5R$
立方体	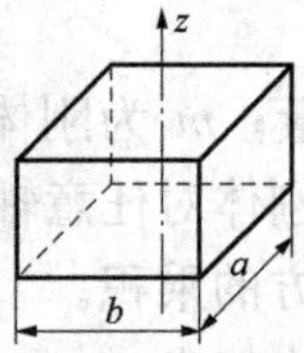	$\frac{1}{12}m(a^2+b^2)$	$0.289(a^2+b^2)^{1/2}$
薄壁空心球	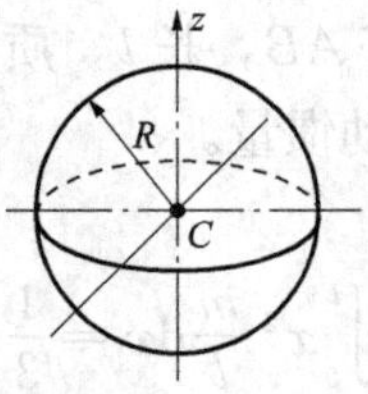	$\frac{2}{3}mR^2$	$0.816R$
实心球	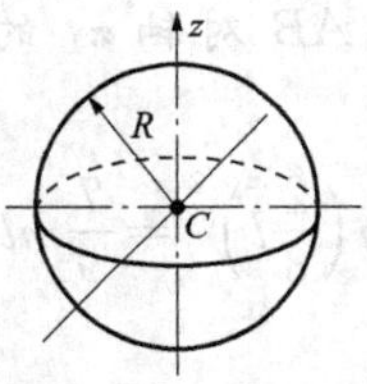	$\frac{2}{5}mR^2$	$0.632R$
圆柱体	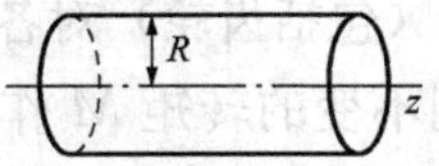	$\frac{1}{2}mR^2$	$0.707R$
	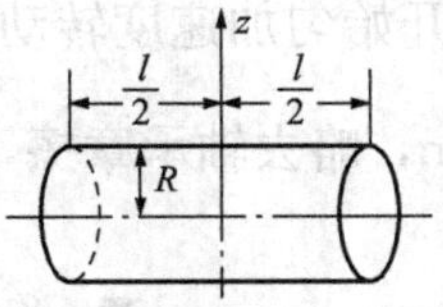	$\frac{1}{12}m(l^2+3R^2)$	$0.289(l^2+3R^2)^{1/2}$
空心圆柱	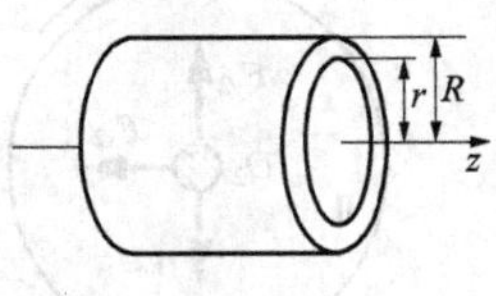	$\frac{1}{2}m(r^2+R^2)$	$0.707(r^2+R^2)^{1/2}$
圆环	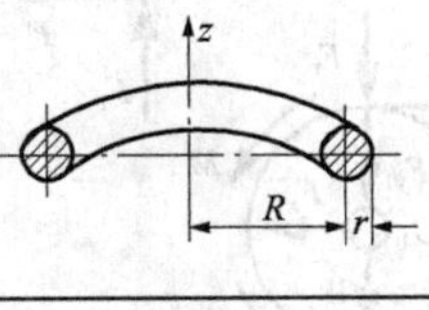	$m\left(R^2+\frac{3}{4}r^2\right)$	$0.5(4R^2+3r^2)^{1/2}$

当刚体的质量连续分布时，转动惯量可表达为积分形式，即

$$J_z=\int r^2\mathrm{d}m \tag{7.19}$$

式中：r 为微元质量 dm 至轴 z 的距离。为了方便，也可将 J_z 写成

$$J_z = m\rho_z^2 \tag{7.20}$$

式中：m 为刚体的质量；ρ_z 为刚体对轴 z 的**回转半径**，是反映刚体质量分布状况的物理量，可从工程手册中查到。

若刚体的转轴不通过刚体的质心，由物理学内容可知，刚体绕转轴的转动惯量 J_z 应利用转动惯量平行移轴定理求得，即

$$J_z = J_C + md^2 \tag{7.21}$$

式中：J_C 为刚体绕通过质心且平行于转轴 z 的轴的转动惯量；m 为刚体质量；d 为转轴 z 与通过质心的平行轴的距离。转动惯量平行移轴定理表明，刚体对任意轴的转动惯量等于它对过质心的平行轴的转动惯量加上刚体的质量与两轴距离平方的乘积。

为什么刚体对某轴的回转半径总大于质心到该转轴的垂直距离？

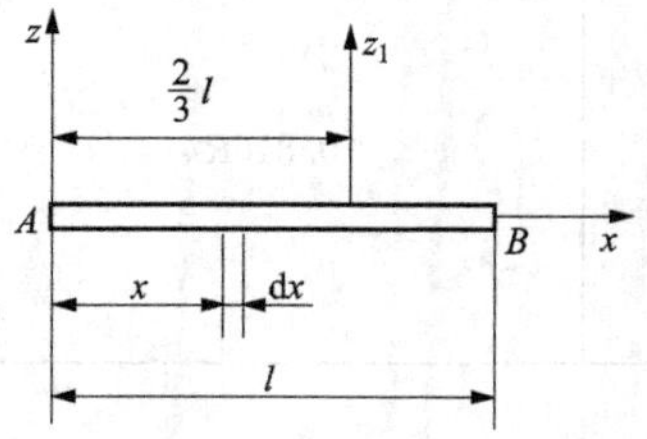

图 7.8

例 7.6 均质等截面细杆 AB，长 l，质量为 m，如图 7.8 所示。试求该杆对轴 z 的转动惯量。

解 由式（7.19）可得

$$J_z = \int_l x^2 \mathrm{d}m = \int_0^l x^2 \frac{m}{l} \mathrm{d}x = \frac{1}{3}ml^2$$

在例 7.6 中，若欲求杆 AB 对轴 z_1 的转动惯量（见图 7.8），由平行移轴定理可得

$$J_{z1} = J_z + m\left(\frac{2}{3}l\right)^2 = \frac{7}{9}ml^2$$

对吗？为什么？

例 7.7 传动机构如图 7.9（a）所示，其中轴Ⅰ、Ⅱ（包括齿轮）对各自转轴的转动惯量分别为 J_1=0.10kg·m²、J_2=0.15kg·m²，轴Ⅰ受到不变的转矩 M 作用，通过传动比 $i=\dfrac{z_1}{z_2}=\dfrac{1}{2}$ 的一对齿轮，将动力传给轴Ⅱ。设轴Ⅰ从静止开始匀加速度转动，经过 10s 后达到转速 n=1500r/min。已知齿轮 1 的节圆半径 r_1=0.10m，略去轴承摩擦，试求转矩 M 和齿轮间的圆周力 $\boldsymbol{F}$。

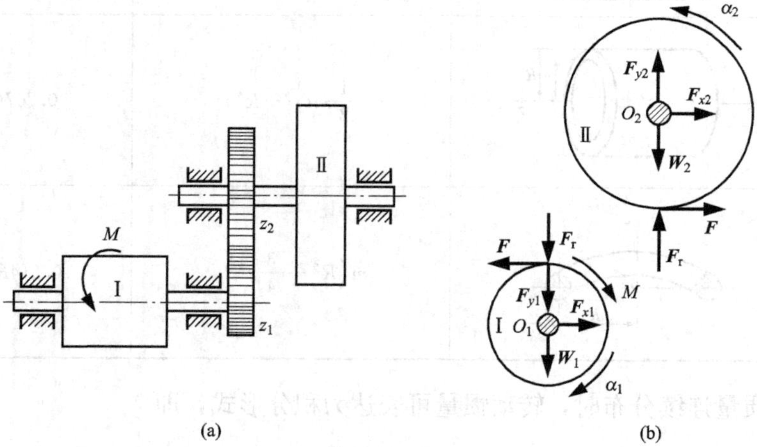

图 7.9

解　系统在不变力矩的作用下匀加速度转动，根据已知条件可求出系统内各轴的角加速度。

系统由两根转轴组成，为确定两齿轮的圆周力 F，可对两轴分别建立定轴转动微分方程。

首先求轴Ⅰ、Ⅱ的角加速度。对于轴Ⅰ，初始角速度 $\omega_0=0$，$t=10\text{s}$ 时，$\omega=1500\times\dfrac{2\pi}{60}=50\pi\text{rad/s}$。按匀加速公式可知

$$\omega=\omega_0+\alpha t$$

故轴Ⅰ的角速度为

$$\alpha_1=\frac{\omega}{t}=\frac{50\pi}{10}=5\pi\text{rad/s}^2$$

由运动学关系可知

$$\frac{\alpha_2}{\alpha_1}=\frac{r_1}{r_2}=\frac{z_1}{z_2}=\frac{1}{2}$$

故

$$\alpha_2=\frac{1}{2}\alpha_1=2.5\pi\text{rad/s}^2$$

$$r_2=2r_1=0.20\text{m}$$

其次分别作轴Ⅰ和轴Ⅱ的受力图并分析运动情况，如图 7.9（b）所示。$\boldsymbol{F}$ 和 $\boldsymbol{F}_r$ 分别是齿轮的圆周力和径向力。重力和轴承约束力都通过各自的转轴，它们对轴的矩均为零。由此分别可列出两轴的定轴转动微分方程

$$J_1\alpha_1=M-Fr_1$$

$$J_2\alpha_2=Fr_2$$

由上述两式可求得

$$F=\frac{J_2\alpha_2}{r_2}=\frac{(0.15\text{kg}\cdot\text{m}^2)(2.5\pi\text{rad/s}^2)}{0.20\text{m}}=5.89\text{N}$$

$$M=J_1\alpha_1+Fr_1=(0.1\text{kg}\cdot\text{m})(5\pi\text{rad/s}^2)+(5.89\text{N})(0.10\text{m})=2.16\text{N}\cdot\text{m}$$

4. 刚体平面运动微分方程

设刚体在平面力系 $\boldsymbol{F}_1$，$\boldsymbol{F}_2$，…，$\boldsymbol{F}_n$ 作用下做平面运动，刚体的质心 C 在平面图形内。取平面图形所在的固定平面为定系 Ox_0y_0 的坐标平面，平移坐标系 Cxy 铰接于刚体的质心 C，如图 7.10 所示。

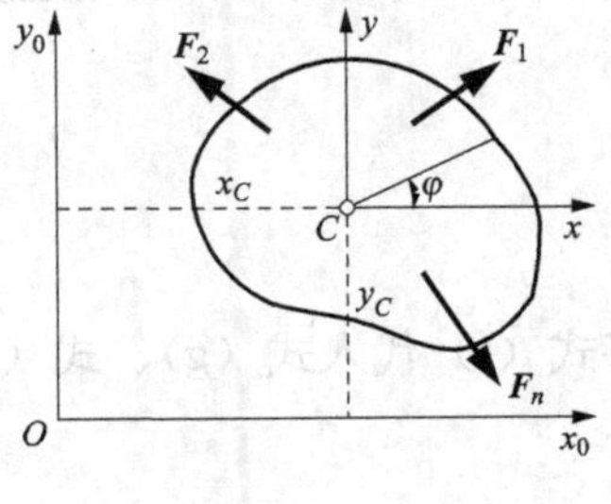

图 7.10

以刚体的质点 C 为基点，则刚体的平面运动可分解为随同质心 C 的平移（牵连运动）和绕垂直于固定平面的质心轴 C 的转动（相对运动）。这两部分运动可分别用 x_C、y_C 及刚体的转角 φ 来描述。用质心运动定理和转轴通过质心 C 的刚体定轴转动微分方程来确定刚体运动和力的关系。将质心运动定理式（7.11）向轴 x、y 投影，以及轴 z 通过质心 C 的刚体定轴转动微分方程式（7.12）可得

$$\left.\begin{aligned} ma_{Cx} &= m\ddot{x}_C = \sum F_x \\ ma_{Cy} &= m\ddot{y}_C = \sum F_y \\ J_C\alpha &= J_C\ddot{\varphi}_C = \sum M_C \end{aligned}\right\} \tag{7.22}$$

这就是**刚体平面运动微分方程**，应用此方程组可以求解刚体平面运动动力学的两类问题。

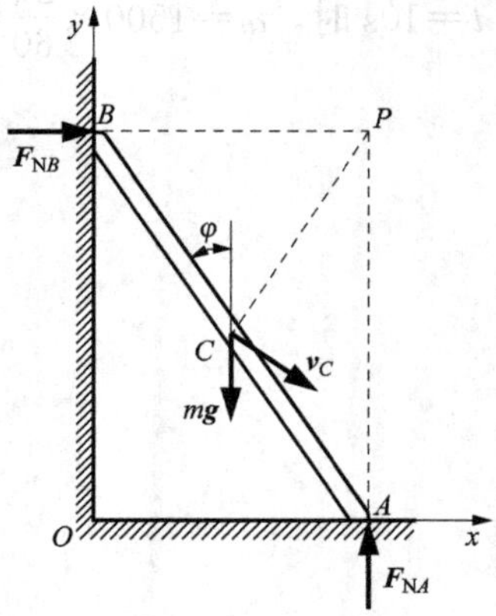

图 7.11

例 7.8 如图 7.11 所示，均质杆 AB 长为 l，质量为 m，在铅垂平面内杆的两端分别与光滑的地板与墙接触，杆开始与铅垂的墙的夹角为 φ_0，此时杆无初速度地滑下。试求在杆开始滑动的瞬时，地板与墙对杆的约束力。

解 只要杆 AB 两端始终与地板和墙接触，杆 AB 则做平面运动。

取杆 AB 为研究对象，作受力图，并建立如图 7.11 所示的定系 Oxy。由平面运动微分方程式（7.22）可得

$$m\ddot{x}_C = F_{NB} \tag{a}$$

$$m\ddot{y}_C = F_{NA} - mg \tag{b}$$

$$\frac{1}{12}ml^2\ddot{\varphi} = F_{NA}\frac{1}{2}\sin\varphi - F_{NB}\frac{1}{2}\cos\varphi \tag{c}$$

以上 3 个方程中包括 5 个未知量 F_{NA}、F_{NB}、$\ddot{x}_C$、$\ddot{y}_C$、$\ddot{\varphi}_C$，还必须寻找补充方程。由图 7.11 可知，质心 C 的坐标位置 x_C、y_C 与角 φ 之间满足

$$x_C = \frac{1}{2}\sin\varphi,\quad y_C = \frac{1}{2}\cos\varphi$$

将上两式对时间求二阶导数，得

$$\ddot{x}_C = \frac{l}{2}\cos\varphi\ddot{\varphi} - \frac{l}{2}\sin\varphi\dot{\varphi}^2 \tag{d}$$

$$\ddot{y}_C = -\frac{l}{2}\sin\varphi\ddot{\varphi} - \frac{l}{2}\cos\varphi\dot{\varphi}^2 \tag{e}$$

将以上两式代入式（a）、式（b），并从式（a）～式（c）中消去约束力 F_{NA} 和 F_{NB}，解得

$$\ddot{\varphi} = \frac{3g}{2l}\sin\varphi \tag{f}$$

当开始滑动瞬时，杆的角速度 $\omega = \dot{\varphi} = 0$，即杆刚开始滑动时，杆的质心 C 的加速度为

$$\ddot{x}_C = \frac{l}{2}\cos\varphi_0\ddot{\varphi}_0 \tag{g}$$

$$\ddot{y}_C = \frac{l}{2}\sin\varphi_0\ddot{\varphi}_0 \tag{h}$$

将式（f）代入式（g）、式（h），得

$$\left.\begin{aligned} \ddot{x}_C &= \frac{3g}{4}\sin\varphi_0\cos\varphi_0 \\ \ddot{y}_C &= -\frac{3g}{4}\sin^2\varphi_0 \end{aligned}\right\} \tag{i}$$

将式（i）代入式（a）和式（b），解得

$$F_{NB}=\frac{3}{4}mg\sin\varphi_0\cos\varphi_0$$

$$F_{NA}=\frac{1}{4}(4-3\sin^2\varphi_0)mg$$

§7.3　动 能 定 理

自然界各种物质运动形式的转化往往是通过能量相联系的，也就是说能量是物质各种形式运动的度量。物体做机械运动时所具有的能量称为**机械能**，包括**动能**和**势能**。当物体的运动形式不仅限于机械运动，而出现与其他形式的运动（如与热、电、磁等）相互转化的现象时，则须用动能作为物体运动的度量，因此动能具有更广泛的意义。

1. 动能

(1) 质点的动能。质点的质量与其速度平方乘积的二分之一定义为质点的动能，即 $\frac{1}{2}mv^2$。动能是恒正的标量，其大小仅取决于质点速度的大小而与方向无关。在国际单位制中，动能的单位是J。

(2) 质点系的动能。设质点系由 n 个质点组成，所有质点的动能总和定义为质点系的动能，记为 T，即

$$T=\frac{1}{2}\sum m_iv_i^2 \tag{7.23}$$

(3) 刚体的动能。刚体是由无穷多质点组成的质点系。根据刚体各种不同的运动形式，可由式（7.23）推导出更简洁实用的动能计算公式。

1）平移刚体的动能。做平移的刚体内各点速度相同，可以用质心速度 $\boldsymbol{v}_C$ 表示各点速度，则平移刚体的动能为

$$T=\sum\frac{1}{2}m_iv_i^2=\sum\frac{1}{2}m_iv_C^2=\frac{1}{2}mv_C^2 \tag{7.24}$$

式中：$m=\sum m_i$ 为刚体的质量。

2）定轴转动刚体的动能。刚体以角速度 ω 绕固定轴 z 转动（见图7.12），刚体内任一质点的质量为 m_i，到轴 z 的距离为 r_i，该质点速度为 $v_i=r_i\omega$。因此，定轴转动刚体的动能为

$$T=\sum\frac{1}{2}m_i(r_i\omega)^2=\frac{1}{2}\omega^2\cdot\sum m_ir_i^2=\frac{1}{2}J_z\omega^2 \tag{7.25}$$

式中：$J_z=\sum m_ir_i^2$ 为刚体对转轴 z 的转动惯量。

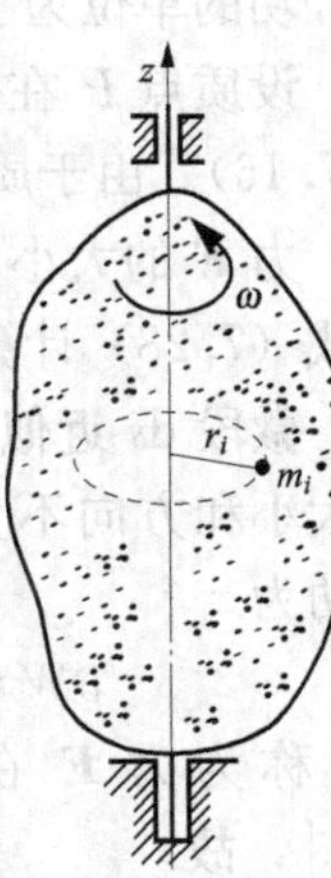

图7.12

3）平面运动刚体的动能。若平面运动刚体的角速度为 ω，点 P 为该瞬时的速度瞬心（见图7.13），刚体对过点 P 且垂直平面图形的瞬时轴的转动惯量为 J_P，由式（7.25）可得该瞬时平面运动刚体的动能为

$$T=\frac{1}{2}J_P\omega^2 \tag{7.26}$$

若刚体的质量为 m，其质心 C 到瞬心 P 的距离为 r_C，则由转动惯量

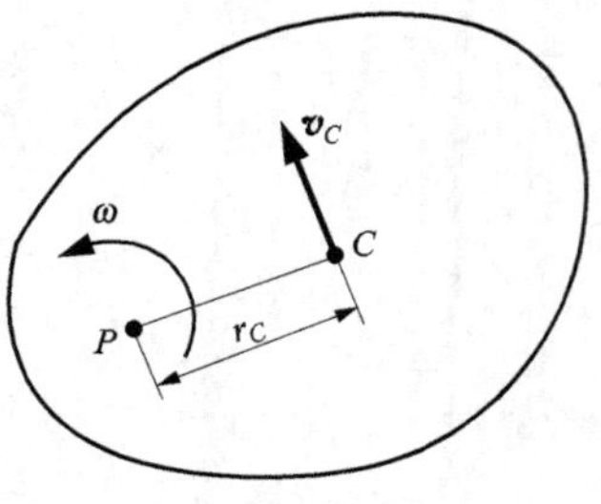

图 7.13

的平行移轴定理知

$$J_P = J_C + mr_C^2$$

式中：J_C 为刚体对质心轴的转动惯量。代入式（7.26）可得

$$T = \frac{1}{2}(J_C + mr_C^2)\omega^2 = \frac{1}{2}J_C\omega^2 + \frac{1}{2}m(r_C\omega)^2$$

由于 $r_C\omega = v_C$，于是有

$$T = \frac{1}{2}mv_C^2 + \frac{1}{2}J_C\omega^2 \tag{7.27}$$

即平面运动刚体的动能等于随质心平移的动能和绕质心转动的动能之和。

履带如图 7.14 所示，若已知履带单位长度的质量为 ρ，半径 r，速度 v_0，轮心距为 l，试写出履带动能的表达式。

2. 力的功

设有某个不变的力 $\boldsymbol{F}$ 作用于物体上，力的作用点沿某直线运动的位移为 s（见图 7.15）。

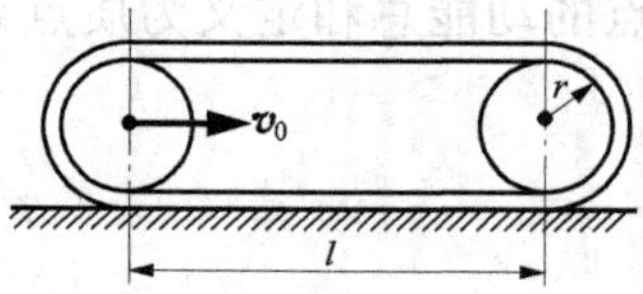

图 7.14

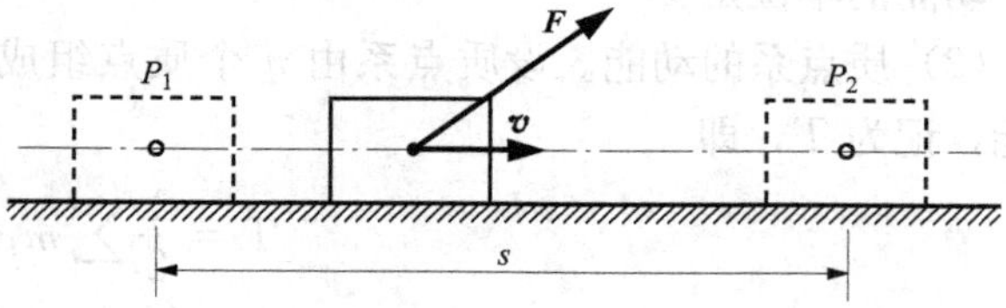

图 7.15

力 $\boldsymbol{F}$ 在速度 $\boldsymbol{v}$ 方向的投影 $F\cos(\boldsymbol{F}, \boldsymbol{v})$ 与 s 的乘积称为力 $\boldsymbol{F}$ 在此路程上对物体所做的**功**，记为 W，即

$$W = F\cos(\boldsymbol{F}, \boldsymbol{v})s$$

或写成矢量点积的形式

$$W = \boldsymbol{F} \cdot \boldsymbol{s} \tag{7.28}$$

功的单位为 J（焦耳），$1\text{J} = 1\text{N} \cdot \text{m} = 1\text{kgm}^2/\text{s}^2$。

设质点 P 在变力 $\boldsymbol{F}$ 作用下做曲线运动（见图 7.16）。由于质点 P 从 P_1 至 P_2 的运动过程中，力 $\boldsymbol{F}$ 的大小和方向是变化的，不能直接应用式（7.28）计算功。而当微小弧段 Δs 足够小时，微段 $\mathrm{d}s$ 近似于直线，则可近似地认为力 $\boldsymbol{F}$ 的大小和方向不变，则力 $\boldsymbol{F}$ 在 $\mathrm{d}s$ 弧段上所做的功为

$$\delta W = F\cos(\boldsymbol{F}, \boldsymbol{v})\mathrm{d}s$$

δW 称为力 $\boldsymbol{F}$ 在 $\mathrm{d}s$ 上的元功。因为 $\mathrm{d}s = |\mathrm{d}\boldsymbol{r}|$，故

$$\delta W = \boldsymbol{F} \cdot \mathrm{d}\boldsymbol{r}$$

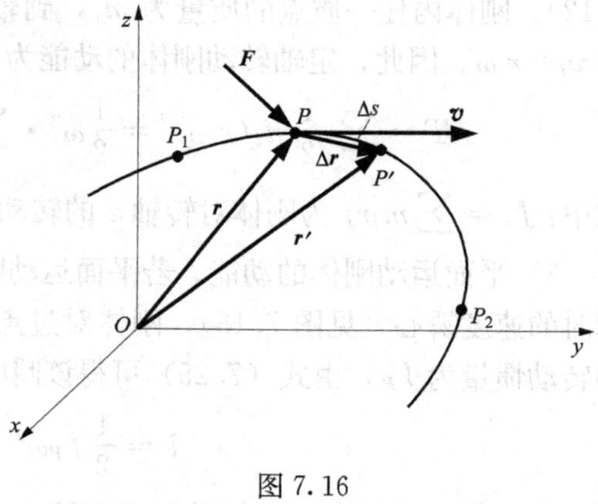

图 7.16

力 $\boldsymbol{F}$ 在 $\widehat{P_1P_2}$ 路程上的功就是其在全部路程上元功的总和，即

$$W=\int_{P_1}^{P_2}\boldsymbol{F}\cdot\mathrm{d}\boldsymbol{r} \tag{7.29}$$

其在直角坐标系中的解析表达式为

$$W=\int_{P_1}^{P_2}(F_x\mathrm{d}x+F_y\mathrm{d}y+F_z\mathrm{d}z) \tag{7.30}$$

下面计算工程中几种常见力的功：

(1) 重力的功。质量为 m 的质点 P 沿曲线轨迹由 P_1 运动至 P_2（见图 7.17）。重力所做的功为

$$W=mg(z_1-z_2) \tag{7.31}$$

若不是一个质点，而是一质点系在运动，以 z_{C1} 和 z_{C2} 分别表示质点系的质心在位置 1 和位置 2 的坐标，以 m_1 代表质点系质量，则质点系从位置 1 运动到位置 2 的过程中重力所做的功为

$$W=m_1g(z_{C1}-z_{C2})$$

令 $|z_{C1}-z_{C2}|=h$，表示重心下降或上升的高度，则

$$W=\pm m_1gh \tag{7.32}$$

式中当 $z_{C1}>z_{C2}$ 时，即重心降低时重力的功为正；反之，为负。式（7.32）表明，**重力的功等于质点系的重量与其重心在运动始末位置高度差的乘积，而与重心运动路径无关。**

(2) 弹性力的功。设原长为 l_0，刚度系数为 k 的弹簧一端固定于点 O，另一端 P 沿任意路径 s 由 P_1 运动至 P_2，点 P 的矢径为 $\boldsymbol{r}$。由胡克定律可知，弹性力 $\boldsymbol{F}$ 的大小与弹簧变形的大小 $\delta=r-l_0$ 成正比（见图 7.18）。当 $r>l_0$ 时，弹性力 $\boldsymbol{F}$ 与矢径 $\boldsymbol{r}$ 的方向相反，于是可得

$$\boldsymbol{F}=-k(r-l_0)\left(\frac{\boldsymbol{r}}{r}\right)$$

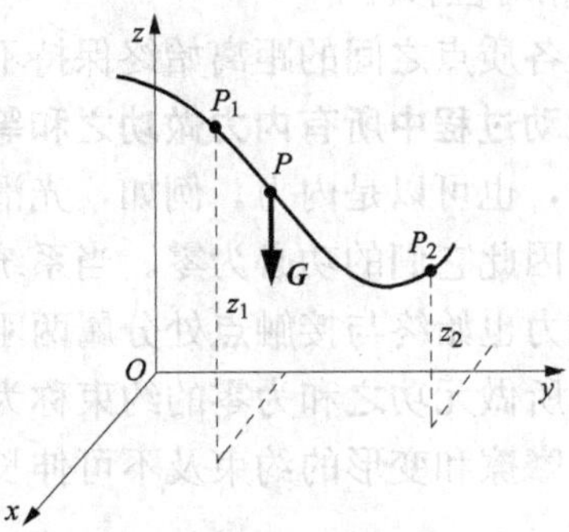

图 7.17

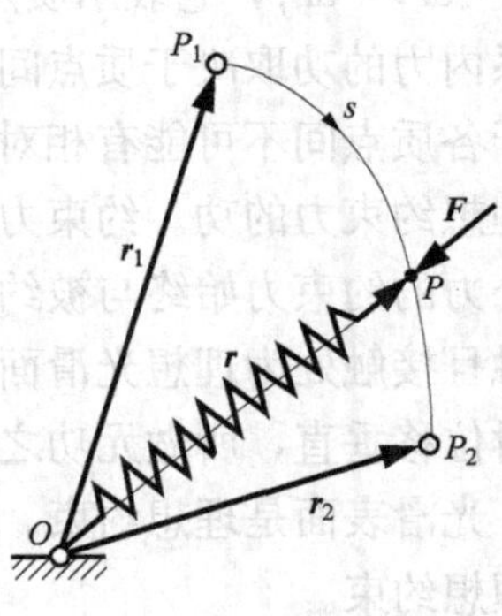

图 7.18

弹性力的元功为

$$\delta W=\boldsymbol{F}\cdot\mathrm{d}\boldsymbol{r}=-k(r-l_0)\frac{\boldsymbol{r}}{r}\cdot\mathrm{d}\boldsymbol{r}=-k(r-l_0)\frac{1}{r}\mathrm{d}\left(\frac{\boldsymbol{r}\cdot\boldsymbol{r}}{2}\right)$$

$$=-k(r-l_0)\frac{1}{r}\mathrm{d}\left(\frac{r^2}{2}\right)=-k(r-l_0)\mathrm{d}r$$

当点 P 从 P_1 运动到 P_2 时，弹性力的功为

$$W=\int_{r_1}^{r_2}-k(r-l_0)\mathrm{d}r=\frac{k}{2}[(r_1-l_0)^2-(r_2-l_0)^2]$$

若以 $\delta_1=r_1-l_0$，$\delta_2=r_2-l_0$ 分别表示在初始和终了位置时弹簧的变形，则有

$$W=\frac{k}{2}(\delta_1^2-\delta_2^2) \tag{7.33}$$

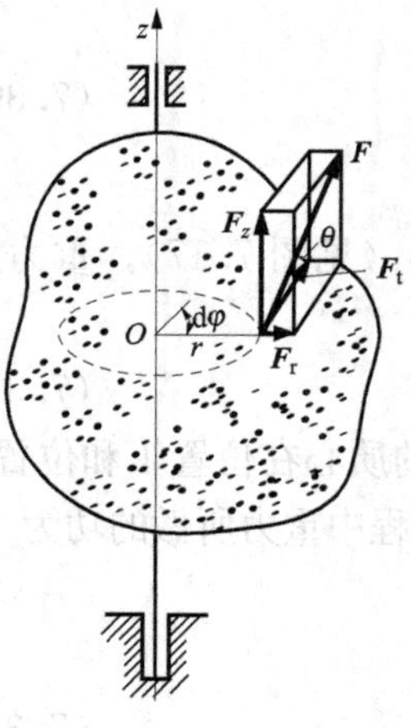

图 7.19

即弹性力的功等于弹簧刚度系数与其在始末位置上变形的平方之差乘积的一半，而与弹簧端点的运动路径无关。当初变形大于末变形时功为正；反之，为负。

（3）作用于定轴转动刚体的力的功。当图 7.19 所示刚体绕固定轴 z 有一微小转角 $\mathrm{d}\varphi$ 时，作用在刚体上的力 $\boldsymbol{F}$ 的元功为

$$\delta W=\boldsymbol{F}\cdot\mathrm{d}\boldsymbol{r}=\boldsymbol{F}\cdot\boldsymbol{v}\mathrm{d}t=(F\cos\theta)r\dot{\varphi}\mathrm{d}t=F_{\mathrm{t}}r\mathrm{d}\varphi=M_z(\boldsymbol{F})\mathrm{d}\varphi$$

如果力 $\boldsymbol{F}$ 对轴 z 之矩 $M_z(\boldsymbol{F})$ 为变量，则力 $\boldsymbol{F}$ 在角位移 φ 上所做的功为

$$W=\int_0^{\varphi}M_z(\boldsymbol{F})\mathrm{d}\varphi \tag{7.34}$$

即作用于绕定轴转动刚体上力的功等于该力对转动轴的矩与转角微分 $\mathrm{d}\varphi$ 乘积的积分。

当力 $\boldsymbol{F}$ 对轴 z 之矩为常量时，力 $\boldsymbol{F}$ 在角位移 φ 上所做的功为

$$W=M_z(\boldsymbol{F})\varphi \tag{7.35}$$

若刚体受到在垂直于转轴平面上的力偶作用，则其力偶矩的功也应用式（7.35）计算。

试导出平面运动刚体上力系做功的表达式。

（4）内力的功。设质点系内任意两质点 P_i 和 P_j 之间的相互作用力为 $\boldsymbol{F}_{ji}$ 和 $\boldsymbol{F}_{ij}$，且 $\boldsymbol{F}_{ji}=-\boldsymbol{F}_{ij}$。此两力元功之和为

$$\delta W=\boldsymbol{F}_{ji}\cdot\mathrm{d}\boldsymbol{r}_i+\boldsymbol{F}_{ij}\cdot\mathrm{d}\boldsymbol{r}_j=\boldsymbol{F}_{ij}\cdot(\mathrm{d}\boldsymbol{r}_i-\mathrm{d}\boldsymbol{r}_j)=\boldsymbol{F}_{ij}\cdot\mathrm{d}\boldsymbol{r}_{ij}$$

式中：$\mathrm{d}\boldsymbol{r}_{ij}=\mathrm{d}\boldsymbol{r}_i-\mathrm{d}\boldsymbol{r}_j$，它表示质点 P_j 相对质点 P_i 的相对位移。

质点系内力的功取决于质点间的相对位移。刚体是各质点之间的距离始终保持不变的质点系，由于各质点间不可能有相对位移，所以**刚体在运动过程中所有内力做功之和等于零**。

（5）理想约束力的功。约束力可以是质点系的外力，也可以是内力。例如，光滑表面约束，作为外力的约束力始终与被约束质点的位移垂直，因此它们的功必为零。当系统内两刚体相互接触且接触处为理想光滑面时，作为内力的约束力也始终与接触点处分属两刚体的质点间的相对位移垂直，所做元功之和也等于零。约束力所做元功之和为零的约束称为**理想约束**。所以，光滑表面是理想约束。同样可以证明，不计摩擦和变形的约束及不可伸长的绳索等，都是理想约束。

圆轮在水平面上做纯滚动，水平面作用于圆轮的静滑动摩擦力做功吗？为什么？

3. 势力场与势能

如果质点在某一空间内的位置都受到一个大小和方向完全确定的力的作用，这种空间就称为**力场**。在某些力场中，质点从任一位置运动到另一位置时，力场作用于质点上的力所做的功与质点所经过的路径无关，而只与其起点和终点的位置有关，这样的力场称为**势力场**。在势力场中，场作用于质点的力称为**有势力**或**保守力**。重力、弹性力、万有引力都是有势力，重力场、弹性力场、万有引力场也称为势力场。

在势力场中，质点从某位置 $P(x, y, z)$ 运动到任选的零位置 $P_0(x_0, y_0, z_0)$，有势力所做的功称为质点在点 P 相对于点 P_0 的**势能**，记为 V，即

$$V=\int_{P}^{P_0}\boldsymbol{F}\cdot \mathrm{d}\boldsymbol{r}=\int_{P}^{P_0}F_x\mathrm{d}x+F_y\mathrm{d}y+F_z\mathrm{d}z \tag{7.36}$$

显然，势能的大小是相对于零势能位置 P_0 而言的，而零势能位置是可以任意选定的，因此，对于势能的大小，必须指明其零势能位置才有意义。

下面计算几种常见的势能。

(1) 重力场。以铅直向上的轴为轴 z 建立直角坐标系，则质点的重力在坐标轴上的投影为 $F_x=F_y=0$，$F_z=-mg$，若零势能位置的纵坐标为 z_0，由式 (7.36) 可得质点势能为

$$V=\int_{z}^{z_0}-mg\mathrm{d}z=mg(z-z_0) \tag{7.37}$$

与式 (7.37) 类似，质点系重力势能可写为

$$V=mg(z_C-z_{C_0}) \tag{7.38}$$

式中：m 为质点系的总质量；z_C 为质心的纵坐标；z_{C_0} 为零势能位置质心的纵坐标。

(2) 弹性力场。以弹簧变形量 δ_0 为零势能位置，则由弹性力做功的式 (7.33) 可求得变形量为 δ 的弹性力势能为

$$V=\frac{k}{2}(\delta^2-\delta_0^2) \tag{7.39}$$

若以弹簧原长之处为零势能位置，则 $\delta_0=0$，代入式 (7.39) 可得弹性力势能为

$$V=\frac{k}{2}\delta^2 \tag{7.40}$$

在势力场中，势能随其位置坐标不同而变化，因此将 $V(x,y,z)$ 称为**势能函数**。质点从起始点 $P(x,\ y,\ z)$ 运动到终了点 $P'(x+\mathrm{d}x,\ y+\mathrm{d}x,\ z+\mathrm{d}z)$ 时，有势力 $\boldsymbol{F}$ 的元功为

$$\begin{aligned}\delta W&=F_x\mathrm{d}x+F_y\mathrm{d}y+F_z\mathrm{d}z\\&=V(x,y,z)-V'(x+\mathrm{d}x,y+\mathrm{d}y,z+\mathrm{d}z)=-\mathrm{d}V\end{aligned} \tag{7.41}$$

而势能函数的全微分可写为

$$\mathrm{d}V=\frac{\partial V}{\partial x}\mathrm{d}x+\frac{\partial V}{\partial y}\mathrm{d}y+\frac{\partial V}{\partial z}\mathrm{d}z$$

与式 (7.41) 比较可得

$$F_x=-\frac{\partial V}{\partial x},F_y=-\frac{\partial V}{\partial y},F_z=-\frac{\partial V}{\partial z} \tag{7.42}$$

因此，有势力可表示为

$$\boldsymbol{F}=-\left(\frac{\partial V}{\partial x}\boldsymbol{i}+\frac{\partial V}{\partial y}\boldsymbol{j}+\frac{\partial V}{\partial z}\boldsymbol{k}\right)=-\mathbf{grad}V \tag{7.43}$$

即有势力的大小等于势能函数在该点梯度的大小，其方向与势能梯度矢量方向相反。

在势力场中，所有势能相同的点所组成的曲面称为**等势面**，即

$$V(x,\ y,\ z)=\text{常量}$$

若常数为零，则称为零势面。

由式 (7.41) 可知，当质点沿同一等势面运动时，有势力必不做功。若质点从原等势面运动到另一等势面，则有势力做的功等于此两等势面的势能之差。由高等数学可知，势能梯度矢量必与等势面垂直，且指向势能增大的方向；由式 (7.43) 可知，有势力的方向必垂直于等势面，且指向势能减小的方向。

在势力场中，质点系由某位置 1 运动到另一位置 2 的过程中，作用于质点系全部有势力的总功可由式（7.41）求得

$$\sum W_i = \sum \int_1^2 \delta W_i = \sum \int_1^2 -\mathrm{d}V_i = \sum V_{1i} - \sum V_{2i} = V_1 - V_2 \tag{7.44}$$

即有势力所做的总功等于质点系在运动过程中的起始位置总势能与终了位置总势能之差。

4. 动能定理和机械能守恒定律

(1) 质点的动能定理。将质点的动量定理式（7.1）两边与质点的速度$\boldsymbol{v}=\mathrm{d}\boldsymbol{r}/\mathrm{d}t$ 作标积运算，约去 $\mathrm{d}t$，得

$$\boldsymbol{v}\cdot \mathrm{d}(m\boldsymbol{v}) = \boldsymbol{F}\cdot \mathrm{d}\boldsymbol{r} \tag{7.45}$$

式（7.45）左边可写为

$$\boldsymbol{v}\cdot \mathrm{d}(m\boldsymbol{v}) = \mathrm{d}\left[\frac{1}{2}m(\boldsymbol{v}\cdot\boldsymbol{v})\right] = \mathrm{d}\left(\frac{1}{2}mv^2\right)$$

而式（7.45）右边 $\boldsymbol{F}\cdot \mathrm{d}\boldsymbol{r}=\delta W$，为力的元功。式（7.45）可写为

$$\mathrm{d}\left(\frac{1}{2}mv^2\right) = \delta W \tag{7.46}$$

式（7.46）表明，质点动能的微分等于作用于质点上力的元功。这就是**质点动能定理的微分形式**。

若将式（7.46）沿路径积分，则得

$$\frac{1}{2}mv_2^2 - \frac{1}{2}mv_1^2 = W \tag{7.47}$$

式（7.47）表明，在某一路程中质点动能的改变，等于作用于质点上的力在同一路程上所做的功。这就是**质点动能定理的积分形式**。

(2) 质点系的动能定理。质点系内任一质点的质量为 m_i，速度为$\boldsymbol{v}_i$，根据式（7.46）可写出质点系任一质点的动能定理微分形式，即

$$\mathrm{d}\left(\frac{1}{2}m_i v_i^2\right) = \delta W_i (i=1,\ 2,\ \cdots,\ n)$$

式中：δW_i 为作用于该质点上所有外力和内力在微小路径上所做的元功。

将每个质点所列的方程相加，便可得质点系动能定理微分形式的表达式，即

$$\sum \mathrm{d}\left(\frac{1}{2}m_i v_i^2\right) = \sum \delta W_i$$

由于 $\sum \mathrm{d}\left(\frac{1}{2}m_i v_i^2\right) = \mathrm{d}\sum\left(\frac{1}{2}m_i v_i^2\right) = \mathrm{d}T$，于是上式可写成

$$\mathrm{d}T = \sum \delta W_i \tag{7.48}$$

式（7.48）表明，质点系动能的微分等于作用质点系所有外力和内力的元功总和。这就是**质点系动能定理的微分形式**。

对式（7.48）进行积分，得

$$T_2 - T_1 = \sum W_i \tag{7.49}$$

式中：T_2 和 T_1 分别表示运动终了与初始时质点系的动能。式（7.49）表明，在运动过程中，质点系动能的改变等于作用于质点系的所有外力和内力所做功的总和。这就是**质点系动能定理的积分形式**。

必须指出，在一般情况下，质点系内力的功之和并不一定等于零。工程中有很多机器，如蒸汽机、内燃机等都是由于气缸内气体膨胀而推动活塞做功，这些都是内力做功的例子。

质点系的内力能否改变质点系的动量、动量矩和动能？为什么？

（3）机械能守恒定律。若作用于质点系的力为有势力，则由动能定理和式（7.44）可得

$$T_2 - T_1 = \sum W_i = V_1 - V_2$$

移项后得

$$T_1 + V_1 = T_2 + V_2 = 常量 \tag{7.50}$$

即质点系只在有势力作用下运动时，其动能与势能之和为常量。质点系在某瞬时的动能与势能之和称为**机械能**，故上述结论称为**机械能守恒定律**。只受有势力作用的质点系称为**保守系统**，有势力又称为**保守力**。若质点系上有非保守力作用，只要这些力在质点系的任意位移上都不做功，则机械能守恒定律依然适用。

机械能守恒定律与动能定理有哪些相同点和不同点？

例 7.9　送料机构的小车连同矿石的质量为 m_1，鼓轮质量为 m_2，半径为 r，对其转轴的回转半径为 ρ，轨道的倾角为 θ，如图 7.20 所示。在鼓轮上作用一不变力矩 M 将小车提升。试求小车由静止开始沿轨道上升路程为 s 时的速度及加速度。略去摩擦及绳索的质量。

解　要计算小车运动一段路程后的速度，应用动能定理求解最合适。

取整个系统为研究对象。小车、鼓轮可看成刚体，绳索看成是不可伸长的，因此系统内力之功的总和为零，故只需考虑外力的功。

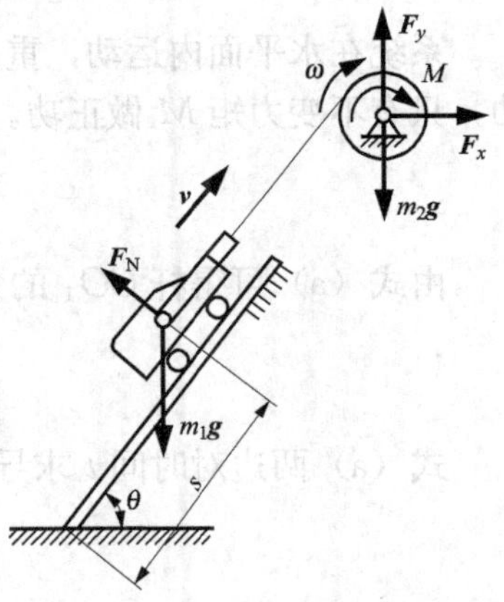

图 7.20

在初始位置时系统静止，故系统的初动能为零，即 $T_1=0$。当小车上升 s 时，其速度为 v，鼓轮的角速度为 ω，故系统的末动能等于小车动能和鼓轮动能之和，即

$$T_2 = \frac{1}{2}m_1v^2 + \frac{1}{2}J_O\omega^2 = \frac{1}{2}m_1v^2 + \frac{1}{2}m_2\rho^2\omega^2 \tag{a}$$

以 $v=r\omega$ 代入式（a），整理得

$$T_2 = \frac{1}{2}\left(m_1 + m_2\frac{\rho^2}{r^2}\right)v^2$$

接着计算外力的功，由于不计摩擦，理想约束力 $\boldsymbol{F}_N$ 不做功，$\boldsymbol{F}_x$、$\boldsymbol{F}_y$ 及 $m_2\boldsymbol{g}$ 力均通过鼓轮转轴，均不做功，因此只有不变力矩 M 及小车重力 $m_1\boldsymbol{g}$ 做功。设小车上升 s 时，鼓轮的转角为 φ，则

$$W = M\varphi - m_1gs\sin\theta \tag{b}$$

由于绳索不可伸长，故 $s=r\varphi$，代入式（b）得

$$W = M\frac{s}{r} - m_1gs\sin\theta = \left(\frac{M}{r} - m_1g\sin\theta\right)s$$

应用动能定理式（7.49）

$$\frac{1}{2}\left(m_1 + m_2\frac{\rho^2}{r^2}\right)v^2 = \left(\frac{M}{r} - m_1g\sin\theta\right)s \tag{c}$$

于是解得

$$v = \sqrt{\frac{2(Mr - m_1gr^2\sin\theta)s}{m_1r^2 + m_2\rho^2}}$$

将式（c）两边同时对时间 t 求导，整理后得

$$a=\frac{Mr-m_1gr^2\sin\theta}{m_1r^2+m_2\rho^2}$$

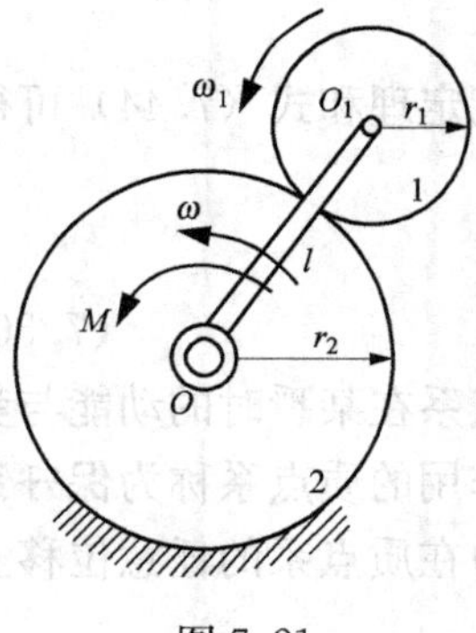

图 7.21

例 7.10　置于水平平面内的行星齿轮机构的曲柄 OO_1 受不变力矩 M 的作用而绕固定轴 O 转动，由曲柄带动的齿轮 1 在固定齿轮 2 上滚动，如图 7.21 所示。已知曲柄 OO_1 是长为 l，质量为 m 的均质细杆；齿轮 1 是半径为 r_1，质量为 m_1 的均质圆盘。不计各处摩擦。试求曲柄由静止转过 φ 角后的角速度和角加速度。

解　取整个系统为研究对象。曲柄 OO_1 做定轴转动，齿轮 1 做平面运动。设曲柄的角速度为 ω，齿轮 1 的角速度为 ω_1，由运动分析可知 $r_1\omega_1=l\omega$，故系统的动能为

$$\begin{aligned}T&=\frac{1}{2}J_O\omega^2+\frac{1}{2}m_1v_{O1}^2+\frac{1}{2}J_{O1}\omega_1^2\\&=\frac{1}{2}\frac{ml^2}{3}\omega^2+\frac{1}{2}m_1(l\omega)^2+\frac{1}{2}\frac{m_1r_1^2}{2}\left(\frac{l\omega}{r_1}\right)^2\\&=\frac{1}{2}\left(\frac{m}{3}+\frac{3m_1}{2}\right)l^2\omega^2\end{aligned}$$

系统在水平面内运动，重力不做功。此外，各接触处摩擦均不计，因而理想约束力不做功，只有不变力矩 M 做正功。应用动能定理得

$$\frac{1}{2}\left(\frac{m}{3}+\frac{3m_1}{2}\right)l^2\omega^2=M\varphi \tag{a}$$

由式（a）可得杆 OO_1 的角速度

$$\omega=\sqrt{\frac{12M\varphi}{(2m+9m_1)l^2}}$$

式（a）两边对时间 t 求导，得角加速度

$$\alpha=\frac{6M}{(2m+9m_1)l^2}$$

由上述例题可知，由于理想约束力所做的元功之和均等于零，因此，对于具有理想约束的质点系，可取整个系统为研究对象，且只需计算所有主动力所做的功，动能定理中不包含约束力，这对于不需求出约束力的一类动力学问题显得特别方便。此外，通常应用动能定理先求出在任意瞬时速度的表达式，然后对时间求导得到加速度，这是应用动能定理求解动力学问题的另一个特点。

试总结归纳出应用动能定理解题的主要步骤。

5. 功率、功率方程和机械效率

在工程实践中，不仅要计算力的功，还需要知道力做功的快慢程度。**力在单位时间内做的功**，称为**功率**，记为 P。力在某时间间隔 Δt 内所做的功 ΔW 与 Δt 的比值 $\Delta W/\Delta t$ 为该力在这段时间内的**平均功率**。当 Δt 趋于零时，比值 $\Delta W/\Delta t$ 的极限值为**瞬时功率**，故有

$$P=\lim_{\Delta t\to 0}\frac{\Delta W}{\Delta t}=\frac{\delta W}{\mathrm{d}t}=\frac{\boldsymbol{F}\cdot\mathrm{d}\boldsymbol{r}}{\mathrm{d}t}=\boldsymbol{F}\cdot\boldsymbol{v}=F_{\mathrm{t}}v \tag{7.51}$$

即功率等于力在速度方向上的投影与速度的乘积。

若功是通过力矩或力偶矩计算的，则由 $\delta W = M_z \mathrm{d}\varphi$ 的关系有

$$P = \frac{\delta W}{\mathrm{d}t} = M_z \frac{\mathrm{d}\varphi}{\mathrm{d}t} = M_z \omega \tag{7.52}$$

即功率等于力矩或力偶矩与角速度的乘积。

在国际单位制中，功率的单位为 W（瓦特），有

$$1\mathrm{W} = 1\mathrm{J/s} = 1\mathrm{N \cdot m/s} = 1\mathrm{kgm^2/s^2}$$

工程中常用马力为功率的单位，它与 W 或 kW 的换算关系如下

$$1\text{马力} = 735.5\mathrm{W} = 0.735\,5\mathrm{kW}$$

将质点系动能定理的微分式（7.48）两端同除以 dt，可得

$$\frac{\mathrm{d}T}{\mathrm{d}t} = \sum \frac{\delta W_i}{\mathrm{d}t} = \sum P_i \tag{7.53}$$

式（7.53）称为**功率方程，即质点系动能的变化率等于作用于质点系的所有外力与内力的功率的代数和**。任何机器工作时，必须输入和输出功率。由主动力做功或外部输入能量而产生的功率称为**输入功率**，用符号 P_{in}表示；用于克服摩擦力之类的有害阻力而损耗掉的功率称为**损失功率**，也称为无用输出功率，用符号 P_{loss}表示；由机器输出可对外做功的功率称为**输出功率**，也称为有用输出功率，用符号 P_{out}表示。因此，功率方程式（7.53）可写成

$$\frac{\mathrm{d}T}{\mathrm{d}t} = P_{\mathrm{in}} - P_{\mathrm{out}} - P_{\mathrm{loss}} \tag{7.54}$$

式（7.54）为机器的功率方程，反映了机器动能变化率与三种功率之间的瞬时关系。当机器做加速运动时，$\frac{\mathrm{d}T}{\mathrm{d}t}>0$，则在该瞬时有 $P_{\mathrm{in}} > P_{\mathrm{out}} + P_{\mathrm{loss}}$；当机器匀速运行时，$\frac{\mathrm{d}T}{\mathrm{d}t}=0$，则恒有 $P_{\mathrm{in}} = P_{\mathrm{out}} + P_{\mathrm{loss}}$；当 $P_{\mathrm{in}} < P_{\mathrm{out}} + P_{\mathrm{loss}}$ 时，则$\frac{\mathrm{d}T}{\mathrm{d}t}<0$，即当输入功率小于输出功率和损失功率之和时，机器做减速运动。

在工程中，当机器匀速稳定运行时，其输出功率与输入功率之比称为该机器的**机械效率**，用 η 表示，即

$$\eta = \frac{P_{\mathrm{out}}}{P_{\mathrm{in}}} \tag{7.55}$$

如果机器的机械效率高，说明机器对输入功率的有效利用程度高。因此机械效率是评定机器优劣的重要指标之一。因为输出功率小于输入功率，所以机械效率总是小于1的。

例 7.11　载重汽车的车斗可以翻转卸货，车斗自重 28kN，满载时可装 5m³ 的砂石，砂石的密度为 2300kg/m³。车斗装满砂石时重心 C 的位置如图 7.22 所示。欲使车斗满载时绕轴 A 以等角速度 0.07rad/s 翻转，试求卸货时的最大输出功率。

图 7.22

解　满载时砂石与车斗的总重量为

$$28\mathrm{kN} + 2300\mathrm{kg/m^3} \times 9.8\mathrm{m/s^2} \times 5\mathrm{m^3} = 141\mathrm{kN}$$

在车斗翻转过程中，荷载对轴 A 的最大力矩为

$$M_{max} = 141\text{kN} \times 1.2\text{m} = 169\text{kN} \cdot \text{m}$$

根据式（7.52），可以求得满载时车斗绕轴 A 以等角速度 0.07rad/s 翻转卸货时，所需的最大输出功率为

$$P_{out,\ max} = M_{max} \times \omega = (169\text{kN} \cdot \text{m})(0.07\text{rad/s}) = 11.8\text{kW}$$

6. 动力学普遍定理的综合应用

动量定理、动量矩定理和动能定理通常统称为**动力学普遍定理**。这些定理虽然都是在牛顿定律基础上推导出来的，但在历史上却是独立发现的。

在推导这些定理的过程中引入了两组不同的物理量：①度量质点系整体运动特征的物理量，即动量、动量矩和动能；②度量力的作用效应的物理量，即力系的主矢和主矩、力的冲量和力的功。这些定理以简明的数学形式建立了这两组物理量之间的对应关系，从不同的侧面描绘了质点系运动的动力学过程。

在解决具体动力学问题时，可根据牛顿定律，也可根据普遍定理列出动力学方程求解。在应用普遍定理求解动力学问题时，根据问题的具体条件和要求及系统的受力情况，恰当地选用某一定理，往往可以避开问题中不要求的未知量（如用动能定理，可以不考虑不做功的理想约束力等），从而直接求出问题中待求的未知量。

需要指出的是，实际动力学问题大多较复杂，不可能仅用一个定理解决全部问题，而往往需要综合应用几个定理求解。下面举例说明综合应用普遍定理求解动力学问题的方法和步骤。

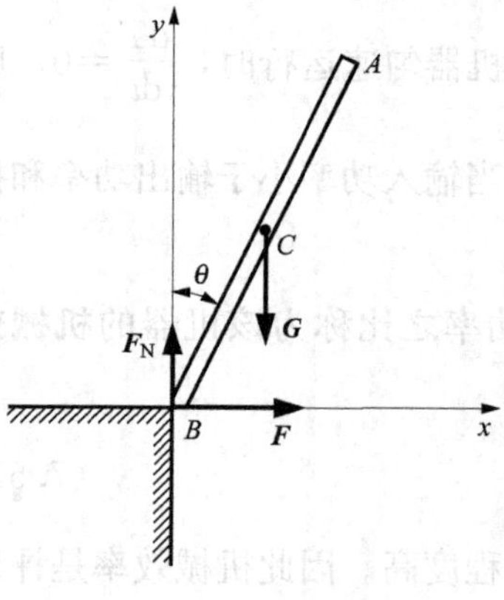

图 7.23

例 7.12 均质直杆长为 $2l$，直立在粗糙的桌面上，下端 B 位于桌面的边缘。初始时杆静止不动，且 $\theta=0°$。受到小扰动后杆 AB 在铅垂平面 Bxy 内绕点 B 翻倒，如图 7.23 所示。试求杆 AB 离开桌面时的角度 θ 值和此时杆的角速度 ω。

解 取杆 AB 为研究对象。受力如图 7.23 所示，$\boldsymbol{F}_N$ 为桌面的约束力，$\boldsymbol{F}$ 为摩擦力，$\boldsymbol{G}$ 为杆的重力。

杆 AB 翻转离开桌面前的运动为绕点 B 的转动，离开桌面的瞬时，杆与铅垂轴夹角为 θ。运动过程中只有重力 $\boldsymbol{G}$ 做功，因此选用动能定理求杆 AB 的运动变化是合适的。

重力 $\boldsymbol{G}$ 的功为

$$W = Gl(1-\cos\theta)$$

开始时杆 AB 静止不动，因而初始动能 $T_0=0$。设杆 AB 翻转到角 θ 位置时的角速度为 ω，则此时动能为

$$T = \frac{1}{2}J_B\omega^2$$

式中：J_B 为杆 AB 绕轴 B 的转动惯量，且有

$$J_B = \frac{1}{3}\frac{G}{g}(2l)^2 = \frac{4}{3}\frac{G}{g}l^2$$

根据动能定理得

$$\frac{1}{2} \cdot \frac{4}{3}\frac{G}{g}l^2\omega^2 = Gl(1-\cos\theta)$$

解得

$$\omega^2=\frac{3g}{2l}(1-\cos\theta) \tag{a}$$

由上可知，结果中仍包含未知量 θ，因此仅用动能定理不能求得 ω，还必须应用其他动力学定理联合求解。

当杆 AB 翻转 θ 角度时，杆要离开桌面。此时桌面的约束力 $\boldsymbol{F}_{\mathrm{N}}$ 和摩擦力 $\boldsymbol{F}$ 均等于零，杆 AB 仅受重力 $\boldsymbol{G}$ 的作用，故可应用质心运动定理建立此瞬时运动和力的关系。

质心运动方程在质心运动轨迹法向坐标轴上的投影为

$$\frac{G}{g}a_C^{\mathrm{n}}=G\cos\theta \tag{b}$$

式中：a_C^{n} 为质心法向加速度，且 $a_C^{\mathrm{n}}=l\omega^2$，故式（b）为

$$\frac{G}{g}l\omega^2=G\cos\theta \tag{c}$$

将式（a）和式（c）联立求解得

$$\cos\theta=\frac{3}{5} \text{ 或 } \theta=33.1°$$

$$\omega^2=\frac{3g}{5l} \quad \text{或} \quad \omega=\sqrt{\frac{3g}{5l}}$$

由上可知，该题仅用动能定理或质心运动定理均不能完全求解，而必须综合应用这两个定理联立求解，并且还要根据题意做出杆 AB 在翻离桌面时桌面反力为零的判断，才能使问题圆满解决。

例 7.13　如图 7.24（a）所示，质量为 m_1，半径为 $\boldsymbol{R}$ 的鼓轮，对其质心水平轴的回转半径为 ρ。在鼓轮半径为 r 的同心滚轴上绕有细绳，并受与水平面倾角 $\theta=30°$ 的常力 $\boldsymbol{F}_{\mathrm{P}}$ 的牵动，且 $F_{\mathrm{P}}=mg$。鼓轮轮缘上绕有细绳，绳水平地跨过质量为 m_2，半径为 r 的匀质滑轮 B，绳的另一端系有质量为 m 的重物 D，设绳子质量不计，且不可伸长，绳与滑轮 B 间无相对滑动，轴承 O 处摩擦不计，而轮 A 在水平面上做纯滚动。若 $m_1=4m$，$m_2=m$，$R=2r$，$\rho=\sqrt{\frac{3}{2}}r$。试求：

（1）重物 D 的加速度；

（2）轴承 O 的约束力；

（3）固定水平面对轮 A 的约束力。

解　（1）应用动能定理求重物 D 的加速度。取整个系统为研究对象，受力图如图 7.24（b）所示。

设重物 D 的速度为 $\boldsymbol{v}$，加速度为 $\boldsymbol{a}$，则由运动学可知，滑轮 B 及鼓轮 A 的角速度分别为

$$\omega_2=v/r,\quad \omega_1=v/(R-r)$$

故鼓轮 A 的质心 C 的速度 v_C 为

$$v_C=r\omega_1=rv/(R-r)$$

则系统的动能为

$$T=\frac{1}{2}mv^2+\frac{1}{2}J_O\omega_2^2+\frac{1}{2}m_1v_C^2+\frac{1}{2}J_C\omega_1^2$$

$$=\frac{v^2}{4}\left[2m+m_2+2m_1\frac{r^2+\rho^2}{(R-r)^2}\right]$$

$$=\frac{23}{4}mv^2 \qquad \text{(a)}$$

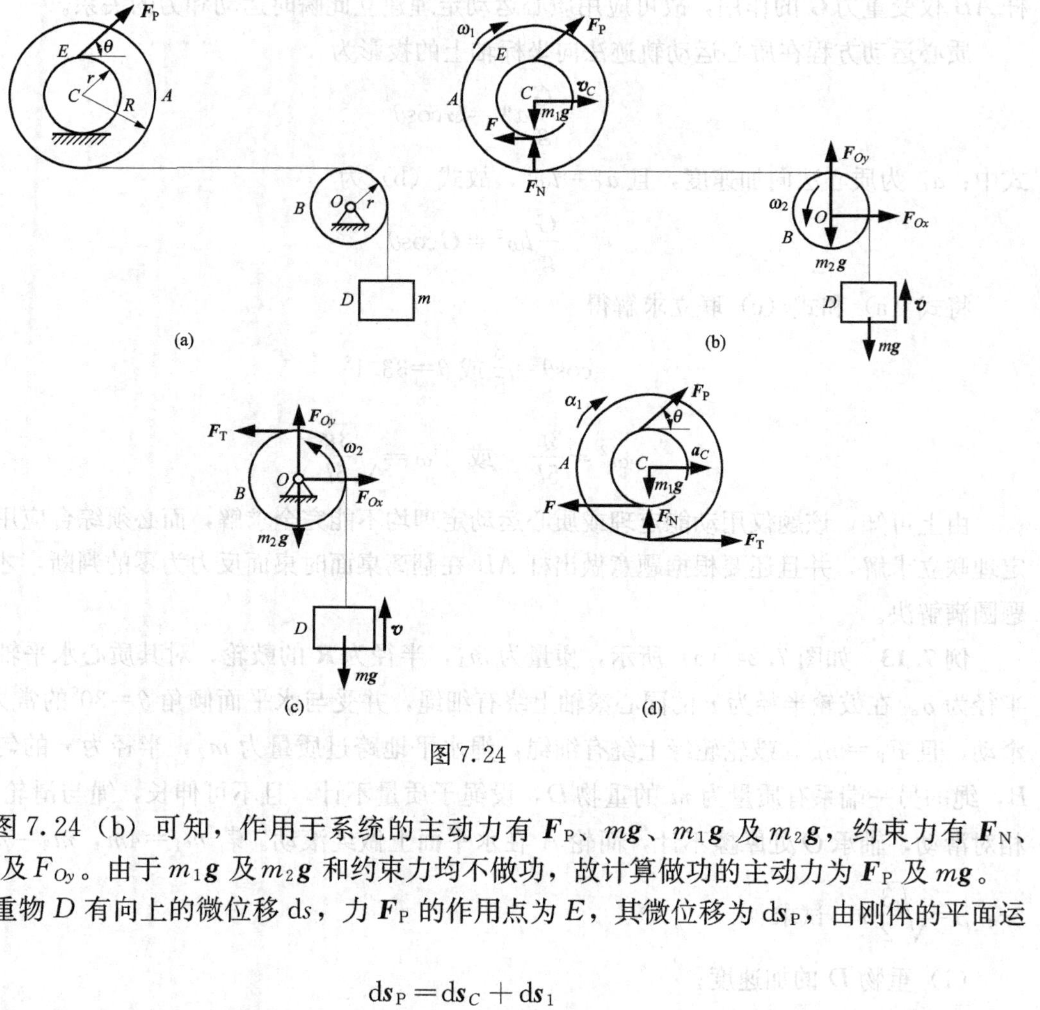

图 7.24

由图 7.24（b）可知，作用于系统的主动力有 $\boldsymbol{F}_P$、$m\boldsymbol{g}$、$m_1\boldsymbol{g}$ 及 $m_2\boldsymbol{g}$，约束力有 $\boldsymbol{F}_N$、$\boldsymbol{F}$、$\boldsymbol{F}_{Ox}$ 及 F_{Oy}。由于 $m_1\boldsymbol{g}$ 及 $m_2\boldsymbol{g}$ 和约束力均不做功，故计算做功的主动力为 $\boldsymbol{F}_P$ 及 $m\boldsymbol{g}$。

设重物 D 有向上的微位移 $\mathrm{d}s$，力 $\boldsymbol{F}_P$ 的作用点为 E，其微位移为 $\mathrm{d}\boldsymbol{s}_P$，由刚体的平面运动可知

$$\mathrm{d}\boldsymbol{s}_P=\mathrm{d}\boldsymbol{s}_C+\mathrm{d}\boldsymbol{s}_1$$

式中：$\mathrm{d}\boldsymbol{s}_C$ 为鼓轮质心 C 的微位移；$\mathrm{d}\boldsymbol{s}_1$ 为力作用点 E 绕质心 C 转动的微位移。设鼓轮绕质心转动的微角位移为 $\mathrm{d}\varphi$，则由运动学可知，$\mathrm{d}s_C=\mathrm{d}s_1=r\mathrm{d}\varphi$，而 $\mathrm{d}\boldsymbol{s}_1\perp CE$，指向与 ω_1 一致。同时可知，$\mathrm{d}s=(R-r)\mathrm{d}\varphi$，因此力 $\boldsymbol{F}_P$ 的元功 δW_P 为

$$\delta W_P=F_P\mathrm{d}s_P=F_P\mathrm{d}s_1+F_P\cos\theta\,\mathrm{d}s_C$$

$$=\frac{F_Pr\mathrm{d}s}{R-r}(1+\cos\theta)$$

故系统上所有主动力的元功之和为

$$\sum\delta W=\frac{F_Pr\mathrm{d}s}{R-r}(1+\cos\theta)-mg\,\mathrm{d}s$$

$$=\left[\frac{mgr}{r}\left(1+\frac{\sqrt{3}}{2}\right)-mg\right]\mathrm{d}s$$

$$=\frac{\sqrt{3}}{2}mg\,\mathrm{d}s$$

由动能定理的微分形式 $\mathrm{d}T=\sum\delta W_i$，可得

$$\mathrm{d}\left(\frac{23}{4}mv^2\right)=\frac{\sqrt{3}}{2}mg\,\mathrm{d}s \tag{b}$$

由式（b）可得

$$\frac{23}{4}m\cdot 2v\frac{\mathrm{d}v}{\mathrm{d}t}=\frac{\sqrt{3}}{2}mg\frac{\mathrm{d}s}{\mathrm{d}t}$$

整理后得重物 D 的加速度

$$a=\frac{\sqrt{3}}{23}g$$

（2）求轴承 O 的约束力。取重物 D 及滑轮 B 作为研究对象，受力图如图 7.24（c）所示。系统受的主动力为 $m\boldsymbol{g}$、$m_2\boldsymbol{g}$，绳索的拉力 $\boldsymbol{F}_{\mathrm{T}}$ 和轴承约束力 $\boldsymbol{F}_{Ox}$ 和 $\boldsymbol{F}_{Oy}$。

由对轴 O 的动量矩定理可知

$$\frac{\mathrm{d}}{\mathrm{d}t}(J_O\omega_2+mvr)=F_{\mathrm{T}}r-mgr \tag{c}$$

由式（c）解得

$$F_{\mathrm{T}}=mg+\frac{1}{2}(m_2+2m)a=mg+\frac{3}{2}ma$$

$$=\left(1+\frac{3\sqrt{3}}{46}\right)mg$$

再根据动量定理可求得轴 O 的约束力，即

$$0=F_{Ox}-F_{\mathrm{T}}$$

$$ma=F_{Oy}-m_2g-mg$$

整理后可得轴承 O 的约束力

$$F_{Ox}=F_{\mathrm{T}}=\left(1+\frac{3\sqrt{3}}{46}\right)mg$$

$$F_{Oy}=(m+m_2)g+ma=\left(2+\frac{\sqrt{3}}{23}\right)mg$$

（3）求固定水平面对轮 A 的约束力。取轮 A 为研究对象，受力图如图 7.24（d）所示。应用质心运动定理可列出如下方程，即

$$\left.\begin{aligned}m_1a_{Cx}&=F_{\mathrm{P}}\cos\theta-F+F_{\mathrm{T}}\\ m_1a_{Cy}&=F_{\mathrm{N}}-m_1g+F_{\mathrm{P}}\sin\theta\end{aligned}\right\} \tag{d}$$

由于 $a_{Cx}=a_C=a$，$a_{Cy}=0$，代入式（d）可求得水平面对轮 A 的法向约束力及轮与地面间的摩擦力

$$F_{\mathrm{N}}=m_1g-F_{\mathrm{P}}\sin\theta=\frac{7}{2}mg$$

$$F=F_{\mathrm{P}}\cos\theta+F_{\mathrm{T}}-m_1a_{Cx}=\left(1+\frac{9\sqrt{3}}{23}\right)mg$$

由上述结果可知，为使轮 A 滚而不滑，轮 A 与固定水平面间的静摩擦因数应满足

$$f_s\geqslant\frac{F}{F_{\mathrm{N}}}=0.48$$

§7.4 工程应用实训

7.1 大型塔吊如图 7.25 所示，已知：机身重 $G=220\mathrm{kN}$，最大吊重 $P=50\mathrm{kN}$，最小平衡重 $W=11\mathrm{kN}$，吊臂至地面导轨的高度为 $h=18\mathrm{m}$，塔吊线中心至导轨的距离 $b=2\mathrm{m}$，吊索长 $l=5\mathrm{m}$，吊臂长 $R=12\mathrm{m}$，平衡臂长 $r=6\mathrm{m}$。为确保塔吊在因故急刹车后不倾覆，试进行如下分析研究：

(1) 画出塔吊的计算简图，并对各力及尺寸进行标注；

(2) 在最大吊重下，对于“小车吊着最大吊重，以速度 v_0 匀速运动，至吊臂末端突然急刹车”的危险工况，进行塔吊抗倾覆分析计算，导出塔吊不向右侧倾覆时小车速度 v_0 的表达式；

(3) 在最大吊重下，当小车吊着最大吊重位于吊臂末端时，吊臂以角速度 ω_0 匀速运动，因故突然急刹车的危险工况，进行塔吊侧倾分析计算，导出当吊索侧向摆动与铅垂面夹角 $\varphi=30°$时，塔吊不发生侧向倾覆，角速度 ω_0 的表达式；

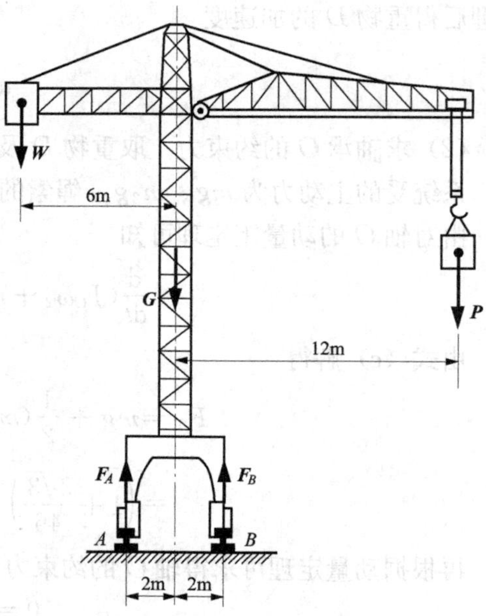

图 7.25

(4) 通过数值计算分析，研究欲确保塔吊在各种因故急刹车危险工况下不倾覆，小车运行速度 v_0 和吊臂转动角速度 ω_0 的取值范围及安全操作建议。

7.2 电动机［见图 7.26 (a)］外壳和定子总重 G_1，转子重 G_2，转子的轴线通过定子的质心，由于制造误差，转子质心的偏心距为 r，如图 7.26 (b) 所示。已知转子以角速度 ω 匀速转动。试：

(1) 导出电动机底座受到水平和铅垂约束力的表达式；

(2) 根据上述结果，可采用组合的方式，构思并设计一台振动打桩机，画出其结构示意图，标注符号，并进行受力分析；

(3) 导出所设计的振动打桩机的打桩作用力表达式和打桩机在打桩时不起跳的条件；

(4) 采用定性分析的方法，研究可采用哪些措施提高打桩效率。

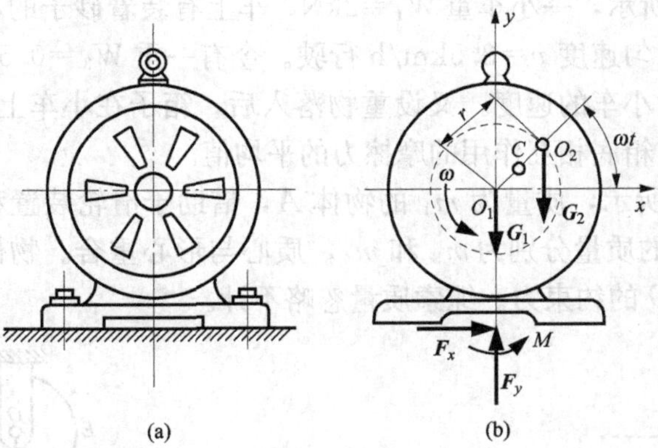

图 7.26

习　题

7.1　如题 7.1 图所示，各均质物体的质量均为 m，绕轴转动的角速度为 ω，质心速度为 v 及各物体的尺寸。试计算各物体在图示瞬时的动量。

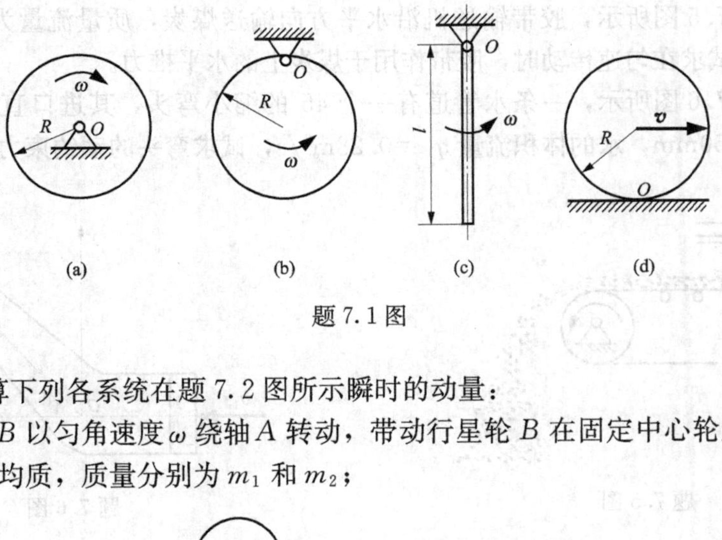

题 7.1 图

7.2　试计算下列各系统在题 7.2 图所示瞬时的动量：

(1) 系杆 AB 以匀角速度 ω 绕轴 A 转动，带动行星轮 B 在固定中心轮上做纯滚动。系杆和行星轮均为均质，质量分别为 m_1 和 m_2；

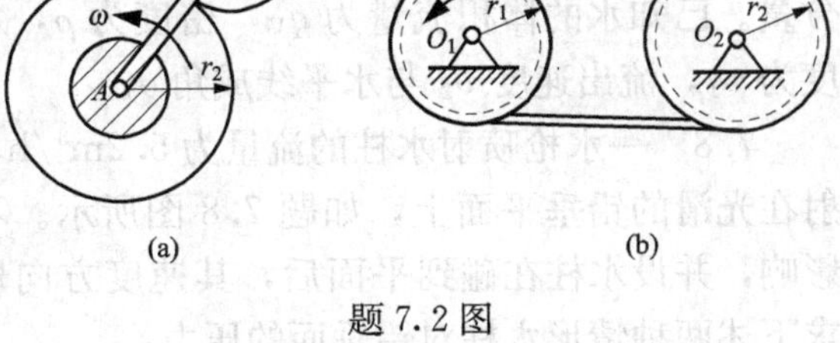

题 7.2 图

(2) 均质胶带及带轮的质量分别为 m、m_1 和 m_2。轮 O_1 以匀角速度 ω 绕轴转动。

7.3　如题 7.3 图所示，一小车重 $W_1=2\text{kN}$，车上有装着砂子的箱子，共重 $W_2=1\text{kN}$，小车沿光滑水平轨道以匀速度 $v=3.5\text{km/h}$ 行驶。今有一重 $W_3=0.5\text{kN}$ 的物体，沿铅垂方向落入砂箱，试求此后小车的速度。又设重物落入后，箱子在小车上滑动了 0.2s 后才与它相对静止，试求车面与箱底相互作用的摩擦力的平均值。

7.4　如题 7.4 图所示，质量为 m_1 的物体 A，借助于滑轮装置和质量为 m_2 的物体 B 来提升。滑轮 D 和 E 的质量分别为 m_3 和 m_4，质心与形心重合。物体 B 以加速度 $\boldsymbol{a}$ 下降，试求定滑轮 E 的轴承 O 的约束力。绳索质量忽略不计。

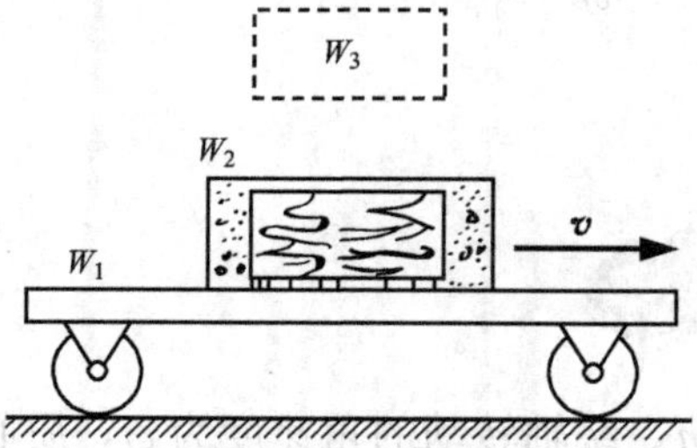

题 7.3 图

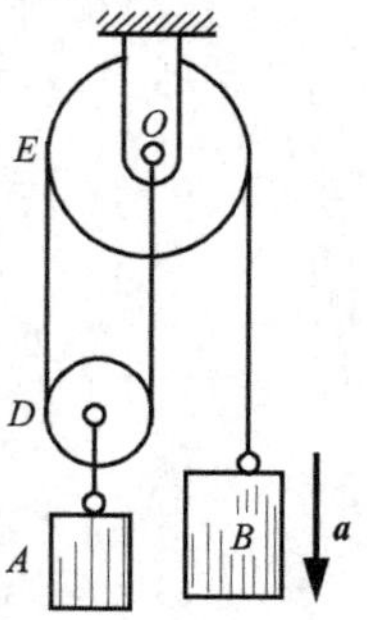

题 7.4 图

7.5　如题 7.5 图所示，胶带输送机沿水平方向输送煤炭，质量流量为 72t/h，胶带速度为 1.5m/s，试求在匀速传动时，胶带作用于煤炭上的水平推力。

7.6　如题 7.6 图所示，一条水管道有一个 45°的缩小弯头，其进口直径 $d_1=450\text{mm}$，出口直径 $d_2=250\text{mm}$，水的体积流量 $q_V=0.28\text{m}^3/\text{s}$，试求弯头的动约束力。

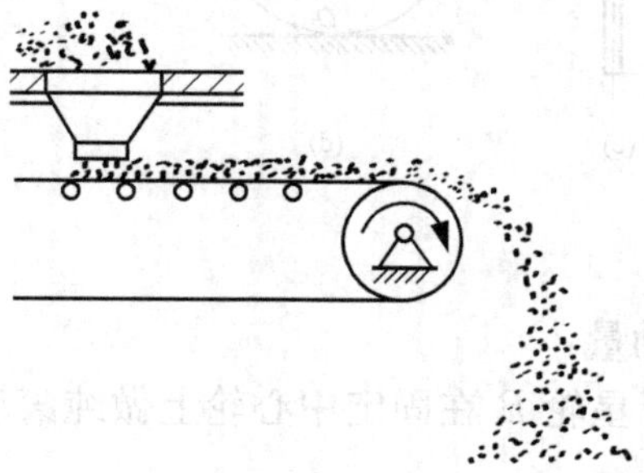
题 7.5 图

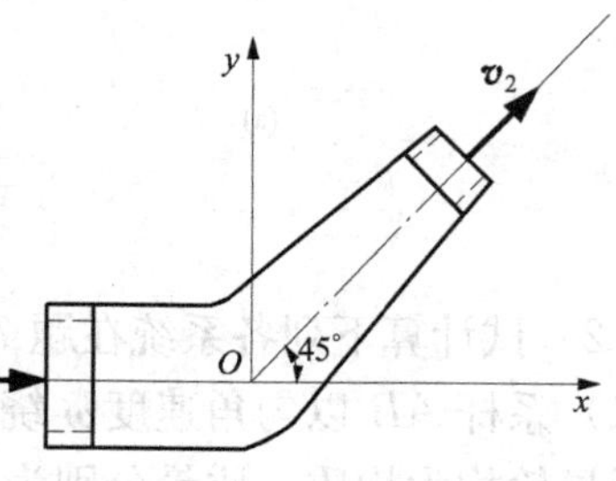

题 7.6 图

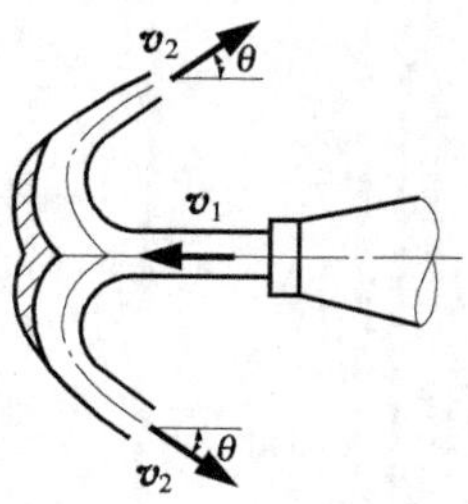

题 7.7 图

7.7　如题 7.7 图所示，试求水柱对涡轮固定叶片动压力的水平分量。已知水的体积流量为 q_V，密度为 ρ，水打在叶片上的水平速度为 v_1，流出速度 v_2 与水平线成角 θ。

7.8　一水枪喷射水柱的流量为 $5.2\text{m}^3/\text{h}$，喷嘴直径为 4mm，喷射在光滑的铅垂平面上，如题 7.8 图所示。不计重力对水柱形状的影响，并设水柱在碰到平面后，其速度方向即沿着铅垂面。试分别求下述两种情形水柱对铅垂面的压力：

(1) 水柱与铅垂面垂直 [见题 7.8 图 (a)]；

(2) 水柱与水平线线成角 $\theta=30°$ [见题 7.8 图 (b)]。

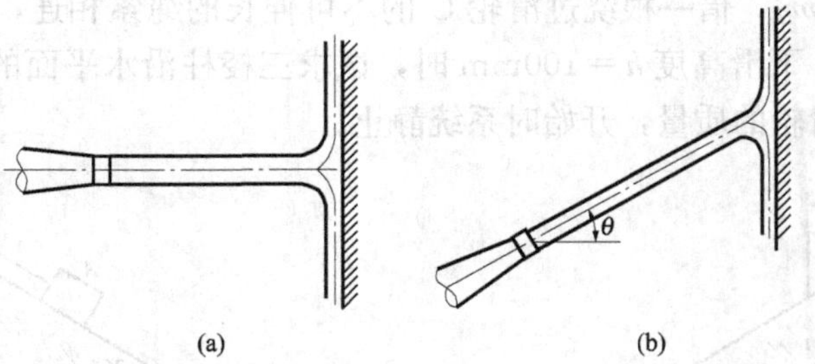

题 7.8 图

7.9　一出口直径 $d=25\text{mm}$ 的水管，喷出水柱以速度 $v=20\text{m/s}$ 沿水平方向射入一成角 90°的光滑叶片上，如题 7.9 图所示。试分别求下述两种情形水柱对叶片的动约束力：

(1) 若叶片固定不动［见题 7.9 图 (a)］；

(2) 若叶片沿水平方向以匀速度 $u=10\text{m/s}$ 向左运动［见题 7.9 图 (b)］。

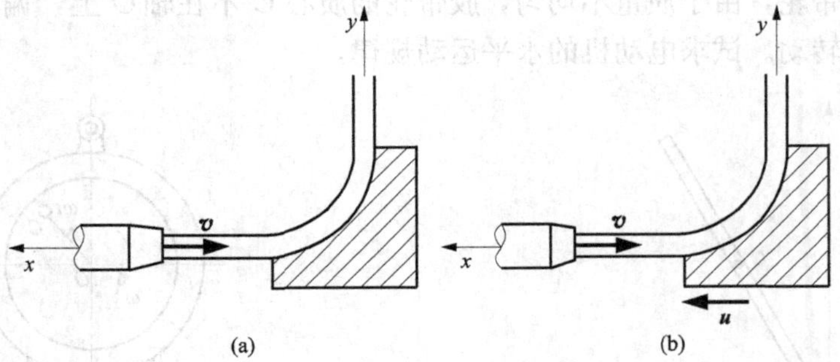

题 7.9 图

7.10　如题 7.10 图所示，质量为 m 的驳船静止于水面上，船上有一辆汽车带拖车，质量分别为 m_1 和 m_2。若汽车拉拖车向船头移动距离 a，不计水的阻力，试求驳船移动的距离。

7.11　如题 7.11 图所示，质量为 m_1 的小车 A，下悬挂一质量为 m_2 长为 l 的单摆 B，按 $\varphi=\varphi_0\sin kt$ 规律摆动，其中 k 为常数。不计摩擦及绳索 AB 的质量，试求小车的运动方程。

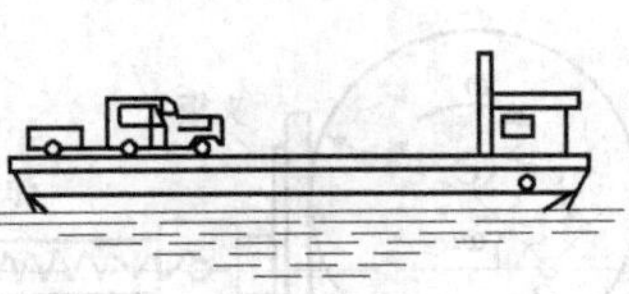

题 7.10 图

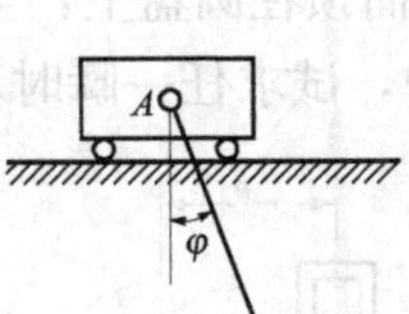

题 7.11 图

7.12　如题 7.12 图所示，质量为 m_1 的大三角块放在光滑的水平面上，其斜面上另放一个与它相似的小三角块，其质量为 m_2。已知大小三角块的水平边长分别为 a 和 b。试求小三角块由图示位置下滑到底时大三角块的位移。设开始时系统静止。

7.13　如题 7.13 图所示，质量为 m 的直角三棱柱放在光滑的水平面上，物体 A 和 B

的质量分别为m_1和m_2，借一根绕过滑轮C的不可伸长的绳索相连，可在棱柱体的光滑斜面上滑动。当物体A下滑高度$h=100\text{mm}$时，试求三棱柱沿水平面的位移。设$m=4m_1=16m_2$，不计绳索及滑轮的质量，开始时系统静止。

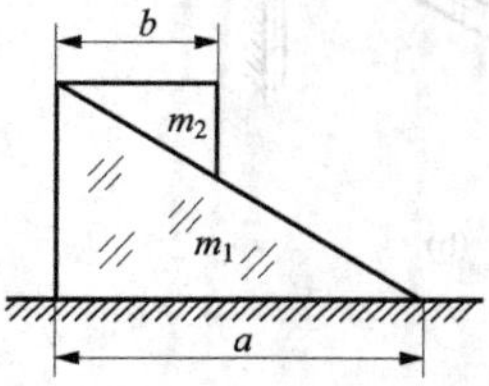

题7.12图

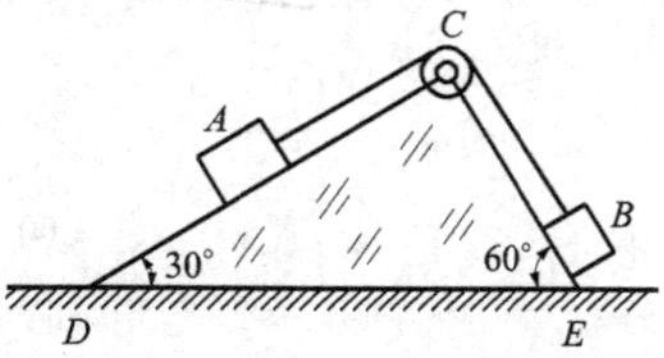

题7.13图

7.14 如题7.14图所示，均质杆AB长$2l$，B端置于光滑的水平面上。当杆与水平面成角φ_0时自由倒下，试求点A的轨迹方程。

7.15 如题7.15图所示，一电动机重P，放在光滑的水平基础上。电动机转子轴O上装有一重G的胶带轮，由于质量不均匀，胶带轮的质心C不在轴O上，偏心距$OC=e$。转子以匀角速度ω转动。试求电动机的水平运动规律。

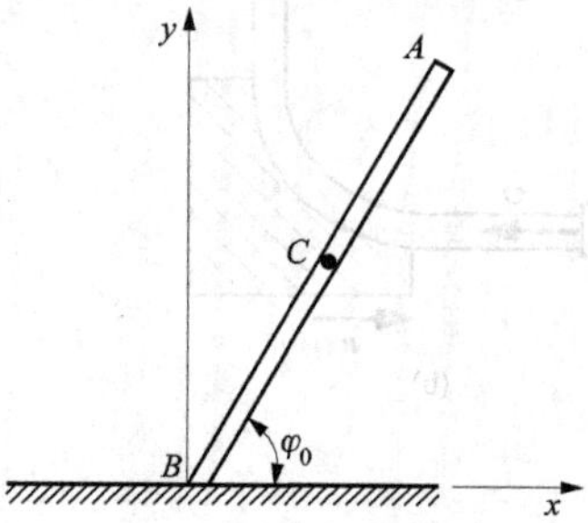

题7.14图

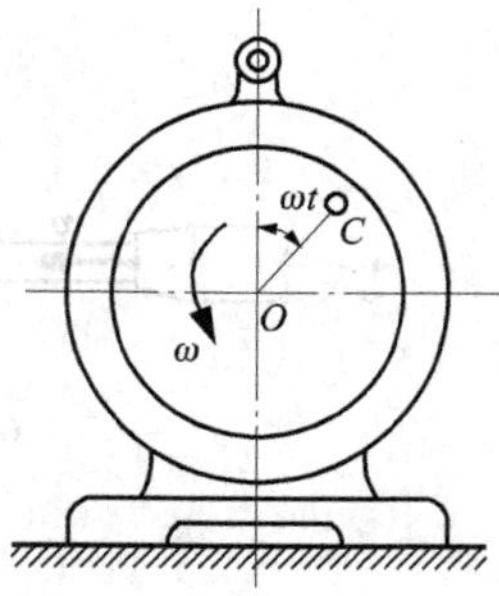

题7.15图

7.16 如题7.16图所示，均质曲柄OA质量为m_1，长为r，受力偶作用以匀角速度ω转动，并带动总质量为m_2的滑道及活塞B做水平往复运动。已知机构在铅垂平面内，活塞上作用着水平力$\boldsymbol{F}$，试求曲柄轴O的最大水平约束力。滑块A的质量及摩擦忽略不计。

7.17 如题7.17图所示，均质圆盘绕偏心轴O以匀角速度ω转动。重为P的夹板借右端弹簧的推压而顶在圆盘上，当圆盘转动时，推动夹板做往复运动。设圆盘重为G，半径为r，偏心距为e，试求任一瞬时基础的动约束力。不考虑螺钉的预紧力。

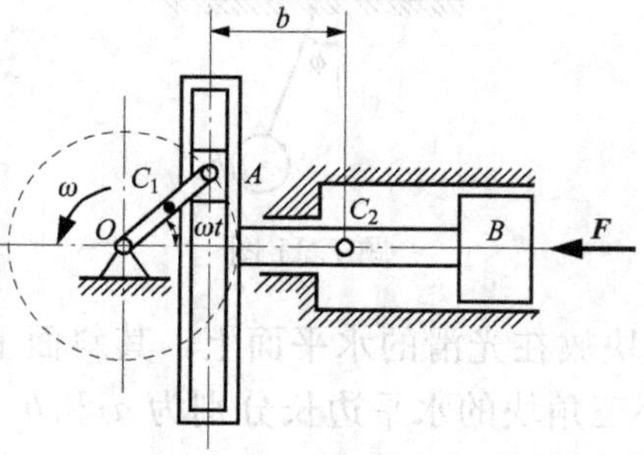

题7.16图

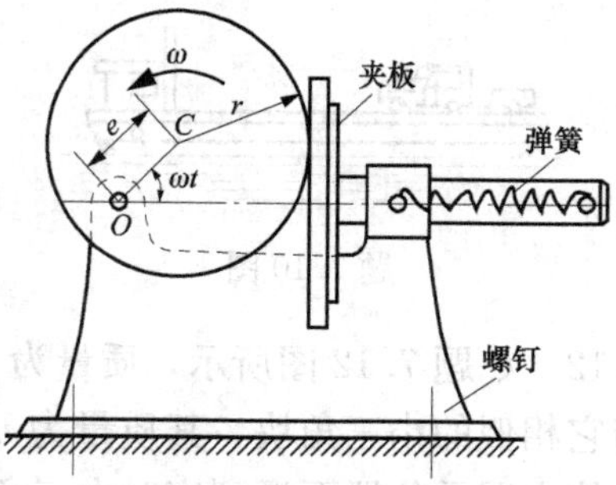

题7.17图

7.18　如题 7.18 图所示，质量为 m 的冲击摆，质心 C 至转轴 O 的距离为 l，自某一高度下摆至铅垂位置时，受冲击反作用力 $\boldsymbol{F}$，此时摆的角速度和角加速度分别为 ω 及 α，试求此时转轴 O 的约束力。

7.19　如题 7.19 图所示，水泵的固定外壳重为 G_1；均质曲柄 OA 长为 r，重为 G_2，以匀角速度 ω 绕轴 O 转动；滑道 B 和活塞 C 共重为 G_3。试求水泵吸水时对基础的铅垂压力。水和滑块 A 的质量均忽略不计。

7.20　如题 7.20 图所示，金属剪床由曲柄连杆机构 OAB 组成。已知均质曲柄 OA 长为 r，重为 G_1，以匀角速度 ω 绕轴 O 转动；滑道 B 和可动刀片共重为 G_2；机壳重为 G_3。试求剪床工作时对基础的铅垂压力。连杆 AB 的长为 l，其重量忽略不计。

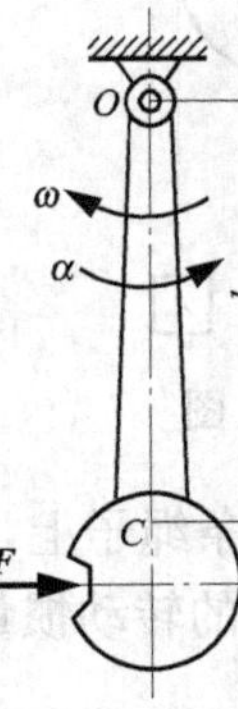

题 7.18 图

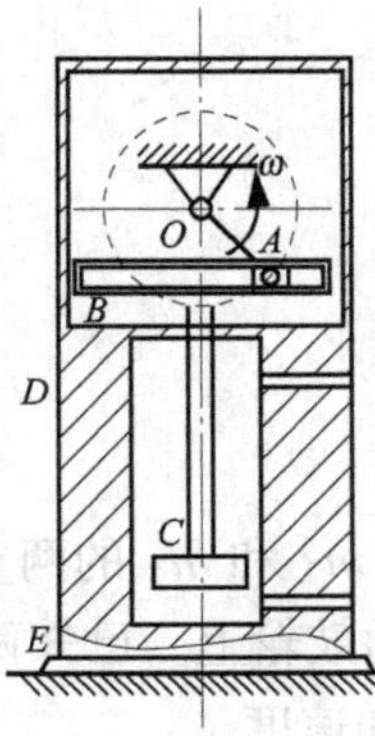

题 7.19 图

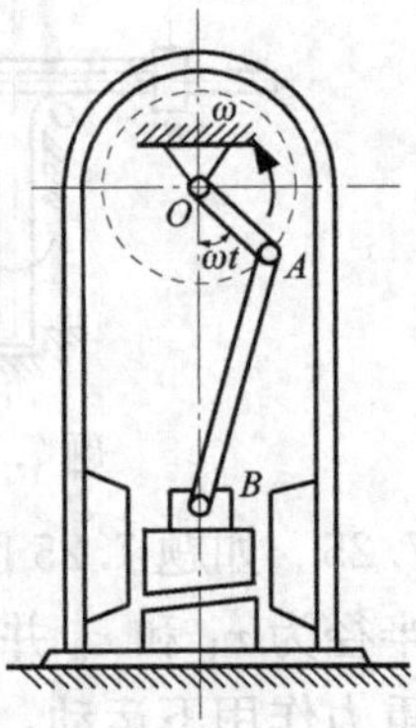

题 7.20 图

7.21　如题 7.21 图所示，两小球 A、B，质量均为 m，用长为 $2l$ 的细杆连接，并以其中点 O 固定在铅垂轴 Oz 上，细杆与 Oz 轴的夹角为 θ，设细杆绕 Oz 轴转动的角速度为 ω，杆的质量不计，试求此质点系对点 O 和轴 Oz 的动量矩。

7.22　如题 7.22 图所示，水平均质杆 AB，长 $2l=1.8\text{m}$，$m_{AB}=2\text{kg}$，可绕铅垂的质心轴 Oz 转动。两球 M_1 和 M_2 质量各为 $m=5\text{kg}$，固连于两个相同的弹簧的末端，可沿杆 AB 移动，今使杆以转速 $n_1=64\text{r/min}$ 绕 Oz 轴转动，且令两球与轴对称，相距 $2l_1=0.72\text{m}$。两球用细线连接，然后将细线割断，两球在弹性力和摩擦力作用下经若干次振动后，保持在新的位置上，相距 $2l_2=1.08\text{m}$，试求此时杆的转速 n_2。设两球可看成质点，不计弹簧质量。

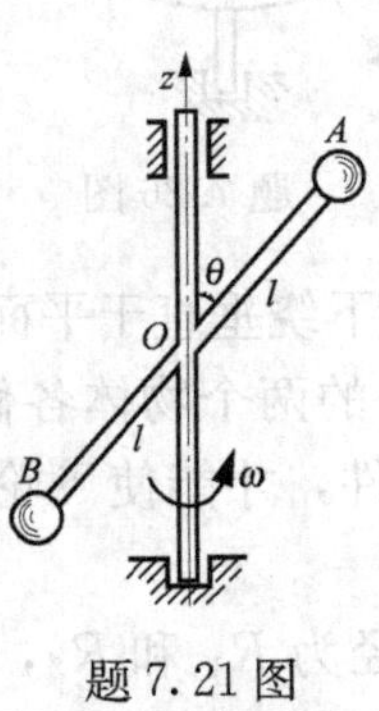

题 7.21 图

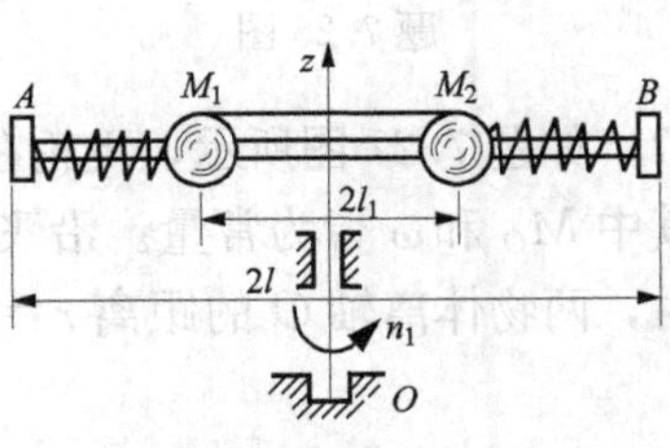

题 7.22 图

7.23　如题 7.23 图所示，水平杆以角速度 ω 绕铅垂轴 Oz 转动。杆上有用一细绳连接

且质量分别为 $m_A=2\text{kg}$ 和 $m_B=0.5\text{kg}$ 的物体 A 和 B，两物体可以沿水平杆滑动。绳长为 $l=1\text{m}$。已知当物块 A 离轴 Oz 的距离 $r_A=0.6\text{m}$ 时，它相对于水平杆的速度 $v_{Ar}=0.4\text{m/s}$，方向沿轴 Ox；而此时水平杆绕轴 Oz 的角速度 $\omega=0.5\text{rad/s}$，试求该瞬时水平杆的角加速度 α。水平杆和细绳的质量及轴承的摩擦均略去不计。

7.24　如题 7.24 图所示，绞车鼓轮的直径 $d=0.50\text{m}$ 鼓轮对其转轴 O 的转动惯量 $J_O=0.064\text{kg}\cdot\text{m}^2$，重物 A 的质量 $m=50\text{kg}$。若鼓轮受到主动转矩 $M=150\text{N}\cdot\text{m}$ 的作用，试求重物上升的加速度和钢丝绳的拉力。

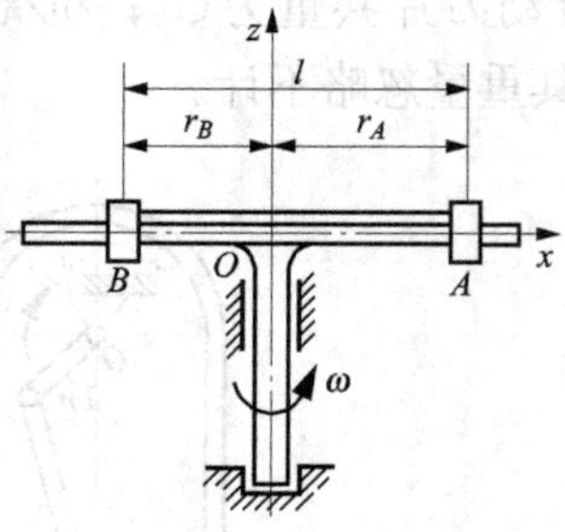

题 7.23 图

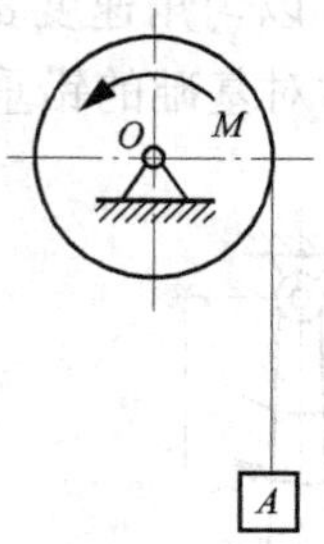

题 7.24 图

7.25　如题 7.25 图所示，质量为 m_1 和 m_2 的两重物，分别挂在两条绳子上，绳又分别绕在半径为 r_1 和 r_2 并装在同一轴的两鼓轮上。已知两鼓轮对于转轴 O 的转动惯量为 J，系统在重力作用下运动，试求鼓轮的角加速度。

7.26　如题 7.26 图所示，水平圆板可绕轴 Oz 转动，转动惯量为 J_z。一质量为 m 的质点，在圆盘上做匀速圆周运动，圆周的半径为 r，速度为 v_0，圆周中心到轴 Oz 的距离为 l。当开始运动时，质点在 M_0 位置，这时圆板的角速度 $\omega_O=0$。在任一瞬时 t，质点的位置 M 由角 φ 确定，试求圆板的角速度 ω 与 φ 的关系。轴承处的摩擦略去不计。

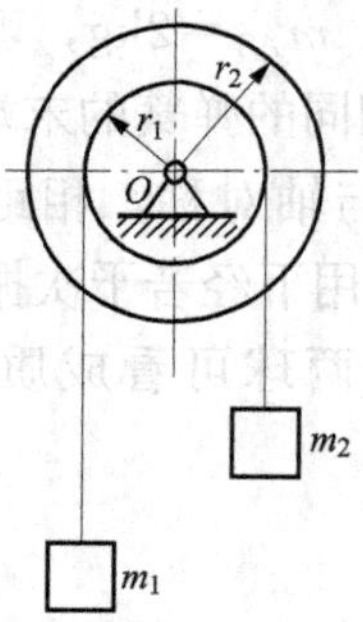

题 7.25 图

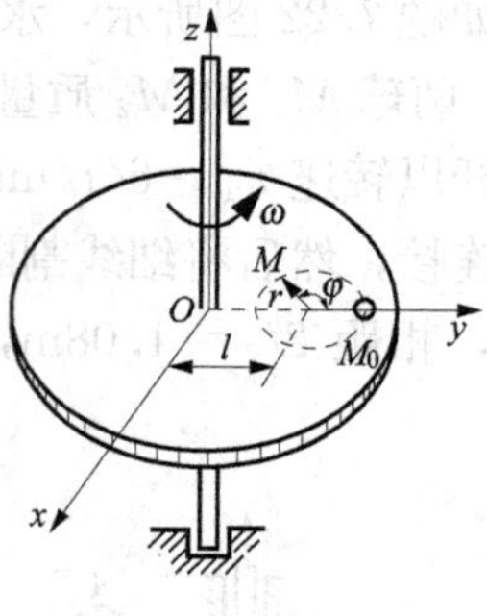

题 7.26 图

7.27　如题 7.27 图所示，飞轮在力矩 $M=M_O\cos\omega t$ 作用下绕垂直于平面图形的定轴 O 转动，其中 M_O 和 ω 皆为常量。沿飞轮的轮幅有质量皆为 m 的两个物体各做周期性运动。在初瞬时，两物体离轴 O 的距离 $r=r_0$，问 r 应满足什么条件，才能使飞轮以匀角速度 ω 转动。

7.28　如题 7.28 图所示，两胶带轮用胶带传动，其半径为 R_1 和 R_2，质量为 m_1 和 m_2，可视为均质圆盘，如在轮Ⅰ上作用一转矩 M，在轮Ⅱ上作用一阻力矩 M'，略去胶带的重量和轴承摩擦，试求轮Ⅰ的角加速度。

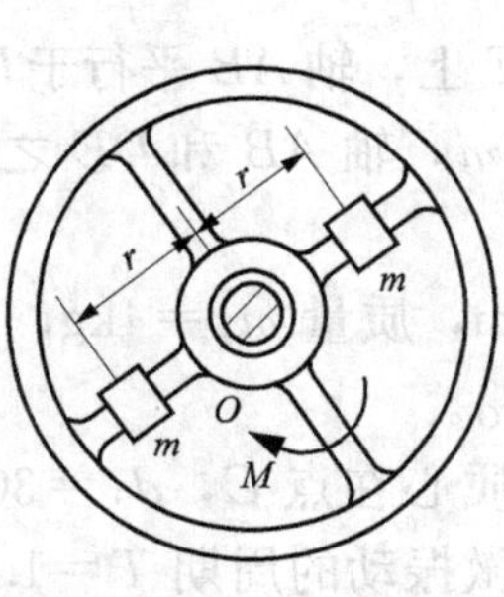

题 7.27 图

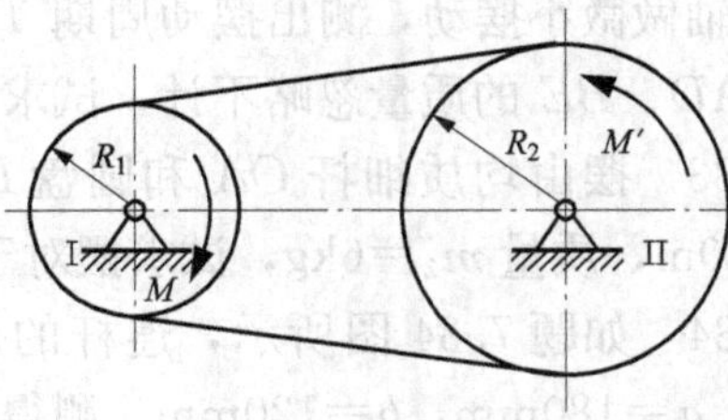

题 7.28 图

7.29　如题 7.29 图所示，绞车提升一质量为 m 的物体 A，主动轴上作用有不变的转矩 M，已知主动轴和从动轴部件对各自转轴的转动惯量分别为 J_1 和 J_2，传动比 $z_2:z_1=k$，鼓轮半径为 R，略去轴承摩擦及吊索重量，试求重物 A 的加速度。

7.30　质量 $m=100\text{kg}$、半径 $R=1\text{m}$ 的均质制动轮以角速度 $\omega=4\pi$ 绕轴 O 转动，设有一常力 $\boldsymbol{F}$ 作用于闸杆，使制动轮经 $t=10\text{s}$ 后停止转动，已知动摩擦因数 $f=0.1$，试求力 $\boldsymbol{F}$ 的大小。

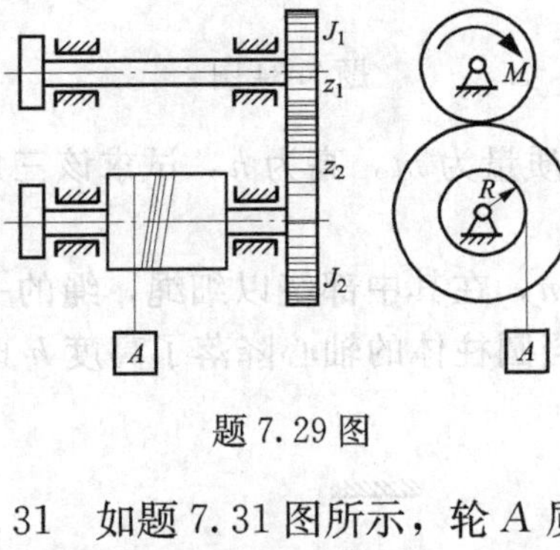

题 7.29 图

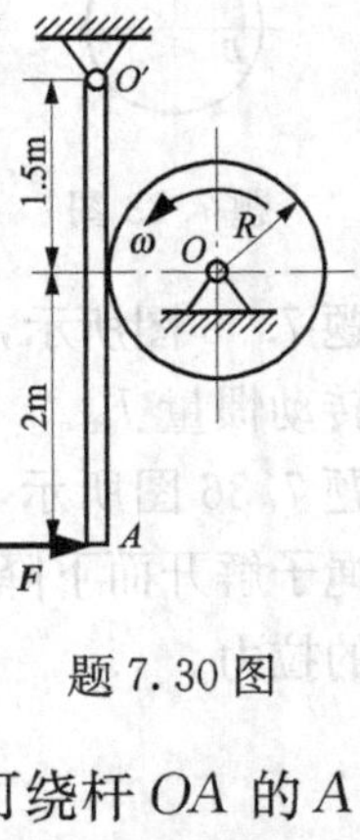

题 7.30 图

7.31　如题 7.31 图所示，轮 A 质量为 m_1，半径为 r_1，可绕杆 OA 的 A 端转动。若将轮 A 放在质量为 m_2 的轮 B 上，轮 B 的半径为 r_2，可绕其转动轴自由转动。两轮开始接触时，轮 A 的角速度为 ω_1，轮 B 处于静止状态。轮 A 放在轮 B 上之后，轮 A 的重量由轮 B 支持。略去轴承摩擦和杆 OA 的重量，并设两轮间的动摩擦因数为 f，且两轮都可看作均质圆盘。问从轮 A 放在轮 B 之上起到两轮没有滑动时为止，需经多少时间？

7.32　如题 7.32 图所示，为求物体对于通过其质心 C 之轴 AB 的转动惯量 J_C，用两杆

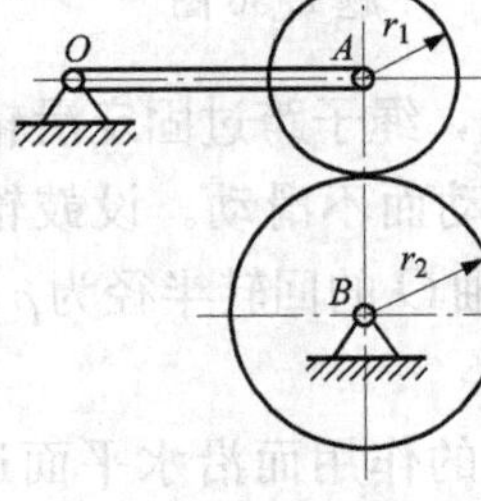

题 7.31 图

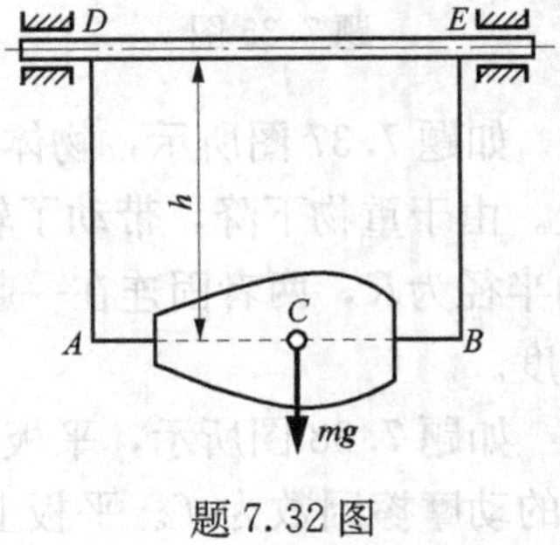

题 7.32 图

AD、BE 和该物体固结，并借这两杆将物体挂在水平轴 DE 上，轴 AB 平行于 DE，使物体绕 DE 轴做微小摆动，测出摆动周期 T。如物体的质量为 m，轴 AB 和 DE 之间的距离为 h，杆 AD、BE 的质量忽略不计，试求转动惯量 J_C。

7.33 摆由均质细杆 OA 和圆盘 B 组成，杆长 $l=1\text{m}$，质量 $m_1=4\text{kg}$，圆盘的半径 $R=0.20\text{m}$，质量 $m_2=6\text{kg}$，试求摆对于轴 O 的转动惯量 J_O。

7.34 如题 7.34 图所示，连杆的质量 $m=1.40\text{kg}$，质心在点 C，$d_1=30\text{mm}$，$d_2=70\text{mm}$，$a=180\text{mm}$，$b=120\text{mm}$，测得连杆绕刃口支座做微振动的周期 $T=1.0\text{s}$，试求连杆对于曲柄轴 O 的转动惯量 J_O。

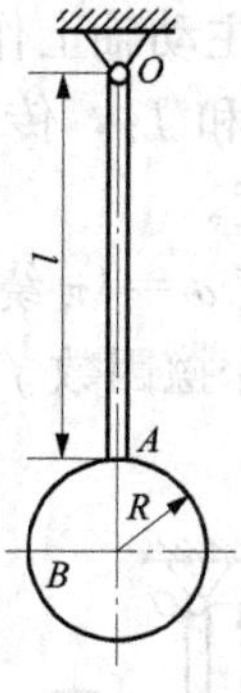

题 7.33 图

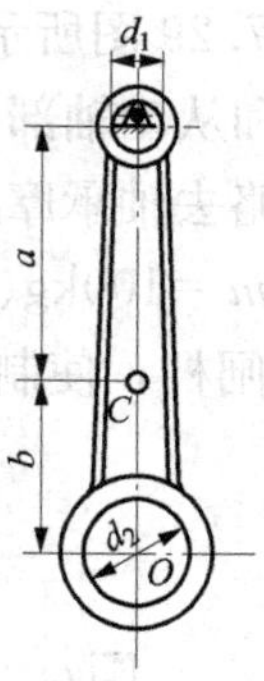

题 7.34 图

7.35 如题 7.35 图所示，已知均质三角形薄板的质量为 m，高为 h，试求该三角形薄板对其底边的转动惯量 J_x。

7.36 如题 7.36 图所示，均质圆柱 A 的质量为 m，在其中部绕以细绳，绳的一端固定，圆柱体因绳子解开而下降，其初速度为零，试求当圆柱体的轴心降落了高度 h 时轴心的速度和绳子的拉力。

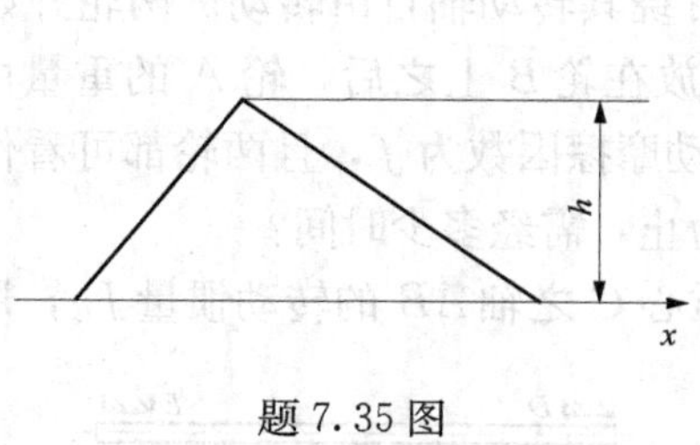

题 7.35 图

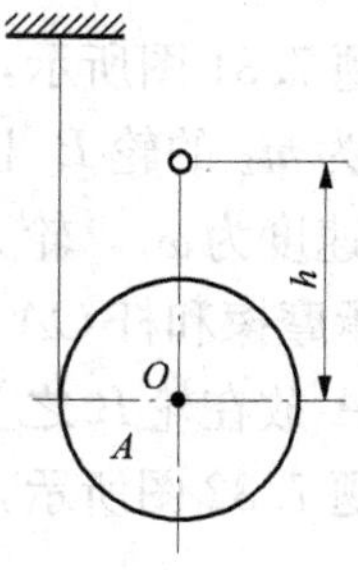

题 7.36 图

7.37 如题 7.37 图所示，物体 A 质量为 m_A 挂在绳子上，绳子跨过固定滑轮 D 并绕在鼓轮 B 上。由于重物下降，带动了轮 C，使它沿水平轨道滚动而不滑动。设鼓轮半径为 r，滚子 C 的半径为 R，两者固连在一起总质量为 m，对于水平轴 O 的回转半径为 ρ，试求重物 A 的加速度。

7.38 如题 7.38 图所示，平板质量为 m_1，受水平力 $\boldsymbol{F}$ 的作用而沿水平面运动，板与水平面间的动摩擦因数为 f。平板上放一质量为 m_2 的均质圆柱，它相对平板只滚动而不滑动，试求平板的加速度。

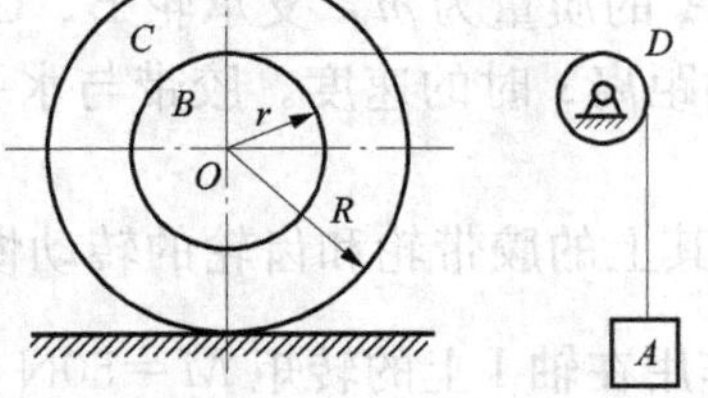

题 7.37 图

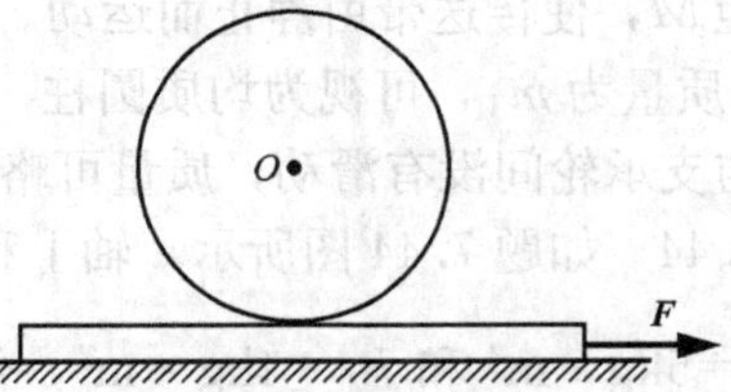

题 7.38 图

7.39　试计算题 7.39 图所示各均质物体的动能，已知其质量同为 m，其中题 7.39 图 (a)、(b)、(c) 为绕固定轴 O 转动，角速度为 ω；题 7.39 图 (d) 是半径为 R 的圆盘在水平面上做纯滚动，质心速度为 v。

7.40　如题 7.40 图所示，链条传动机构的大链轮以角速度 ω 转动，半径为 R，对转轴的转动惯量为 J_1；小链轮的半径为 r，对转轴的转动惯量为 J_2；链条质量为 m，试计算此系统的动能。

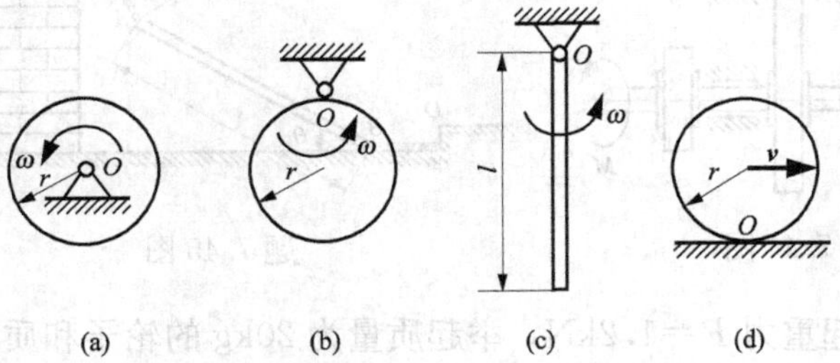

题 7.39 图

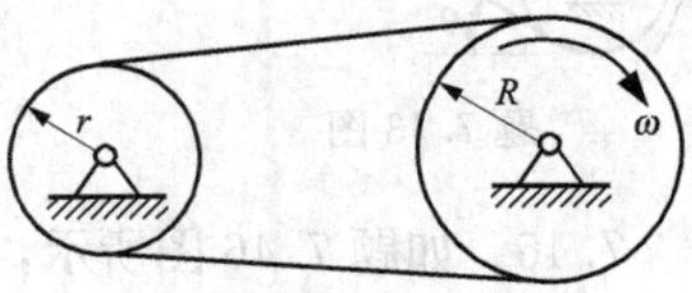

题 7.40 图

7.41　重 $P_1=10\text{N}$ 的重物 M_1，可沿垂直杆 AB 移动，而重 $P_2=30\text{N}$ 的重物 M_2 可沿与水平面倾斜 $\theta=30°$角的斜面移动（如题 7.41 图所示）。两重物用不可伸长的无重绳连接，绳绕过小滑轮 O，忽略摩擦。设初瞬时重物 M_1 的重心位于距滑轮轴 O 最短距离 $a=0.5\text{m}$ 的位置，并自静止状态开始运动，试求物体 M_1 下落的最大距离。

7.42　如题 7.42 图所示，偏心轮 A 使从动件 D 做往复平动。弹簧 E 保证从动件始终与偏心轮接触，其刚度为 k。当从动件在极左位置时弹簧恰为原长。设偏心轮质量为 m，半径为 r，偏心距 $OO_1=\dfrac{r}{2}$，不计从动件的质量并略去摩擦，问要使从动件由极左位置移至极右位置，偏心轮的初角速度至少应为多大?

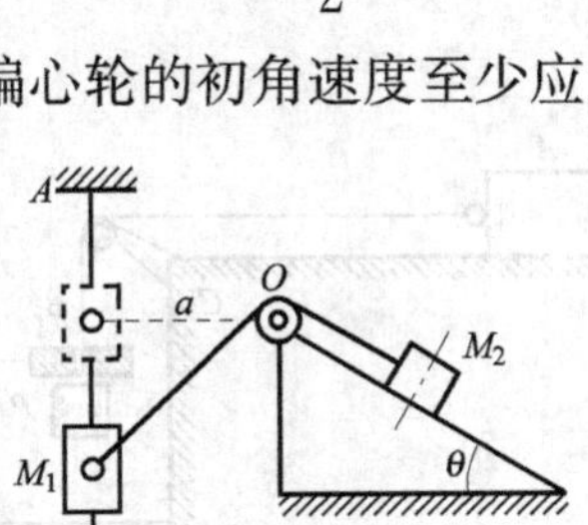

题 7.41 图

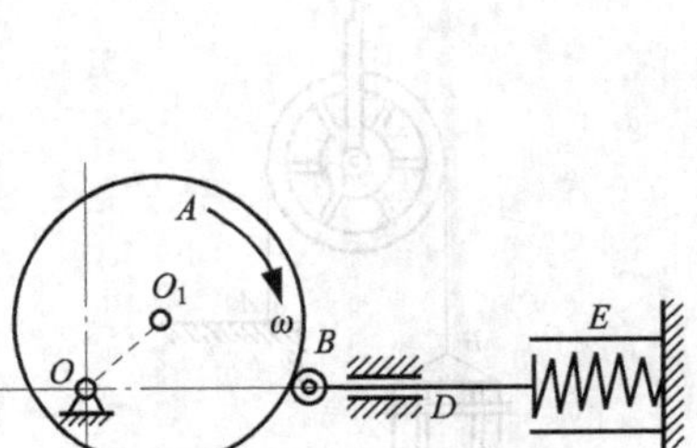

题 7.42 图

7.43　如题7.43图所示，传送机的传动机构装在下面的支承轮B上，它给轮B一不变的转矩M，使传送带由静止而运动。设被输送的物体A的质量为m，支承轮B、C的半径为r，质量为m_1，可视为均质圆柱。试求物体A移动距离s时的速度。胶带与水平线成θ角，与支承轮间没有滑动，质量可略去不计。

7.44　如题7.44图所示，轴Ⅰ和轴Ⅱ连同安装在其上的胶带轮和齿轮的转动惯量分别为$J_1=5\text{kg}\cdot\text{m}^2$和$J_2=4\text{kg}\cdot\text{m}^2$，传动比$\frac{\omega_2}{\omega_1}=\frac{3}{2}$，作用在轴Ⅰ上的转矩$M=50\text{N}\cdot\text{m}$，使系统由静止开始转动。问经过多少转后轴Ⅱ的转速可达到$n_2=120\text{r/min}$？

7.45　如题7.45图所示，梁AB长$l=3\text{m}$，质量$m=225\text{kg}$，用两根缆索BD、AC连接于D和C处，缆索BD水平，AC倾斜，梁AB静止时与水平线的倾角$\theta=30°$。试求切断缆索BD后，梁AB的A端打到墙上时的速度v_A。略去摩擦和缆索重量，梁可视为均质杆。已知$h=3.4\text{m}$，$d=2\text{m}$。

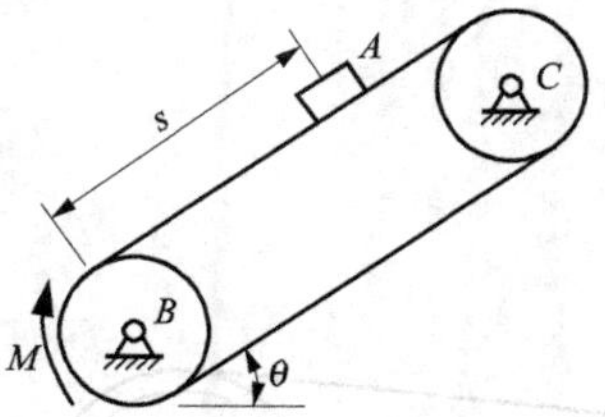

题7.43图

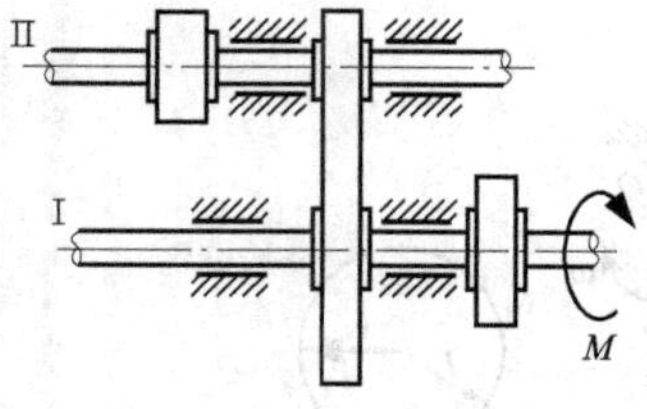

题7.44图

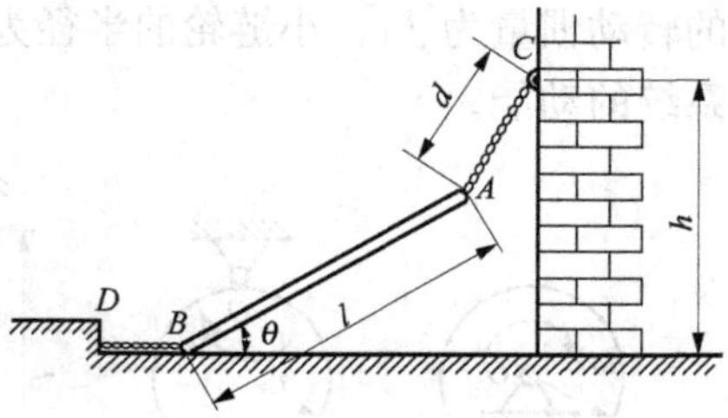

题7.45图

7.46　如题7.46图所示，吊车的起重力$P=1.2\text{kN}$，举起质量为20kg的轮子和质量为40kg的货物。绳子AB跨过轮子，一端B与货物相连，另一端固定于A处。设绳子不滑动，试求当轮子中心O由静止开始上升1.5m时，货物B的速度v_B。已知轮子的半径$r=150\text{mm}$，轮子对中心O的回转半径为125mm。

7.47　一重物P质量为m，用一绳系住，另一重物P_1质量为m_1，放在P之上。绳另一端跨过滑轮系在物体A上，物体A质量为m_2，放在有摩擦的水平面上，使物体由静止而运动。当两重物下降了一段距离s_1通过环D时，重物P_1初挡住；重物P又下降了一段距离s_1通过环D时，重物P_1初挡住，重物P又下降了一段距离s_2才停止。已知$m=m_1=0.1\text{kg}$，$m_2=0.8\text{kg}$，$s_1=0.5\text{m}$，$s_2=0.3\text{m}$，略去绳与滑轮的质量及滑轮的摩擦，试求物体A与水平面间的滑动摩擦因数。

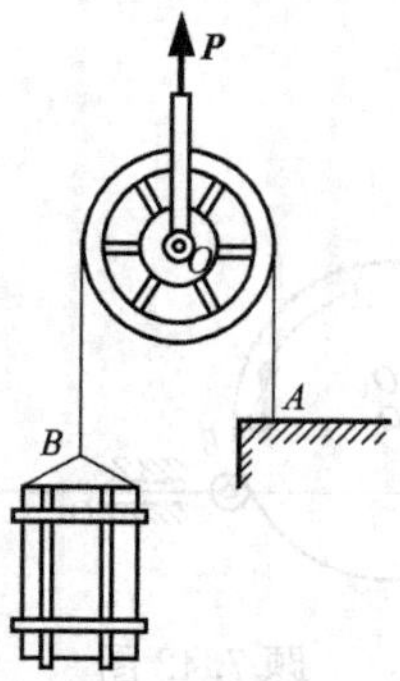

题7.46图

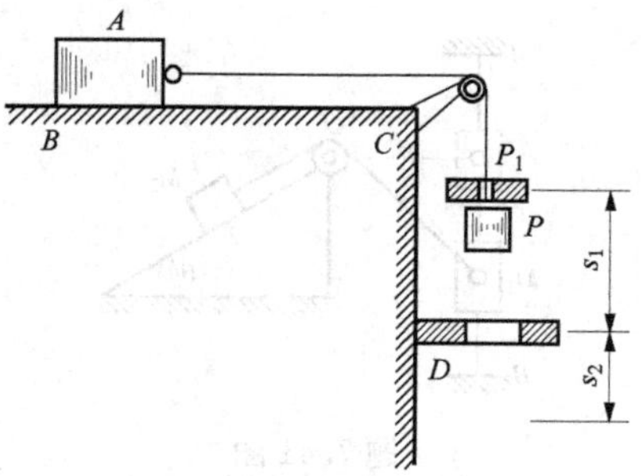

题7.47图

7.48　如题7.48图所示，均质细杆长为l，质量为m_1，上端B靠在光滑的墙上，下端A以铰链和圆柱体的中心相连。圆柱体质量为m_2，半径为R，放在粗糙的地面上，自图示位置由静止开始做纯滚动。如果初瞬时杆与水平线的夹角为$\theta=45°$，试求点A的加速度。

7.49　曲柄OA重P_1，连杆BD重P_2，$OA=r$，$AB=a$，$BD=l$。初瞬时，曲柄OA位于铅垂位置（如题7.49图所示），如曲柄的铅垂位置受微小扰动后，试求曲柄在重力作用下在铅直平面内转过90°时的角速度。曲柄和连杆都是均质杆。

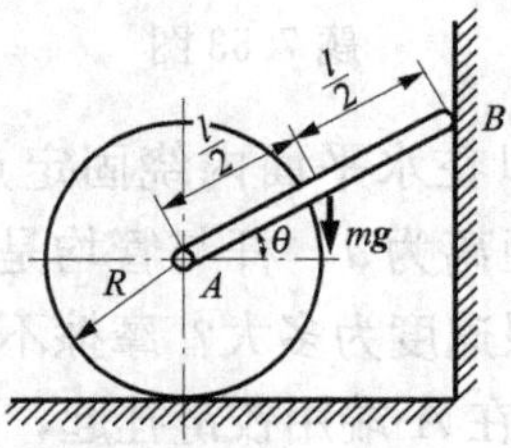

题7.48图

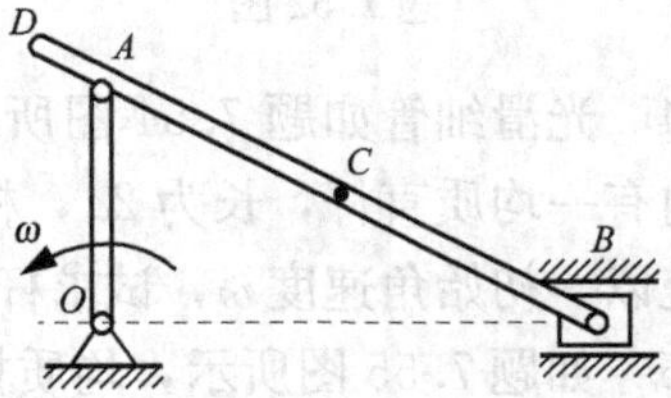

题7.49图

7.50　弯成直角重$2P$的均质杆（如题7.50图所示），可在水平面xOy内绕定轴Oz转动，同时带动由铰链连接的连杆AA_1和BB_1及各重G的滑块A_1和B_1运动。已知$OA=OB=AA_1=BB_1=a$，$\angle AOA_1=45°$，连杆为重P的均质杆。设在杆AOB上作用一不变转矩M，初始时杆AOB的角速度等于零，试求它转过n转时的角速度。

7.51　长为b、质量为m_0的两均质杆AB和BC在点B用铰链相连。杆AB的A端和固定铰链支座相连，杆BC在C处用铰链与一均质圆柱体连接（如题7.51图所示）。圆柱的质量为m，半径为r。在点B作用一铅垂力$\boldsymbol{F}$。A、C两点处于同一水平线上，杆AB与水平线夹角为θ。初始时系统静止不动，试求系统运动到杆AB和杆BC均处于水平位置时，杆AB的角速度ω。设圆柱在水平面上滚动而无相对滑动。

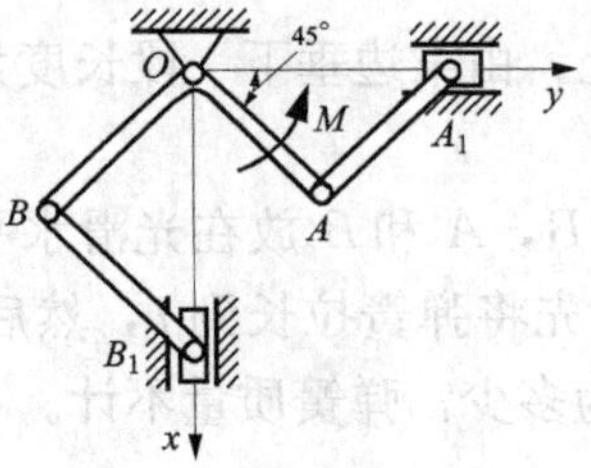

题7.50图

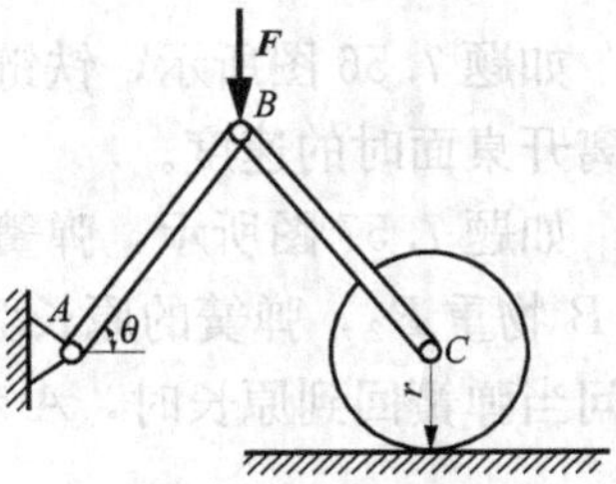

题7.51图

7.52　制动装置如题7.52图所示，已知$l=0.5\text{m}$，$a=0.1\text{m}$。制动轮（可视作均质薄圆环）的质量为20kg，半径$r=0.1\text{m}$，以转速$n_0=1000\text{r/min}$转动。闸瓦与制动轮间的滑动摩擦因数$f_s=0.6$，如果要使制动后制动轮转过100转而停止，试求在手柄上应该加的压力$\boldsymbol{F}$的大小。闸瓦的厚度不计。

7.53　电动提升机构如题7.53图所示。起动时电动提升机构的平均转矩为M，小齿轮和联轴节等对轴CD的转动惯量为J_2，大齿轮和鼓轮对轴AB的转动惯量为J_1，鼓轮的半径为R。已知齿轮的传动比$\frac{\omega_2}{\omega_1}=i$，被提升重物的质量为$m$，试求起动阶段重物的加速度。各处摩擦不计。

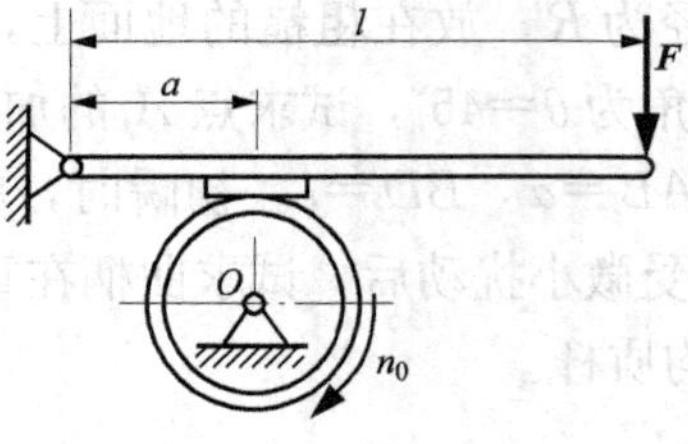

题 7.52 图

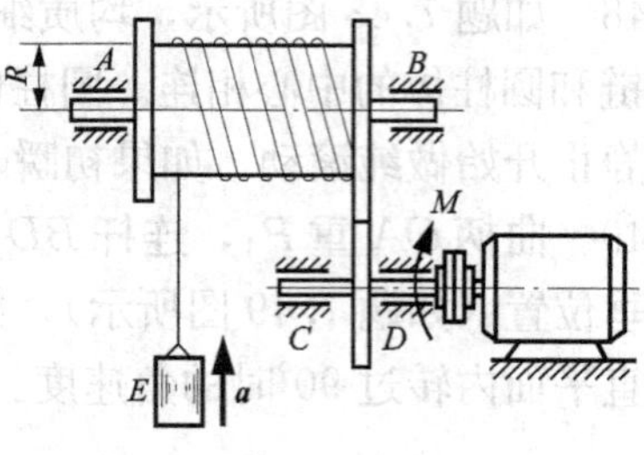

题 7.53 图

7.54 光滑细管如题 7.54 图所示，不计其质量，可以在水平面内绕固定点 O 自由转动。管内有一均质直杆，长为 $2a$，杆的中点 C 离点 O 的距离为 a，杆与管均是静止的。现给该系统以一初始角速度 ω，试求杆在管内相对滑动的极限速度为多大？摩擦不计。

7.55 如题 7.55 图所示，均质杆 AB，长 $2a$，重 P，在 A 端用铰链挂起，另一端 B 恰好与水平地面接触，但无相互作用力。杆处于铅垂面内。今使杆具有初始角速度 ω_0，当杆绕点 A 转到水平位置时，铰链 A 突然脱开，以后杆的运动只受重力作用的影响，问 ω_0 应为多大才能使杆落地时处于竖直位置？

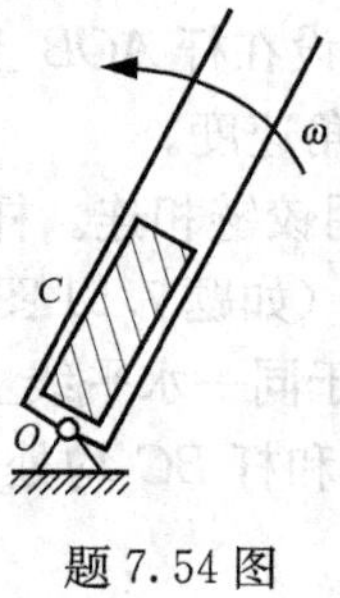

题 7.54 图

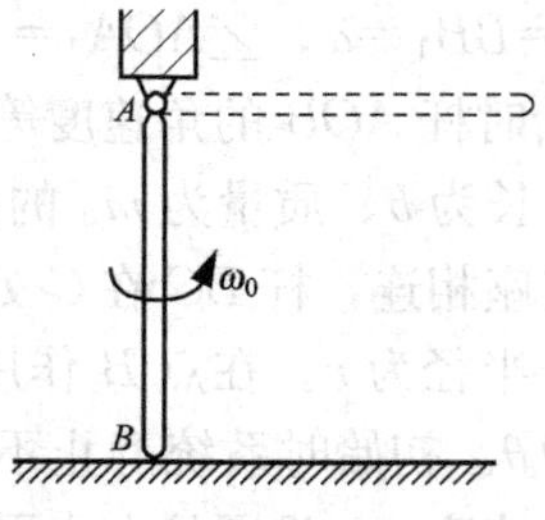

题 7.55 图

7.56 如题 7.56 图所示，铁链长 l，放在光滑桌面上，由桌边垂下一段长度为 a，试求铁链全部离开桌面时的速度。

7.57 如题 7.57 图所示，弹簧两端各系以重物 A 和 B，A 和 B 放在光滑水平面上。A 物重 P_1，B 物重 P_2，弹簧的原长为 l_0，弹簧刚度为 k。先将弹簧拉长到 l，然后无初速度地释放，问当弹簧回到原长时，A 和 B 两物体的速度各为多少？弹簧质量不计。

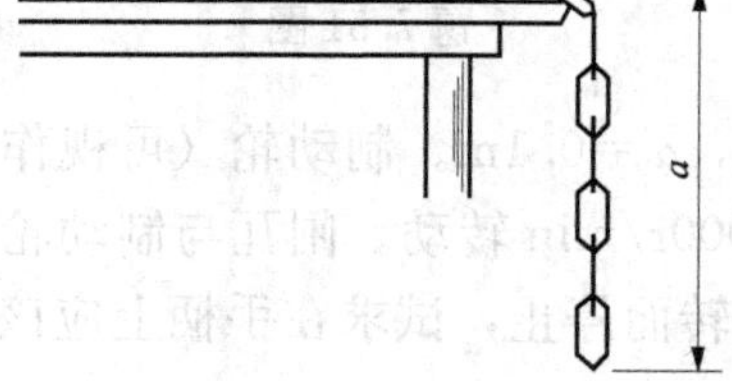

题 7.56 图

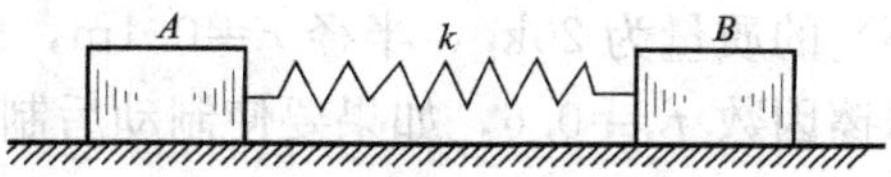

题 7.57 图

7.58 如题 7.58 图所示，无重杆一端固连一重为 P_2 的小球 B，另一端用铰链接于棱柱体 A 的中心 C。棱柱体重 P_1，放在光滑水平面上。$BC=l$，略去摩擦和小球的半径。试求杆摆至铅垂位置时小球 B 和物体 A 的速度。假定开始释放时杆处于水平位置，且系统保持静止。

7.59　如题 7.59 所示，重为 G 的小球 A 放在铅垂的环形管内，管固定在支座上，支座放在光滑水平面上。管及支座的总重量为 P，管的半径为 R。假定开始时系统处于静止，球 A 处在管水平直径端点 A_0 处。试以角度 φ 表示支座在水平面上运动的速度。

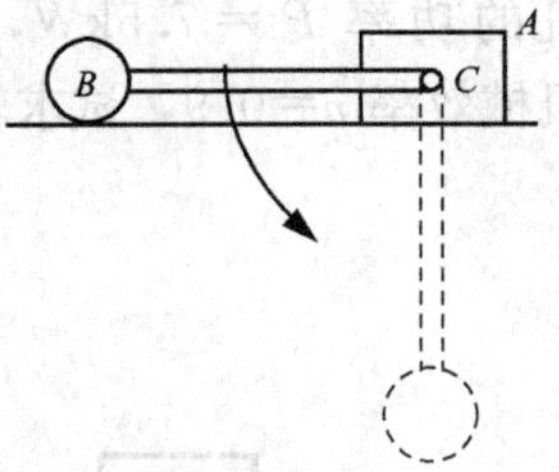

题 7.58 图

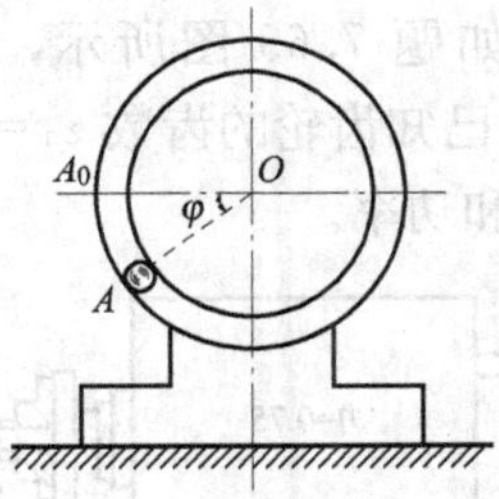

题 7.59 图

7.60　如题 7.60 图所示，三棱柱体 ABC 的质量为 m_1，$\angle ABC=\theta$，放置在光滑的水平面上。质量为 m 半径为 r 的均质圆柱体 D 沿斜面 AB 无滑动地滚下，试求三棱柱体的运动加速度和圆柱体的角加速度。

7.61　半径为 R，质量为 m_1 的均质圆盘，固连在半径为 r，质量为 m 的均质圆柱形轴上，并由绕在此轴上的两条直线挂起（如题 7.61 图所示）。开始时轴在水平位置，并且盘心至两线的距离相等，然后释放。试求圆盘向下降落时，盘心的加速度和线中的张力。

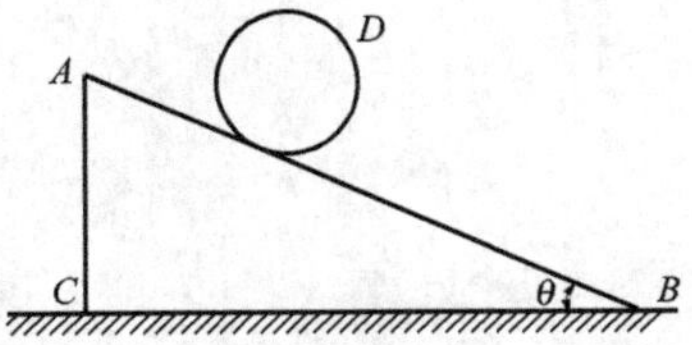

题 7.60 图

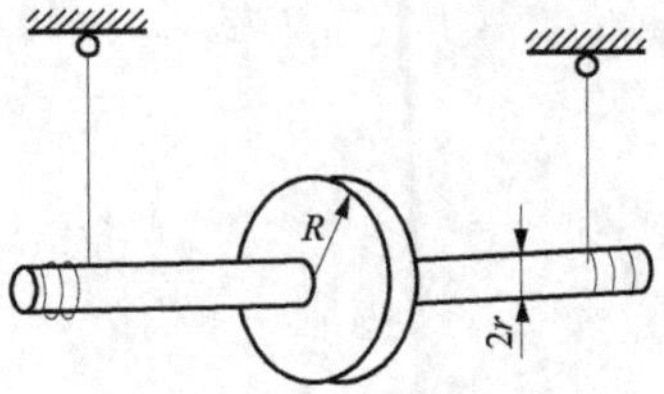

题 7.61 图

7.62　如题 7.62 图所示，均质直杆 OA，长为 l，在水平面上能绕固定端点 O 自由转动，并驱动一个在杆前的小球 C。球与杆的质量相同。开始时小球静止在杆前并离点 O 很近，同时杆以某一角速度旋转。假定所有接触都是光滑的，试求当小球离开杆端 A 的瞬时，小球的绝对速度与杆所成的角度。

7.63　如题 7.63 图所示，夹板锤的质量 $m=250\text{kg}$，由电动机通过提升装置带动。若在 10s 内锤被提高 $H=2\text{m}$，提升过程可以近似地认为匀速提升，试求锤头重力的功率。若传动效率 $\eta=0.7$，试求电动机的输出功率。

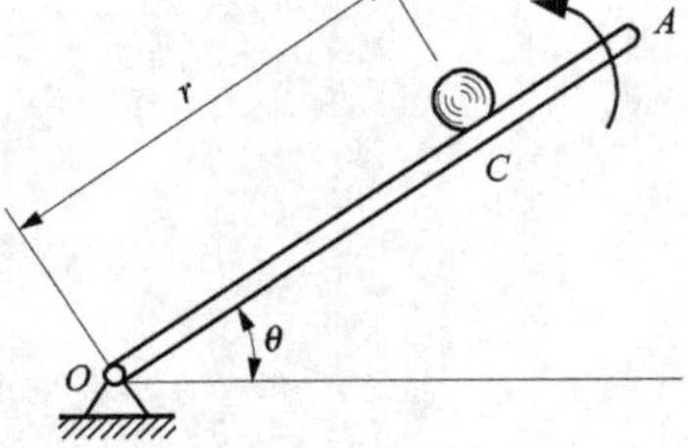

题 7.62 图

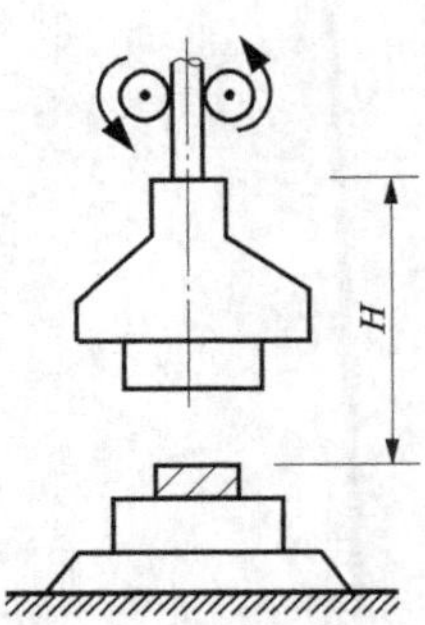

题 7.63 图

7.64　如题 7.64 图所示，在车床上车削直径 $D=48\text{mm}$ 的工件，主切削力 $F_z=7840\text{N}$。若主轴转速为 240r/min，电动机转速为 1420r/min，主传动系统的总效率 $\eta=0.75$，试求机床主轴、电动机轴分别受的力矩及电动机实际输出的功率。

7.65　如题 7.65 图所示，单级齿轮减速箱电动机的功率 $P=7.5\text{kW}$，转速 $n=1450\text{r/min}$。已知齿轮的齿数 $z_1=20$，$z_2=50$，减速箱的机械效率 $\eta=0.9$，试求输出轴Ⅱ所传送的力矩和功率。

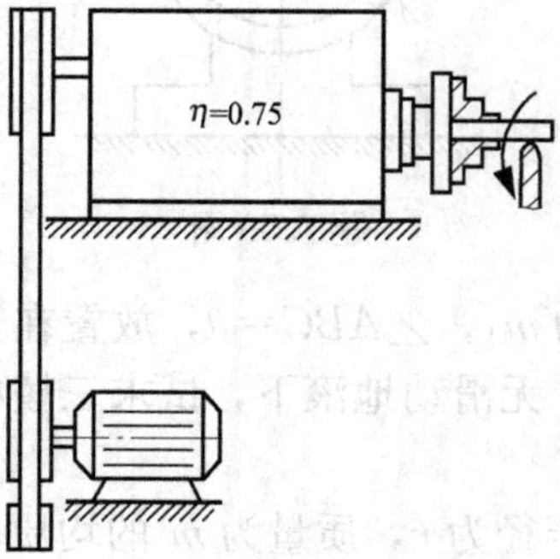

题 7.64 图

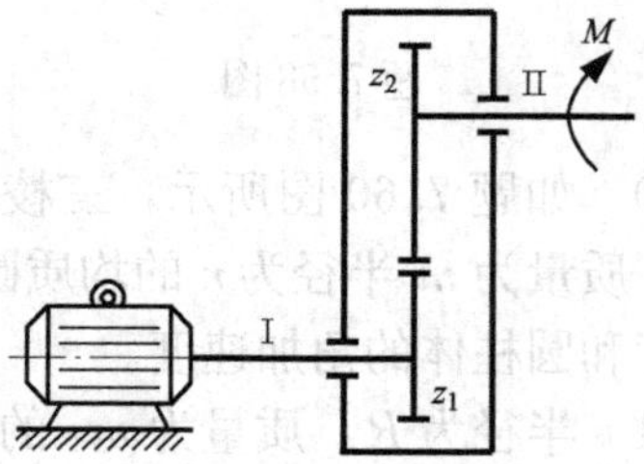

题 7.65 图

第8章 达朗贝尔原理

教学要求:

1. 正确建立达朗贝尔惯性力的概念，正确理解质点和质点系的达朗贝尔原理;
2. 能熟练应用质点的达朗贝尔原理求解质点动力学问题;
3. 能熟练应用质点系的达朗贝尔原理求解质点系动力学问题;
4. 熟练掌握做平移、定轴转动和平面运动刚体惯性力系的简化方法，能应用达朗贝尔原理求解刚体系统的动力学问题。

达朗贝尔原理是一种解决非自由质点系动力学问题的普遍方法。该原理的特点是用静力学研究平衡问题的方法来研究动力学问题，故又称为动静法。动静法对解决已知运动求约束力的问题特别方便，在工程技术中得到广泛应用。

§8.1 质点的达朗贝尔原理

若质量为 m 的非自由质点 P，在主动力 $\boldsymbol{F}$ 和约束力 $\boldsymbol{F}_{\mathrm{N}}$ 的作用下沿某一曲线运动，其加速度为 $\boldsymbol{a}$，如图 8.1 所示。根据牛顿第二定律

$$m\boldsymbol{a}=\boldsymbol{F}+\boldsymbol{F}_{\mathrm{N}}$$

将 $m\boldsymbol{a}$ 项移到等号右边，则成为

$$\boldsymbol{F}+\boldsymbol{F}_{\mathrm{N}}+(-m\boldsymbol{a})=0 \tag{8.1}$$

将 $-m\boldsymbol{a}$ 用力的符号 $\boldsymbol{F}_{\mathrm{I}}$ 表示，称为质点的**达朗贝尔惯性力**，简称为**惯性力**，即

$$\boldsymbol{F}_{\mathrm{I}}=-m\boldsymbol{a} \tag{8.2}$$

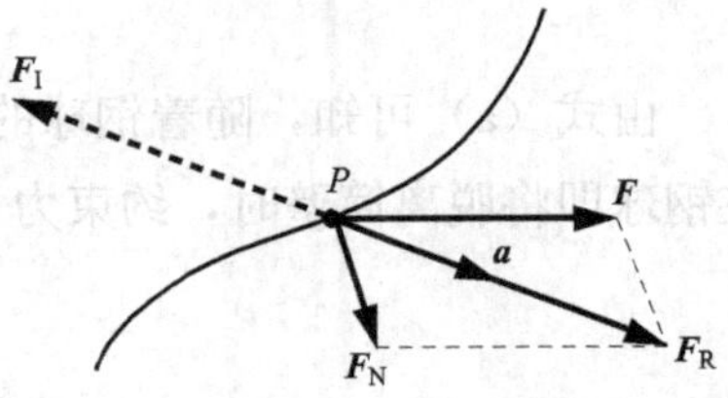

图 8.1

则式 (8.1) 在形式上可理解为质点在主动力 $\boldsymbol{F}$、约束力 $\boldsymbol{F}_{\mathrm{N}}$ 和质点的惯性力 $\boldsymbol{F}_{\mathrm{I}}$ 的作用下处于平衡，即

$$\boldsymbol{F}+\boldsymbol{F}_{\mathrm{N}}+\boldsymbol{F}_{\mathrm{I}}=0 \tag{8.3}$$

由式 (8.3) 可知，当非自由质点运动时，作用于质点上的主动力、约束力与质点的惯性力在形式上组成一平衡力系，这就是**质点的达朗贝尔原理**。

应用达朗贝尔原理，尽管质点并不真正处于平衡状态，但是质点动力学问题可按静力学平衡问题求解，在工程中通常将这种方法称为**动静法**。

应该注意，质点的惯性力并不是一个真实力，并不作用于质点本身，而是作用于企图改变质点运动状态的施力物体上。

达朗贝尔惯性力与牵连惯性力、科氏惯性力有何相同点和不同点?

例 8.1 球磨机滚筒以匀角速度 ω 绕水平轴 O 转动，内装钢球和需粉碎的物料，钢球被筒壁带到一定高度的 A 处脱离筒壁，然后沿抛物线轨迹自然落下，从而击碎物料，如图 8.2

(a) 所示。设筒壁内径为 r，试求脱离处半径 OA 与铅垂线的夹角（脱离角）θ。

解　先研究随筒壁一起运动，但尚未脱离筒壁的某个钢球的运动，然后研究钢球脱离筒壁的条件。

钢球未脱离筒壁时所受的力有重力 $\boldsymbol{G}$、筒壁的约束力 $\boldsymbol{F}_{\mathrm{N}}$ 和摩擦力 $\boldsymbol{F}$，如图 8.2（b）所示。此外，再对钢球加上法向惯性力 $\boldsymbol{F}_{\mathrm{I}}$，由于钢球随筒壁做匀速圆周运动，因而只有法向惯性力，其大小为 $F_{\mathrm{I}}=\dfrac{G}{g}r\omega^2$，方向背离轴心 O。钢球在这四个力的作用下，构成一个平衡力系，应用达朗贝尔原理，列出沿法线方向的平衡方程

$$F_{\mathrm{N}}+G\cos\theta-F_{\mathrm{I}}=0$$

由此可得

$$F_{\mathrm{N}}=G\left(\frac{r\omega^2}{g}-\cos\theta\right) \tag{a}$$

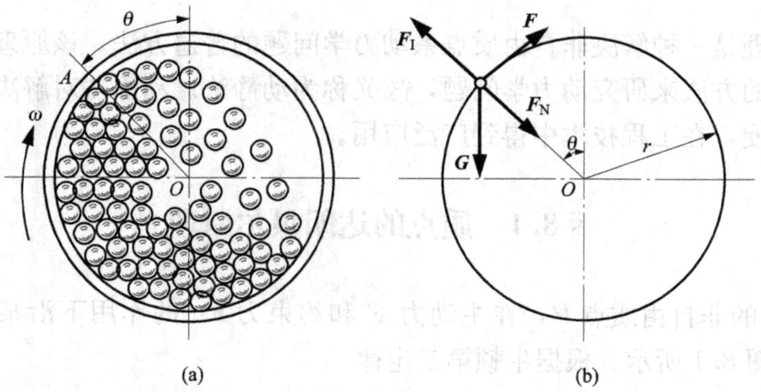

图 8.2

由式（a）可知，随着钢球的上升（即脱离角 θ 的减小），约束力 $\boldsymbol{F}_{\mathrm{N}}$ 的值将逐渐减小。在钢球即将脱离筒壁时，约束力 $\boldsymbol{F}_{\mathrm{N}}$ 将等于零，即 $\boldsymbol{F}_{\mathrm{N}}=0$，由此可求得脱离角 θ，即

$$\theta=\arccos\left(\frac{r\omega^2}{g}\right)$$

若 $\dfrac{r\omega^2}{g}=1$，即 $\theta=0$，这说明钢球将不会脱离筒壁落下，使球磨机不能工作，此时滚筒的角速度为

$$\omega_1=\sqrt{\frac{g}{r}}$$

因此，要使球磨机正常运行，即钢球在一定的高度自行落下，要求球磨机的角速度 $\omega<\omega_1$。

§8.2　质点系的达朗贝尔原理

将质点的达朗贝尔原理应用于质点系中的每个质点，就可以得到质点系的达朗贝尔原理。

设质点系由 n 个非自由质点组成。质点系中任一质点 P_i，其质量为 m_i，加速度为 $\boldsymbol{a}_i$，

则该质点的惯性力 $F_{Ii}=-m_i\boldsymbol{a}_i$。作用于该质点的主动力为 $\boldsymbol{F}_i$，约束力为 $\boldsymbol{F}_{Ni}$。

应用质点的达朗贝尔原理，对每个质点列出平衡方程，得到下列方程组，即

$$\boldsymbol{F}_i+\boldsymbol{F}_{Ni}+\boldsymbol{F}_{Ii}=0\quad(i=1,2,\cdots,n) \tag{8.4}$$

将这 n 个方程相加，可以得到如下结论：**在质点系运动的每一瞬时，每个质点上虚加的惯性力和真实作用于每个质点上的主动力、约束力在形式上组成一个平衡力系。**这就是**质点系的达朗贝尔原理**。将该平衡力系向任一点 O 简化，可以用静力学平衡方程表示为

$$\left.\begin{aligned}&\sum\boldsymbol{F}_i+\sum\boldsymbol{F}_{Ni}+\sum\boldsymbol{F}_{Ii}=0\\&\sum\boldsymbol{M}_O(\boldsymbol{F}_i)+\sum\boldsymbol{M}_O(\boldsymbol{F}_{Ni})+\sum\boldsymbol{M}_O(\boldsymbol{F}_{Ii})=0\end{aligned}\right\} \tag{8.5}$$

若将真实作用力按外力和内力分类，考虑内力必成对出现，则式（8.5）又可表示为

$$\left.\begin{aligned}&\sum\boldsymbol{F}_i^{e}+\sum\boldsymbol{F}_{Ii}=0\\&\sum\boldsymbol{M}_O(\boldsymbol{F}_i^{e})+\sum\boldsymbol{M}_O(\boldsymbol{F}_{Ii})=0\end{aligned}\right\} \tag{8.6}$$

即可将质点系的达朗贝尔原理表述为：**作用在质点系上的外力和虚加在每个质点上的惯性力在形式上组成平衡力系。**因此，在质点系上先画出外力，再虚加上惯性力组成平衡力系，就可用静力学中列写平衡方程的方法求解动力学问题。

例 8.2 已知飞轮的质量 m 和轮缘平均半径 r，以匀角速度 ω 转动，如图 8.3（a）所示。试求飞轮轮缘内部因转动所受的拉力。

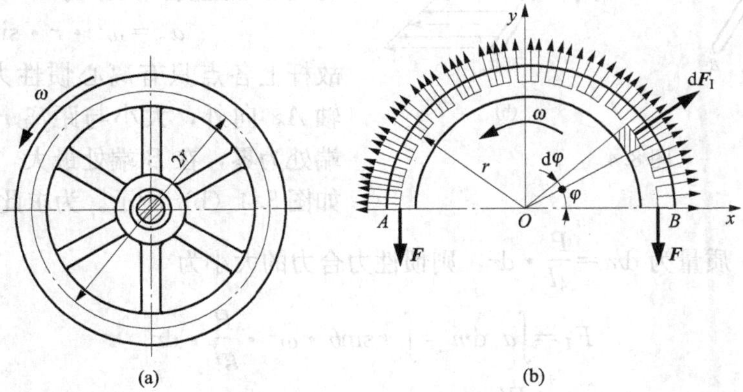

图 8.3

解 为了便于计算，把飞轮看作一个半径为 r 的均质细圆环，并且不计轮辐的作用（这样设计的飞轮强度是偏安全的）。为了能显示出轮缘内部所受的拉力，选取半个轮缘作为研究对象。轮缘上各质点由于有相同的向心加速度 $r\omega^2$，故各质点的离心惯性力方向向外，沿轮缘圆周均匀分布，各质点的重力与其惯性力相比较可以略去不计。由于对称，截面 A、B 处可认为只受相等的拉力作用，用 $\boldsymbol{F}$ 表示，半个轮缘受力如图 8.3（b）所示。

半径与轴 x 成角 φ 处轮缘上，长 $ds=rd\varphi$ 微小弧段的质量为

$$dm=\frac{m}{2\pi}d\varphi$$

这一微小弧段的惯性力的大小为

$$dF_I=r\omega^2\cdot dm=\frac{m}{2\pi}r\omega^2\cdot d\varphi$$

方向沿该处的半径向外，由于整个惯性力系对称于轴 y，合力应沿轴 y 向上，其投影

$$F_{\mathrm{Iy}}=\int_0^{\pi}\frac{m}{2\pi}r\omega^2\sin\varphi\,\mathrm{d}\varphi=\frac{mr\omega^2}{\pi}$$

根据达朗贝尔原理，两个拉力与惯性力构成平衡力系。由平衡方程

$$\sum F_y=0,\ F_{\mathrm{Iy}}-2F=0$$

得

$$F=\frac{F_{\mathrm{I}y}}{2}=\frac{mr\omega^2}{2\pi}$$

由此可知，飞轮轮缘内所受拉力与角速度的平方成正比。转速提高1倍，拉力将增至原来的4倍。因此，飞轮的转速一般是不允许超过额定转速的。

例 8.3 均质直杆重为 $\boldsymbol{P}$，长为 l，A 端为球形铰链连接，B 端自由，以匀角速度 ω 绕铅垂轴 Az 转动（$\theta>0$），如图 8.4（a）所示。试求杆与铅垂线的夹角 θ 和铰链 A 处的约束力。

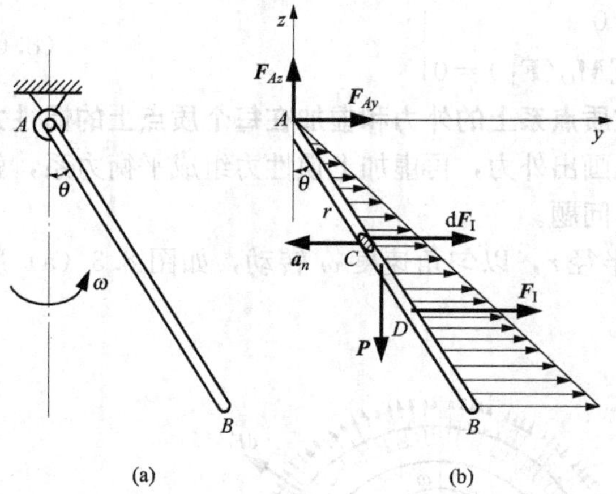

图 8.4

解 以杆 AB 为研究对象。当杆匀速转动时，θ 为常数，杆上距 A 端 r 处的质点只有向心加速度，大小为

$$a_{\mathrm{n}}=\omega^2\cdot r\cdot\sin\theta$$

故杆上各点只有离心惯性力，方向垂直于轴 Az 向外，大小与距离 r 成正比：在 A 端处为零，在 B 端处最大，呈三角形分布，如图 8.4（b）所示。为求此力系合力，设 r 处微段长为 $\mathrm{d}r$，质量为 $\mathrm{d}m=\dfrac{P}{gl}\cdot\mathrm{d}r$，则惯性力合力的大小为

$$F_{\mathrm{I}}=\int a_{\mathrm{n}}\mathrm{d}m=\int_0^l r\sin\theta\cdot\omega^2\cdot\frac{P}{gl}\cdot\mathrm{d}r$$
$$=\frac{Pl}{2g}\sin\theta\cdot\omega^2$$

可用合力矩定理确定惯性力合力作用点位置 D，以 A 为矩心可得

$$F_{\mathrm{I}}\cdot AD\cos\theta=\int_0^l r\cos\theta\cdot\frac{P\omega^2}{gl}r\sin\theta\cdot\mathrm{d}r$$
$$=\int_0^l\frac{P\omega^2}{gl}\cdot\frac{\sin2\theta}{2}\cdot r^2\mathrm{d}r$$
$$=\frac{Pl^2\omega^2}{6g}\sin2\theta$$

将 F_{I} 的值代入，解得

$$AD=\frac{Pl^2\omega^2}{6g}\sin2\theta\Big/\frac{Pl\omega^2}{2g}\sin\theta\cdot\cos\theta=\frac{2}{3}l$$

可见惯性力合力的作用线并不通过质心 C，而通过杆长 $\dfrac{2}{3}$ 处。

杆受的外力有重力 $\boldsymbol{P}$ 及球形铰 A 的约束力 $\boldsymbol{F}_{\mathrm{Ay}}$、$\boldsymbol{F}_{\mathrm{Az}}$，与惯性力组成一个平衡的平面任

意力系。由平衡方程

$$\sum M_A=0,\qquad \frac{2}{3}l\cos\theta\,\frac{Pl\omega^2}{2g}\sin\theta-P\,\frac{l}{2}\sin\theta=0$$

$$\sum F_y=0,\qquad F_{\mathrm{I}}+F_{Ay}=0$$

$$\sum F_z=0,\qquad F_{Az}-P=0$$

解得

$$\theta=\arccos\frac{3g}{2l\omega^2}$$

$$F_{Ay}=-\frac{Pl\omega^2}{2g}\sin\theta$$

$$F_{Az}=P$$

§8.3 刚体惯性力系的简化

应用质点系的达朗贝尔原理求解动力学的问题时，需对质点系的每个质点加上惯性力，这些力将构成一个惯性力系。当研究刚体动力学问题时，由于刚体上某点的加速度与表征刚体整体运动的量（如刚体的角速度及角加速度）有关。因而可应用力系简化的理论，将刚体上各个质点惯性力所组成的惯性力系，向任意点简化，从而得到惯性力系的主矢和惯性力系的主矩。这样应用达朗贝尔原理研究刚体的运动时，就直接利用简化结果，而无须对刚体的每个质点加惯性力。

刚体的运动形式不同，其惯性力系简化结果也不同。下面就刚体平移、定轴转动和平面运动等情况分别进行讨论。

1. 刚体平移

由运动学可知，在任一瞬时，平移刚体上各质点具有大小相等和方向相同的加速度，且与质心 C 的加速度 $\boldsymbol{a}_C$ 相等。

刚体上任一质点 P_i，其质量为 m_i，则其惯性力为

$$\boldsymbol{F}_{\mathrm{I}i}=-m_i\boldsymbol{a}_C$$

可见，质点惯性力的大小与质点的质量成正比，方向平行于 $\boldsymbol{a}_C$，所以平移刚体上各质点的惯性力将组成一个同向的空间平行力系。这个惯性力系合成为作用于刚体质心 C 的力 $\boldsymbol{F}_{\mathrm{IR}}$，即

$$\boldsymbol{F}_{\mathrm{IR}}=\sum\boldsymbol{F}_{\mathrm{I}i}=\sum(-m_i\boldsymbol{a}_C)=-(\sum m_i)\boldsymbol{a}_C=-m\boldsymbol{a}_C \tag{8.7}$$

式中：m 为刚体的总质量。

由上可知，平移刚体的惯性力系可合成为一个通过质心 C 的惯性力合力，其大小等于刚体的质量与质心加速度的乘积，方向则与质心加速度方向相反。

2. 刚体定轴转动

下面只讨论刚体具有质量对称平面，且转动轴垂直对称平面的情形。由于刚体具有垂直于转轴的对称面，其惯性力系可先简化为在此对称平面内的平面力系，然后再将此平面力系向转轴 z 与对称面的交点 O 简化，如图 8.5 所示，由此得到作用在对称面内的惯性力系主矢和惯性力系主矩。

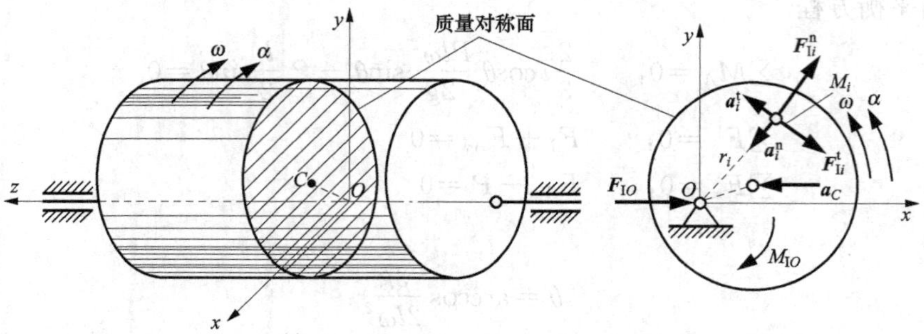

图 8.5

设刚体的总质量为 m，其上任一质点的质量为 m_i，加速度为 $\boldsymbol{a}_i$，刚体质心的加速度为 $\boldsymbol{a}_C$，则惯性力系的主矢为

$$\boldsymbol{F}_{\mathrm{IR}}=\sum\boldsymbol{F}_{\mathrm{I}i}=\sum(-m_i\boldsymbol{a}_i)=-(\sum m_i\boldsymbol{a}_i)$$

由质心公式 $\sum m_i\boldsymbol{r}_i=m\boldsymbol{r}_C$，可得

$$\sum m_i\boldsymbol{a}_i=m\boldsymbol{a}_C$$

于是得惯性力系的主矢

$$\boldsymbol{F}_{\mathrm{IR}}=-m\boldsymbol{a}_C \tag{8.8}$$

而惯性力系主矩为

$$\boldsymbol{M}_{\mathrm{IO}}=\sum\boldsymbol{M}_z(F_{\mathrm{I}i})=\sum\boldsymbol{M}_z(\boldsymbol{F}_{\mathrm{I}i}^{\mathrm{t}})+\sum\boldsymbol{M}_z(\boldsymbol{F}_{\mathrm{I}i}^{\mathrm{n}})$$

由于各质点的法向惯性力 $\boldsymbol{F}_{\mathrm{I}i}^{\mathrm{n}}$ 均通过转轴，故 $\sum\boldsymbol{M}_z(\boldsymbol{F}_{\mathrm{I}i}^{\mathrm{n}})=0$，而 $a_i^{\mathrm{t}}=r_i\alpha$，则

$$\boldsymbol{M}_{\mathrm{IO}}=\sum\boldsymbol{M}_{\mathrm{I}}(\boldsymbol{F}_{\mathrm{I}i}^{\mathrm{t}})=\sum(-r_im_ir_i\boldsymbol{\alpha})$$
$$=-\boldsymbol{\alpha}\sum m_ir_i^2=-J_z\boldsymbol{\alpha} \tag{8.9}$$

式中：$J_z=\sum m_ir_i^2$ 为刚体对通过点 O 的转轴 z 的转动惯量；α 为刚体转动的角加速度；负号表示惯性力系主矩与 α 转向相反。

由上述结果可知，具有垂直于转轴的质量对称面的转动刚体的惯性力系，向转轴与对称面的交点 O 简化的结果为一个通过点 O 的惯性力系主矢和一个惯性力系主矩。惯性力系主矢的大小等于刚体的质量与质心加速度的乘积，方向与质心加速度方向相反；惯性力系主矩的大小等于刚体对转轴的转动惯量与角加速度的乘积，转向与角加速度方向相反，即

$$\left.\begin{aligned}\boldsymbol{F}_{\mathrm{IO}}&=-m\boldsymbol{a}_C\\ \boldsymbol{M}_{\mathrm{IO}}&=-J_z\boldsymbol{\alpha}\end{aligned}\right\} \tag{8.10}$$

以下是刚体定轴转动的几种特殊情况：

(1) 刚体匀速转动，但转轴不通过质心 C，如图 8.6（a）所示。此时刚体角加速度 $\alpha=0$，故 $M_{\mathrm{IO}}=0$，因而惯性力系合成为一通过点 O 的法向惯性力 $\boldsymbol{F}_{\mathrm{IO}}^{\mathrm{n}}$，其大小等于 $mr_C\omega^2$，方向与质心加速度方向相反。

(2) 转轴通过质心 C，但角加速度 $\alpha\neq0$，如图 8.6（b）所示，此时 $a_C=0$，故简化结果只是一个惯性力偶，其中力偶矩 M_{IC} 大小等于 $J_C\alpha$，转向与角加速度方向相反。

(3) 刚体匀速转动，转轴通过质心 C，如图 8.6（c）所示，这时惯性力系的主矢和对转轴的主矩同时为零。

定轴转动刚体惯性力系的主矢量为什么要加在转轴上？是否可加在质心上？

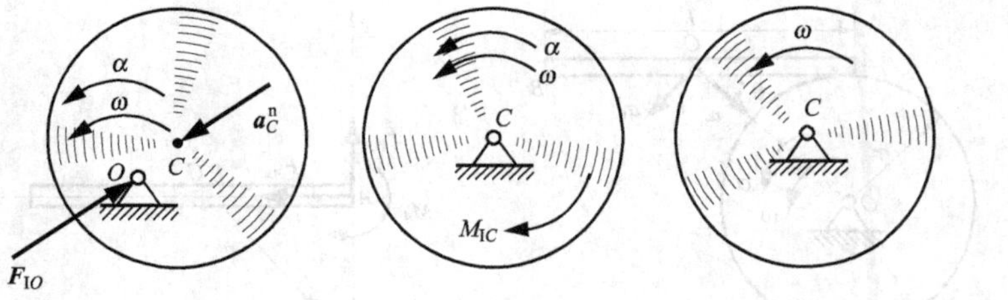

图 8.6

3. 刚体平面运动

此处仅讨论刚体具有质量对称平面，且平行于此平面运动的情况。与定轴转动的处理方法一样，将惯性力系简化为在该对称平面内的平面力系。

因为刚体的平面运动可分解为随同质心 C 的平移和绕质心 C 的转动。由前面对平移和定轴转动的分析可知，随同质心平移的惯性力系可简化为通过质心的惯性力，而绕质心转动的惯性力系可简化为一个对质心的矩为 M_{IC} 的惯性力偶，即

$$\left.\begin{aligned} \boldsymbol{F}_{IC} &= -m\boldsymbol{a}_C \\ \boldsymbol{M}_{IC} &= -J_C\boldsymbol{\alpha} \end{aligned}\right\} \tag{8.11}$$

式中：m 为刚体的总质量；J_C 为刚体对质心 C 的转动惯量；$\boldsymbol{a}_C$ 为质心 C 的加速度；$\boldsymbol{\alpha}$ 为刚体转动的角加速度；“－”表示惯性力和惯性力偶矩的方向分别与质心加速度和角加速度的方向相反。

由此可知，具有质量对称平面且平行此平面运动的平面运动刚体的惯性力系，向其质心简化的结果是得到一个通过质心的惯性力和一个惯性力偶。惯性力的大小等于刚体的质量与质心加速度的乘积，方向与质心加速度方向相反；惯性力偶矩的大小等于刚体对质心的转动惯量和刚体角加速度的乘积，方向与角加速度方向相反，如图 8.7 所示。

应用质点系的达朗贝尔原理求解刚体系统的动力学问题时，关键是要根据刚体的不同运动形式，正确地施加惯性力及惯性力偶。

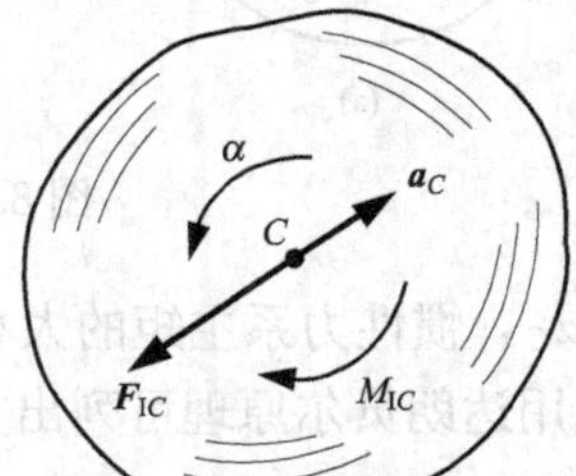

图 8.7

例 8.4 质量为 m，长为 l 的均质杆 AB 的一端 A 焊接于半径为 r 的圆盘边缘上，如图 8.8 所示。若圆盘以角速度 $\boldsymbol{\omega}$、角加速度 $\boldsymbol{\alpha}$ 绕轴 O 转动。试求图示瞬时杆 AB 焊接处由于转动而引起的约束力。

解 以杆 AB 为研究对象。杆 AB 质心的加速度如图 8.8 所示。

将杆 AB 上的惯性力系向转轴 O 简化，得惯性力系主矢 $\boldsymbol{F}_I^t$ 及 $\boldsymbol{F}_I^n$ 和惯性力系主矩 $\boldsymbol{M}_I$，则

$$F_I^t = m\,\overline{OC}\alpha, F_I^n = m\,\overline{OC}\omega^2, M_I = J_O\alpha = (J_C + m\,\overline{OC}^2)\alpha \tag{a}$$

焊接处由于转动引起的约束力系以 $\boldsymbol{F}_{Ax}$、$\boldsymbol{F}_{Ay}$、$\boldsymbol{M}_A$ 表示。应用达朗贝尔原理列出

$$\sum F_x = 0,\ F_{Ax} + F_I^n\cos\theta - F_I^t\sin\theta = 0$$

$$\sum F_{Ay} = 0,\ F_{Ay} + F_I^n\sin\theta + F_I^t\cos\theta = 0$$

$$\sum M_A = 0,\ M_A + M^I + F_I^n\cos\theta \cdot r - F_I^t\sin\theta \cdot r = 0$$

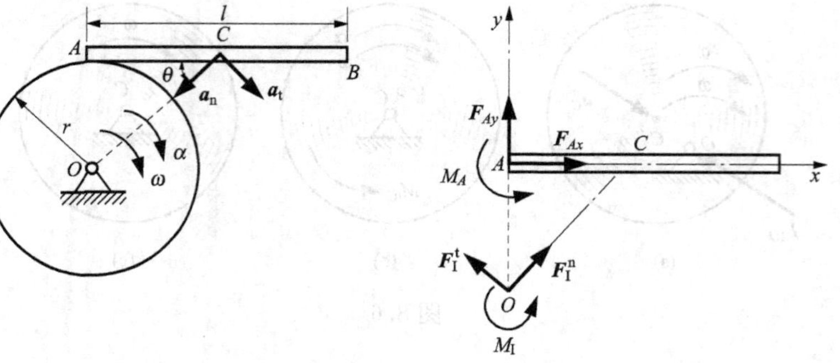

图 8.8

将式（a）及 $\overline{OC}=\sqrt{r^2+(l/2)^2}$，$\overline{OC}\sin\theta=r$，$\overline{OC}\cos\theta=\dfrac{l}{2}$ 代入以上三式，得

$$F_{Ax}=mr\alpha-ml\omega^2/2$$
$$F_{Ay}=-ml\alpha/2-mr\omega^2$$
$$M_A=-ml^2\alpha/3-mlr\omega^2/2$$

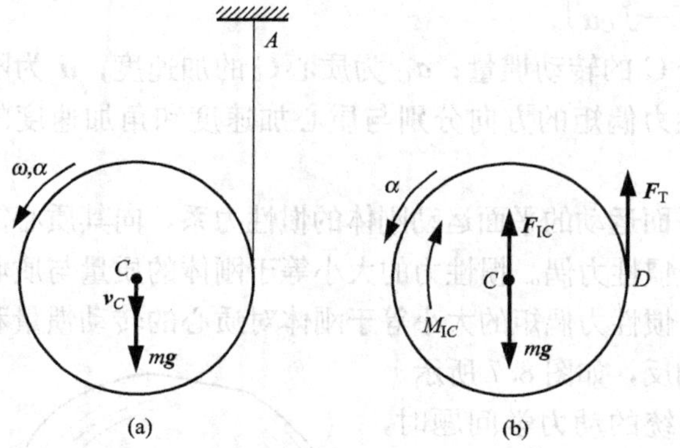

图 8.9

例 8.5 质量为 m，半径为 r 的滑轮上绕有软绳，绳的一端固定于点 A，而令滑轮自由下落［见图 8.9（a）］。不计软绳的质量，试求轮心 C 的加速度和绳子的拉力。

解 取滑轮为研究对象。滑轮上作用有重力 $m\boldsymbol{g}$、绳子的拉力 $\boldsymbol{F}_T$。滑轮做平面运动，设其质心的加速度为 $\boldsymbol{a}_C$（垂直向下），角加速度为 $\boldsymbol{\alpha}$（逆时针方向），且滚动的角速度 $\omega=v_C/r$，角加速度 $\alpha=a_C/r$。

滑轮的惯性力系主矢的大小 $F_{IC}=ma_C$，惯性力系主矩的大小 $M_{IC}=J_C\alpha$，方向如图 8.9（b）所示。应用达朗贝尔原理可列出方程

$$\begin{aligned}&\sum F_y=0,\quad F_T+F_{IC}-mg=0\\&\sum M_D=0,\quad (mg-F_{IC})r-M_{IC}=0\end{aligned}\tag{a}$$

将 $\alpha=a_C/r$ 代入式（a），联立求解上述两式可得

$$a_C=2g/3,\qquad F_T=mg/3$$

例 8.6 图 8.10（a）所示机构中，杆 OA 的质量 $m=40\text{kg}$，质心 C 与点 O 的距离 $l=1\text{m}$，对质心 C 的回转半径 $\rho_C=0.5\text{m}$。小车连同货物的质量 $m_1=200\text{kg}$，其他构件的质量均不计。滑杆 BD 的高度 $h=1.5\text{m}$。杆 OA 上作用一力偶，其力偶矩 $M_1=1046\text{N}\cdot\text{m}$，当 $\theta=60°$时，系统静止。设系统各接触处均为光滑接触，试求 $\theta=90°$时小车的加速度。

解 首先建立运动学关系。取滑块 B 为动点，动系连于杆 OA，静系固连于机架，作动点 B 的速度及加速度矢量图，如图 8.10（b）所示，则有

$$\boldsymbol{v}_B=\boldsymbol{v}_e+\boldsymbol{v}_r$$

$$\boldsymbol{a}_B=\boldsymbol{a}_{\mathrm{e}}^{\mathrm{t}}+\boldsymbol{a}_{\mathrm{e}}^{\mathrm{n}}+\boldsymbol{a}_{\mathrm{r}}+\boldsymbol{a}_{\mathrm{C}}$$

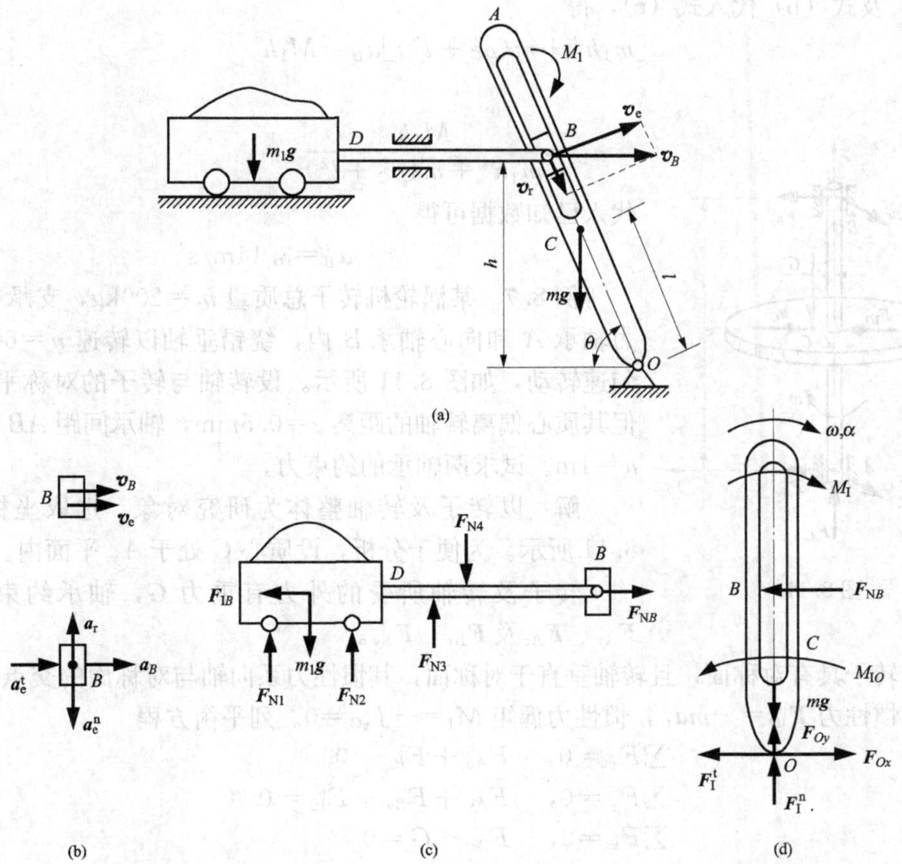

图 8.10

由速度矢量图可知，当 $\theta=90^{\circ}$ 时，$v_{\mathrm{r}}=0$，故科氏加速度 $a_{\mathrm{C}}=0$。将各加速度矢量向水平轴投影，得

$$a_B=a_{\mathrm{e}}^{\mathrm{t}}$$

杆 OA 的角加速度与小车的加速度在 $\theta=90^{\circ}$ 时有以下关系，即

$$\alpha=\frac{a_B}{OB}=\frac{a_B}{h} \tag{a}$$

以车及滑块为研究对象，如图 8.10（c）所示。小车做平移，在其质心上施加惯性力 $\boldsymbol{F}_{\mathrm{IB}}$，列方程

$$\sum F_x=0,\quad F_{\mathrm{N}B}-F_{\mathrm{IB}}=0$$

其中 $F_{\mathrm{IB}}=m_1a_B$，于是得

$$F_{\mathrm{N}B}=F_{\mathrm{IB}}=m_1a_B \tag{b}$$

再以杆 OA 为研究对象，如图 8.10（d）所示。在转轴 O 上施加惯性力系主矢及主矩 $\boldsymbol{F}_{\mathrm{I}}^{\mathrm{t}}$、$\boldsymbol{F}_{\mathrm{I}}^{\mathrm{n}}$、$\boldsymbol{M}_{\mathrm{IO}}$，大小分别为

$$F_{\mathrm{I}}^{\mathrm{t}}=ml\alpha,\quad F_{\mathrm{I}}^{\mathrm{n}}=ml\omega^2,\quad M_{\mathrm{IO}}=m(\rho_{\mathrm{C}}^2+l^2)\alpha$$

由 $\sum M_O=0$，得

$$F_{NB}h + M_{IO} - M_I = 0 \tag{c}$$

将式(a)及式(b)代入式(c),得

$$[m_1h^2 + m(\rho_C^2 + l^2)]a_B = M_1 h$$

于是

$$a_B = \frac{M_1 h}{m_1h^2 + m(\rho_C^2 + l^2)}$$

代入已知数据可得

$$a_B = 3.14\text{m/s}^2$$

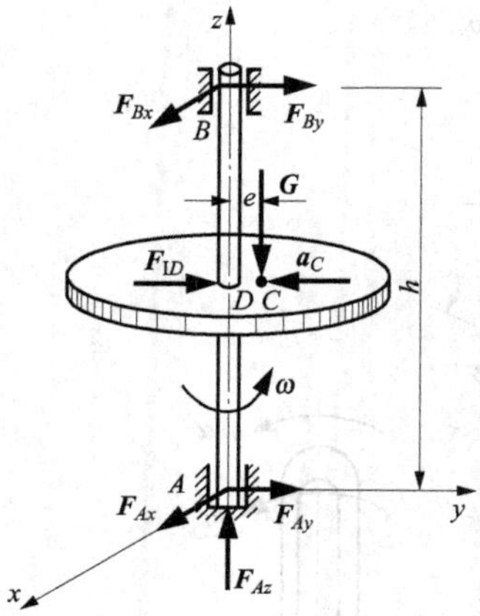

图 8.11

例 8.7 某涡轮机转子总质量 $m=200$kg,支承在向心推力轴承 A 和向心轴承 B 内,绕铅垂轴以转速 $n=6000$r/min 匀速转动,如图 8.11 所示。设转轴与转子的对称平面垂直,但其质心偏离转轴的距离 $e=0.5$mm,轴承间距 $AB=2AD=h=1$m。试求两轴承的约束力。

解 以转子及转轴整体为研究对象。选取坐标系如图 8.11 所示。为便于分析,设质心 C 处于 A_{yz} 平面内。

转子及转轴所受的外力有重力 $\boldsymbol{G}$,轴承约束力 $\boldsymbol{F}_{Ax}$、$\boldsymbol{F}_{Ay}$、$\boldsymbol{F}_{Az}$ 及 $\boldsymbol{F}_{Bx}$、$\boldsymbol{F}_{By}$。

由于转子具有对称面,且转轴垂直于对称面,其惯性力系向轴与对称面的交点 D 简化,可得法向惯性力 $\boldsymbol{F}_{ID}^n = -m\boldsymbol{a}_C$,惯性力偶矩 $M_I = -J_z\alpha = 0$。列平衡方程

$$\sum F_x = 0,\quad F_{Ax} + F_{Bx} = 0 \tag{a}$$

$$\sum F_y = 0,\quad F_{Ay} + F_{By} + F_{ID}^n = 0 \tag{b}$$

$$\sum F_z = 0,\quad F_{Az} - G = 0 \tag{c}$$

$$\sum M_x = 0,\quad -F_{By}h - Ge - F_{ID}^n\frac{h}{2} = 0 \tag{d}$$

$$\sum M_y = 0,\quad -F_{Bx}h = 0 \tag{e}$$

式中:$G=mg$,$F_{ID}^n = me\omega^2$,$\omega = \frac{\pi n}{30}$,联立求解上述各方程,则得轴承约束力

$$F_{Ax} = F_{Bx} = 0$$

$$F_{Ay} = \frac{mge}{h} - \frac{me\omega^2}{2} = -19\ 738\text{N}$$

$$F_{By} = -\frac{mge}{h} - \frac{me\omega^2}{2} = -19\ 740\text{N}$$

$$F_{Az} = mg = 1960\text{N}$$

由上述求得的 F_{Ay} 及 F_{By} 的结果可知,约束力由两部分组成,等式右边第一项仅与重力有关,是由静力作用引起的,这部分称为**静约束力**;第二项则与 m,ω 有关,是由惯性力引起的,这部分称为**动约束力**。两者分别为

$$F'_{Ay} = -F'_{By} = \frac{mge}{h} = 0.98\text{N}$$

$$F''_{Ay} = F''_{By} = -\frac{1}{2}me\omega^2 = -19\ 739\text{N}$$

由上可知，转子的偏心矩 e 仅为 0.5mm，但动约束力的数值约为转子本身重量的 10 倍，是静约束力的 2 万倍，远远大于静约束力。动约束力将使轴承加速磨损发热，激起机器和基础的振动，造成许多不良后果，甚至导致设备破坏。因此，为确保机器运行安全，关键应设法降低或消除轴承的动约束力。

为了消除轴承的动约束力，首先应该消除转动刚体的质量偏心。若没有偏心，即刚体的质心通过转轴，偏心距为零，刚体的惯性力系的主矢等于零，仅在重力作用下，刚体可在任意位置保持静止而不转动，这种情形称为**静平衡**。因此，在设计、制造和安装转动构件时，应力求使其重心通过转轴，以减小轴承的动约束力。但是，由于材料的不均匀性，以及制造、装配方面的误差，使得转动构件不可避免地仍会有一些偏心。这时，可采用试验的方法寻找重心所在的位置，然后在偏心的一侧减去若干重量或在相对的另一侧增加一些重量，从而减少偏心距，使得偏心距减小到允许的范围之内。

若转子轴向尺寸较大，如电动机转子、气轮机转子等，当转子转速很高及变速转动时，即使进行了静平衡，转子在运转过程中仍然可能产生较大的动约束力。例如，图 8.12（a）所示安装了两个砂轮盘的电动机转子和图 8.12（b）所示转轴与转子的对称面不垂直的转盘，整个转子虽然没有偏心，即转子是静平衡的。但是，即使在转子匀速运转时，转子的惯性力系也将简化为转轴纵向平面内的惯性力偶，仍然使轴承产生动约束力。显然，惯性力偶矩所引起的不平衡只有在转子运转时才表现出来。

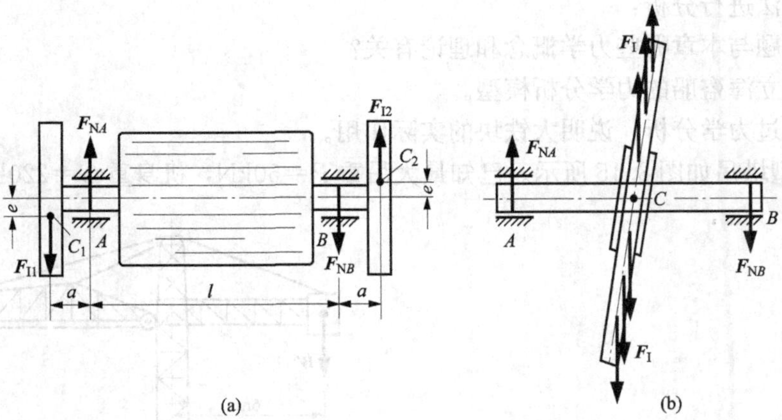

图 8.12

因此，为了完全消除转动构件的动约束力，除了要求达到静平衡外，即要求刚体的惯性力系的主矢等于零之外，还要求惯性力系对转轴上任意点的主矩也等于零。如果达到这些要求，刚体转动时轴承处不产生动约束力，这种现象称为**动平衡**。转子的动平衡需要在专门的试验设备上进行转子动平衡试验，根据试验数据，在转子的适当位置增加或去掉相应的质量，使其达到动平衡。

质量可不计的刚性轴上用质量可不计的细杆固连着几个质量各等于 m 的球，如图 8.13 所示。当轴以匀角速度 ω 转动时，试判断图示各种情况中哪些满足动平衡？哪些只满足静平衡？哪些都不满足？

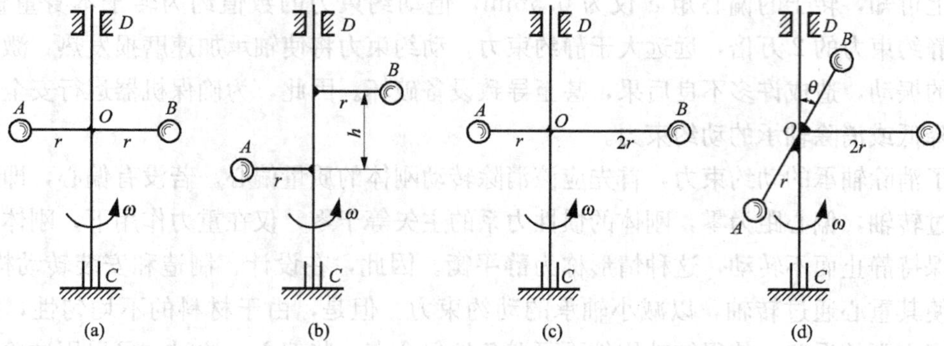

图 8.13

§8.4 工程应用实训

8.1 游乐场里海盗船正在缓缓启动，开始运转，如图 8.14 所示。随着船身越摆越高，不时传来乘船游客惊恐的尖叫声。仔细观察可发现，海盗船的主要重量是铁壳船身和游客，及转轴上方的大铁块。连接轴承与船身及大铁块的杆件重量可忽略不计，轴承摩擦力很小也可忽略不计。为什么在笨重的海盗船上部还要再设置一个巨大的铁块呢？试运用达朗贝尔原理的概念和方法进行分析：

（1）该问题与本章哪些力学概念和理论有关？

（2）试建立海盗船的力学分析模型。

（3）试通过力学分析，说明大铁块的实际作用。

8.2 大型塔吊如图 8.15 所示。已知最大吊重 $P=50\text{kN}$，机身重 $G=220\text{kN}$，最小平衡

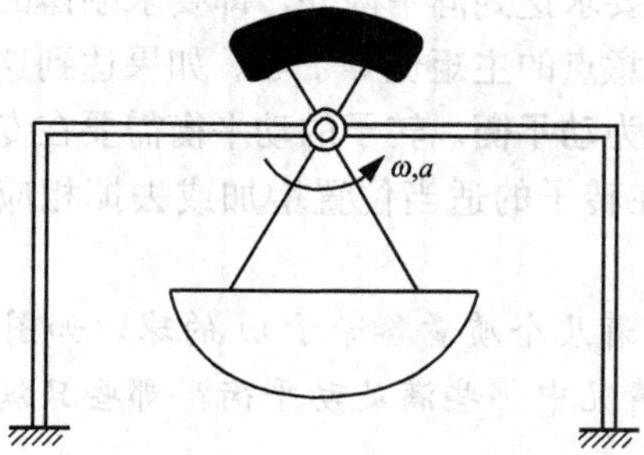

图 8.14

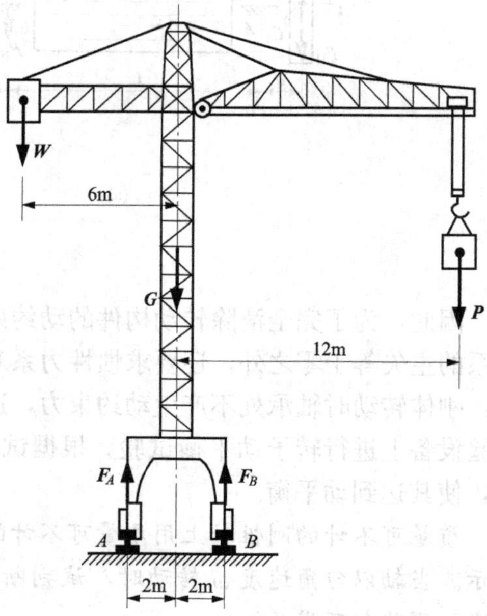

图 8.15

重 $W=11\text{kN}$，吊臂至地面导轨的高度为 $h=18\text{m}$，塔吊线中心至导轨的距离 $b=2\text{m}$，吊臂长 $R=12\text{m}$，平衡臂长 $r=6\text{m}$。试研究为确保塔吊不发生侧向倾覆，吊臂回转角加速度的安全许可值范围。

(1) 画出塔吊回转运行的计算简图，并对各力及尺寸进行标注。

(2) 在危险工况下，画出塔吊加速转动时的受力图，并施加惯性力。由动静法求得塔吊不产生侧向倾覆的角加速度的表达式。

(3) 根据数值计算结果，研究欲确保塔吊不发生侧向倾覆，吊臂回转角加速度的安全许可值范围。

习 题

8.1 试计算并在题 8.1 图上画出下列各刚体惯性力系的简化结果。刚体可视为均质的，其质量为 m。

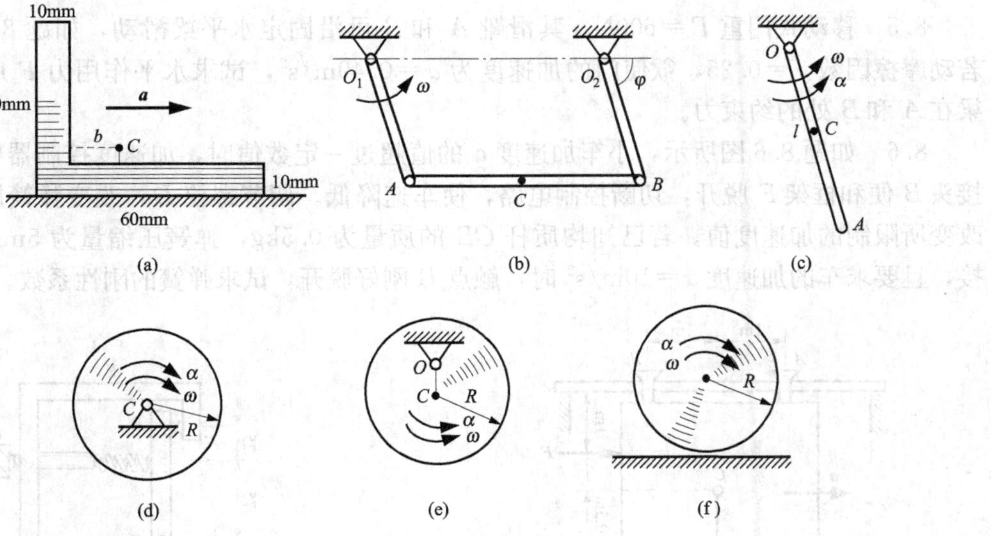

题 8.1 图

题 8.1 图 (a) 所示，板以加速度 $\boldsymbol{a}$ 沿固定水平面滑动；

题 8.1 图 (b) 所示，平行四边形机构中的连杆 AB，其曲柄以匀角速 ω 转动；

题 8.1 图 (c) 所示，长为 l 的细直杆，绕轴 O 以角速度 ω、角加速度 α 转动；

题 8.1 图 (d) 所示，半径为 R 的圆盘，绕质心轴 C 以角速度 ω、角加速度 α 转动；

题 8.1 图 (e) 所示，半径为 R 的圆盘，绕偏心轴 O 以角速度 ω、角加速度 α 转动；

题 8.1 图 (f) 所示，半径为 R 的圆柱，沿水平面以角速度 ω、角加速度 α 滚动而不滑动。

8.2 物块 A 放在倾角为 θ 的斜面上，物块与斜面间静摩擦因数为 f_s，如题 8.2 图所示。如斜面向左加速运动，问加速度 $\boldsymbol{a}$ 为何值时，物块 A 不致沿斜面滑动。

8.3 顶角为 2θ 的光滑空心圆锥内放一质量为 m 的小球 P，圆锥以匀角速度绕其自身铅垂轴转动，球与圆锥处于相应静止状态，如题 8.3 图所示。试求小球对圆锥的压力及高

度 h。

8.4　设飞机爬高时以匀加速度 $\boldsymbol{a}$ 与平面成仰角 φ 做直线运动，如题 8.4 图所示。已知装在飞机上的单摆的悬线与铅垂线所成的偏角为 θ，摆锤的质量为 m，试求此时飞机的加速度 $\boldsymbol{a}$ 和悬线中的张力。

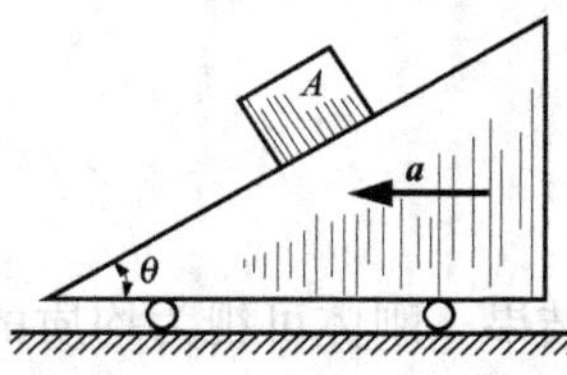

题 8.2 图

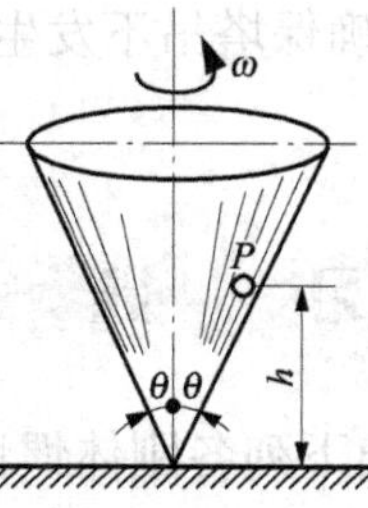

题 8.3 图

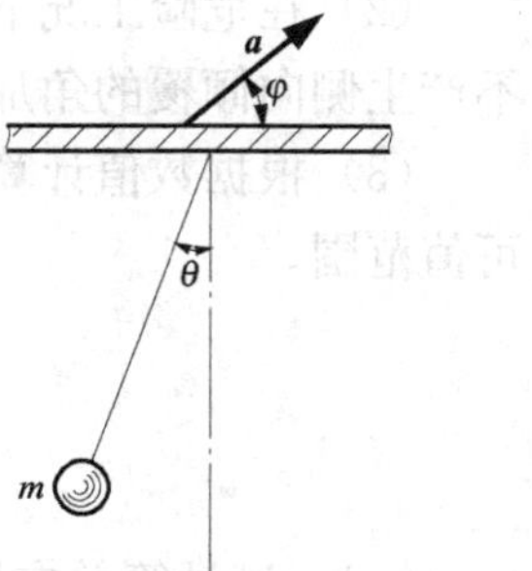

题 8.4 图

8.5　移动式门重 $P=600\text{N}$，其滑靴 A 和 B 可沿固定水平梁滑动，如题 8.5 图所示。若动摩擦因数 $f=0.25$，欲使门的加速度为 $a=0.49\text{m/s}^2$，试求水平作用力 $\boldsymbol{F}$ 应有的值及梁在 A 和 B 处的约束力。

8.6　如题 8.6 图所示，小车加速度 $\boldsymbol{a}$ 的值超过一定数值时，加速度控制器中 OB 杆的接头 B 便和框架 E 脱开，切断控制电路，使车速降低。调节螺栓 D，改变弹簧压力，便能改变所限制的加速度值。若已知均质杆 OB 的质量为 0.5kg，弹簧压缩量为 5mm，O 端铰接，且要求车的加速度 $a=10\text{m/s}^2$ 时，触点 B 刚好脱开，试求弹簧的刚性系数。

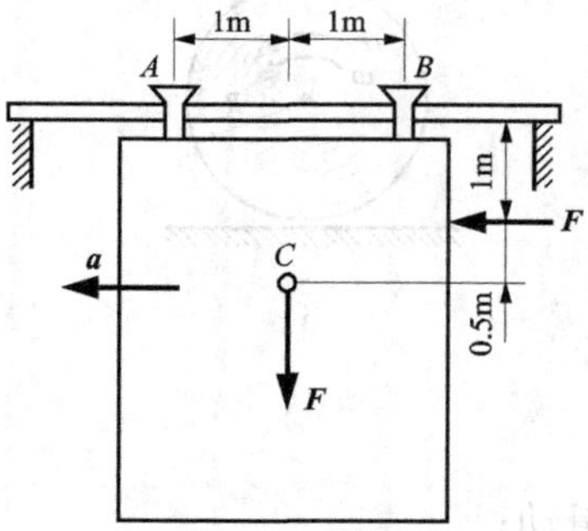

题 8.5 图

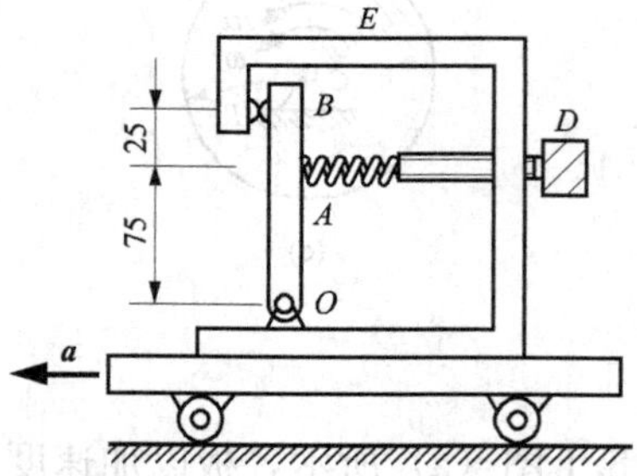

题 8.6 图

8.7　均质薄板 $ABCD$ 质量为 50kg，用三根不可伸长的金属杆 AE、BF 和 CH 悬于如题 8.7 图所示位置。若杆 AE 突然被除去，试求此瞬时平板的加速度和杆 BF 和 CH 的拉力。

8.8　偏心凸轮绕 O 轴以匀角速 ω 转动，推动顶杆 AB 沿铅垂滑道运动，顶杆顶部放在一质量为 m 的物体上。设凸轮偏心距 $OC=e$，开始时轮心 C 在铅垂线上。试求物块在如题 8.8 图所示位置对顶杆的压力，以及要使物体不脱离开顶杆的 ω 的最大值。

8.9　运送货物的小车装载着质量为 m 的货箱，如题 8.9 图所示。货箱可视为均质长方体，侧面宽 $d=1\text{m}$，高 $h=2\text{m}$，货箱与小车间的静摩擦因数 $f_s=0.35$，试求安全运送时所许可的小车的最大加速度。

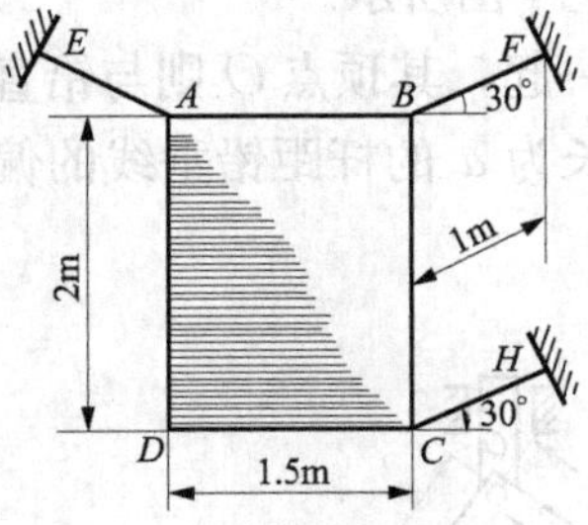

题 8.7 图

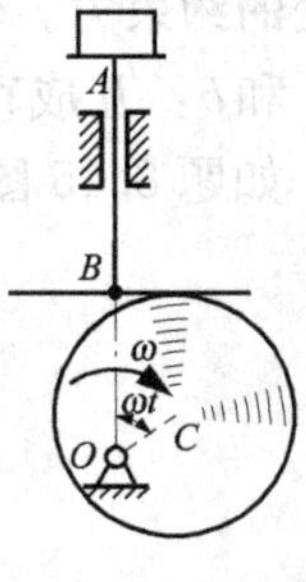

题 8.8 图

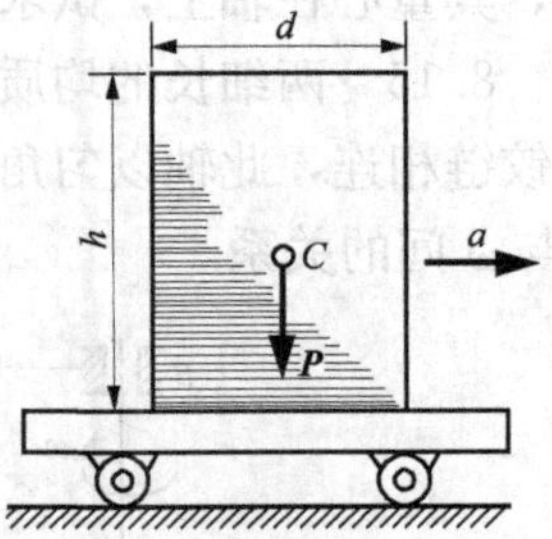

题 8.9 图

8.10 在如题 8.10 图所示离心浇铸装置中，电动机带动支承轮 A、B 做同向转动，管模放在这两轮上靠摩擦转动。铁水注入后，由于惯性，铁水均匀地紧靠在管模的内壁上自动成型，从而可得质量密实的铸件。已知管模内径 $D=400\text{mm}$，试求能自动成型的管模的最低转速 n（提示：取管模内最高处的铁水质点为研究对象，求其不脱离管壁的条件）。

8.11 正方形薄板 $ABED$，边长为 a，重量为 P，可在铅垂平面内绕轴 A 转动。在其顶点 E 系一无重绳子 EH，使 AB 边在水平位置，如题 8.11 图所示。如将绳 EH 剪断，试求此瞬时板的角加速度及轴 A 处的约束力。

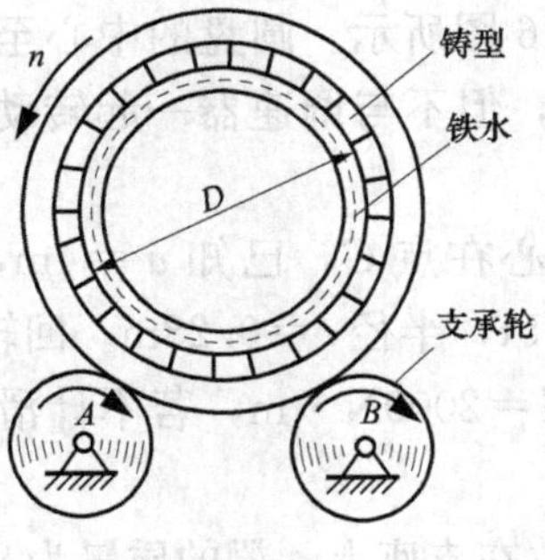

题 8.10 图

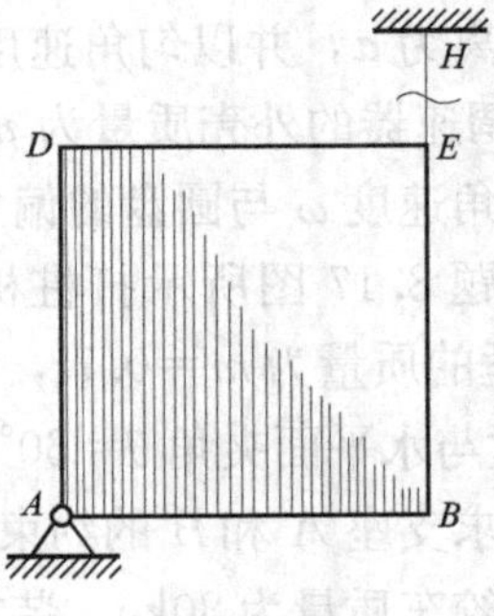

题 8.11 图

8.12 均质杆长 l 重 W，被铰链 A 和绳子支持，如题 8.12 图所示。若连接 B 点的绳子突然断掉，试求：(1) 铰链支座 A 的约束反力。(2) B 点的加速度。

8.13 质量为 m，长为 l 的均质杆 AB 的一端 A 焊接于半径为 r 的圆盘边缘上，如题 8.13 图所示。今盘以角加速度 α 绕中心 O 转动。图示位置角速度为 ω，试求此时 AB 杆上 A 端由于转动所受的力。

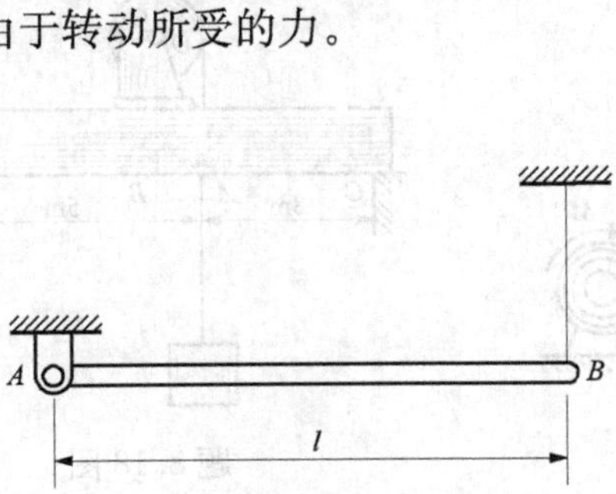

题 8.12 图

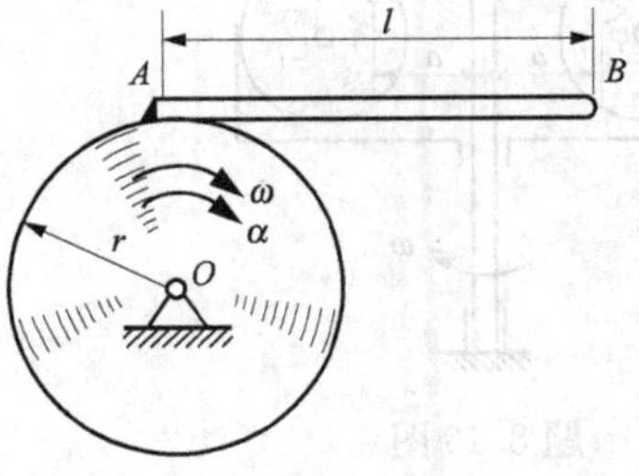

题 8.13 图

8.14　均质杆 CD 长 $2l$，重 $\boldsymbol{P}$，以匀角速度 ω 绕铅垂轴 AB 转动。杆与铅垂转交成 θ 角，其重心在轴上，试求轴承 A、B 处的约束力。轴尺寸如题 8.14 图所示。

8.15　两细长的均质杆，长各为 a 和 b，互成直角地固结在一起，其顶点 O 则与铅直轴以铰链相连，此轴以匀角速度 ω 转动，如题 8.15 图所示。试求长为 a 的杆距铅垂线的偏角 φ 与 ω 间的关系。

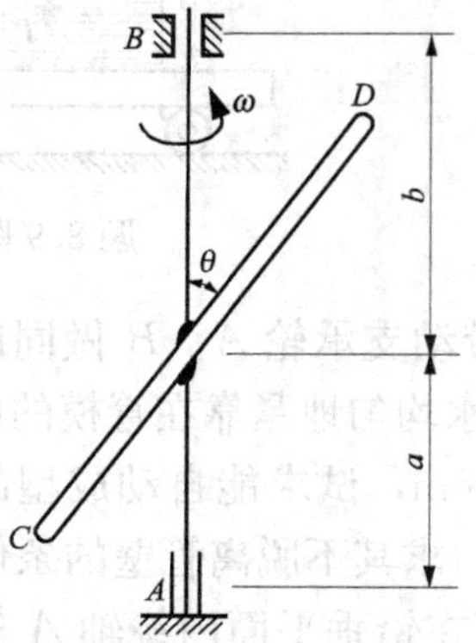

题 8.14 图

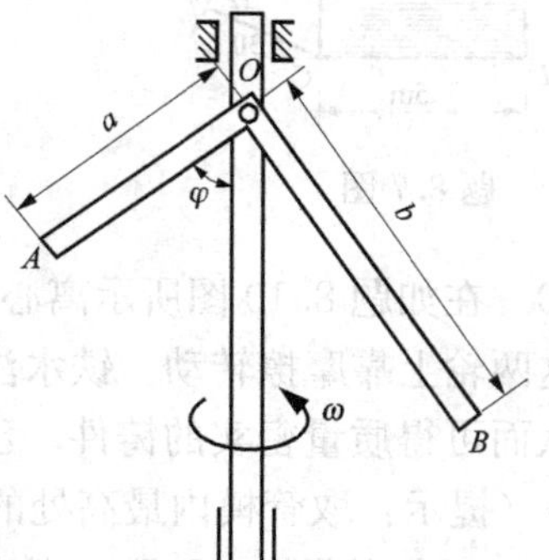

题 8.15 图

8.16　调速器由两个质量为 m 的均质圆盘所构成，圆盘偏心地悬于铅垂轴的两边，距转动轴的距离为 $\boldsymbol{a}$，并以匀角速度绕垂轴转动，如题 8.16 图所示。圆盘的中心至悬挂点的距离为 l，调速器的外壳质量为 m_1，放在这两个圆盘上，但不与调速器一起转动。如不计摩擦，试求角速度 ω 与圆盘的偏角 φ 之间的关系。

8.17　题 8.17 图所示打桩机支架重 $P=20\text{kN}$，重心在点 C，已知 $a=4\text{m}$，$b=1\text{m}$，$h=10\text{m}$，锤的质量为 $m=0.7\text{t}$，绞车鼓轮质量为 $m_1=0.5\text{t}$，半径 $r=0.28\text{m}$，回转半径 $\rho=0.2\text{m}$，钢索与水平面夹角 $\theta=60°$。鼓轮上作用着转矩 $M=2000\text{N}\cdot\text{m}$，若不计滑轮的大小和质量，试求支座 A 和 B 的约束力。

8.18　绞车质量为 80kg，装在梁上点 B，梁的两端放在支座上。梁的质量为 800kg。当绞车以加速度 1m/s^2 提升质量为 2000kg 的工件时，试求支座 C 和 D 的约束力。梁的尺寸如题 8.18 图所示，绞车鼓轮对转轴的转动惯量 $J_O=1.2\text{kg}\cdot\text{m}^2$，鼓轮半径 0.2m，绳的质量不计。

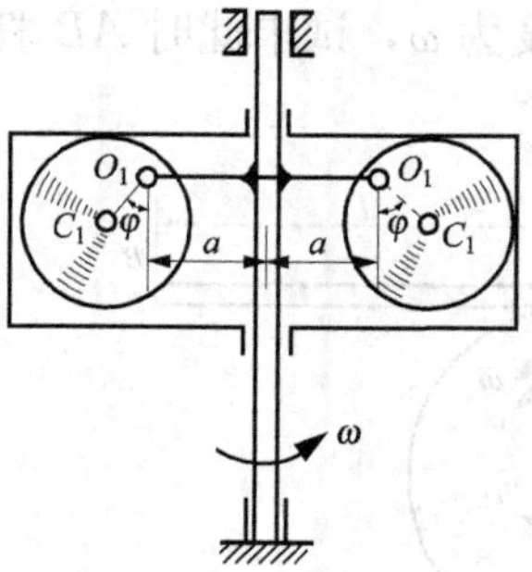

题 8.16 图

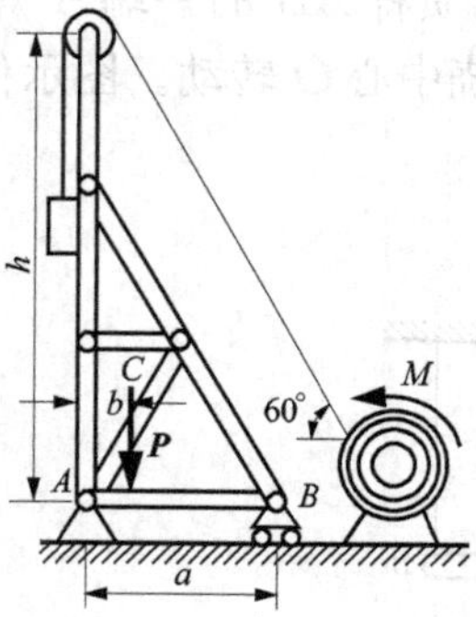

题 8.17 图

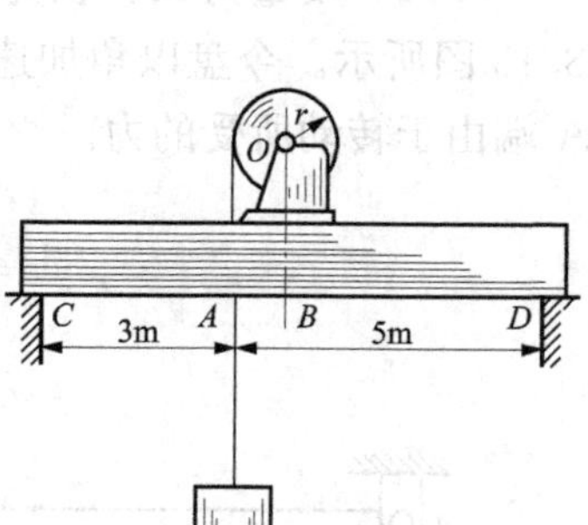

题 8.18 图

8.19　质量 $m=50\text{kg}$ 的均质细直杆 AB，一端 A 搁在光滑水平面上，另一端 B 由质量可以不计的绳子系在固定点D，且ABD在同一铅直平面内，如题8.19图所示。当绳处于水平位置时，杆由静止开始落下，试求在此瞬时：

(1) 杆的角加速度；

(2) 绳子BD的拉力；

(3) 点A约束力。已知：杆AB长$l=2.5\text{m}$，绳BD长$b=1\text{m}$，D点高出地面$h=2\text{m}$。

8.20 质量$m=45.4\text{kg}$的均质细直杆AB，下端A搁在光滑水平面上，上端B用质量可以忽略不计的绳子BD系在固定点D，如题8.20图所示。杆长$l=3.05\text{m}$，绳长$h=1.22\text{m}$，当绳子铅直时，杆对水平面的倾角$\theta=30°$，点A速度$v_A=2.44\text{m/s}$，向左运动，点A加速度$a_A=0$，试求在该瞬时：

(1) 杆的角加速度；

(2) 须加在A端的水平力；

(3) 绳子的拉力。

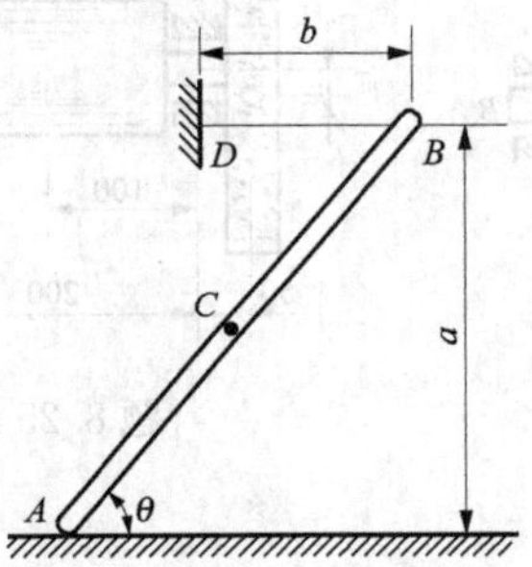

题8.19图

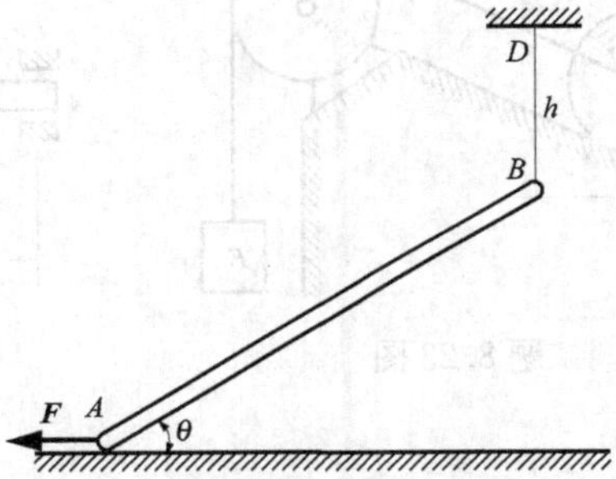

题8.20图

8.21 均质辊子质量$m=20\text{kg}$，被水平绳拉着沿水平面做纯滚动，如题8.21图所示。绳子跨过滑轮B，在另一端系有质量$m_1=10\text{kg}$的重物A。试求滚子中心C的加速度。滑轮和绳的质量及水平面的滚动阻力都忽略不计。

8.22 均质圆盘和均质薄圆环质量都是m，外径相同，如题8.22图所示。用细杆AB铰接于中心。设系统沿倾角为θ的斜面做无滑动的滚动。试求杆AB的加速度、杆的内力，以及斜面对圆盘和圆环的约束力。细杆和圆环上辐条的质量都可以不计。滚动阻力不计。

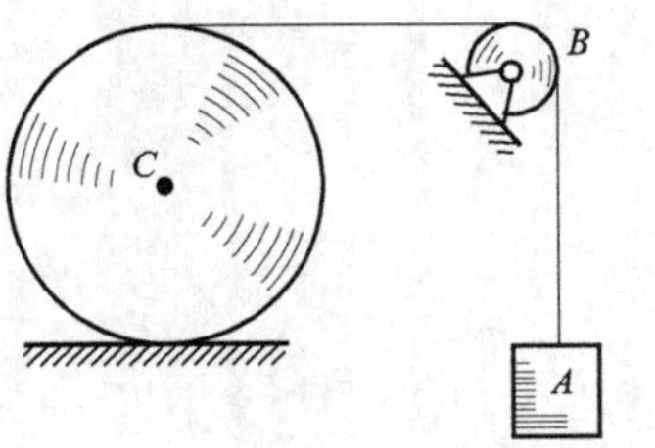

题8.21图

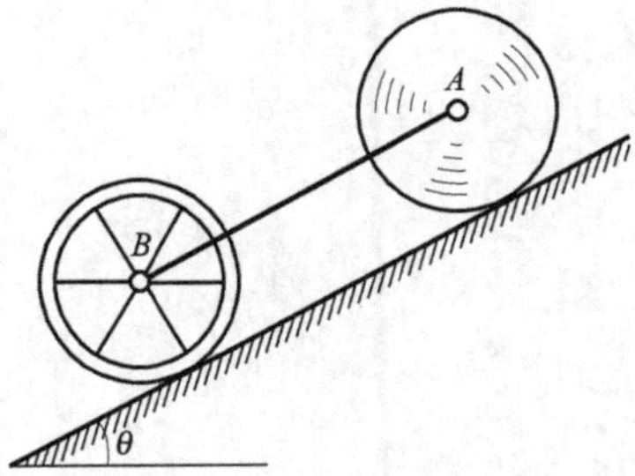

题8.22图

8.23 一辊子A沿倾角为θ的斜面向下做纯滚动，如题8.23图所示。滚子借一跨过滑轮B的绳子提升一质量为m的物体E，同时带动滑轮B绕轴O转动。辊子和滑轮可看成均质圆盘，半径为r，质量为m_1。滑轮与绳子间无滑动。绳子质量不计，滚动阻力不计。

试求：

（1）辊子 A 的质心的加速度；

（2）CD 段绳子的拉力；

（3）轴承 O 处的约束力；

（4）辊子 A 受的摩擦力。

8.24 质量为 20kg 的砂轮，因安装不正，使重心偏离转轴 $e=0.1\mathrm{mm}$，如题 8.24 图所示。试求当转速 $n=10\ 000\mathrm{r/min}$ 时，作用于轴承 A、B 的动约束力。

8.25 题 8.25 图所示磨刀砂轮Ⅰ质量 $m_1=1\mathrm{kg}$，其偏心距 $e_1=0.5\mathrm{mm}$（在下），小砂轮Ⅲ质量 $m_2=0.5\mathrm{kg}$，偏心距 $e_2=1\mathrm{mm}$（在上），电动机转子Ⅱ质量 $m_3=8\mathrm{kg}$，无偏心，转轴质量不计，转速 $n=3000\mathrm{r/min}$。试求题 8.25 图所示瞬时轴承 A、B 的动约束力。

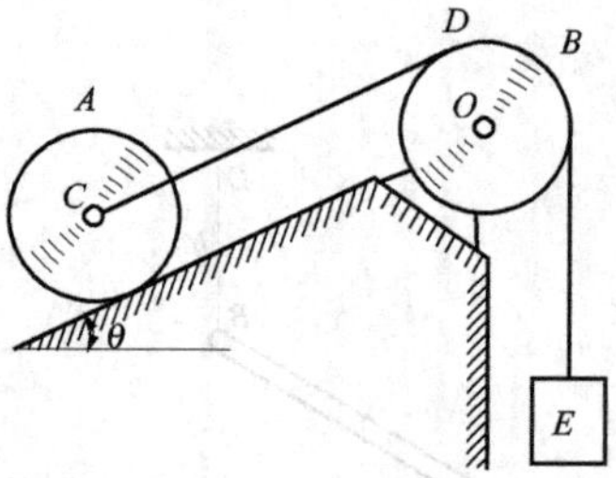

题 8.23 图

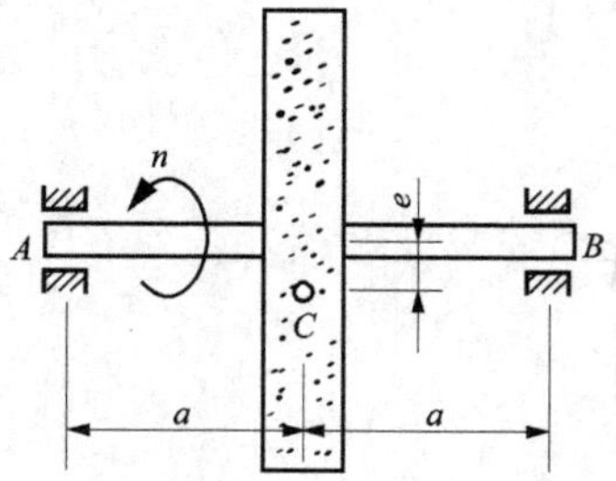

题 8.24 图

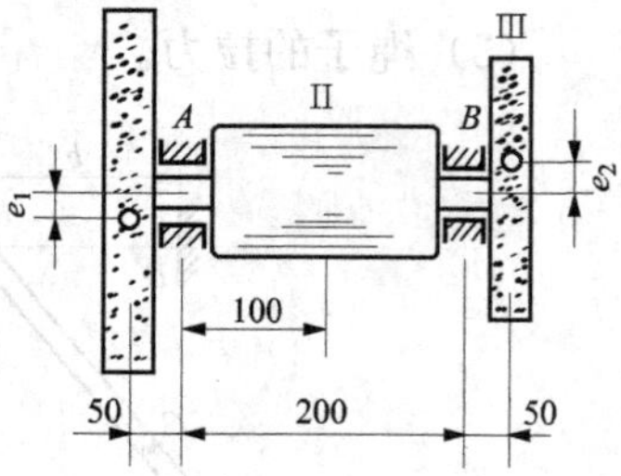

题 8.25 图

参 考 文 献

[1] 郭应征，李兆霞．应用力学基础．北京：高等教育出版社，2004.
[2] 郭应征，周志红．理论力学．北京：清华大学出版社，2005.
[3] 哈尔滨工业大学理论力学教研室．理论力学（Ⅰ）.8版．北京：高等教育出版社，2016.
[4] 郭应征，周志红．工程力学．北京：中国电力出版社，2008.
[5] 丁大钧，蒋永生，土木工程总论．北京：中国建筑工业出版社，1997.
[6] 马格努斯 K，缪勒 H H. 工程力学基础．张维，等译．北京：北京理工大学出版社，1997.